HEYNE BÜCHER SACHBUCH

Erik Tintrup

Solartechnik

Die Energie der Zukunft:
Grundlagen, Anwendungen, Perspektiven

Originalausgabe

WILHELM HEYNE VERLAG
MÜNCHEN

HEYNE SACHBUCH
Nr. 19/163

Redaktion: Gerhard Theato, Bernhard Michalowski
Eine TRANSMITTER-Produktion

Printed in Germany 1991
Umschlagfotos: Bavaria Bildagentur, München
Bilder mit freundlicher Genehmigung der Siemens Solar GmbH
Umschlaggestaltung: Atelier Adolf Bachmann, Reischach
Herstellung: H + G Lidl, München
Kartengrafik: Michael Lörcher, München
Satz: Satz & Repro Grieb, München
Druck und Verarbeitung: Ebner Ulm

ISBN 3-453-05110-6

INHALT

Vorwort

H. S. ist süchtig. Süchtig nach einer harten Droge. Sie gibt ihm Kraft, bringt ihn auf Touren. Nur mit ihr läuft alles wie geschmiert - glaubt er und begibt sich so in einen Teufelskreis. Von Stunde zu Stunde, von Tag zu Tag benötigt er mehr von dem Stoff, immer höhere Dosen. Längst hat er seine Gesundheit ruiniert und nahezu das gesamte Vermögen verbraucht, das seine Familie über Generationen erspart hatte. Seit er vor Jahrzehnten ›umstieg‹, auf den härtesten Stoff überhaupt, spielt er täglich mit seinem Leben. Und - er hat Freunde in die Sucht gezogen, die erst am Anfang des langen Weges stehen.

Jahre ist es her, da kam H. S. einige Tage lang nicht mehr an seine Droge. Er bekam Entzugserscheinungen. Das war 1973. 1986 das andere Extrem: H. S. erwischte eine Überdosis der gefährlichen Droge - doch er überlebte. Eine Warnung war ihm das aber nicht. Er nimmt die Droge weiter - und in höheren Dosen als je zuvor. Seine Freunde, seine Umwelt, sie bedeuten ihm nichts mehr.

Wie soll die Gesellschaft reagieren? Mit Mitleid? Strafe? Gleichgültigkeit? Hilfe?

Wir alle kennen H. S. nur zu gut: H. S. - die Abkürzung für Homo Sapiens, für uns. Die Droge: Energie; das A und O unserer hochtechnisierten Gesellschaft. Rund sieben Milliarden Tonnen Steinkohleeinheiten (SKE) verbraucht der Mensch pro Jahr. Atomkraft, Ölkrise, Tschernobyl, all dies sind Teile der Krankengeschichte des H. S.

Die Natur legte über Jahrmillionen Schätze an: Energierohstoffe. Fast alle sind innerhalb weniger Jahrzehnte verschwunden, der Droge geopfert, seit der Mensch mit Beginn des Industriezeitalters den Energiekreislauf der Erde durchbrach.

Die Folgen sind täglich zu spüren: Luftverschmutzung, Waldsterben...

Die schlimmste Strafe wartet noch auf uns: Die Fieberkurve

der Erde steigt. Eine Klimakatastrophe bahnt sich an. Was uns bevorstehen könnte, übertrifft auch nach Aussagen seriöser Wissenschaftler schlimmste Vorstellungen, läßt Algenpest und Waldsterben, Naturzerstörung und Wasserverschmutzung als unbedeutende Probleme erscheinen. Erschreckendstes Szenario: Die Erde könnte schon in wenigen Jahrzehnten zum Wüstenplaneten werden.

Die Ursache: Wir setzen bei der Verbrennung der Schätze der Erde das Gift Kohlendioxid frei. 23 Milliarden Tonnen davon ›blasen‹ die Haushalte und Industriebetriebe der Welt jährlich in die Luft. Ein künstlicher ›Treibhauseffekt‹, ein globaler Temperaturanstieg, hat dadurch längst eingesetzt. Der Mensch ist dabei, Klima zu ›machen‹ und die globale Klimamaschine, die ihn am Leben erhält, zu sabotieren.

Doch es gibt noch einen Ausweg: Beginnen wir unverzüglich, ›sanfte‹ Energien einzusetzen und Energie zu sparen, ist die Katastrophe möglicherweise noch zu verhindern. Unter ›sanfter‹ oder erneuerbarer Energie versteht man jede aus der gegenwärtigen Sonneneinstrahlung abgeleitete Form der Energie. Dabei steht die Sonnenenergie im Mittelpunkt; Umgebungswärme in Luft, Wasser und Boden, Energie aus Wind, Wasser oder organischen Abfällen spielen zudem noch eine wichtige Rolle. Ein großer Vorteil der sanften Energien: Ihr Angebot ist unerschöpflich.

Schon in den siebziger Jahren, als die Vertreter der Atomkraft sich des Protests von Bürgerinitiativen erwehren mußten, wurden alternative Energien in die Diskussion gebracht. Doch galten ihre Befürworter damals als ›linke Spinner‹. Wer der Sonne das Wort redete, wurde als träumerischer Sonnenanbeter abgekanzelt und mußte sich immer wieder vorwurfsvoll fragen lassen: »Wollt ihr denn zurück in die Steinzeit?«.

Das Stiefkind Solarenergie ist jedoch erwachsen geworden, hat sich aus seiner Außenseiterrolle befreit. Es gibt über Optionen, Ideen und Hoffnungen hinaus mittlerweile handfeste Ergebnisse und Erfolge. Erstmals ist die Solarenergie auch in der Lage, dem ebenso alten wie kurzsichtigen Argument »Das lohnt sich nicht!« die Stirn zu bieten. In vielen Anwendungsbereichen zahlt sich Sonnenenergie tatsächlich schon in Mark und Pfennig aus.

Heute kann man über die ›Steinzeit‹-Polemik nur noch lächeln. Wir stellen jetzt die Weichen, damit wir in nicht ferner Zukunft auf die umweltfeindlichen ›alten‹ Energien aus Kohle, Öl, Gas und Atom verzichten können. Sehen wir also einer sonnigen Zukunft entgegen.

München, Juni 1991 *Erik Tintrup*

Anmerkung: Trotz des längst erfolgten Beitritts der DDR zur Bundesrepublik Deutschland wird es bis zur ›Vereinigung‹ der Statistiken noch geraume Zeit dauern. Da sich nahezu alle erhältlichen Daten aus Literatur, Gesprächen oder wissenschaftlichen Studien auf die ›alte‹ Bundesrepublik beziehen, wurde dieser Bezug im Buch übernommen. Nur wo ausdrücklich erwähnt, steht ›bundesdeutsch‹ für Deutschland nach der Vereinigung.

›Das Feuer vom Himmel holen‹

Der Energiespender Sonne

Unerbittlich brennt die nordafrikanische Herbstsonne auf die staubigen Straßen Algiers. Trotz der brütenden Hitze haben sich Hunderte von Menschen am größten Platz der Stadt versammelt. Sie alle umringen ein metallisch funkelndes Monstrum: auf einem Eisengerüst thront in zwei Meter Höhe eine glitzernde Kristallscheibe von fünf Meter Durchmesser. Neben dem Gerüst stehen ein riesiger gußeiserner Dampfkessel, von dem ein Rohr zu einer kniehohen Wasserpumpe führt, und - fast unscheinbar - ein kleiner schnauzbärtiger Mann, dem die Hitze sichtlich zu schaffen macht. Sein Name: Augustin Mouchot. Gerade eben hat er die tiefschwarzen Leintücher abgenommen, die den gigantischen Spiegel verhüllten. Nun fallen die Strahlen der Mittagssonne auf die leicht gewölbte Oberfläche des Spiegels, werden zu einem einzigen Strahl gebündelt und auf den Kessel gerichtet. Nach Minuten dringt ein leichtes Brodeln an das Ohr der Umstehenden; ein Raunen geht durch die Menschenmenge. Und als die Pumpe, nur vom im Kessel entstehenden Dampf angetrieben, als sichtbaren Erfolg des aufwendigen Versuchs aus ihrer Öffnung einen pulsierenden Wasserstrahl hervorbringt, macht sich ein zufriedenes Lächeln im schweißüberströmten Gesicht des kleinen Franzosen breit.

An diesem Septembertag des Jahres 1864 hat es Augustin Mouchot geschafft, hat die Sonne ihre Rolle perfekt gespielt. Der Traum des 39jährigen Erfinders aus dem südfranzösischen Tours ist wahr geworden. Seine nur vom Sonnenlicht getriebene Maschine sollte tatsächlich fortan in der Lage sein, bis zu 2500 Liter Wasser pro Stunde zu fördern.

Die Einwohner Algiers konnten damals einem der ersten praktischen Versuche beiwohnen, der Sonne Kraft abzutrotzen und sie für den Menschen nutzbar zu machen. Das von Mouchot 1879 verfaßte Buch über die Anwendungen der Sonnenwärme - das erste derartige Werk - ist noch heute, mehr als ein Jahrhundert später, so etwas wie die Bibel der Solartechnik. Mouchot war der Solarpionier schlechthin, und er war ungemein fleißig: Er ersann 1866 der Welt erste Solardampfmaschine, den ersten Solarherd und erzeugte Eis mit Sonnenenergie. Er regte die Gewinnung von Wasserstoff durch solarbetriebene Wasserspaltung an und führte 1878 auf der Pariser Weltausstellung seinen Solarwasserkocher vor - alles mit Techniken, die den heute angewandten kaum nachstehen.

Es soll Mouchots Leistungen nicht schmälern, aber die Idee, die unerschöpfliche Energie der Sonne zu nutzen, spukte bereits lange vor seiner Zeit durch kluge Köpfe. Schon in der Antike zeichneten und planten Gelehrte und Philosophen in Griechenland und anderen Hochkulturen um die Wette. Allerdings kamen die Skizzen über das Niveau besserer Kritzeleien kaum hinaus. Meist handelte es sich um Spielereien wie Wasserhebevorrichtungen oder Wärmeanlagen, die den Technikern sozusagen in der Freizeit einfielen; dann, wenn sie gerade nicht an neuen Kriegsmaschinen tüftelten. Auch später, etwa im 17. Jahrhundert, konstruierten die ›Eierköpfe‹ an den Höfen der Könige statt sinnvoll nutzbarer Maschinen lieber solarbetriebene Springbrunnen. Derartiges war aber nur selten geeignet, die chronische Langeweile der jeweiligen Herrscher dauerhaft zu vertreiben, da man meist im Stadium der Planung stecken blieb, und so gab es vor besagter Solarpumpe des Augustin Mouchot nahezu keine praktische Nutzung der Sonnenkraft.

Doch auch Mouchots solarbetriebene Pumpe zu Algier war nicht der Durchbruch. Sie wurde unter den Wissenschaftlern seiner Zeit zwar wohlwollend zur Kenntnis genommen, mehr jedoch nicht. Das enorme Potential der Sonne als Arbeitsmaschinenantrieb begriffen nur wenige; zeitgenössische Solarkonstruktionen schienen weiterhin eher Kuriositätenkabinetten entliehen als gesunden Forscherhirnen entschlüpft. Erst eingangs unseres Jahrhunderts nahm die Idee von der Sonne als billiger Energiequelle konkretere Formen an. Vom Sonnenmotor auf einer kalifornischen Straußenfarm des Jahres 1902 bis zur Sonnenpumpe, die 1912 in Ägypten eine 2500-Hektar-Baumwollplantage bewässerte, tauchten immer mehr praktische Anwendungen auf. Bis zu den dreißiger Jahren unseres Jahrhunderts hatten Tüftler weltweit etwa hundert derartige Patente angemeldet. Was den Fortschritt erschwerte, waren die hohen Herstellungskosten der benötigten Apparaturen. Andere Motoren, ob mit Strom oder Benzin betrieben, waren weit billiger. Wozu sich also den Kopf zermartern? Und so versank die Nutzung der Sonnenenergie erneut in einen Dornröschenschlaf, der bis in die siebziger Jahre dauerte.

Anstatt das enorme Potential der Sonne zu nutzen, haben wir sie lieber jahrhundertelang mit Qualm und Ruß verdunkelt. Aber wer konnte von den Erfindern hellseherische Fähigkeiten erwarten? Wie sollten sie ahnen, daß am Ende des 20. Jahrhunderts Energie in fast unvorstellbaren Mengen gebraucht werden würde, so daß andere Energieträger den Bedarf nicht mehr decken konnten, weil ihre Nutzung an Grenzen gelangt war: an Grenzen der Verfügbarkeit, aber auch und vor allem an Grenzen der Umweltverträglichkeit?

Bei heutigem Kenntnisstand ist es kaum zu erklären, weshalb sich schutzanzug- und maskenbewehrte Wissenschaftler schon seit Jahrzehnten der Kernenergie ausliefern, weshalb Arbeiter seit Jahrhunderten im Schweiße ihres Angesichts und unter Einsatz ihrer Gesundheit Öl und Kohle fördern, und weshalb wir uns freiwillig jährlich Millionen und Abermillionen Tonnen Luftschadstoffe um die Nase blasen lassen. Läßt nicht die Natur genügend ›rohe Kräfte‹ sinnvoll ›walten‹, die weit bequemer nutzbar sind?

Und doch fiel – warum auch immer – an den vielzitierten Schalthebeln der Macht vor Jahrzehnten die falsche, aber seither nie korrigierte energiepolitische Entscheidung, obwohl auch vor den Fenstern dieser Amtsstuben täglich der umweltfreundliche ›Energie-Ball Sonne‹ ohne größere Anstrengung zu sehen ist. Längst ist es an der Zeit, daß Wissenschaftler sich daran machen, den Traum des Prometheus zu verwirklichen und ›das Feuer vom Himmel holen‹.

Der Fusionsreaktor Sonne

Schon als die Erde noch als wüster und leerer Planet durch den Raum flog, erhielt sie ihr tägliches Quantum Energie von der Sonne. Die Sonne ist zweifellos die älteste, zuverlässigste und sauberste Energiequelle. Allen Befürwortern anderer Energieträger müßte ob deren Bedeutungslosigkeit die Schamröte ins Gesicht steigen. 150 Millionen Kilometer von uns entfernt schwebt dieses gigantische Kraftwerk; das einzige ›umweltfreundliche‹ Kernkraftwerk unseres Sonnensystems. Seit 4,6 Milliarden Jahren findet dort Sekunde für Sekunde jene nukleare Kettenreaktion statt, die Leben auf der Erde erst möglich gemacht hat. Jedes Licht, jedes Feuer, jeder Windhauch und Wellenschlag, alles Pflanzenwachstum hängt vom Fusionsreaktor Sonne ab. Hitze und Kälte, Wolken und Regen, Dürre und Überschwemmung – nichts wäre möglich ohne die Kraft der Sonne. Fast alle verfügbare Energie läßt sich auf die Sonne zurückführen. Sie treibt die Photosynthese an, die Strahlungsenergie in chemische Energie umwandelt und so Pflanzen und Tiere am Leben erhält.

Auch Öl, Gas und Kohle sind nichts anderes als Sonnenenergie, gespeichert im Laufe von Jahrmillionen. Innerhalb weniger Jahrzehnte haben wir jedoch diese Stoffe nahezu vollständig verfeuert. Mit dem lebensgefährlichen Nebeneffekt, daß die entstehenden ›Abfälle‹ das Weltklima aus den Fugen bringen. Fazit: Der einzige Ausweg kann nur eine Energiequelle ohne Abgase sein.

Die Energiemenge, die unser Zentralgestirn liefert, übersteigt unsere Vorstellungskraft. Ein Verwirrspiel mit vielen Nullen: In jeder Sekunde werden im Sonneninneren, wo Temperaturen von bis zu 15 Millionen Grad Celsius herrschen (an der Oberfläche 5500 Grad), 564 Millionen Tonnen Wasserstoff in 560 Millionen Tonnen Helium umgewandelt. Die vier Millionen Tonnen Differenz werden als elektromagnetische Strahlung frei. Diese Strahlung schickt die Sonne ins All. Pro Gramm Sonnenmasse sind das 200 000 Kilowattstunden im Jahr. Diese Energie wird die Sonne auch in Millionen von Jahren noch liefern. Um genau zu sein: Die Sonne dürfte noch vier Milliarden Jahre fleißig weiterstrahlen. Dann allerdings wird, glaubt man Experten, die strahlende Zukunft zu Ende sein. Wahrscheinlich wird die Sonne explodieren, genauer gesagt: Sie wird sich aufblähen und alle Planeten verschlingen.

Die meisten Informationen über die Gegebenheiten auf der Sonne verdanken wir der US-amerikanischen Skylab- und der europäischen Spacelab-Mission der frühen achtziger Jahre. Gegenüber erdverwurzelten Sternguckern hatten die Astronauten den großen Vorteil, daß sie ihre Beobachtungen vom All aus, ungetrübt vom ›Nebel‹ der Erdatmosphäre, machen konnten.

Lange Jahre rätselten helle Köpfe, woher die Sonne ihre schier unerschöpfliche Energie nimmt. Chemische Verbrennung, so der Erkenntnisstand unserer Urgroßväter, schied wohl aus. Selbst die Sonne als reiner Kohlenstoffball wäre innerhalb von 5000 Jahren ausgebrannt. Erst als der Wissenschaft der Beweis gelang, daß auch Atome vergänglich sind, war der Schlüssel zur Erklärung gefunden. Die Sonne verschmilzt immer zwei Wasserstoffatome zu einem einzigen Heliumatom. Die freiwerdende Energiemenge ist eine Million mal so groß wie die, die bei chemischen Reaktionen der gleichen Stoffmenge frei würde.

Diese kontrollierte Kernfusion, die uns die Sonne seit Jahrmilliarden vorführt, ist für den Menschen bisher ein Traum geblieben. Hin und wieder scheint man nahe daran, ihn wahrzumachen. Etwa 1989, als durch die Welt der Wissenschaft die schier unglaubliche Meldung geisterte, zwei amerikanische Forscher namens Fleischmann und Pons hätten eben diese Kernfusion nachvollzogen – im Reagenzglas.

Doch die ›Fusion im Reagenzglas‹ – eine Ohrfeige für alle Alt-Forscher – schlug auf ihre Erfinder zurück. Schon nach wenigen Tagen mußten sie den peinlichen Flop eingestehen. Es habe geklappt, aber irgendwie auch wieder nicht, drucksten die zwei Möchtegern-Nobelpreisträger herum; die Meßapparaturen seien eigentlich auch nicht die genauesten gewesen und überhaupt... Und so konnten die Fusions-Forscher wieder beruhigt in ihre – finanziell reich ausgestatteten – Labors verschwinden.

Reich ausgestattet, denn unseren Politikern ist Fusionsforschung bemerkenswert viel wert. Am Max-Planck-Institut in Garching bei München begann im August 1990 mal wieder ein neues Großexperiment zur Fusion. Doch vor Mitte des nächsten Jahrhunderts, so Direktor Klaus Pinkau, sei mit wirtschaftlich arbeitenden Reaktoren nicht zu rechnen. »Die Kernfusion ist eine Langfristoption mit sehr großem Potential«, schwärmte Forschungsminister Riesenhuber im Februar 1990 und öffnete ihr seinen Geldsäckel. Viele Wissenschaftler zweifeln heute aber bereits, ob Fusion in Reaktoren überhaupt je realisierbar sein wird. Tatsächlich scheint sie sich eher als Milliardenflop mit großem Gefahrenpotential zu entpuppen. Fusion – so sie denn je wirtschaftlich gelänge – läßt mehr als doppelt so viel Atommüll zurück wie herkömmliche Reaktoren. Japan und die USA jedenfalls haben ihre Fördergelder längst zurückgeschraubt. Auch die Riesenhuber-Milliarden hätten von der Solarenergieforschung wohl weit besser genutzt werden können. Auf der Erde ist die Fusion bisher nur auf eine einzige Art geglückt – unkontrolliert, bei der Wasserstoffbombe. Die friedliche Nutzung der Kernfusion bleibt nach wie vor ein schöner Traum.

Die Strahlung auf die Erde

Was die gesamte Weltbevölkerung in einem Jahr an Energie verbraucht, produziert der Kernreaktor Sonne in 20 Minuten – gratis. Diese Energie verpufft aber nahezu ungenutzt im All.

Daher ist die Sonne strenggenommen zugleich Energiespender und Energieverschwender. Denn der lange Weg bis zu uns fordert Wegzoll: 99,99 Prozent der von der Sonne stammenden Energiemenge geht an der Erde vorbei oder bleibt in der Atmosphäre hängen. Nur ein winziger Teil durchstößt geradlinig unseren Schutzwall. Doch über den Energieverlust können wir heilfroh sein. Die Strahlung würde alles verbrennen, Leben könnte auf unserem Planeten nicht existieren. Darin liegt auch die Gefahr des berühmt-berüchtigten ›Ozonlochs‹, das Ende 1990 größer denn je auftrat: Die geschädigte Ozonschicht läßt zu viel Strahlung durch; das Leben der Menschen, Tiere und Pflanzen kann sich radikal verändern. Weltweit steigende Hautkrebsraten sind nur eines der Symptome.

Die 0,01 Prozent Sonnenenergie, die durch den Ozon-Schutzschild hindurch auf die Erde gelangen, genügen: Auf der Erdoberfläche trifft immer noch das 8000fache dessen auf, was alle Erdenbürger zusammen verbrauchen. In Zahlen: die gebündelte Energie, die die Sonne jährlich auf die Erdoberfläche strahlt, entspricht mehr als 750 000 000 000 000 000 (750 Billiarden) Kilowattstunden (kWh). Lassen wir die Energie außer acht, die aufs Meer ›herniederprasselt‹, bleiben den Kontinenten 219 Billiarden kWh, mehr als das 3000fache des Weltendenergieverbrauchs von 7 300 000 000 Tonnen Steinkohleeinheiten (t SKE), oder 60 Billionen kWh (1 t SKE = 8140 kWh) pro Jahr. 30 Prozent davon werden sofort, weitere 50 Prozent später zurückgestrahlt. 20 Prozent treiben den globalen Wasserkreislauf an; 0,06 Prozent betreiben die Photosynthese. Wenngleich sich nur ein Tausendstel der Sonnenstrahlung, also 220 Billionen kWh aus ökologischen, technischen und finanziellen Gründen in die benötigten Endenergieformen (Wärme, Strom) umwandeln läßt, so ist das immer noch fast das Dreieinhalbfache dessen, was die Menschheit derzeit verbraucht.

Um aus dem Zahlenlabyrinth kurzzeitig zu entfliehen, sei es in Worte gefaßt: Auch bei weiterem Anwachsen von Menschheit und Energieverbrauch reicht das Potential an Sonnenener-

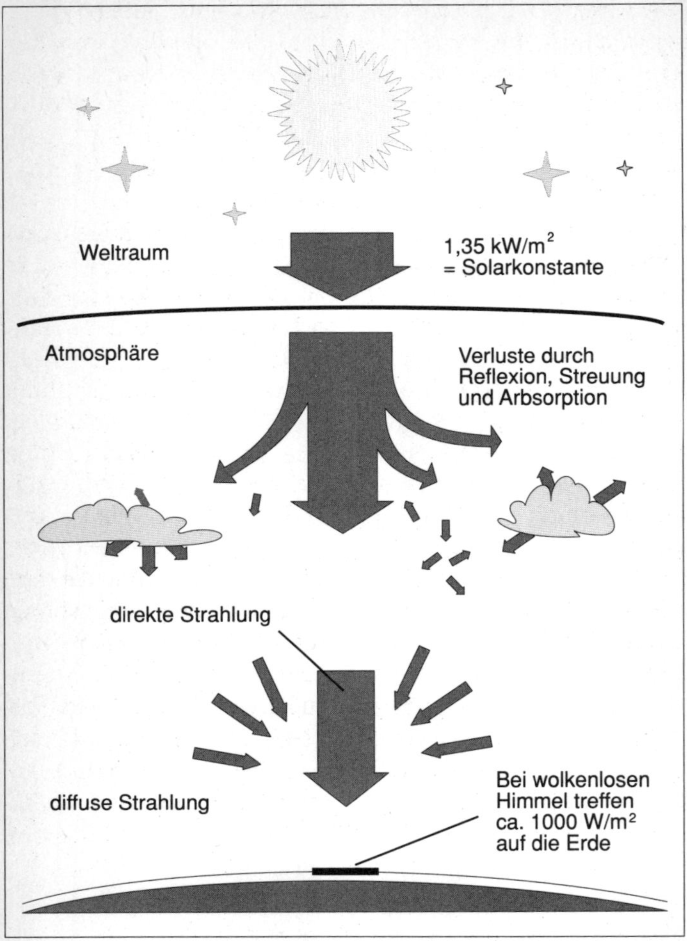

Der Weg der Sonnenstrahlung durch die Atmosphäre.

gie ›dicke‹. Eine Weltenergieversorgung ohne fossile Brennstoffe und ohne Kernkraft ist rein rechnerisch möglich.

Wenn sich die Sonnenenergie der Erde nähert, dann hat sich ihre Kraft von 43 000 Kilowatt (kW) an der Sonnenoberfläche auf 1,36 kW pro Quadratmeter am Rand der Erdatmosphäre verringert. Auf den letzten Kilometern bis zum Erdboden büßt sie noch einmal fast die Hälfte ein. Das Sonnenlicht reagiert mit Wasserdampf, Kohlendioxid und dem in etwa 20 Kilometer Höhe schwebenden stratosphärischen Ozon. Am Erdboden angekommen, hat die Sonnenenergie dann das Maß erreicht, welches unser Leben entstehen ließ.

Bei wolkenlosem Himmel und senkrechtem Sonnenstand treffen auf die Erde etwa 1000 Watt pro Quadratmeter auf. In unseren Breiten ist es selbst im Winter immerhin eine Kilowattstunde pro Quadratmeter und Tag; im Sommer bis zu acht Kilowattstunden täglich.

Auf das Jahr umgerechnet bringt es die Bundesrepublik auf eine Einstrahlung von knapp über 1000 kWh je Quadratmeter (kWh/a x m^2). Im internationalen Vergleich führen wir in dieser Hinsicht buchstäblich ein Schattendasein. Selbst relativ sonnenarme Länder wie China (1100 bis 1700 kWh/a × m^2) oder Japan (1200 bis 1400 kWh/a × m^2) bekommen mehr Sonne ab. Ganz zu schweigen von den Sonnenländern schlechthin: Der selbsternannte ›Sunshine State‹ Florida bringt es auf jährlich 2200 KWh pro Quadratmeter und erreicht damit praktisch den gleichen Wert wie die sonnenreichsten Gegenden überhaupt, etwa die Sahara, Südafrika oder Saudi-Arabien. Neben dem schwarzen Gold im Boden ist man dort auch noch reich mit der goldenen Strahlung von oben gesegnet. Oft sind es aber gerade die ärmsten der armen Länder, die Sonnenenergie am besten nutzen könnten. Ihre großen Wüstenzonen wären ideal für riesige Solarfarmen.

Die Strahlung auf die Bundesrepublik

Die Bibel verkündet, die Sonne scheine »gleichermaßen über Gerechte wie über Ungerechte«. Für die Bundesrepublik wäre eine Beschwerde angebracht: In zwei Dritteln der USA brennt die Feuerkugel 2600 bis 3000 Stunden im Jahr herunter, im restlichen Drittel mehr als 3000 Stunden. Und bei uns? Kümmerliche 1500 der 8760 Jahresstunden lacht uns im Durchschnitt die Sonne, bei enormen regionalen Unterschieden: Im Ruhrgebiet kämpft sie sich nur 1300 Stunden durch die (Ruß-) Wolken, im Süden der Republik sind es bis zu 1900 Stunden. Auf 1750 Sonnenstunden im Jahr bringt es zum Beispiel München. So wäre der Süden der Republik eher für Sonnenenergienutzung prädestiniert, während der Norden einen anderen Vorteil aufweist. Wer schon einmal am Deich in einer steifen Brise stand, weiß, wovon die Rede ist: Windenergie ist dort im Aufwind.

Zurück zu den Strahlungsdaten. Allein auf die Länder der alten Bundesrepublik strahlt die Sonne im Jahr 250 Billionen Kilowattstunden, weit mehr als wir je verbrauchen könnten, selbst wenn sämtliche Geschirrspüler, Waschmaschinen oder Staubsauger rund um die Uhr laufen würden. Heute brauchen wir Bundesdeutsche (West) 257 Millionen Tonnen SKE Endenergie - das sind 2,1 Billionen Kilowattstunden - im Jahr. Wir müßten also nur ein Hundertstel der einfallenden Sonnenenergie nutzen. Schon die Energiemenge, die auf unsere Dächer einstrahlt, reicht zur Deckung aus: Auf das Dach eines süddeutschen 100-Quadratmeter-Bungalows etwa entfallen im Jahr mehr als 100 000 Kilowattstunden Sonnenenergie.

Die jüngste Geschichte der Solartechnik

Der Club of Rome, ein informeller Zusammenschluß von rund 70 Wissenschaftlern, Wirtschaftsexperten, Industriellen und Humanisten aus 25 Staaten, hatte schon 1972 davor gewarnt, die so unentbehrlichen Rohstoffe, deren Entstehung Jahrmillionen gedauert hatte, in wenigen Jahrzehnten zu verfeuern. Zunächst vergebens.

Leise Hoffnung brachte erst die Ölkrise des Jahres 1973. Der Anschlag auf die Auto-Mobilität der Deutschen förderte leichtes Umdenken. Plötzlich spürte der Bürger Zwang: Es gab autofreie Sonntage und drastische Sparmaßnahmen. Plötzlich kam der Strom eben nicht mehr so einfach aus der Steckdose.

Alle Bequemlichkeiten, die uns unser bedenkenloser Umgang mit Energie beschert hatte, zeigten ihre Grenzen und ihren Preis. Fast über Nacht stiegen die Heizölkosten auf das Doppelte. Die Abhängigkeit von der Energie wurde schmerzlich bewußt, das Fundament unseres Wohlstands bröckelte.

Die Suche nach Auswegen begann. Und die, die bis dato als ›linke Spinner‹ gegolten hatten, waren plötzlich gefragt. Allerdings war mit dem Wieder-Öffnen der Zapfhähne ein Wieder-Schließen der Kassen für die neuen Ideen verbunden. Dennoch hatten die Freunde der sanften Energien Fuß gefaßt. Sie waren nicht länger die Schmuddelkinder des Fortschritts, Solartechnik-Forschung fand Anerkennung. Selbst Großfirmen wie MBB, AEG oder MAN mischten fleißig mit. Allerdings: Mehr als eine Außenseiterrolle wurde der Solartechnik immer noch nicht zugestanden. Dem stand das ›goldene Kalb‹ Atomkraft im Wege.

Ein weiterer Sinneswandel wurde etwa 1980 deutlich, zeitgleich mit der Erkenntnis, daß die Akzeptanz der Atomenergieprojekte beim Bürger auch mit Gewalt nicht durchzusetzen war. In dieser Zeit entstanden große Pilotprojekte der Solartechnik, darunter die ersten Solarkraftwerke auf Sizilien, in Spanien und Kalifornien.

Dann folgte der Tschernobyl-Schock 1986. So schlimm er auch war, er bereitete den Weg für neue Ideen. Viele mußten einsehen, daß der Weg der Kernenergie in eine tödliche Katastrophe führen kann. Bezeichnenderweise war es damals wie heute eher die Angst vor einem neuerlichen atomaren Desaster, die die Geldbörsen für die Solartechnik öffnete, als das Vertrauen auf deren Möglichkeiten. Nur langsam setzt sich heute die unter Experten schon jahrzehntealte Erkenntnis durch, daß Solartechnik mehr ist als Ersatz, daß sie mehr zu bieten hat als nur Taschenrechner und Uhren mit Solarzellen, daß sie tatsächlich zur Energie der nächsten Jahrhunderte werden kann. Heute, da klar wird, wie sehr wir unsere Erde durch die derzeitige Energiepolitik gefährden, spricht mehr denn je für einen ›Sonnenaufgang‹ in der Energiepolitik.

Die Sonne ist die größte Energiequelle, die dem Menschen zur Verfügung steht. Und sie ist – nach menschlichen Maßstäben – unerschöpflich. Allein auf die Bundesrepublik fallen in durchschnittlich 1500 Sonnenstunden pro Jahr Sonnenstrahlen mit einem Energiegehalt von 250 Billionen Kilowattstunden, rein rechnerisch das Hundertfache der hierzulande jährlich verbrauchten Energie. Weltweit strahlt die Sonne allein auf die Landflächen sogar 220 Billiarden Kilowattstunden hernieder, was dem Dreitausendfachen des Endenergieverbrauchs der ganzen Menschheit entspricht. All diese Energie, und noch viel, viel mehr, wird durch eine im Inneren der Sonne unablässig stattfindende, gigantische nukleare Fusionsreaktion frei: Bei Temperaturen um 15 000 000 Grad Celsius werden jeweils zwei Wasserstoffatome zu einem Heliumatom verschmolzen.

Doch noch müssen Solarenergienutzer mit vielfältigen Widerständen und Vorurteilen kämpfen; noch herrscht im Bereich ›Energiepolitik‹ tiefste Nacht. Das folgende Kapitel gibt einen Überblick über die Energieproblematik. Ferner stellt es dar, wie die aktuelle und dennoch alte Politik aussieht und warum sie den Schwierigkeiten hilflos gegenübersteht, die der Menschheit durch ihre Energieverschwendung entstehen.

Energie ist nicht gleich Energie

Warum brauchen wir die Sonne? Wir haben Öl, Gas, Kohle und Atom, die zusammen vier Fünftel des Weltenergieverbrauchs decken; reicht das nicht? Ja und nein. Ja, denn es reicht längst – all jenen, die unter den Umweltschäden leiden, die diese Energieträger angerichtet haben. Nein, denn die besagten Energiequellen reichen auf lange Sicht nicht aus. Begrenztheit und Umweltschädlichkeit der ›alten‹ Energieträger sprechen für die Sonnenenergie.

Die endliche Energie

Die Energiereserven auf der Erde sind begrenzt. Öl dürfte als erstes in 60 Jahren, Gas in 120 Jahren zur Neige gehen. Etwa 134 Milliarden Tonnen Öl sind weltweit aufgespürt, fast drei Milliarden davon werden jährlich ans Licht befördert.

Die angegebenen Zeitspannen gelten nur bei konstantem Verbrauch. Doch wir sind gerade dabei, den Countdown schneller laufen zu lassen. Denn der Energieverbrauch nimmt weltweit ungeachtet aller Appelle und Notwendigkeiten sogar noch zu; ein Ende des Energiewahns ist nicht abzusehen:

- Der weltweite Energieverbrauch ist seit 1937 von 18 auf 96 Milliarden Kilowattstunden gestiegen.
- Der Ölverbrauch der Industrieländer wächst jährlich um 0,5 Prozent, in der Dritten Welt sogar um fast vier Prozent.
- Jährlicher Anstieg des Weltmineralölverbrauchs in den letzten fünf Jahren: je 50 Millionen Tonnen.
- Die Zahl der weltweit zugelassenen Kraftfahrzeuge hat 1990 mit 500 Millionen einen Rekord erreicht und sich seit 1950 verfünffacht.
- Die weltweite Stromerzeugung hat sich seit 1960 verdreifacht.
- Die Wachstumsrate (fünf Prozent pro Jahr) ist größer als die der Menschheit.

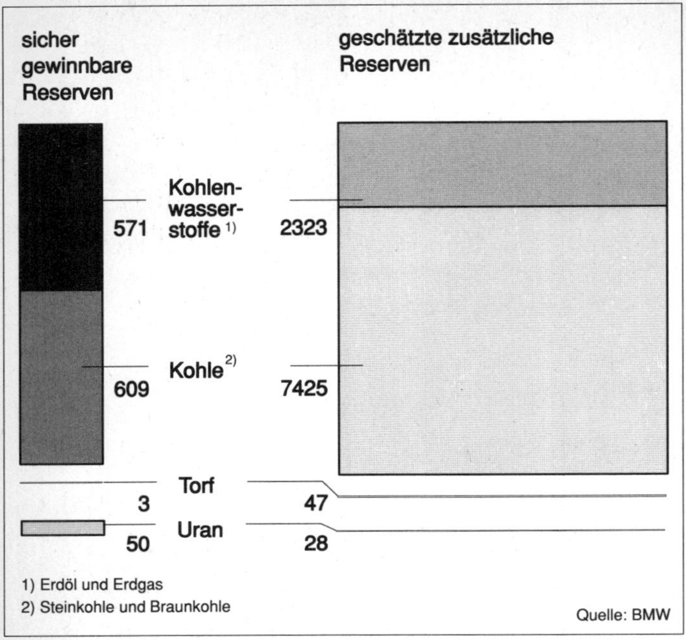

Die Weltenergievorräte (in Mio. t SKE).

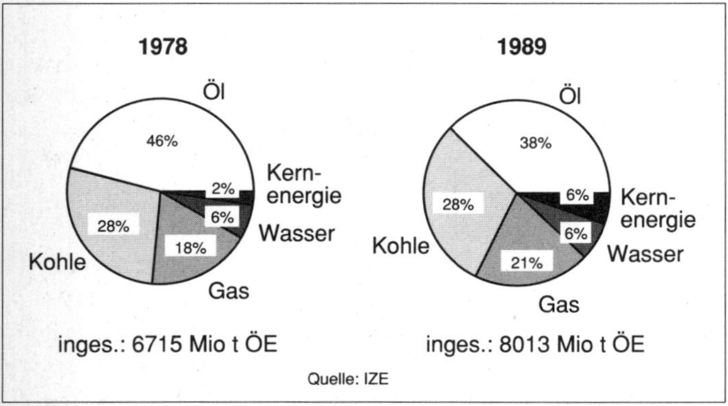

Der weltweite Energieverbrauch (aufgeschlüsselt nach Energieträgern).

Energieverbrauch in der Bundesrepublik

Die Bundesbürger verbrauchten 1990 Energie, die dem Brennwert von 392 Millionen Tonnen Steinkohle entsprach. Zum Vergleich: 1950 waren es gerade 140 Millionen Tonnen. Der Brutto-Stromverbrauch in der Bundesrepublik stieg von 1970 bis 1990 von 250 auf 449 Milliarden Kilowattstunden.

Die Zuwachsrate in den achtziger Jahren: mindestens zwei Prozent jährlich.

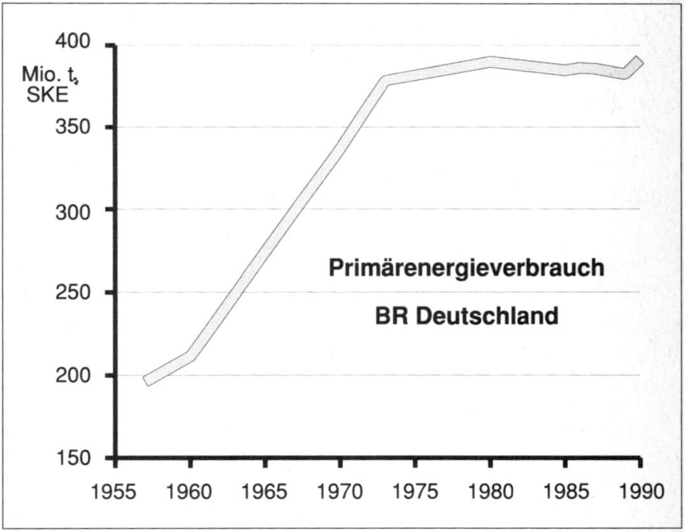

Der Primärenergieverbrauch in der BRD hat sich seit 1975 auf diesem hohen Niveau eingependelt.

›Primärenergie‹ ist die Energie, die in Energieträgern wie Sonne, Wasser, Wind, Erdöl, Erdgas oder Kohle enthalten ist. Sie ist zu unterscheiden von der ›Sekundärenergie‹, die in bereits unter Energieverlust hergestellten Sekundärenergieträgern wie Benzin, Briketts oder Strom steckt. Alle Energie, die dem Verbraucher zur Verfügung gestellt wird, nennt man

›Endenergie‹. ›Nutzenergie‹ ist die Energie, die letztlich den ihr zugedachten Zweck erfüllt.

Der Primärenergieverbrauch in der Bundesrepublik hat sich also seit 1957 fast verdoppelt. Seit der zweiten Ölkrise 1978 läßt sich in der Bundesrepublik wie auch in einigen anderen Industrieländern immerhin ein Stillstand feststellen.

Der Endenergieverbrauch ist demgegenüber hierzulande in den letzten Jahrzehnten wesentlich stärker gestiegen. Den größten Teil verbrauchen Industriebetriebe und Haushalte (je 29 Prozent). Der Anteil des Verkehrs beträgt 26 Prozent (nimmt noch stark zu), der des Kleingewerbes 14 Prozent. Daß der Anteil der Industrie seit 1966 von 40 auf knapp 29 Prozent zurückging, obwohl die Produktion jährlich um etwa zwei Prozent zunahm, ist technischen Neuerungen zuzuschreiben; was belegt, welch enormes Sparpotential in Systemen steckt, deren Ziel rationellere Energieumwandlung ist.

Ursachen des weltweiten Verbrauchszuwachses

Fragen wir nach dem Beginn der Kette von Problemen, so stoßen wir auf den Beginn allen Lebens: Die Geburt ist - paradox genug - heute die größte Bedrohung menschlichen Lebens. Die Spezies Mensch vermehrt sich zu schnell und zerstört so selbst die Grundlage ihrer Existenz.

Denn wo immer Menschen leben, da entstehen Abfälle, da wird produziert, verbraucht und ausgestoßen, im kleinsten Dorf im Sudan wie in der größten Industriestadt Japans. Das war schon immer so, und die Natur wußte sich darauf einzustellen. Solange die Weltbevölkerung klein blieb und Energie nur zum Kochen oder Heizen benötigt wurde, schadete der Mensch seiner Umwelt nicht.

Seit einigen Jahren ist alles anders. Die Menschheit hat sich rapide vermehrt, von einer Milliarde (eine Zahl, die für Millionen Jahre nie überschritten wurde) auf 5,3 Milliarden. Selbst wenn die einzelnen Menschen nicht mehr verbrauchen würden als früher: die Summe macht's. Mehr Menschen brauchen mehr Nahrung, mehr natürliche Ressourcen, mehr Land, letztlich mehr Energie. Die Erdbevölkerung hat sich seit 1950 verdoppelt, der Energieverbrauch vervierfacht.

Dabei liegt die Gefahr längst nicht mehr in der einfachen Zunahme; die eigentliche Gefahr ist ihre atemberaubende Beschleunigung: Die ganze Menschheitsgeschichte bis zum Jahr 1820 war nötig, die Weltbevölkerung auf eine Milliarde Menschen anwachsen zu lassen. Für die zweite Milliarde bedurfte es nur noch eines knappen Jahrhunderts, die dritte wurde in fünfzig Jahren erreicht, und heute sind nur noch dreizehn Jahre nötig, die Weltbevölkerung um eine weitere Milliarde zu vergrößern. Alle 35 (früher alle 1000) Jahre verdoppelt sich die Zahl der Menschen. Jede Minute werden 150 Menschen geboren, jeden Tag 220000, jedes Jahr sind es 100 Millionen Menschen, die das Licht der Welt erblicken (Während Sie diesen Satz gelesen haben, wurden 19 Menschen geboren ... und jetzt wieder 15!).

Zu allem Unglück entfallen 90 Prozent der Geburten auf die Länder der Dritten Welt, wo bereits heute 80 Prozent der Weltbevölkerung leben. Neun Zehntel des Bevölkerungszuwachses der Entwicklungsländer wiederum entfallen auf die Städte, wo sich Slums wie Krebsgeschwüre ausbreiten. Mexiko Stadt wird im Jahr 2000 als größte Stadt der Welt 24 Millionen Einwohner haben gegenüber vier Millionen im Jahr 1950! In Bombay, heute mit zwölf Millionen Einwohnern gesegnet, von denen sieben Millionen obdachlos sind, werden im Jahr 2000 voraussichtlich 15 Millionen Menschen leben - besser gesagt: ums Überleben kämpfen.

Dennoch zeigte eine Allensbach-Umfrage im August 1990, daß sich immer noch 30 Prozent der Bundesdeutschen »keine Sorgen« über das Bevölkerungswachstum machen. Nur 16 Prozent sahen für die Bundesrepublik eine Notwendigkeit, die Zahl der Geburten zu verringern.

Doch das Jahr 2020 wird acht Milliarden Erdenbürger sehen. Acht Milliarden Menschen, vor allem in den Entwicklungsländern, für die kein Platz ist, die aber alle einen möglichst hohen

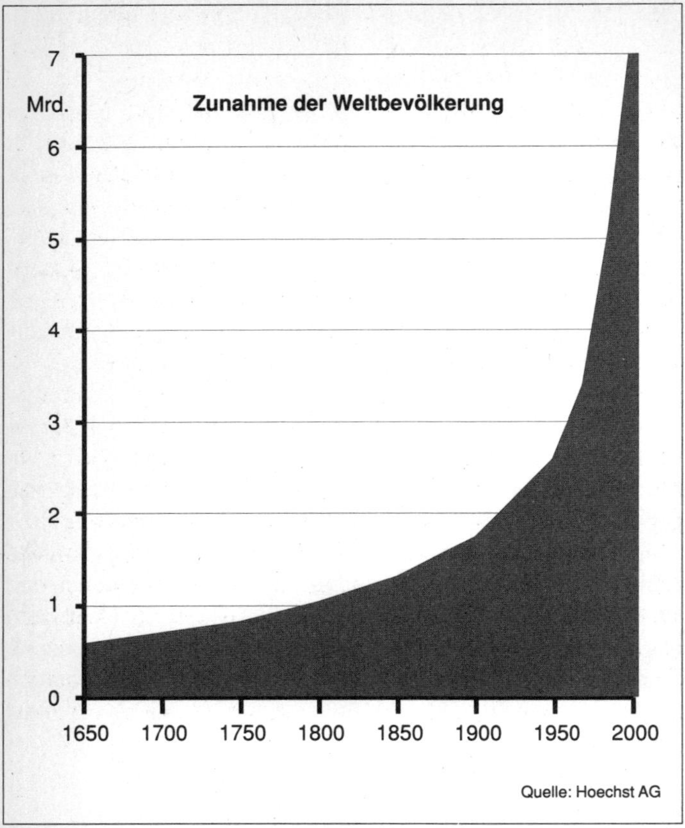

Zunahme der Weltbevölkerung in den letzten 350 Jahren.

Lebensstandard erreichen wollen und dazu Unmengen an Energie einsetzen. Hier erreichen wir das nächste Problem: Verbrauchszuwachs durch Bevölkerungszunahme ist das eine; zusätzlicher Pro-Kopf-Zuwachs in den Staaten, die am Anfang des energieintensiven Weges hin zu einer Industrienation stehen, das andere.

Die Industrieländer stellen knapp 25 Prozent der Weltbevölkerung, aber fast 80 Prozent des Weltenergieverbrauchs. Der jährliche Pro-Kopf-Verbrauch in den USA entspricht 6500 Litern Erdöl, in der UdSSR 3800, in der Bundesrepublik 4000 Litern. In Brasilien sind es dagegen nur 1000, in China 500 Liter; in den ärmsten Ländern wie Uganda und Äthiopien gerade noch 15 Liter, hauptsächlich in Form traditioneller Brennstoffe. Selbstverständlich werden die Regierungen nicht nur dort versuchen, die Diskrepanz auszugleichen, um sich westlichen Lebensstandards anzunähern. Und wer wollte ihnen dies verdenken? Der Durchschnittseuropäer verbraucht 50mal so viel Energie wie ein Afrikaner. Wir ›Reichen‹ können als größte Verschwender nicht den Entwicklungsländern das Sparen diktieren. Dem, was Mustafa Tolba, Direktor des UN-Umweltprogramms UNEP, »grünen Imperialismus« nennt, wäre Tür und Tor geöffnet. Die Internationale Energie Agentur (IEA) in Paris rechnet mit gesteigertem Energiebedarf vor allem der Schwellenländer; jener Länder also, die unter hohem Energieeinsatz die ›Schwelle‹ zum Industriestaat überschreiten wollen. Länder wie Mexiko, Brasilien, Indien oder Jamaika zählen hierzu. 1988 schoß zum Beispiel der Ölverbrauch in den aufstrebenden Industrienationen Südostasiens um 14 Prozent in die Höhe, in den achtziger Jahren insgesamt um 43 Prozent. Der Anteil aller Entwicklungsländer am Weltenergieverbrauch ist zwischen 1970 und 1990 bereits von 14 auf 24 Prozent gestiegen.

Die weltweite Energieverschwendung

Energie wird nicht nur in Rekordmengen verbraucht, sie wird schlichtweg vergeudet. Der Anteil der Nutzenergie an der aufgewandten Primärenergie beträgt bei uns bescheidene 32 Prozent. Das bedeutet: von aller Energie, die wir den verschiedenen Energieträgern entnehmen, erfüllt nicht einmal ein Drittel den Zweck, für den sie bestimmt ist. Mehr als zwei Drittel gehen verloren und belasten die Umwelt.

In den neuen Bundesländern kann man besonders gut sehen, wie Energie heute noch vergeudet wird. Jeder DDR-

Bürger verbrauchte fast 40 Prozent mehr Energie als sein West-Kollege - trotz viel niedrigerem Lebensstandard. Einziger Grund: Technologieunterschiede. Fast wöchentlich zeigen auch im Westen der Republik neue Studien weitere Einsparpotentiale dank besserer Technik auf.

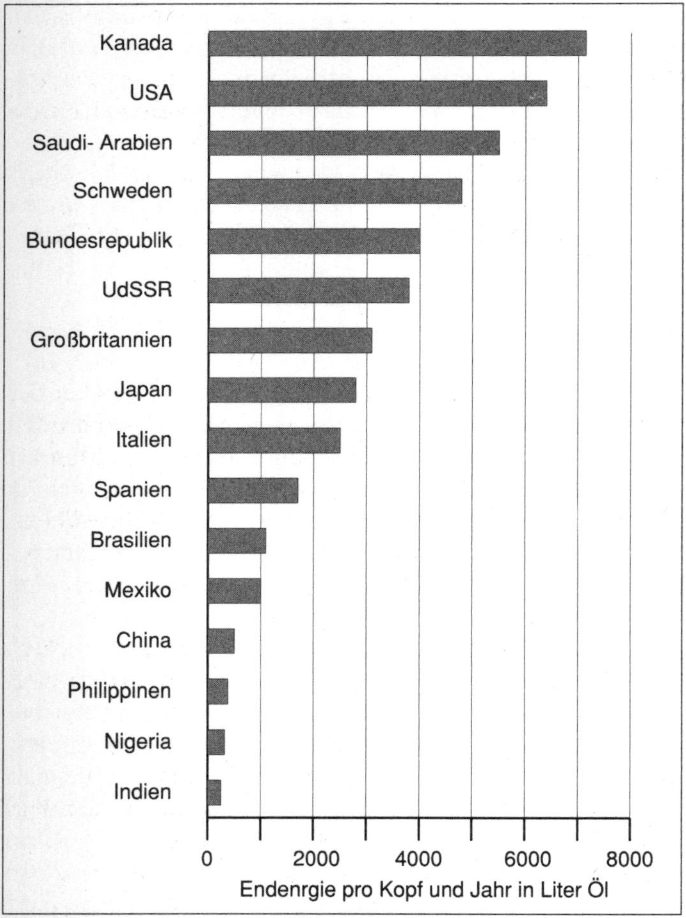

Pro-Kopf-Energieverbrauch in Industriestaaten und Entwicklungsländern.

Zur Verschwendung bei der Umwandlung gesellt sich die tägliche Verschwendung der Nutzenergie in Betrieben, Haushalten oder im Verkehr. Hartmut Graßl, Direktor des Hamburger Max-Planck-Instituts, gibt ein anschauliches Beispiel: »Müssen wir Parmaschinken kaufen, der von einer bayerischen Sau nach Italien und dann wieder nach Deutschland zurück transportiert wird? Brauchen wir ausgerechnet neuseeländische Kiwi-Früchte?« Ein großes deutsches Versandhaus läßt die einzelnen Seiten seines Katalogs in verschiedenen Ländern Europas drucken, um Lohn- und Preisunterschiede sowie Steuervorteile zu nutzen. Das Rohmaterial wird mit Lastern kreuz und quer durch Europa gefahren. Weitere der fast unzähligen Beispiele aufzuzählen, erübrigt sich, sie sind jedem von uns hinlänglich bekannt.

Perspektiven des Verbrauchs

Experten zufolge wird aus den vorgenannten Gründen der Weltstromverbrauch im Jahr 2020 von derzeit 7000 Milliarden Kilowattstunden auf über 12 500 Milliarden Kilowattstunden angewachsen sein, der Gesamtenergieverbrauch um 50 bis 75 Prozent zugenommen haben; von heute elf auf ungefähr 18 Milliarden Tonnen Steinkohleeinheiten (SKE). Eine Reduzierung ist nicht in Sicht, lediglich ein Bremsen des Anstiegs wäre eine realistische Option.

Dies muß endlich in der Tagespolitik begriffen werden. Noch zeigen die ›reichen‹ Länder Gelassenheit, weil sie immer Wege zu finden glauben, ihren – vermeintlichen – Energiebedarf zu decken, notfalls eben zu höheren Preisen. Abgesehen davon, daß Energie immer noch viel zu billig ist, würde man die von der Energiewirtschaft verursachten Umweltschäden in die Kostenrechnung einbeziehen, ist das Problem aber längst kein finanzielles mehr: Da die Endlichkeit der Ressourcen uns schon morgen in die Steinzeit schicken kann, müssen wir das Problem heute angehen – nicht erst, wenn die Räder stillstehen.

Umweltschäden

Daß durch den übermäßigen Verbrauch die Vorräte zur Neige gehen, ist nicht alles: Welche Auswirkungen der hohe Energieverbrauch nicht nur in der Bundesrepublik hat, liest sich im Bericht des Umweltbundesamtes, ›Daten zur Umwelt‹, noch recht lapidar: »Gewinnung, Umwandlung, Transport und Nutzung von Energie sind mit vielfältigen Umweltbelastungen verbunden.

Zum Beispiel wird die Güte von Oberflächengewässern durch Einleiten chloridhaltiger Abwässer aus dem Kohlebergbau, durch Wärmeeinleitungen aus Kraftwerken sowie durch Förderung und Transport von Mineralöl negativ beeinflußt. Der Wasserhaushalt, Boden und Landschaft werden durch Bergbau, Leitungstrassen, Errichtung von Energieumwandlungsanlagen und die Ablagerung von Rückständen aus Bergbau und Energieerzeugung beeinträchtigt. Der größte Teil der Luftschadstoffe stammt aus der Bereitstellung und Nutzung von Energie.«

Richtig. Schweres Heizöl etwa enthält bis zu drei Prozent Schwefel, der beim Verbrennen zu Schwefeldioxid wird. Kohlenmonoxid oder Staub tun ihr übriges. Und durch Kohlenwasserstoffe und Stickoxide, Abgase von Motoren oder Kraftwerken, entsteht bei Sonnenschein das giftige Ozon. Das Gas ist für Pflanzen, Tiere und Menschen gefährlich und machte uns allen im Sommer 1990 mehr denn je zu schaffen.

Das sogenannte ›Ozonloch‹ hängt ebenfalls eng mit unserer Energiewirtschaft zusammen, weil vom Menschen produzierte Gase dafür gesorgt haben, daß die Ozonschicht, die in 10 bis 20 Kilometer Höhe über der Erdoberfläche das Leben auf der Erde vor der gefährlichen kurzwelligen UV-Strahlung der Sonne schützt, zerstört wird. Bereits heute dringen weltweit 20 Prozent mehr gefährliche Sonnenstrahlen zum Erdboden durch als in den zwanziger Jahren dieses Jahrhunderts, als es noch keine Fluorchlorkohlenwasserstoffe gab, die heute als Hauptverursacher des Ozonschwunds gelten. Folgen bleiben nicht aus: schon seit Jahren steigt die Zahl der Hautkrebserkrankungen rapide.

Man kann es auch drastischer ausdrücken als das Umweltbundesamt: Die Energieträger, auf denen die weltweite Energieversorgung heute basiert, haben sich als gefährlich, als lebensgefährlich für die Menschheit entpuppt. Atomkraft birgt unkalkulierbare Risiken, und die Verbrennung vor allem von Öl und Kohle ist auf dem besten Wege, das Weltklima dem Kollaps zuzuführen.

Der steigende Energieverbrauch hat inzwischen überall seine Spuren hinterlassen: Überflutungen riesiger Regionen durch Stauseen, Luftverschmutzung und saurer Regen, Erosion und Kahlschlag von Waldflächen (insbesondere in den tropischen Regenwäldern) sind auch das Ergebnis unserer bisherigen Energiepolitik. Das schlimmste an der gegenwärtigen Energiewirtschaft ist aber, daß sie sich weltweit zu 82 Prozent auf die Verbrennung von Öl, Gas und Kohle stützt. Kohle liefert dabei 26 Prozent, Gas 19 und Öl 38 Prozent. Mit diesen fossilen Brennstoffen hat es, abgesehen von den vorgenannten Gefahren, eine besondere Bewandnis: ihre Verbrennung läßt Kohlendioxid (CO_2) entstehen. Dieses Gas macht der Umwelt heute am meisten zu schaffen, denn es ist Hauptschuldiger am sogenannten ›Treibhauseffekt‹ – ein Phänomen, das die Menschheit in wenigen Jahren buchstäblich ins Schwitzen bringen kann.

Der Treibhauseffekt

Wer auch im Winter Pflanzen im Garten wachsen lassen will, der bedient sich gemeinhin eines Glashauses, in das er sein Grünzeug stellt. Die Glashülle läßt Sonnenlicht ungehindert passieren; am Boden des Glashauses, auch Treibhaus genannt, wandelt sich das Licht in Wärme. Die jedoch wird von den Glasplatten nicht mehr ins Freie entlassen. Resultat: Unter der Glashülle ist es – trotz kalter Außenluft – angenehm warm.

Was solch ein Treibhaus für die Pflanzen leistet, leisten Gase in der Erdatmosphäre für die Weltbevölkerung: nämlich kurzwellige Lichtenergie zur Erde durchzulassen, wo sie Boden, Wasser und Luft erwärmt; von der Erde abgestrahlte langwellige Wärmestrahlung (Infrarotlicht) aber teilweise dort unten festzuhalten. Diese Treibhaussituation ist nicht nur recht angenehm für uns, sondern ein absolutes Muß. Ohne diesen ›natürlichen Treibhauseffekt‹ würde die eingestrahlte Wärme schnurstracks wieder ins All entschwinden - zurück bliebe eine leblose Eiswüste: Die mittlere Temperatur auf der Erde würde dann minus 20 Grad Celsius betragen! Derart unwirtliche Verhältnisse herrschen beispielsweise auf dem Mars. Seine Atmosphäre hat zu wenig sogenannte ›Treibhausgase‹. Rund um die Venus dagegen haben sich 300 000mal so viel Treibhausgase angesammelt wie auf der Erde. Die Folge: Es ist 470 Grad Celsius heiß. Die Temperatur auf der Erde hängt also direkt vom Gehalt der Atmosphäre an bestimmten Gasen ab, etwa Wasserdampf (H_2O), Methan (CH_4), Distickstoffoxid (N_2O) und Ozon (O_3). Das wichtigste der klimarelevanten Spurengase ist aber Kohlendioxid (CO_2).

Seit etwa 100 Jahren ist neben dem so segensreichen natürlichen ein zusätzlicher künstlicher Treibhauseffekt im Spiel: Seither steigt der CO_2-Gehalt der Luft kontinuierlich an - und mit ihm die Temperatur auf der Erde. Schuld ist alleine der Mensch. Durch die infolge der Industrialisierung rapide gestiegene Verbrennung von fossilen Brennstoffen haben wir den CO_2-Gehalt der Atmosphäre in bisher ungeahnte Höhen getrieben. Denn vom kleinsten Lagerfeuer bis zur größten Ölraffinerie - wo es raucht und rußt, ist immer CO_2 im Spiel. Es entsteht unvermeidbar bei jedweder Verbrennung. Vor allem die Brandrodung der tropischen Regenwälder liefert CO_2. Auch die Braunkohleverbrennung ist kohlendioxidintensiv (400 Gramm pro Kilowattstunde Heizwert; g/kWh), während Erdgas ›nur‹ 190 g/kWh hervorbringt.

In vorindustrieller Zeit lag die CO_2-Konzentration der Luft bei 280 ppm (parts per million), hatte über Jahrmillionen zwischen 200 und 300 ppm geschwankt; dies weiß man aus

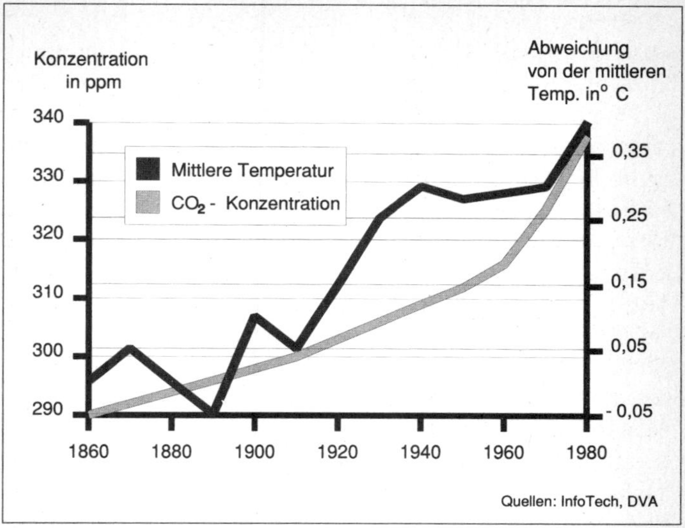

Anstieg der CO_2-Konzentration und der mittleren Temperatur seit 1860.

Bohrungen nach Lufteinschlüssen im polaren Eis. Heute steigt der Wert jährlich um 1,5 ppm und ist innerhalb weniger Jahrzehnte auf 353 ppm angewachsen!

Logische und gefährliche Folge: die globale Erwärmung. Die Temperatur auf der Erde ist gestiegen; in den letzten hundert Jahren um 0,5 Grad Celsius. 1988 war das wärmste Jahr seit Beginn der meteorologischen Aufzeichnungen, gefolgt von 1987, 1983, 1981, 1980 und 1986. Derartige Wetteranomalien treten immer häufiger auf. »Ein Experiment größten Ausmaßes und ungewissen Ausgangs« haben wir gestartet, wie Professor Peter Fabian von der Universität München auf einem Kongreß im Juli 1990 erklärte, »weil wir buchstäblich in Sekundenschnelle Stoffe verbrennen, zu deren Aufbau die Natur Millionen Jahre brauchte.«

Professor Fabian prognostiziert parallel zu allen Forschern (zuletzt schlug Ende 1990 die hochoffiziöse ›Enquete-Kommission des Bundestags‹ in die selbe Kerbe), daß die

Verdoppelung des vorindustriellen Wertes von 280 ppm spätestens im Jahre 2080 eintreten wird, falls wir die Verbrennung von Kohle, Öl und Gas nicht drastisch einschränken. Da auch die Konzentration der übrigen klimarelevanten Gase wie Methan weiter steigt, wird die Gesamtwirkung der einer Konzentration von 700 bis 900 ppm Kohlendioxid entsprechen. Die verheerende Konsequenz laut Modellrechnungen: Die mittlere Temperatur auf der Erde wird höher sein als je zuvor in der letzten Million Jahre (die meisten Forscher erwarten einen Anstieg von 0,3 Grad Celsius pro Jahrzehnt).

Klimazonen werden sich verschieben, Orkane und Überschwemmungen zunehmen, der Meeresspiegel der Ozeane durch Schmelze der Polkappen und Gletscher ansteigen, die Wüsten sich unaufhaltsam ausdehnen; immer häufiger wird es zu Dürren kommen, was die Ernährung der Menschheit gefährdet. Die UN-Umweltorganisation rechnet mit einer großen Anzahl von Umweltflüchtlingen, mit Kriegen um Energie und Nahrung, mit Seuchenausbreitung.

Viele Wissenschaftler sehen in den ungewöhnlichen Wetterlagen der letzten Jahre die ersten Anzeichen der Klimakatastrophe. James Hansen, Direktor des Goddard Institutes der NASA sprach bei einer Anhörung im US-Senat davon, daß es »äußerst wahrscheinlich ist, daß der Treibhauseffekt jetzt schon wirksam ist«. Der Physiker Michael Oppenheimer: »Es ist keine Übertreibung zu behaupten, daß das globale Umweltproblem in den nächsten 40 Jahren das alles bestimmende Thema sein wird, so wie der Kalte Krieg unsere Weltsicht während der letzten 40 Jahre geprägt hat.«

Dabei ist Kohlendioxid nicht grundsätzlich schädlich; im Gegenteil: es ist eine Voraussetzung für das Leben auf der Erde. Seinem Kreislauf verdankt fast die gesamte Biomasse ihre Existenz; man denke nur an den Prozeß der Photosynthese der Pflanzen, die dank Kohlendioxid und Sonnenlicht vor sich gehen kann.

Doch der Mensch übertreibt: Er verbrennt jährlich 5,5 Milliarden Tonnen Kohlenstoff, jagt somit 23 Milliarden Tonnen

Kohlendioxid in die Luft - mit steigender Tendenz: Das Abschlußkommunique der Weltklimakonferenz, die 1987 in Toronto stattfand, nannte für das Jahr 2020 einen voraussichtlichen Kohlendioxidausstoß von 32,6 Milliarden Tonnen.

Neun Milliarden Tonnen kommen heute aus der Erdölverbrennung, acht Milliarden Tonnen aus Kohle und drei Milliarden Tonnen aus der Erdgasverbrennung. Die gigantische Brandrodung in den tropischen Regenwäldern sorgt für weitere drei bis vier Milliarden Tonnen CO_2 jährlich. 20 Millionen Hektar Regenwald verschwinden Jahr für Jahr durch Menschenhand. Dabei entsteht auch indirekt CO_2, da mit dem Schwund der Wälder wichtige CO_2-Senken, so der Fachausdruck für natürliche Kohlendioxidspeicher, ausfallen: Wald absorbiert 10- bis 20mal so viel Kohlendioxid wie Acker- oder Weideland. Das Waldsterben, das zwar aus den Schlagzeilen verdrängt wurde, nichtsdestotrotz aber unvermindert anhält, hat denselben Effekt.

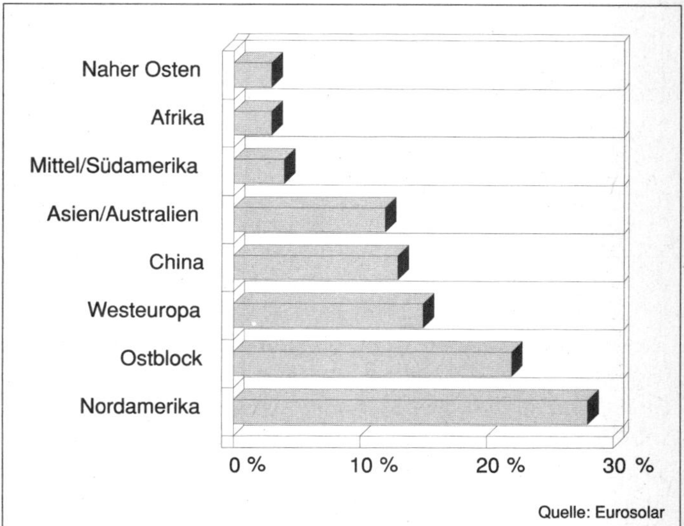

Beitrag der verschiedenen Regionen zum weltweiten CO_2-Ausstoß.

Die USA weisen die dicksten Rauchschwaden auf: Aus US-amerikanischen Schloten und Auspufftöpfen quellen 22 Prozent des weltweit bei der Verfeuerung entstehenden Kohlendioxids. Auf den Plätzen zwei und drei folgen die Sowjetunion mit 17 Prozent und China mit zwölf Prozent. Nach Japan (4,3 Prozent) liegt die Bundesrepublik mit 3,7 Prozent (fast 750 Millionen Tonnen) auf Platz fünf der Verursacher. Davon stammt der größte Teil (260 Millionen Tonnen) aus Kraftwerken.

Einen besonders traurigen Rekord hielt die ehemalige DDR: Bevor sie sich in Luft auflöste, tat sie dies fleißig mit ihren fossilen Brennstoffen. Zu fleißig. Denn was die Pro-Kopf-Emissionen betrifft, war man real existierende Weltspitze: 22,4 Tonnen Kohlendioxid blies der Durchschnittsdeutsche (Ost) im Jahr in die Atmosphäre. Die Brüder und Schwestern im Westen schafften ›nur‹ 11,7 Tonnen. Selbst die USA liegt – auf den einzelnen Bürger umgerechnet – nicht ganz so hoch, nämlich bei 20,2 Tonnen.

Auswege aus der Energiekrise

Jegliches Zukunftskonzept muß aus den genannten Gründen auf zwei Hauptsäulen aufbauen:

- Energieverbrauchsminderung durch Energiesparen und rationellere Energieverwendung.
- Ersatz der ›alten‹ Energieträger durch regenerative Energie und Aufbau neuer Energieversorgungsstrukturen.

Dieses Konzept soll hier am Beispiel der Bundesrepublik dargestellt werden:

Energiesparen – die vergessene Energiequelle

Energie wird verschwendet wie nie zuvor. Sparen bietet in Deutschland leider aufgrund der geltenden Energieversorgungsgesetze noch keinen finanziellen Anreiz; Großverbraucher erhalten sogar Rabatte. Ebenso wie zuvor schon einige

Kleinstädte war die Stadt München im Oktober 1990 immerhin soweit, einen linearen Stromtarif einzuführen. Statt einheitliche Pauschalbeträge zahlen Stromkunden nun auch mehr, wenn sie mehr verbrauchen.

An der Verschwendung ist jeder von uns beteiligt: 30 Prozent der Endenergie in der Bundesrepublik gehen an private Haushalte, davon 80 Prozent in die Raumheizung. Schon die Bauweise vieler Häuser und Wohnungen ist aus energiewirtschaftlicher Sicht unvertretbar. Es fehlt an Wärmedämmung und zeitgemäßen Heizanlagen, an Fernwärmesystemen und Erdgasheizung. Auf jedem Quadratmeter Wohnfläche werden 20 Liter Heizöl verbraucht. Mit einer fortschrittlicheren Wärmedämmverordnung kommt zum Beispiel Schweden auf nur mehr zehn Liter pro Quadratmeter. Solche Maßnahmen zahlen sich auch finanziell aus.

Auch im Verkehr wird besonders viel Energie verpraßt. So ist eine Reduzierung des Treibstoffverbrauchs durch Tempolimit, technischen Fortschritt oder höhere Mineralölsteuer für die nächsten Jahre genauso unverzichtbar wie neue Verkehrskonzepte, vor allem beim Nahverkehr. An Begünstigung der öffentlichen Verkehrsmittel, Verbesserung des Radwegenetzes oder Verlagerung des Güterverkehrs auf die Schiene ist hier zu denken.

Ein weiter Weg, denn das Auto, Traum aus Chrom und Blech, Fortbewegungsmittel Nummer Eins ist Wirtschaftsfaktor und der Deutschen ›liebstes Kind‹, wenngleich es hierzulande jährlich 420 Millionen Kubikmeter Abgase mit 164 zum Teil hochgiftigen Substanzen in die Luft bläst. 6,2 Millionen Tonnen Kohlenmonoxid, 1,6 Millionen Tonnen Stickoxid (56 Prozent der in Deutschland emittierten Stickoxide), 650 000 Tonnen Kohlenwasserstoffe, 50 000 Tonnen Benzol und 3500 Tonnen Blei gelangen jährlich durch die Auspuffrohre unserer Autos in die Umwelt. Jede Tankfüllung liefert bis zu 180 Kilogramm Kohlendioxid. Dennoch wird jegliches Tempolimit von der freie-Fahrt-für-freie-Bürger-Fraktion und der einflußreichen Autolobby torpediert.

Auch der Flugverkehr spielt mit. Drei Millionen Flüge über Deutschland sorgen jedes Jahr für neun Millionen Tonnen CO_2, mehrere 10000 Tonnen Stickoxide, Kohlenwasserstoffe, Schwefeldioxide und Kohlenmonoxid. Eine Wende ist nicht abzusehen; im Gegenteil: der weltweite Flugverkehr wird im Zuge der Grenzöffnungen in Osteuropa, des Massentourismus und der weltweiten Industrialisierung noch ausgebaut.

Geht es darum, zu sparen, bedeutet das für viele, auf etwas zu verzichten. Aber ließe sich derselbe Komfort nicht mit weniger Energie halten? Es ist möglich. Wer das nicht glaubt, sei auf ein einfaches Beispiel verwiesen. Es ist ohne weiteres machbar, Automobile in Serie zu produzieren, die nur mehr zwei Liter Benzin auf 100 Kilometer verbrauchen. Allein der Wille fehlt bei den Unternehmen, die Modelle herauszubringen. Hier spielen wohl hauptsächlich finanzielle Gründe eine Rolle, man denke nur an die Einbußen der Mineralölkonzerne.

›Rationelle Energieversorgung‹ wäre der Ausweg. Sie ermöglicht es, mit gleichem Energieeinsatz weit mehr zu erreichen: In den sechziger Jahren wurden pro Kilowattstunde Strom noch 600 Gramm Kohle verheizt, heute sind es 370 Gramm, ohne daß eine Grenze erreicht wäre. Auch bei der Kraftwerkstechnologie läßt sich ansetzen. Bundesumweltminister Töpfer hält in Kombinationskraftwerken mit Kraft-Wärme-Kopplung 50-Prozent-Wirkungsgrade für erzielbar. Jedes Prozent Wirkungsgrad-Gewinn spart pro Kraftwerk 2,5 Prozent Brennstoff.

Mit der Nutzung neuer, aber bereits vorhandener Technologie könnten so in der Bundesrepublik weit über 30 Prozent (weltweit 10 Prozent) der derzeit verbrauchten Energie eingespart werden - ohne Komfortverlust. Kaum jemand plädiert für niedrigeren Lebensstandard. Wo innovative Techniken eingesetzt werden, leistet dieselbe Energie meist sogar mehr.

Was Unterschiede bei Technologie und Politik-Prioritäten ausmachen, zeigt das Beispiel der Ex-DDR, die, ohne deswegen mehr Lebensqualität zu bieten, den CO_2-Emissions-Weltrekord von 22,4 Tonnen pro Kopf aufstellte. Immerhin

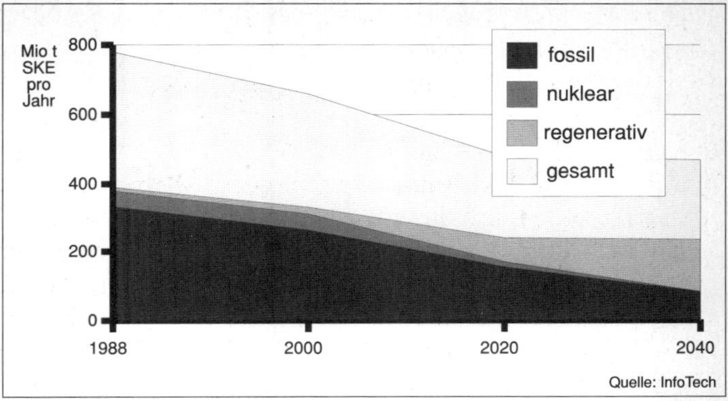

Energieeinsparpotential in der BRD bis zum Jahr 2040.

bietet dies die Chance, eine Muster-Sanierung durchzuführen, zunächst einmal die 320 Millionen Tonnen jährlich verbrannter Braunkohle größtenteils durch Gas zu ersetzen, um als Fernziel die Pro-Kopf-Kohlendioxidemissionen weltweit bis zum Jahr 2050 auf eine Tonne (heute vier) zu drücken.

Neue Strukturen der Energiepolitik

Die heutigen Probleme sind logische Folge einer kurzsichtigen und gefährlichen Energiepolitik. Die Politiker schielten auf Marktpreise und bequeme Verfügbarkeit der Energieträger, ohne die sich heute immer deutlicher offenbarenden Gefahren zu beachten. Und so werden weiterhin Energieträger bevorzugt, die Luft, Boden und Gewässer belasten und zudem nur in zur Neige gehenden Vorräten zur Verfügung stehen. 1990 wurden im alten Bundesgebiet 41 Prozent des Primärenergieverbrauchs durch Mineralöl gedeckt, 19 Prozent durch Steinkohle, 18 Prozent durch Erdgas, 12 Prozent durch Kernenergie und acht Prozent durch Braunkohle (Die Kernenergie wird fast ausschließlich in Strom umgewandelt, so daß ihr Anteil an der Stromerzeugung mit 40 Prozent sehr hoch liegt). In den fünf neuen Bundesländern, die der Republik 1990 beitraten, sorgte man sich noch weniger um den Zustand der Atmosphäre: zu

69 Prozent wurde die Primärenergie dort aus teilweise stark schwefelhaltiger Braunkohle gewonnen, zu 17 Prozent aus Erdöl, zu neun Prozent aus Erdgas und zu drei Prozent aus Steinkohle - auf die beiden inzwischen stillgelegten Kernkraftwerke entfielen gerade zwei Prozent.

Nicht einmal drei Prozent des bundesdeutschen Primärenergieverbrauchs kamen von umweltfreundlichen Energieträgern. Dies ist ein Skandal, denn die Ressourcen der fossilen Energien sind begrenzt, die Kosten für Förderung, Transport und Veredelung von Öl riesengroß, ganz zu schweigen von Abhängigkeiten von den OPEC-Staaten oder den ökologischen Folgen von Tankerunglücken, wie etwa dem der ›Exxon Valdez‹ vor Alaska, wo 1989 40 Millionen Liter Öl ausliefen. 30000 Milliarden Tonnen Wasser werden jährlich durch Tankerunglücke verseucht.

Drei Millionen Jahre brauchte die Erde, um das entstehen zu lassen, was wir heute in einem einzigen Jahr aus ihr entnehmen. Das Ende der Fahnenstange ist erreicht; sich auf

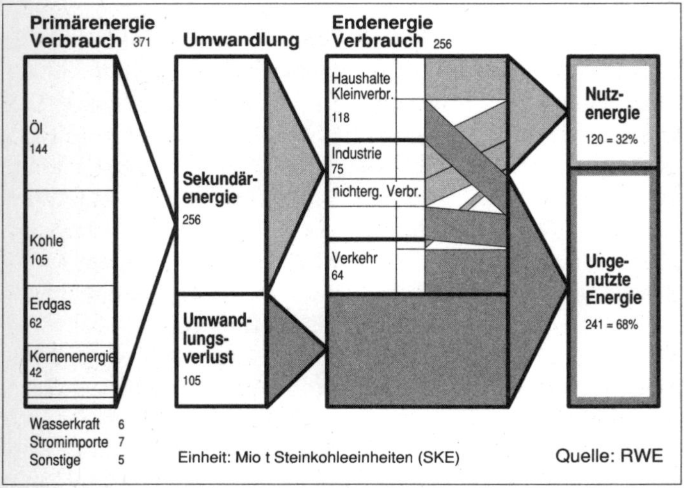

Energieverluste bei der Erzeugung von Nutzenergie (in Mio. t SKE).

fossile Energieträger zu stützen, hat sich heute, nach Energiekrisen, nach acht Jahren Iran-Irak-Krieg und 1991er Golfkrieg, als Sackgasse erwiesen.

Doch fast alle Industrienationen zeigen noch ein energiepolitisches Bewußtsein, das an den blinden Wachstumsglauben der sechziger Jahre erinnert. Nach dem Ölpreisschock von 1973 hat man die Chance zur Umorientierung zu einer bewußteren, bescheideneren Energiepolitik verpaßt. Den baldigen Wiederanstieg des Ölverbrauchs sah man als Zeichen konjunktureller Erholung. Energie galt als Handelsware wie jede andere, als unbegrenzt vorhanden und billig – so sieht es auch das aus dem Jahr 1935 stammende und bis heute kaum veränderte Energiewirtschaftsgesetz vor. Auch nach der zweiten Ölkrise 1978 war kaum eine Tendenzwende spürbar. Der Ölverbrauch ging nur kurzzeitig zurück, dann war Schluß mit dem neuen Bewußtsein. Daß Energiesparen die billigste Energieform ist, scheint sich nicht bis in die Regierungen herumgesprochen zu haben.

Nutzung ›sauberer‹ Energiequellen, die Energiequelle der Zukunft also, wurde von den Politikern nur als Ausweichmaßnahme gesehen, zur Überbrückung des Preisanstiegs bei der Droge Öl. Die Warnung war nicht verstanden worden.

Stattdessen unternahmen die Industrienationen nach 1973 große Anstrengungen, um ihre Primärenergiegewinnung zu steigern. Unabhängigkeit von der OPEC war höchstes Gebot, ökologische Bedenken verpönt. Bis 1985 nahm die Primärenergiegewinnung folgerichtig um ein Viertel zu. Der Zuwachs entfällt auf die erheblich ausgeweitete Nutzung der Kernenergie und die Renaissance der Kohle, die so gut wie ausschließlich auf staatliche Förderung zurückzuführen ist.

In einem von der Bundesregierung 1987 herausgegebenen Papier wurde lapidar festgestellt: »Die Periode des rückläufigen Ölverbrauchs … kann als abgeschlossen betrachtet werden.« Der Anstieg im Ölverbrauch wurde positiv vermerkt und mit der konjunkturellen Erholung erklärt. Und: »Von Verbrauchszunahmen (kann; Anm.d.Red.) kein negativer Einfluß auf die außenwirtschaftliche Entwicklung ausgehen.« So wird der Energieverschwendung das Wort geredet, Energie banal als Handelsware angesehen, werden volkswirtschaftliche Kosten unserer Energiepolitik verschleiert.

Besserung ist nicht in Sicht. Das Magazin *Wirtschaftswoche* klassifizierte die Energiepolitik der Bundesregierung 1989 so: »Kaum ein Industriestaat der Welt leistet sich einen derart weitgehenden Verzicht auf Energiepolitik wie die Bundesrepublik. Aktionismus hat sinnvolle Planung abgelöst.«

Es scheint eine große Angst vor neuer Schwerpunktsetzung zu bestehen. ›Sonne statt Öl‹, diesen Schritt scheuen Politiker wie der Teufel das Weihwasser. Dabei verlief die Energiegeschichte der Menschheit weit abwechslungsreicher, als man heute glauben mag. Nicht immer waren Erdöl, Kohle und Uran die wichtigsten Energiequellen. Die meisten Atomkraftwerke sind jünger als zwei Jahrzehnte, Erdöl erlangte seine Bedeutung erst in den fünfziger Jahren unseres Jahrhunderts, und selbst Kohle liefert dem Menschen erst seit einigen Jahrhunderten Energie. Energiegeschichtlich leben wir also in einem Durchgangsstadium. So, wie es in der Vergangenheit Veränderungen gegeben hat, so wird auch die Zukunft Veränderungen bringen. Der Unterschied: während früher der Wechsel von einem Energieträger zum anderen sehr langsam verlaufen konnte, drängt heute die Zeit.

Die Mineralölgesellschaften forschen verzweifelt nach synthetischen Brennstoffen als Öl-Ersatzstoffe, um auch nach Erschöpfung der Ölreserven den Markt beherrschen zu können. Doch 1990 erreichte die Jahresproduktion synthetischer Brennstoffe, zum Beispiel von Methanol, einen Umfang von 25 Millionen Tonnen - kaum ein Hundertstel der Welt-Rohölförderung desselben Jahres. Nicht hier liegt der Ausweg, sondern in der Umstellung der Prioritäten. Weg von Öl und Kohle, später auch vom Erdgas, das wegen des etwas geringeren CO_2-Ausstoßes als Übergangslösung durchaus brauchbar ist, hin zu alternativen Energien. So würden trotz unvermeidlichem Verbrauchszuwachs die Kohlendioxid-Emissionen vermindert. Doch die Weltenergiepolitik ist nicht darauf ausgerichtet, den Ausstoß von Schadstoffen zu vermeiden. Dies läßt sich zweifelsfrei an der unverhohlenenen Freude über niedrige Energiepreise ablesen.

Zwar wird der Anteil des Öls bis 1995 auf etwa 20 Prozent sinken, denn, soviel haben die Regierungen begriffen, die Ölreserven werden als erste zu Ende gehen. Doch die Belastung für die Umwelt wird sich nicht ändern. Die Lücke soll durch Atom (dann 13 Prozent) und Kohle (34 Prozent) geschlossen werden.

Der Ausweg Atom ist ein Irrweg: der Tschernobyl-Schock und die immer noch nicht geklärte Entsorgung und Endlagerung führen ihn ad absurdum. Ganz CO_2-frei ist Atomkraft auch nicht, teuer und riskant ohnehin. Durchführbar wäre ein Ausbau schon gar nicht. Der Münsteraner Professor Wilfried Bach im *Spiegel*: »Wollte man bei den gegenwärtigen Entwicklungstrends den Weltverbrauch an fossilen Brennstoffen bis zum Jahr 2025 mit Kernkraft auch nur um ein Drittel senken, müßte ab sofort alle drei Tage ein neuer 1000-Megawatt-Atommeiler ans Netz gehen. Das dafür nötige Kapital von über 100 Milliarden Dollar pro Jahr könnte den fünf- bis siebenfachen Effekt haben, wenn es in bessere Energietechniken investiert würde.« Ganz zu schweigen davon, daß die fast tägliche Inbetriebnahme neuer Reaktoren – auch in der Dritten Welt – die Risiken exponential erhöhte. Und: ein Atommeiler hat eine Bauzeit von zehn Jahren. Schnell genug ließe sich nie bauen. Sollten alle Reaktoren aber überhaupt jemals stehen, müssen sie laufen, um rentabel zu sein. Verbrauchsminderung ist dann nicht mehr erwünscht, da Atomenergie strukturell auf Vollast, auf Energieverschwendung ausgerichtet ist. Die Enquete-Kommission ›Vorsorge zum Schutz der Erdatmosphäre‹ hat all das längst erkannt. In ihrem Zwischenbericht vom Herbst 1990 ist Kernenergie nicht mehr als Lösung genannt, da sie keine Zukunftsoption darstelle. Atom ist ›out‹.

Warum tut man sich so schwer mit dem Wandel? Auch, weil der falsche Weg über all die Jahre dafür gesorgt hat, daß starre Strukturen entstanden sind. So spielen die Energieversorgungsunternehmen eine wichtige, zu wichtige Rolle: Kritiker sprechen nicht ohne Grund von ›Monopolen‹, wenngleich annähernd 1000 Energieversorgungsunternehmen bei der Stromerzeugung mitmischen. Und doch herrscht kein freier Wettbewerb. Das hatte früher einmal seinen Sinn: Sichere Stromversorgung muß in einem Industriestaat gewährleistet sein. Deshalb hat der Gesetzgeber den Energieversorgern der Republik einen quasi öffentlich-rechtlichen Status eingeräumt. Nach Paragraph sechs des Energiewirtschaftsgesetzes haben die Unternehmen Anschluß- und Versorgungspflicht, dafür dürfen sie laut Sonderpassus im Gesetz gegen Wettbewerbsbeschränkungen ihre Versorgungsgebiete gegeneinander abgrenzen, um zu verhindern, daß unzählige Stromleitungen konkurrierender Versorger die Landschaft durchschneiden. So werden in Demarkations- und Konzessionsverträgen mit den Kommunen die Claims abgesteckt. Erst jüngst, in den neuen Bundesländern, konnte sich jedermann davon überzeugen, wie gut dies funktioniert. Die Ex-DDR ist wie eine Jagdbeute restlos unter den westdeutschen Energieversorgungsunternehmen aufgeteilt worden. Die, die besonders laut forderten, der DDR die Segnungen der freien Marktwirtschaft zukommen zu lassen, waren diejenigen, die dort freie Marktwirtschaft in ihrem Bereich verhindert haben.

Die Vorrechte haben längst dazu geführt, daß unerträgliche Oligopole entstanden sind. Kleine Stromerzeuger, die aus Wasser oder Windkraft erzeugten Strom ins öffentliche Netz einspeisen wollen, sind vom Diktat der Großen abhängig. Preis- und Mißbrauchskontrollen durch die Wirtschaftsministerien und Kartellbehörden sind gesetzlich zwar festgeschrieben, in der Praxis jedoch irrelevant. Die regionalen Monopole haben dazu geführt, daß die Energieversorger es zwangsläufig als ihr Ziel betrachten, möglichst viel Energie zu verkaufen. So erklärt sich die Politik der Überkapazitäten, die Perversion der Rabatte für Großabnehmer (also Energieverprasser), der unerträgliche Zustand, daß es bei geplanten Kraftwerkserweiterungen keine öffentliche Ausschreibung gibt, die ökologisch sinnvolleren Projekten eine Chance geben könnte.

Die Energieversorgungskonzerne sind hierzulande mächtiger als die, die sie kontrollieren sollen. Nicht selten sind sie sogar identisch. Die Aufsichtsräte der Stromversorger sind zu mehr als der Hälfte mit kommunalen Entscheidungsträgern besetzt. So blockiert man Techniken wie Fernwärme und tut so wenig wie möglich im Umweltschutz. Muß man dann doch Maßnahmen ergreifen, wie das im Bereich der Kraftwerksfilter auf den Druck der Öffentlichkeit hin geschah, so wird die Tat als freiwillig verkauft.

Private Haushalte werden nun gesetzlich verpflichtet, zur CO_2-Reduzierung ihre Wohnungen stärker zu dämmen. Die Kraftwerke der Energieversorger, die in Deutschland zu mehr als einem Drittel am Kohlendioxidausstoß beteiligt sind, haben nur minimale Reduktionsverpflichtungen zu erfüllen.

Eigentlich schade, denn Deutschland hätte technisch, wirtschaftlich und strukturell die besten Möglichkeiten unter allen Ländern der Welt, ein dezentrales, umweltfreundliches Energiesystem aufzubauen. Aber nichts tut sich. Die Stromversorger genießen den Status Quo.

Wir müssen weg vom Geschäft mit der Massenware Energie. An seine Stelle könnte bei entsprechenden Rahmenbedingungen ein funktionierender Wettbewerb um Bereitstellung dezentraler umweltverträglicher Energie treten. Großunternehmen würden dann beispielsweise mit windradbewehrten Kleinbauern in Konkurrenz treten. Teurer als die derzeitigen Stromerzeugungspreise käme dies nicht.

Solch hochtrabende Pläne wären mit internationalen Vereinbarungen und nationalen Gesetzen durchführbar. Unterstützende Maßnahmen wie Energiesteuern sind unverzichtbar. Durch sie könnten Kostbarkeit und Begrenztheit des Gutes Energie hervorgehoben werden und dem Verursacherprinzip wenigstens teilweise Geltung verschaffen sowie Finanzmittel bereitstellen. Ökosteuern, Steuererleichterungen für Energiesparer, Mineralölsteuererhöhung, dies alles geht in dieselbe Richtung. Die Internationale Energieagentur schlägt eine Kohlendioxidsteuer von 50 US-Dollar je Tonne Kohle und acht Dollar je Barrel Erdöl vor, was die Endpreise um 20 Prozent erhöhen würde.

Daß die Neuorientierung bisher noch nicht oder nur zögernd in die Tat umgesetzt wurde, liegt zum Teil an der lange fast als Naturgesetz propagierten irrigen Annahme, daß Wirtschaftswachstum nur durch einen Anstieg des Energieverbrauchs zu erreichen ist. Der Zusammenhang ist längst widerlegt, die Mär aber hält sich.

Eine Studie des Öko-Instituts Freiburg von 1988, das ›Energiewende-Szenario‹, legt dar, daß durch verstärkten Einsatz regenerativer Energiequellen und Sparmaßnahmen die von der Regierung angestrebte reale jährliche Wachstumsrate von 2,4 Prozent bis zum Jahr 2010 genauso zu erreichen ist – trotz sofortigen Ausstiegs aus der Atomenergie und Reduzierung der Braunkohleförderung auf ein Drittel.

Lösungsvorschläge wie die des Bundesverbandes der deutschen Industrie (BDI), den Energieverbrauch zu senken, internationale Vereinbarungen über Technologietransfer zu erlassen und die Wirkungsgrade der Kraftwerke zu erhöhen, wollen niemandem wehtun, vergessen den Ausstieg aus Öl, Kohle und Atom ebenso wie den Einstieg in die erneuerbaren Energien, und können daher höchstens Schaden begrenzen, nie Probleme lösen. Nur Zukunftsenergien bieten den Ausweg; nur Zukunftsenergien wie Sonnen- und Windkraft sind CO_2-frei.

Der Rückhalt für Kurskorrekturen ist in der Bevölkerung vorhanden. Probleme des Umweltschutzes haben sich im Bewußtsein der Bürger etabliert.

Eine Umfrage des Bonner Innenministeriums zeigte Ende 1989, daß dieses Thema zumindest bei den Bundesbürgern zum Problem Nummer Eins geworden ist und den einstigen Hauptproblemen ›Arbeitslosigkeit‹ oder ›Kriegsgefahr‹ den Rang abgelaufen hat.

Zusammenfassung

Zwei Hauptproblemen stehen wir gegenüber:

- *Zum einen steigt die Weltbevölkerungszahl zu schnell an. Wir müssen diesen Anstieg bremsen. Auch der Energieverbrauch erhöht sich unvermeidlich, obwohl die Vorräte der ›alten‹ Energieträger begrenzt sind. Technische Möglichkeiten zur Verbrauchsreduzierung sind da, aber wenn sich die Weltbevölkerung alle 35 Jahre verdoppelt, kann sich ihr Energiebedarf kaum verringern. Gesucht wird: eine unerschöpfliche Energie.*
- *Zum anderen nähern wir uns einer Katastrophe. Die ungehemmte Verbrennung fossiler Energieträger hat unsere Umwelt fast irreversibel geschädigt und bedroht mittelfristig unsere Existenz. Gesucht wird: eine umweltfreundliche Energie.*

Eine umweltfreundliche und garantiert unerschöpfliche Energie – sie ist schon gefunden: die Sonnenenergie. Sie und mit ihr die Energie aus anderen regenerativen Energieträgern muß

Die weltweiten Energiereserven gehen zur Neige. Voraussichtlich werden die Ölvorräte noch für 60 Jahre reichen, das in der Erde vorhandene Erdgas für etwa 120 Jahre. Kohle könnte noch für ungefähr 2000 Jahre reichen, ist aber dennoch nur in begrenzten Reserven vorhanden. Gerade das Verbrennen von Kohle und Öl verschmutzt aber nicht nur die Luft mit gesundheitsgefährdenden Abgasen, sondern setzt darüber hinaus Energie frei, die über Jahrmillionen in diesen Energieträgern gespeichert war. Da die Temperatur auf der Erde über erdgeschichtlich lange Zeiträume praktisch konstant war, bewirkt die nun in großem Umfang erfolgende Verbrennung der Energieträger eine Aufheizung der gesamten Atmosphäre: den Treibhauseffekt. Zudem steigt der Energieverbrauch derzeit weltweit, so daß neue Formen der Energiegewinnung gefunden werden müssen. Die mittel- und langfristig einzig erfolgversprechenden Energieformen sind die ›regenerativen Energien‹, also in erster Linie Sonnenenergie, Wind, Wasserkraft, Biogas und Erdwärme.

Teil eines neuen Energiekonzepts werden, das auf dem Wettbewerb vieler Anbieter basiert.

Dazu aber ist auch wirkliches Umdenken vonnöten. Die Mahnung Gustav Heinemanns aus dem Jahr 1973 hat nichts von ihrer Aktualität verloren: »Wir sind im Begriff, im kommenden Jahrhundert, also nicht irgendwann, sondern in 40 oder 50 Jahren, in eine Weltkatastrophe hineinzutaumeln, wenn wir nicht bereit sind, jetzt und heute eine völlige Revolution im wirtschaftlichen und technischen Denken oder Planen einzuleiten. Es geht um nichts Geringeres, als radikal mit Wertmaßstäben zu brechen, die spätestens seit der Industrialisierung allzu uneingeschränkt den wirtschaftlichen und technischen Ablauf bestimmt haben. Wenn wir fortfahren, alle Planungen und Entwicklungen nur unter dem Gesichtspunkt gegenwärtiger Wirtschaftlichkeit zu prüfen, werden Umweltschäden und Erschöpfung der Natur sich zur tödlichen Bedrohung für unsere Kinder und Enkel auswachsen.«

Wärme und Strom – Das kann die Sonne liefern

Täglich schleudert uns die Sonne Unmengen Energie entgegen. So weit, so gut, doch – salopp formuliert – Energie kann man nicht essen. Wenn uns also die Sonne beim Heizen, Duschen, Radio hören oder Spiegeleier braten behilflich sein soll, müssen wir ihre Kraft umwandeln. Zwei Verfahren sind dabei möglich: Stromerzeugung und Wärmegewinnung.

Wärmegewinnung

Daß Sonne uns Wärme liefert, ist einsichtig; ist es doch gerade die Erwartung der Sonnenwärme, die uns jedes Jahr diversen südländischen Teutonengrills entgegentreibt. Diese fühlbare Wärme allein ist jedoch noch nicht die Lösung der Energieproblematik. Das kann sie erst dann sein, wenn wir sie aufnehmen, konzentrieren, speichern und bei Bedarf nutzen können. Erst dann wird die Wärmeenergie der Sonne zu Heizmaterial und hilft uns beispielsweise, Heizöl zu sparen. Dies ist besonders wichtig, bedenkt man, daß durchschnittlich 62 Prozent der im Haushalt verbrauchten Energie für Heizung und Warmwasser benötigt werden.

Man kann Sonnenwärme ›passiv‹ nutzen, indem man Häuser so konstruiert, daß sie Sonnenwärme besser aufnehmen, und man kann sie ›aktiv‹ nutzen, indem man sie mittels Absorbern und Kollektoren einfängt und bündelt.

Passive Nutzung

Wer einen Ausflug aufs Land unternimmt, der sollte einmal alte Bauernhäuser genauer betrachten. Sie sind weithin sichtbarer Beleg dafür, daß sich der Mensch noch vor weniger als hundert Jahren beim Bauen voll der natürlichen Gegebenheiten bewußt war. Viele der alten Landhäuser besitzen ein weit überhängendes Dach, dicke Wände und große Fenster an der Südseite. Nicht ohne Grund. Schließlich war das Heizen noch vor wenigen Jahrzehnten ein existentielles Problem. In harten Wintern starben viele Menschen an Erkältungskrankheiten. Nur logisch, daß man - wo immer möglich - die Sonne als Heizung einspannte. Daher haben die spezifischen Fenster und Mauern eine wichtige Bedeutung: im Süden werden die warmen Sonnenstrahlen durch die großen Fensterflächen eingefangen, an der sonnenlosen Nordseite verhindert die fast fensterlose Wand, daß Wärme wieder entweicht. Die dicken Hausmauern isolieren hervorragend. Auch das überhängende Dach hat seinen tieferen Sinn: im warmen Sommer bietet es vor der hoch stehenden Sonne Schatten, im Winter läßt es das nun schräger einfallende Sonnenlicht ungehindert passieren.

Besonders unwirtlich wurde es - vor allem an der Küste - wenn ein schneidender Wind ums Haus blies. Doch unsere Ahnen stellten ihre Häuser, wo möglich, in Senken oder bauten Erdwälle darum. Warum? Weil sich jedes naturverbundene Lebewesen unseres Erdballs so vor dem Wind schützt. Und auch der mittlerweile degenerierte Mensch bringt es in Einzelfällen noch zu solchen Leistungen. Selbst Otto Normalverbraucher wird am Nordseestrand schnell zu Rechen und Schäufelchen greifen und eine Sandburg anlegen, wenn ihn trotz schönsten Sonnenscheins eine steife Brise vom Meer her bibbern läßt.

Überall bauen die Menschen Häuser seit jeher nach eben diesen Prinzipien: mit Sonne heizen, vor kaltem Wind schützen. Und doch gingen diese Erkenntnisse nach und nach verloren, wie ein Blick in unsere Städte zeigt. Funktionale Mietskasernen mit kaum 30 Zentimeter dünnen Wändchen, unwirtliche Wohnsilos, um die der Wind pfeift, wurden in den fünfziger, sechziger, siebziger Jahren in aller Schnelle hochgezogen. Freilich, das Wirtschaftswunder verlangte Wohnraum. Selbst der kompakte Bauernhof wurde vielerorts abgelöst vom Wohnbungalow mit separatem Wellblechstall.

Allen Neubauten gemein: größere Oberflächen führten zu

größeren Energieverlusten. In der Bauwirtschaft waren die Zusammenhänge zwischen Haus, Sonnenlauf und Klima kein Thema mehr. Und dies nur, weil man neue Heizquellen entdeckt hatte und genug Heizöl zur Verfügung zu stehen schien. Selbst Architekten bezeichnen heute die Art, wie damals Wohnhäuser und öffentliche Gebäude gebaut wurden, als ›Energievernichtungsmethoden‹. Diese ›Altlasten‹ - rund 20 Millionen Wohnungen in der Bundesrepublik sind ›falsch‹ gebaut - machen uns zu schaffen.

Heizen mit Sonnenenergie ist heute angesichts der Energieproblematik wieder ein Thema. Es geht darum, die passive Sonnenenergienutzung aus dem Feld der Wissenschaft wieder ins grundlegende Architektenwissen zu bringen. Einzelne Architekten weisen den Weg: der Mönchengladbacher Dr. Horst Schmitges etwa hat mit seinen Ideen, einer Mixtur aus alten und neuen Weisheiten, viel Aufsehen erregt. Eines seiner Prunkstücke: ein Studentenwohnheim in Stuttgart-Hohenheim, bei dem er 1984 die ›Erdbauweise‹ hat aufleben lassen. Außer der Südseite sind alle Hausseiten fensterlos, erdbedeckt und bewachsen, so daß dort kaum Energie verlorengeht. Spezialdämmungen, stromsparende Tageslichtbeleuchtung und neueste Energiesparerkenntnisse machen dieses Wohnheim zu einem energiewirtschaftlich vorbildlichen Neubau.

Dämmung

Das A und O der passiven Sonnenenergienutzung ist die Wärmedämmung. Ein Brennwert von etwa 20 Millionen Tonnen Steinkohleeinheiten geht in der Bundesrepublik jährlich allein wegen unzulänglicher Gebäudeisolierung verloren. Dabei spart jeder gedämmte Quadratmeter Fassade einer Altbauwohnung etwa acht Liter Heizöl pro Jahr. Nur durch verbesserten Wärmeschutz kann nach Berechnungen des Umweltbundesamtes etwa die Hälfte der gesamten Heizenergie eingespart werden. Dies würde den Kohlendioxidausstoß in der Bundesrepublik um 100 Millionen Tonnen verringern. Der durchschnittliche Energieverbrauch pro ölbefeuertem Einfamilienhaus liegt in der Bundesrepublik noch bei 2500 Litern Heizöl jährlich. Dagegen kommen die bei der Wärmedämmung weit fortschrittlicheren Schweden mit etwa 1000 Litern Öl pro Jahr aus - trotz des für Sonnenhungrige nicht gerade verlockenden skandinavischen Klimas. In vielen schwedischen Sport- oder Werkshallen sind schon heute lichtdurchlässige und dennoch gut wärmedämmende Materialien im Einsatz, so daß Sonnenlicht das ganze Jahr über auch als Wärmequelle genutzt werden kann. Wer nicht glauben mag, daß besseres Isolieren oder massivere Bauweise tatsächlich spürbar die Innenwärme erhöhen, der sei nur an das - ebenso alte wie anschauliche - Beispiel der Eskimoiglus erinnert.

Schon beim Hausbau sollte man umweltfreundlichen und ›warmen‹ Baumaterialien wie Kork, Kokos, Holz, unter Umständen auch Glas den Vorzug geben. Jedes Haus läßt sich aber auch ›nachrüsten‹. Vor allem an Fenster- und Wandisolierungen ist zu denken. Neue transparente Dämmstoffe sind bereits auf dem Markt: sie lassen Sonnenstrahlung ins Haus, aber keine Wärme hinaus. Auch eine regulierte Lüftungsanlage und Thermostate sind bei gedämmten Häusern unerläßlich.

Wintergarten

Der ›Treibhauseffekt‹ - die Erwärmung eines Raumes durch Zurückhalten von Wärmeabstrahlung - könnte das Erdklima aus den Fugen geraten lassen. Im Kleinen aber kann der Effekt sinnvoll angewendet werden. Der Wintergarten, eine vom Haus getrennte Terrasse, nach außen verglast, dient als Wärmepuffer. Kurzwellige Sonnenstrahlung durchdringt seine Glaswand und wandelt sich an Wand und Boden in langwellige Wärmestrahlung, die den Raum nicht mehr verlassen kann. In der Nacht verhindert diese Wärme übermäßiges Auskühlen des Hauses. Ein Wintergarten ist im Grunde also ein begehbarer Sonnenkollektor. Ein Wintergarten kann bis zu 25 Prozent Heizenergie einsparen - nicht zu vergessen ist die Erhöhung der Wohnqualität durch solch einen Zusatzraum.

Die Außentemperatur ist beim Wintergarten-Energiespareffekt zweitrangig, entscheidend ist vielmehr die Intensität der Sonnenstrahlung. Skifahrer können das bestätigen: In höheren Lagen wird die ohnehin kräftige Sonnenstrahlung zusätzlich vom Schnee reflektiert und wandelt sich beim Auftreffen auf den Körper in Wärmestrahlung um. Zweifellos ein angenehmer Effekt, läßt sich doch auf diese Weise sogar bei Minusgraden in Badehose oder Bikini wedeln. Erst etwaige Stürze machen die herrschenden Temperaturen wieder etwas bewußter.

Fassadenbewuchs und Grasdächer

Das Fell der Tiere wird dicker, die Bäume verlieren die Blätter - die Natur stellt sich auf den Winter ein. Warum machen wir es ihr nicht nach? Sommerfell und Winterpelz - was Pflanzen und Tieren recht ist, sollte uns Menschen billig sein, gerade in bezug auf unsere Behausungen. Tut es für den Menschen statt des Pelzes auch ein Wollmantel, so leisten für das Haus begrünte Fassaden und Dächer gute Dienste. Sie kühlen ein Haus im Sommer, wärmen es im Winter und helfen auf diese Weise, Heizkosten zu sparen. Dazu erzeugen Pflanzen Sauerstoff und sorgen so ständig für ein angenehmes Mikroklima rund ums Haus. Grasdächer halten nahezu ewig, bieten Lebensraum für Insekten und halten Wasser auf. In Skandinavien oder Tansania tun Grasdächer seit Jahrhunderten ihren Dienst. In der Bundesrepublik warten 90 000 Hektar Dachfläche auf Begrünung. Friedensreich Hundertwasser, österreichischer Maler und Grasdachpionier, mahnt: »Was wir der Natur unten genommen haben, müssen wir ihr oben zurückgeben.«

Die aktive Nutzung: Kollektoren

Passive Sonnenenergienutzung kommt ohne Zusatzenergie aus. Sie nutzt Thermik, Strahlung und Wärmeströmungen. ›Passiv‹ meint hier, die Sonne ungehinderter einstrahlen, ihre Wärme schwerer entfliehen zu lassen. Aber es gibt auch die

Möglichkeit, ›aktiv‹ die Ausbeute an Wärmeenergie zu erhöhen. Mit Hilfe von Strahlungssammlern, landläufig Sonnenkollektoren genannt, fängt man die Sonne gezielt ein und führt ›Extra-Energie‹ zu, um sie zu bündeln, umzuleiten, zu transportieren und zu speichern.

Das Grundprinzip der Kollektoren kennt jeder, der schon einmal an einem heißen Tag sein Auto einige Stunden in der Sonne geparkt hat: Die Sitze einer solchen rollenden Sauna glühen beinahe, am Lenkrad kann man sich Brandblasen holen, auf der Hutablage Spiegeleier braten. Unangenehm, und doch ein wichtiger Fingerzeig der Natur. Eine einfache Glaskonstruktion kann also eine große Energiemenge ohne technischen Aufwand schnell einfangen. Was läge näher, als das hier ärgerliche Phänomen am Haus positiv zu nutzen?

Kollektoren sind dunkle, meist schwarz lackierte Platten oder Rohre. Helle Kollektoren würden zu viel Licht reflektieren und zu viel Energie ginge verloren. Gängige Flachkollektoren bestehen aus einer schwarz beschichteten Absorberplatte, meist aus Aluminium oder Kupferblech, und einer Glasplatte. Zwischen Glas und Absorber liegt ein gut wärmeisolierter Hohlraum. Das kurzwellige Sonnenlicht fällt durch das Glas und wird am Absorber in langwellige Wärmestrahlung umgewandelt. Im Hohlraum wird ein ›Medium‹ erwärmt; im allgemeinen ist dies Wasser, manchmal Luft. Kollektoren, die mit flüssigem Natrium gefüllt sind, verwendet man nur in großen Kraftwerken, da sie für den Hausgebrauch viel zu teuer sind. Das erwärmte Medium fließt durch Röhren in der heißen Absorberplatte seinem Verwendungszweck zu. Mehr gehört nicht dazu, aus Sonnenlicht Wärme zu machen. Nicht einmal wolkenloser Himmel ist nötig. Selbst bei dichtem Nebel dringen noch fast 80 Prozent der Energie zu den Kollektoren durch.

Warmwassererzeugung

Die Erwärmung des Brauchwassers eines Hauses einschließlich der gesamten Heizanlage ist für den privaten Bereich die einfachste, sinnvollste und daher am häufigsten angewendete Nutzung. Allein die Warmwassererzeugung verschlingt in der Regel mehr als fünf Prozent des Energieverbrauchs im Haushalt.

Der tägliche Warmwasserbedarf eines Vier-Personen-Haushalts beträgt 200 Liter bei 45 Grad. Unter den klimatischen Bedingungen Mitteleuropas kann mit Flachkollektoren Wärme von bis zu 150 Grad Celsius erzeugt werden. Im Sommer läßt sich das gesamte Brauchwasser, also Wasser für Bad und Dusche, Spülen und Putzen, für die Waschmaschine und für einen großen Teil der Heizung durch Kollektoren erwärmen. Auf das Sommerhalbjahr von April bis September umgerechnet sind dies 90 Prozent; von Oktober bis März können Kollektoren immer noch 40 Prozent des Brauchwassers erhitzen. In Einzelfällen, bei trockener Luft und Schneereflexion, arbeiten Kollektoren im Winter sogar effektiver als im Sommer! Am sinnvollsten sind sie in den Übergangszeiten, da sie dann die schadstoffintensiven Kaltstarts der Ölheizung überflüssig machen.

Das Wasser in den Kollektoren erwärmt sich schon bei einfachen Anlagen bis auf 95 Grad Celsius. Mit dem so erhitzten Wasser läßt sich nun Verschiedenes anstellen. Am sinnvollsten ist es, das Wasser per Umwälzpumpe (schaltet sich ein, wenn ein Fühler im Kollektor genügend Wärme auf dem Dach gemeldet hat) in einen (möglichst großen) Kessel zu pumpen, wo es über einen Wärmetauscher seine Wärme an den Brauchwasserkreislauf abgibt, um danach wieder der Sonne und neuer Erwärmung entgegenzuströmen. Solch ein System wirft keine besonderen technischen Probleme auf, jedoch ist die mögliche Speicherdauer gering, insbesondere im Winter. Brauchwasser kann sinnvoll aufbereitet werden, aber beständiges Heizen überfordert die Kollektoren. Wer also glaubt, einige Kollektorenplatten auf dem Dach könnten ihm auf alle Zeit die Rechnungen der Energieversorger ersparen, der dürfte spätestens im Dezember frierend in seinem Zimmerchen sitzen; ohne herkömmliche Zusatzheizung für käl-

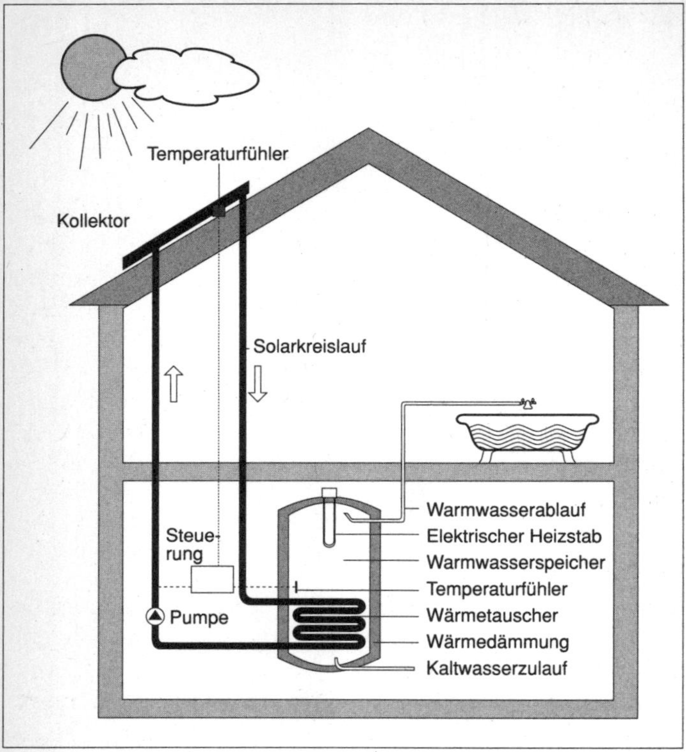

Solaranlage zur Warmwasserbereitung.

tere Tage, die das Wasser etwa 60 Grad Celsius warm halten kann, gibt es Probleme.

In den Sommermonaten dagegen schafft es schon ein etwa sieben Quadratmeter großer Kollektor mit einem etwa 200 Liter fassenden Speicher, das gesamte Brauchwasser für einen Haushalt mit vier bis fünf Personen zu erwärmen und darüber hinaus die Heizung zu entlasten.

Steigern läßt sich die Effizienz durch Kombination von Kollektorsystem mit Dämmung und passiver Solarenergienutzung am Haus.

Warmlufterzeugung

Nicht nur für die Warmwasserbereitung, auch bei der Erwärmung der Raumluft in größeren Fabrikhallen oder Klimaanlagen machen Kollektoren, speziell Luftkollektoren Sinn. Ihr vielversprechendstes Einsatzgebiet ist die Landwirtschaft, wo sie zum Heizen von Treibhäusern und zum Trocknen von Lebensmitteln dienen können. Vor allem in tropischen Ländern ist die Trocknung durch die Sonne seit jeher das verbreitetste Verfahren zur Konservierung. Obst, Getreide, Gemüse, Gewürze, Fisch und Fleisch werden dabei einfach unter freiem Himmel ausgebreitet. Der Haken an der Sache: es gibt keinen Schutz vor Bakterien oder Schädlingen, dafür aber Verluste aufgrund ungleichmäßiger Trocknung. Da öl- und gasbefeuerte Trockner ökologische und finanzielle Probleme bereiten, bietet sich die Trocknung mit Kollektoren als Ausweg geradezu an.

Kollektorarten

Kollektoren gibt es in unterschiedlichen Bauarten. Am häufigsten sind Kollektoren zur Brauchwassererwärmung. Hier gilt natürlich: je ausgereifter und effektiver, desto teurer. Die einfachste und in der Bundesrepublik am weitesten verbreitete Art sind Flachkollektoren, die meist aus Glas und Metall bestehen. Sie bedecken bundesweit insgesamt eine Fläche von fast 250 000 Quadratmetern.

Wassergefüllte Kollektoren

Mit Wasser gefüllte Kollektoren sind ideal für die Brauchwasserbereitung. Hier sind zwei Betriebsweisen möglich:

Zunächst der seltenere direkte Kreislauf, bei dem das erwärmte Wasser unmittelbar als Brauchwasser, zum Beispiel im Schwimmbad, eventuell auch im Haushalt verwendet wird. Dieses System ist allerdings stark frostgefährdet und daher im Winter unbrauchbar.

Beim indirekten Kreislauf stellt sich dieses Problem nicht.

Dem Wasser kann bedenkenlos Frostschutzmittel beigemischt werden, da es nirgends aus dem Wasserhahn fließt. Ein Wärmetauscher bringt die Wärme in den Hauswasserkreislauf. Der Nachteil des indirekten Kreislaufs: beim Wärmetausch geht ein Teil der Energie verloren.

Flachkollektoren sind die häufigste Kollektorart und entsprechen dem oben beschriebenen Prinzip. Bei den Flachröhrenkollektoren verlaufen unter der Glasplatte Röhren aus Glas, Kunststoff oder Metall, in denen das Wasser umläuft. Bei manchen Röhrenkollektoren sind die Röhren je nach Einstrahlungswinkel der Sonne verstellbar. Daher sind sie unabhängig etwa von der Dachneigung.

Flachkollektoren können auch Vakuumkollektoren sein. Sie gehören zur ›dritten Generation‹ der Kollektoren und sind neben speziellen Hochleistungskollektoren das effektivste, was die Technik derzeit zu bieten hat. Der Wärmeverlust wird nach dem Prinzip der Thermosflasche minimal gehalten. So ermöglicht das System auch die Versorgung mit Wasser von bis zu 250 Grad Celsius für industrielle Zwecke, wie Pasteurisieren oder Sterilisieren. Selbst bei Außentemperaturen von minus

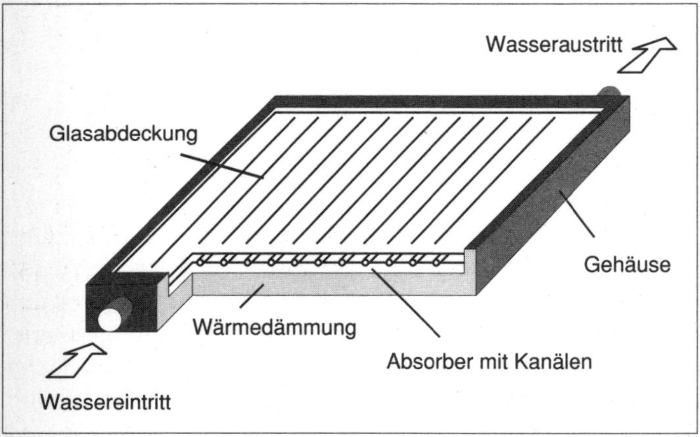

Schematischer Aufbau eines Sonnenkollektors.

20 Grad Celsius bringen Vakuumkollektoren noch Leistung - Sonnenschein vorausgesetzt. Im Sommer tut's auch ein bedeckter Himmel. Ihre Energieausbeute liegt um 30 Prozent höher als die von Kollektoren anderer Bauweise. Darüber hinaus sind sie besonders langlebig und korrosionsbeständig. Dies hat seinen Preis. Vakuumkollektoren werden bisher noch fast ausschließlich in Demonstrationsprojekten verwendet.

Kollektormatten aus Kunststoff sind mit einem in der Sonne liegenden Gartenschlauch zu vergleichen. Für Trink- und Brauchwassererwärmung ist so ein Low-Tech-System nicht geeignet, die erreichbaren Temperaturen liegen zu niedrig. Dafür sind bei diesem direkten Kreislauf die Teile einfach zu montieren und billig. Das System bietet sich beispielsweise für Schwimmbäder an. Speziell Freibäder sind aus einsichtigen Gründen dazu prädestiniert, mit Sonnenenergie betrieben zu werden. Man hat es mit dem ebenso glücklichen wie seltenen Umstand zu tun, daß Sonnenenergieangebot und Energiebedarf zeitlich zusammenfallen. Dadurch ist ein aufwendiges Speicher- und Wärmetauschersystem nicht nötig. Das Schwimmbecken ist der Speicher, sein Wasser das Medium. Darum arbeiten Systeme zur Schwimmbaderwärmung schon heute mit Wärmegestehungskosten von etwa zehn Pfennig pro Kilowattstunde effektiv, preisgünstig, also außerordentlich erfolgreich.

Luftkollektoren

Statt Wasser kann man - wie erwähnt - auch Luft als Medium verwenden. Dies bietet eine Reihe von Vorteilen: Korrosion ist kein Problem, nichts kann mehr einfrieren, undichte Stellen bilden keine Gefahr für das System. Die Erwärmung geht schnell vor sich, die Bauweise ist einfach. Allerdings ist Luft kaum brauchbar, wenn es darum geht, Wasser zu erwärmen. Die Wärmespeicherung bereitet Schwierigkeiten und verlangt zusätzlichen Energieeinsatz. Wo aber nicht Wasser-, sondern Lufterwärmung das Ziel ist, bei Trocknungsprozessen oder Warmbelüftung, haben sich Luftkollektoren bewährt. Äußerlich gibt es zu wassergefüllten Modellen kaum Unterschiede: In die Luftkammer zwischen Glasplatte und schwarz lackiertem Boden strömt Kaltluft ein und tritt am anderen Ende erwärmt aus.

Die Zukunft der Sonnenwärmenutzung

Die Erkenntnisse über die passive Nutzung der Sonnenenergie sind althergebracht und ausgereift. Höchstens neue Dämmsysteme bringen noch Fortschritte. Ähnlich verhält es sich bei den Kollektoren. Die Erforschung ihrer technischen Grundlagen ist nach fast zwei Jahrzehnten ihrer Nutzung hierzulande auf ausreichendem Stand. Forschungsbedarf besteht bei der Verbesserung von Werkstoffen, Wärmespeichern, Korrosionsschutz und der Auslegung der Gesamtsysteme. Standardisierung und Normung scheinen angebracht.

Dennoch haben sich Solaranlagen noch nicht durchgesetzt. Meist fehlt es an Wissen um Beratungsstellen, meist schrecken Interessenten auch noch vor den scheinbar hohen Kosten zurück. Doch diese Angst ist längst nicht mehr begründet. Die Amortisierungsdauer der meisten Anlagen liegt nur noch bei etwa sechs Jahren. Und kaum jemand, der bisher Kollektoren installierte, hat es bereut. Kollektoren auf dem Dach zeugen von vorausschauendem Denken der Bewohner und könnten in nicht ferner Zeit zum Statussymbol werden. Warum auch nicht?

Darüber hinaus sind erste Erfolgszahlen da: Obwohl beispielsweise in München mehr als die Hälfte aller Solaranlagen nur für die Warmwasserbereitung genutzt werden und nur 13 Prozent der Anlagen Wohnungen heizen, ergibt sich durch die gesamte Kollektorenfläche von mehr als 3500 Quadratmetern eine Einsparung von rund 300 000 Litern Heizöl pro Jahr. Dies spart nicht nur Energie, sondern verringert auch den Schadstoffausstoß um 1700 Kilogramm Schwefeldioxid, 520 Kilogramm Stickoxide und 1230 Kilogramm Kohlenmonoxid im Jahr.

Die ›solare‹ Stromerzeugung

Von heimtückischem Einfallsreichtum berichtet ein makaberer Kriminalroman des Briten Lord Dunsaney. Der englische schwarze Humor trifft hier einen ›schwarzen Mann‹: Im Roman sinnen aufgebrachte Fußballfans auf Rache an einem unbeliebten Schiedsrichter. Kommt Zeit, kommt Sonne, und kaum steckt diese eines (Sonn)tages über der Fußballarena ihren Kopf aus den Wolken, fummeln Hunderte mordlustiger Hooligans kleine Spiegel aus den Taschen und lenken die Sonnenstrahlen auf den allzu parteiischen Unparteiischen. Dem Mann in Schwarz ergeht es darob keinen Deut besser als all dem wehrlosen Kleingetier, das manch einer von uns in seiner Kindheit mit Linsen und Brenngläsern traktierte. Ob Ameise oder Pfeifenmann: übrig bleibt nur ein wenig Asche.

Zweifellos ein bemerkenswertes Prinzip. Mittlerweile haben sich findige Ingenieure darangemacht, es besagten Hooligans gleichzutun. Nicht in düsterer Meuchelabsicht, sondern in Sorge um die Energiezukunft der Menschheit. Schon in den sechziger Jahren wurde in einer Versuchsanlage in den Pyrenäen demonstriert, daß mittels eines Hohlspiegels in einem Brennpunkt Temperaturen von 3800 Grad Celsius erreichbar sind. Diese ersten Versuche waren die Geburtsstunde der ersten Solarkraftwerke. Und die haben wir bitter nötig. Denn so sinnvoll die Anwendung von Kollektoren als Warmwasserspender in privaten Haushalten sein mag, so unbedeutend sind diese Systeme, wenn es um die zukünftige Energieversorgung geht. Mit einfachen Hausdachkollektoren läßt sich eben nur Wärme erzeugen. Um Kernkraft oder Erdöl als Hauptenergieträger abzulösen, muß man aus Solarenergie großtechnisch in Kraftwerken Strom gewinnen; Strom, der gespeichert und über lange Strecken transportiert werden kann.

Indirekte Stromerzeugung: Solarthermik

Kraftwerke, die nach dem Spiegelprinzip besagter Schiedsrichtermörder arbeiten, nennt man auch ›solarthermische‹ Kraftwerke. Solarthermik ist ganz allgemein die Umwandlung der Sonnen- in Wärmeenergie. Solarthermische Kraftwerke gehen einen Schritt weiter als die oben vorgestellten Kollektoren. Das Sonnenlicht wird nicht nur in Wärme, sondern letztendlich in Strom verwandelt. Genauer: Licht wird mittels Spiegeln und Linsen gebündelt und auf Absorber gerichtet. Die dort entstehenden Temperaturen lassen ein Medium, meist Wasser oder Natrium, verdampfen, mit dem dann Turbinen und Generatoren angetrieben werden.

Natürlich sind zu solcher Stromerzeugung groß dimensionierte Anlagen nötig, ganze Plantagen von Kollektoren oder Spiegeln. Der Bau- und Testboom für solche Kraftwerke setzte Anfang der achtziger Jahre ein. Beim Testen blieb es vielerorts. Noch immer sind überwiegend reine Versuchskraftwerke in Betrieb, die allerdings recht erfolgreich laufen. Man muß solche Solarkraftwerke heute mit einer Leistung von etwa 1000 Megawatt planen, damit sie modernen Leichtwasser-Atomreaktoren entsprechen.

Drei Hauptarten von Solarthermik-Kraftwerken sind erforscht:

- Farmkraftwerke
- Turmkraftwerke
- Aufwindkraftwerke

Farmkraftwerke

»It never rains in Southern California«: Diesen in den siebziger Jahren besungenen Umstand haben sich US-Kraftwerksbauer einige Jahre später zunutze gemacht und in der sonnenreichen Mojave-Wüste nordöstlich von Los Angeles einige Solarfarm-Kraftwerke plaziert.

›Farmen‹ werden solche Kraftwerke genannt, weil die Spiegel wie Bäume auf einer Plantage angeordnet sind. Ähnlich der künstlichen Bewässerung von Farmen verläuft ein Röhrensystem zwischen den einzelnen Spiegeln. Jeder Spiegel ist so gewölbt, daß er Sonnenlicht auf seinen Abschnitt der Röhre

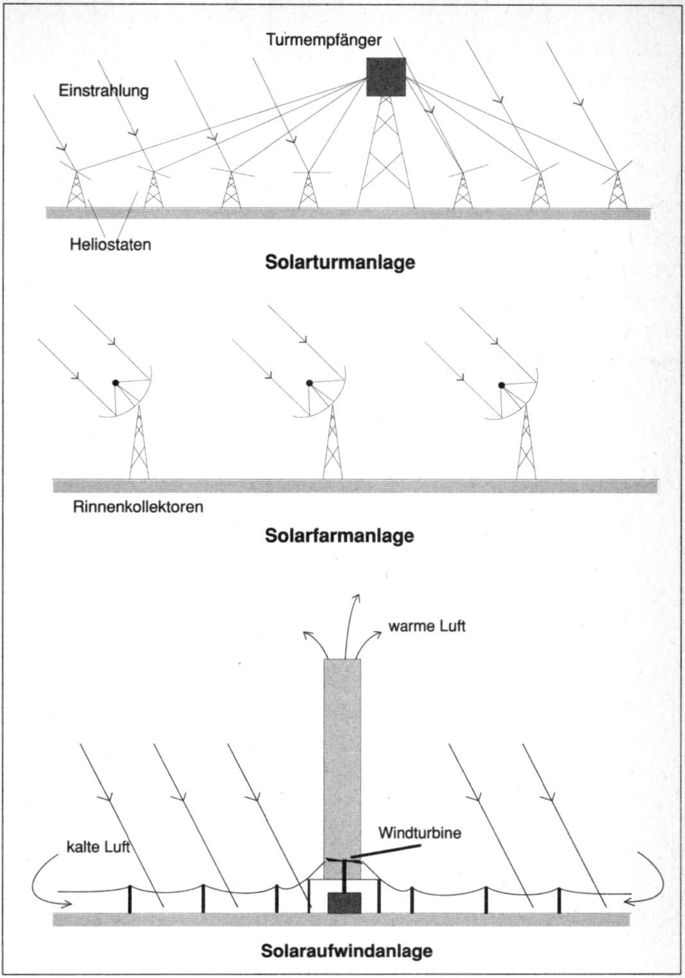

Schamtische Darstellung verschiedener Solarkraftwerke.

konzentriert. Die Spiegel werden den ganzen Tag lang automatisch dem Lauf der Sonne nachgeführt. Der Inhalt der schwarz lackierten Röhre ist je nach Kraftwerk Öl, Wasser oder flüssiges

Natrium. Das erhitzte Medium wird gespeichert; beim Verdampfen treibt es Generatoren an.

Farmkraftwerke tragen die größten Hoffnungen im Bereich der solarthermischen Kraftwerke. In Kalifornien arbeiten sie heute schon rentabel. Das Prinzip ist einfach anzuwenden und erfordert wenig Wartung. Bezeichnend ist, daß es zu den größten Problemen der kalifornischen Kraftwerke gehört, Vogeldreck von den Spiegeln zu entfernen. Bundesdeutsche Atomkraftwerksbetreiber wären heilfroh, brauchten sie sich nur hierum zu sorgen.

Turmkraftwerke

Auch ein Solarturm arbeitet relativ simpel und folgt noch genauer als die Solarfarmen dem Prinzip der oben beschriebenen Schiedsrichterkiller. Wie bei der Farm gibt es eine Plantage von Spiegeln, auch Heliostate genannt (helios = Sonne), die computergesteuert dem Lauf der Sonne folgen, um so viel Energie wie möglich einzufangen. Kleiner, aber entscheidender Unterschied zur Farm: das Sonnenlicht wird nicht von jedem Spiegel auf ein anderes Rohrstück geleitet, sondern auf einen einzigen Punkt reflektiert. Dieser befindet sich auf der Spitze eines Turmes, der am Kopf des Spiegelfeldes steht. In solch einem ›Hohlraum-Receiver‹, dem Herz jedes Turm-Kraftwerks, verlaufen Wasser- und Dampfleitungen. Wie bei Farmkraftwerken treibt auch bei Solartürmen der Dampf des Mediums eine Turbine an.

Mit einer ›Projektions-Leinwand‹ unter dem Receiver läßt sich die Einstellung der Spiegel kontrollieren. Die Sonnenstrahlen werden vor jedem Betriebstag auf diese Leinwand gelenkt, bis sie übereinanderliegen. Ist dieses ›Sonnenbild‹ gut genug (etwa mit einem Durchmesser von weniger als fünf Metern), werden alle Spiegel um den gleichen kleinen Winkel verstellt, so daß das Sonnenbild auf den Receiver fällt.

Bei den Solartürmen ist der Durchbruch zur Wirtschaftlichkeit noch nicht geschafft. Sie sind technisch komplizierter als Solarfarmen. Die Spiegelwölbung etwa muß für jeden Spiegel gesondert geplant werden, um die unterschiedliche Entfernung zum Turm auszugleichen. Besonders an den Receiver werden enorme Anforderungen gestellt: Er muß Temperaturen von über 1000 Grad Celsius aushalten.

Aufwindkraftwerke

Trotz des Namens ›Aufwindkraftwerk‹ hat diese Anlage weniger mit Wind als mit Sonnenenergie zu tun, weil der Aufwind, der eine Turbine antreibt, durch Sonnenstrahlung erzeugt wird. Die entsprechende Idee ist mehr als 50 Jahre alt. Aber erst in den siebziger Jahren waren Skizzen, Pläne und aufwendige Rechnungen mit Strahlungsbilanzen, Auftrieb, Wirbeln und Wetterprognosen so weit gediehen, daß ein erster Versuch möglich erschien.

Ein Aufwindkraftwerk macht sich zwei physikalische Phänomene zunutze: den ›Treibhauseffekt‹ und die ›Kaminwirkung‹. Für die Stromerzeugung braucht man dann zusätzlich nur noch ein Windrad. Beim Bau des Kraftwerks überspannt man zunächst ein großes Areal mit luftundurchlässigen Folien in einigen Metern Höhe. Die Kunststoffolie ist transparent, so daß die einfallenden Sonnenstrahlen den Boden und somit die unter der Folie eingeschlossene Luft erwärmen können. Diese ›will‹, was heiße Luft und ambitionierte Menschen immer wollen: nach oben. Für dieses Unterfangen läßt ihr ein schlauer Kraftwerksbauer nur einen einzigen Ausgang: einen hohen Kamin. Dort hinein schießt die heiße Luft, zusätzlich getrieben vom ›Kamineffekt‹, der um so stärker wirkt, je höher der Kamin ist. Derart beschleunigt treibt die heiße Luft schon am Kamineingang ein Windrad an, das wiederum mit einer Turbine und einem Generator verbunden ist. Fertig ist der Stromerzeuger. Der bisher einzige Prototyp für diese Art Sonnenkraftwerk wurde 1981 in Spanien erbaut. Nach ersten erfolgreichen Erfahrungen mußte man den Versuch aber aufgeben, da der 200 Meter hohe Kamin sich nicht lange aufrecht halten konnte. Die Aufwindpläne sind vorübergehend wieder in den Schubladen der Forscher verschwunden.

Der solarbetriebene Stirling-Motor

Der Stirling-Motor ist neben den solarthermischen Kraftwerken ein zweites Prinzip, mit dem sich Sonnenlicht, genauer gesagt Sonnenwärme, in Strom umwandeln läßt. Dieser Motor kann für die künftige Entwicklung der Solarenergie ungemein wichtig sein. Korrekterweise sollte man erwähnen, daß er kein spezieller Solarmotor ist, sondern mit jeder Wärmequelle betrieben werden kann.

Im November 1981 feierte er seinen Einzug in die solare Stromerzeugung: »Amerikanischen und schwedischen Wissenschaftlern am Georgia Institute of Technology in Atlanta ist es erstmals gelungen, Sonnenenergie direkt in Strom zu verwandeln«, so die scheinbar sensationelle Agenturmeldung. »Die Wissenschaftler«, so hieß es weiter, »benutzten zu ihrem Versuch einen Heißluftmotor nach dem vom schottischen Ingenieur R. Stirling erstmals 1818 demonstrierten Prinzip«. Dies stimmte nicht ganz. Abgesehen davon, daß 1981 nicht zum ersten Mal direkt Strom aus Sonnenenergie gewonnen wurde, war besagtes Prinzip des Herrn Stirling bereits 1816 entdeckt worden.

Robert Stirling, übrigens Bergwerkspfarrer und Hobby-Erfinder, hatte damals aktuellen Anlaß, sein schöpferisches Denken einzusetzen. Als Pfarrer war nicht selten er derjenige, der nach Todesfällen durch Bergwerksunglücke den Hinterbliebenen Trost spenden mußte. Solche Unfälle waren im England des frühen 19. Jahrhunderts keineswegs selten. In den Gruben arbeiteten Dampfmaschinen, die das oft knietief stehende Wasser aus den Schächten pumpten. Zum einen verbrauchten diese Maschinen Unmengen Kohle, zum anderen ereigneten sich häufig Unfälle, wenn Funken aus der Maschine leicht entzündliche Gasgemische im Stollen zur Explosion brachten. Dadurch kamen immer wieder Arbeiter ums Leben.

So machte sich Robert Stirling auf die Suche nach gefahrloseren Wegen, Wasser zu pumpen. Bald erinnerte er sich an einen theoretischen Entwurf aus dem Jahre 1807. Damals hatte der Flugpionier Sir James Cayley von seinen Plänen für eine neue Heißluftmaschine geschwärmt. Stirling und sein Bruder nahmen diese Idee auf und 1816 meldeten die stolzen Erfinder ihr Patent an: einen Motor ohne Feuer. Einen Motor, der nicht explodieren konnte; einen Motor, nur von Wärme betrieben.

Der Stirling-Motor macht sich die Ausdehnung von Gasen bei Erhitzung zunutze. Er kann sowohl mit Wärme als auch mit Kälte betrieben werden; man muß lediglich innerhalb des Zylinders Temperaturunterschiede erzeugen, wodurch eine im Motorblock eingeschlossene Gasmenge einen Kolben in Bewegung setzt. Dessen Energie kann über ein Getriebe beispielsweise auf einen Strom erzeugenden Generator übertragen werden. Damit nicht genug: man kann die Maschine sogar umgekehrt laufen lassen. Treibt man sie per Motor an, so kann sie ganz nach Wunsch als Wärmepumpe oder Kältemaschine dienen.

Da er kaum Schadstoffe ausstößt und zudem fast geräuschlos läuft, ist der Stirling-Motor sehr umweltfreundlich. Neben der Dampfmaschine ist Stirlings Erfindung die älteste Kraftmaschine: Stirling-Antriebe waren im 19. Jahrhundert vor allem für Kleinbetriebe ein wichtiger Faktor der Energieversorgung. Erst später wurden sie durch die billigeren Verbrennungs- und Elektromotoren verdrängt. 1969 testete General Motors den Motor sogar in Kraftwagen. Die Ergebnisse waren keineswegs entmutigend, allein es fehlte dem Motor an Fürsprechern. Sein Handicap damals wie heute: geringere Effektivität gegenüber Otto- oder Dieselmotoren.

Daß die Erhitzung des Motors auch per Sonne möglich ist, war schon 1872 nach Versuchen des Schweden Ericsson bekannt. Allerdings verschwanden die Pläne damals wieder in der Schublade. Heute wird erneut daran geforscht, den Motor effektiver zu machen. Legt man etwa die Erhitzerkammer des Motors in den Brennpunkt von Spiegeln, kommt die Maschine auf einen Energiewandlungsgrad von mehr als 30 Prozent. Zum Vergleich: Kernkraftwerke schaffen 28 Prozent, Solarzellen liegen in der Praxis bei bis zu 14 Prozent. Längst gibt es

Versuchskraftwerke mit dieser Technik. Und nicht wenige Forscher glauben, daß solche Kleinkraftwerke in einigen Jahren neben Solarfarmen die rentabelsten Solarkraftwerke darstellen werden.

In der praktischen Anwendung ließe sich mit dem Motor sogar eine solare Trinkwasserversorgung bewerkstelligen, wodurch ein großes Problem der Dritten Welt gelöst werden könnte. Dort ist vielerorts das Grundwasser zu salzig, so daß es bei der Bewässerung der Felder zur Versalzung und späteren Verödung der Böden kommt. Die Lösung wäre ein ›doppelter Stirling‹: Mittels einer Solar-Stirling-betriebenen Pumpe wird salzhaltiges Grundwasser gefördert, über ein Solar-Stirling-betriebenes Kälteaggregat gefroren. Salze und Schadstoffe flocken aus. Zurück bleiben Blöcke aus Süßwasser-Eis, die - in Stirling-betriebenen Kühlhäusern gelagert - ein reiches Trinkwasser- und Bewässerungsreservoir bilden.

Die Photovoltaik

1991 sind es genau 152 Jahre, seit ein Franzose namens Becquerel einen Effekt beobachtete, der uns die Energie der Zukunft bescheren könnte: den photoelektrischen Effekt.

Der Vorname des Herrn war Alexandre Edmond, was insofern wichtig ist, als es eben nicht dieser Becquerel, sondern sein Sprößling Henri ist, der es in unseren Breiten - seit Tschernobyl - zu größter Bekanntheit gebracht hat: Er entdeckte 1896 die Radioaktivität des Urans.

Der Herr Vater ahnte zu seinen Lebzeiten noch nichts von diesem verhängnisvollen Stoff. Er ging lieber der Frage auf den Grund, warum Licht, wenn es auf bestimmte Materialien trifft, Funken erzeugt. Um einen Verdacht zu überprüfen, tauchte er eines Tages zwei Elektroden in eine leitende Lösung und setzte eine von ihnen dem Licht aus. Zwischen beiden Elektroden ließ sich eine minimale Spannung messen. Der Verdacht bestätigte sich: Was Bequerel sah, war die direkte Wandlung von Licht in elektrische Energie, die ›Photovoltaik‹.

Ihren Namen verdankt sie dem Italiener Alessandro Volta, einem Pionier der Elektrizitätsforschung: Sein Familienname wurde einfach mit dem griechischen Wort für Licht, ›photos‹, gekoppelt. Mit dieser, allerdings erst später erfundenen Bezeichnung wollte man die Technik der direkten Stromerzeugung eindeutig von anderen Methoden der Sonnenenergienutzung abgrenzen.

40 Jahre nach Becquerel war es ein Forscher namens Willough Smith, der die Photovoltaik, kurz PV, einen Riesenschritt weiterbrachte. Ihm fiel auf, daß die Leitfähigkeit von Selen zunimmt, wenn es mit Licht bestrahlt wird - bis auf das 1000fache des Ausgangswertes, wie man heute weiß. Das macht man sich mittlerweile seit 50 Jahren bei der Anwendung von Photozellen zunutze. Vor rund 100 Jahren entwickelte Smith die erste Selen-Solarzelle. Der Wirkungsgrad der ersten Selen-Solarzellen, also der Grad der Umwandlung von Licht in elektrische Energie betrug etwa ein Prozent. Anders ausgedrückt: diese Zelle wandelte 100 Watt Lichtenergie in ein Watt elektrische Energie um.

Das theoretische Konzept der Photovoltaik brachte kein Geringerer als Albert Einstein 1905 zu Papier. Bis dato konnte man das Phänomen zwar beobachten, nicht aber erklären. Wie sollte das wellenartige Licht so eine Leistung zustandebringen können? Einstein wies nach, daß die Vorstellung von der Wellenstruktur des Lichts nur die halbe Wahrheit war. Licht, so belegte er, ist nicht einfach eine Welle, sondern zugleich ein Strom zahlloser kleiner Energieteilchen, der Photonen. Ein solches Photon, zeigte der damals 26jährige Physiker, kann - wenn es auf die Oberfläche bestimmter Metalle prallt - ein Elektron aus dem Metallverband sozusagen ›heraussprengen‹ und nach einigen weiteren Schritten einen durchgehenden Elektronenfluß, also ›Strom‹ ermöglichen.

Wenige Jahre später, als Nils Bohr, der berühmte dänische Atomphysiker, erstmals das Atom-Modell beschrieb, wurde klar, daß es die unterschiedliche Atomstruktur von Metallen ist, die die beobachtete unterschiedliche Leitfähigkeit bedingt.

Daher verlegten Forscher ihr Interesse bald auf Siliziumzellen, die von ihrer Struktur her ideal schienen. 1954 wurde die erste, aus den amerikanischen Bell-Laboratorien stammende Silizium-Solarzelle vorgestellt. Die weiterentwickelten Siliziumzellen der Forscher Pearson, Fuller und Chapin brachten es schon 1957 auf einen Wirkungsgrad von acht Prozent. Schon damals ahnte wohl mancher Wissenschaftler, daß das Silizium zu einer Schlüsselsubstanz unseres Jahrhunderts werden würde. Vor allem die Anwendung in Mikroprozessoren machte es berühmt. Als Mikrochip hat das Silizium unsere Welt bereits verändert. Heute steht es kurz davor, dies auch als Solarzelle zu tun.

Im Jahr 1958 schossen Sowjets und Amerikaner erstmals Satelliten ins All. Vorher hatten sie lange darüber gebrütet, wie man einem im All stationierten Satelliten die für Versuche und Messungen nötige Energie zuführen könnte. Witzbolde schlugen Kabel zur Erde vor, aber auch die realistischere Variante Batteriebetrieb hätte alleine wegen des Gewichtes Probleme gebracht. Die Photovoltaik aber war der ideale Weg zur Lösung des Dilemmas. Und so bestückten beide Großmächte ihre Satelliten mit zahlreichen Siliziumzellen. Wo hätten eben diese Zellen besser betrieben werden können als im All, wo die Sonne ungetrübt auf sie einstrahlen konnte. Die Idee erwies sich in der Tat als ebenso sinnvoll wie unkompliziert; Bedenken gegen die junge Technik schwanden. Die Karriere der Photovoltaik hatte begonnen, wenn auch zunächst nur im ›exotischen‹ Bereich Raumfahrt. Heute, am Ende des Jahrhunderts, hat das Prinzip auch in unseren Alltag Einzug gehalten: Taschenrechner oder Uhren mit Solarzellenbetrieb, die noch vor zehn Jahren bestaunt wurden, liegen längst als Massenware in den Kaufhäusern aus. Aber neben diesen ›Spielereien‹ gibt es weit gewichtigere Anwendungen der Photovoltaik, die sie unter allen Möglichkeiten der Sonnenenergienutzung hervorheben; etwa die Verwendung als Antrieb für Motoren, für Herde und Heizung und – vor allem – als Arbeitsprinzip großer Kraftwerke.

›Königsweg‹ Photovoltaik

Die Photovoltaik ist die Technik, die nach Einschätzung von Experten am ehesten in der Lage ist, die Solarenergie zur bedeutendsten Energiequelle der Zukunft zu machen - sie ist der ›Königsweg‹. Schließlich verschmutzt photovoltaische Stromerzeugung nicht die Umwelt, macht weder Lärm noch Gestank und hinterläßt keine Abfälle. Man braucht keine Wärmeübertragung, keine Turbinen, keine beweglichen Teile und kaum Wartung der Anlagen. Das Prinzip ist dem der Energiegewinnung mit Kollektoren weit überlegen. Dort wird Sonnenenergie gesammelt, umgeformt und als Wärme genutzt, hier wird direkt Strom erzeugt; mit einem Prinzip, das sich die Natur zum Vorbild genommen hat. Die Photovoltaik ist quasi der Versuch, die Photosynthese der Pflanzen nachzustellen. Pflanzen wandeln Wasser und Kohlendioxid unter Lichteinwirkung in organische Stoffe um. Alle Pflanzen in der Bundesrepublik erzeugen so jährlich organisches Material mit einem Brennwert von 500 Milliarden Kilowattstunden, was einem Viertel des bundesdeutschen Endenergieverbrauchs entspricht.

Auch die solarthermische Stromerzeugung wird von der Photovoltaik in den Schatten gestellt. Zwar stellt auch sie Strom zur Verfügung, aber eben nur mittelbar und unter Einsatz verschiedenster Zusatztechniken. Bei der Photovoltaik geschieht dies durch direkte Umwandlung von Sonnenenergie. Salopp formuliert: die Zellen werden irgendwo hingestellt, oben kommt Licht rein und unten Strom raus. Photovoltaik ist die eleganteste und wartungsärmste Sonnenenergienutzung, zugleich aber auch die teuerste und noch am wenigsten rentabelste.

Das Prinzip

Wesentlicher Teil jeder photovoltaischen Einrichtung ist die meist aus Silizium bestehende Solarzelle. Um Stromfluß zu ermöglichen, ist ein spezieller Zellenaufbau nötig. Dazu muß man wissen: Je geringer die Bindungsstärke innerhalb einer chemischen Verbindung ist, desto leitfähiger ist sie. Schon in den vierziger Jahren entdeckten Wissenschaftler, daß sich die vier Valenzelektronen des Siliziums mit ihren Nachbarn fest zu einem starren Kristallgitter verbinden, dessen Struktur der des Diamanten gleicht. Hochreines Silizium leitet also praktisch überhaupt nicht. Aber es gibt einen Trick: ›Verschmutzt‹ man das Silizium gezielt, ›dotiert‹ man es, kann man es leitend machen. Ein einziges Fremdatom unter zehn Millionen eigenen Atomen zeigt schon deutliche Wirkung. Baut man in einen Siliziumkristall also ein Element mit fünf Valenzelektronen ein, wandert eines davon ungebunden herum. Dieses Überschuß-Elektron verleiht Silizium Leitfähigkeit. Ein geeignetes Element für die Dotierung ist Phosphor mit seinen fünf Valenzelektronen.

Entsprechend bewirkt die Verunreinigung mit einem Element, auf dessen äußerster Atomschale sich nur drei Elektronen befinden, einen ›Löcherüberschuß‹. Diese Elemente, zu denen beispielsweise Bor gehört, ermöglichen durch für Elektronen freie Plätze - Löcher - auf ihrer Atomhülle den sogenannten ›Löcherstrom‹.

In einer Solarzelle grenzen aus diesem Grund zwei unterschiedlich dotierte Verbindungen aneinander: der phosphordotierte Elektronenleiter (negativer Elektronenstrom, ›n-dotierte Siliziumschicht‹) und darunter der bordotierte Löcherleiter (positiver Ladungsstrom, ›p-dotierte Siliziumschicht‹). Oben gibt es zu viele bewegliche Elektronen, unten zu viele bewegliche Löcher; an der Grenze zwischen den Schichten baut sich ein elektrisches Feld auf.

Der Prozeß der Stromerzeugung

Wenn die Photonen auf das Halbleitermaterial der Solarzelle treffen, können sie reflektiert werden, durch das Material hindurchgehen oder absorbiert werden. Diejenigen Photonen, die absorbiert werden, sind für die Stromerzeugung verantwortlich. Ist ihre Energie groß genug, ›schlagen‹ sie aus der einen Halbleiter-Schicht negativ geladene Elektronen, aus der

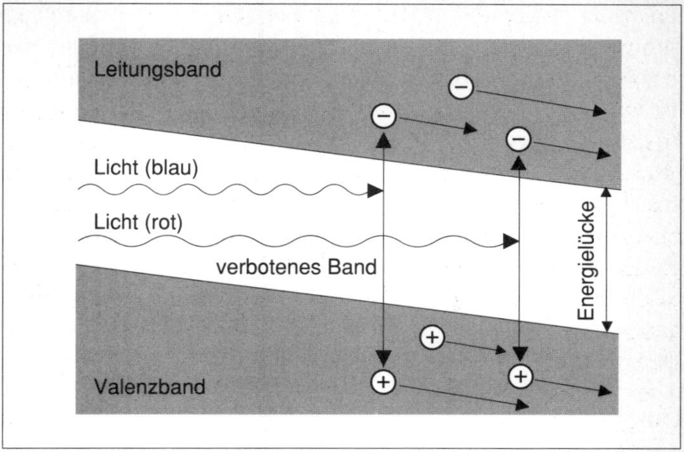

Physikalisches Prinzip der Umwandlung von Licht in elektrischen Strom in einer Solarzelle.

anderen die positiv geladenen ›Löcher‹ heraus und fügen sie zu Paaren zusammen.

Zwei Arten von Ladungsträgern sind nun frei: Elektronen im ›Leitungsband‹ und Löcher im sogenannten ›Valenzband‹. Nun tritt das durch die Dotierung erzeugte elektrische Feld in Erscheinung. Der entscheidende Prozeß besteht nämlich darin, daß diese durch Lichteinwirkung erzeugten freien Ladungsträger durch das Feld in entgegengesetzte Richtungen getrieben werden – genau wie bei einer Diode und sozusagen ›gegen ihren Willen‹. Elektronen und Löcher streben nämlich zusammen. So ›treffen‹ sich alle Elektronen gezwungenermaßen im n-Leiter, die Löcher sammeln sich im p-Leiter – zwischen beiden Seiten baut sich eine elektrische Spannung auf, deren Stärke von der Anzahl der vorhandenen Photonen, also von der Lichtstärke abhängt.

Verbindet man jetzt Zellenvorder- und -rückseite durch einen elektrischen Leiter, so durchfließen ihn die freien Ladungsträger als elektrischer Strom. Er bleibt bestehen, solange die Zelle dem Licht ausgesetzt ist. Seine Spannung beträgt pro

Zelle - unabhängig von der Fläche - etwa 0,5 Volt. Zunächst produziert eine solche Solarzelle Gleichstrom. Gängige elektrische Haushaltsgeräte benötigen jedoch Wechselstrom, was den Einsatz eines Spannungswandler erforderlich macht.

Ein Quadratmeter einer Solarzelle liefert bei Tageslicht bis zu 150 Watt Leistung, ohne Wartung, bis zu 30 Jahre lang und ohne daß irgendwelche Stoffe zugesetzt werden müßten. In der Tat die eleganteste Lösung, Sonnenlicht zu nutzen. Dabei ist keineswegs direkte Sonneneinstrahlung nötig. Auch diffuses Licht, wie bei bedecktem Himmel, genügt. Dennoch ist verständlicherweise der Einsatz der Solarzellen in sonnenreichen Gebieten der Erde am sinnvollsten.

Die Solarzelle

Das Herzstück der photovoltaischen Stromerzeugung ist die Solarzelle. In der Regel hat eine Zelle die Ausmaße 100 × 100 × 0,5 Millimeter und ist hauchdünn metallbeschichtet (meist mit Silizium). Hauptbestandteil einer typischen kristallinen Solarzelle ist die Trägerschicht aus Glas oder Plastik. Darauf befindet sich eine leitfähige Schicht, meist aus Metall, als Rückseitenkontakt. Dazu kommen die zwei dotierten Siliziumschichten. Oft ist die obere Halbleiterschicht transparent, damit

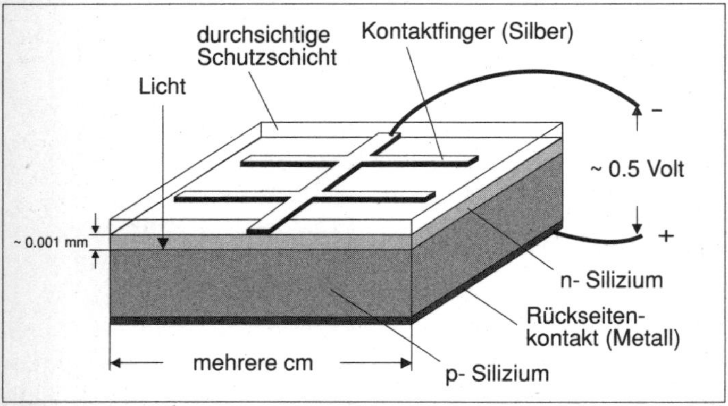

Aufbau einer Solarzelle aus Silizium.

das Licht so nahe wie möglich an das elektrische Feld herankommen kann. Ganz oben liegen eine Antireflexschicht sowie ein Kontaktgitter, das mit der Rückseite der Zelle zu einem Stromkreis geschlossen wird.

Dank der Raumfahrt gibt es bereits Zellen, die nur einige hundertstel Millimeter dünn sind. Dort ging es darum, möglichst viel Leistung in möglichst geringe Masse zu packen. Die Forschung kam darauf, die Zellenrückseite zu verspiegeln, und die ungenutzten Lichtquanten noch ein zweites Mal in die Zelle zu schicken, wodurch der Wirkungsgrad beträchtlich erhöht wurde.

Zellen - Module - Kraftwerke

Um eine bessere Leistungsausbeute zu erzielen, koppelt man viele Zellen aneinander - die Leistungen addieren sich. Eine solche wetterfeste Verkapselung mehrerer Solarzellen bezeichnet man als photovoltaisches Modul; meist besteht es aus knapp 50 Zellen. Mehrere solcher Module bilden dann einen Solargenerator, eine Solarpaneele oder ein Solarzellenfeld.

Weltweit wird mit riesigen Photovoltaik-Kraftwerken experimentiert. Ein solches Kraftwerk ist im Prinzip nichts anderes als ein Solarzellenfeld mit Netzanschluß. Leider läßt die Leistung solcher Kraftwerke noch zu wünschen übrig, doch sie tragen weit größere Zukunftshoffnungen als alle anderen Anwendungen der Solartechnik.

Das Ziel, auf das sich Solarenergieforschung letztlich richtet, ist nicht Kollektorproduktion, nicht Solarmobilforschung oder Warmwassererzeugung, das Ziel lautet Aufbau rentabel arbeitender photovoltaischer Großkraftwerke als Kernstück zukünftiger Energiesysteme.

Bestandteile einer Photovoltaik-Anlage

Die Bauweise von Photovoltaikanlagen ist im Prinzip immer gleich, auch wenn das Angebot auf dem Markt immer vielfältiger wird. Solarzellen, Batterie und Stromkabel sind ein Muß;

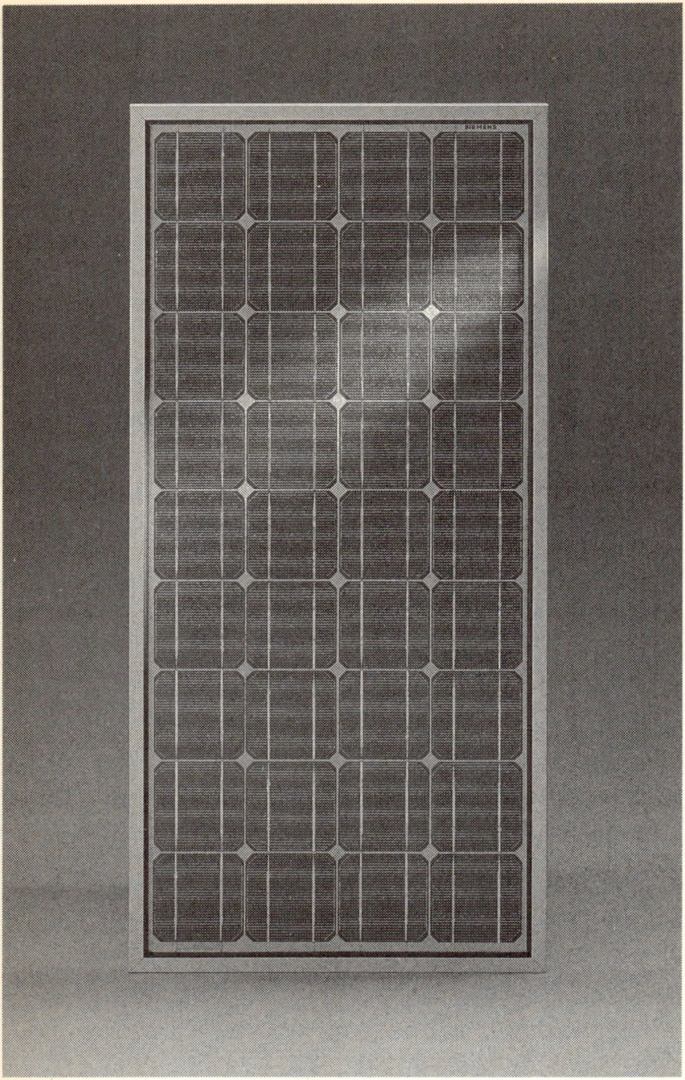

Das Solarmodul M 50 S der Siemens Solar GmbH erzeugt mit seinen 32 in Reihe geschalteten Solarzellen eine Spitzenleistung von rund 50 Watt.

ein Wechselrichter, um den Gleichstrom in Wechselstrom zu verwandeln macht die Anlage flexibler; ein Regler und ein Kontrollgerät verhindern Überladen und Tiefentladung. In abgelegenen Gebieten mag für lange Schlechtwetterphasen auch ein Notstromgenerator angebracht sein.

Kernstück jeder Anlage sind die Solarzellen. Ihr Wirkungsgrad bestimmt maßgeblich die Leistungsfähigkeit der Gesamtanlage. Wirkungsgrade von mehr als 20 Prozent sind im Dauerbetrieb möglich. Im praktischen Einsatz leisten gebräuchliche Zellen etwa zwölf Prozent. Damit lassen sich je Quadratmeter und Jahr rund 120 Kilowattstunden Strom erzeugen. Somit ist beim heutigen Stand der Technik die Vollversorgung eines Haushalts mit Solarstrom nur möglich, wenn erstens eine große Fläche für die Solarzellen - etwa auf dem Dach oder im Garten - zur Verfügung steht und zweitens der Energieverbrauch der Bewohner unter den derzeitigen Durchschnittswerten liegt.

Nur selten deckt sich die Zeit des Strombedarfs genau mit der Zeit, in der die Sonne scheint. Deshalb wird eine Batterie in kaum einer Anlage fehlen. Am häufigsten werden für diesen Zweck noch solche Bleibatterien verwendet, die auch in Autos, Motorbooten oder Notstromaggregaten ihren Dienst tun - leider umständlich, weil gering an Kapazität und groß an Gewicht.

Konzentratoren

Eine interessante Idee ist es, Sonnenlicht mittels Spiegeln zu bündeln und erst dann auf die Zelle zu leiten. Der Vorteil liegt auf der Hand: man bringt mehr Lichtenergie auf dieselbe Fläche. Doch die Konstruktion hat einen Nachteil: während herkömmliche Zellen auch bei bedecktem Himmel arbeiten, funktioniert ein solches Hochleistungssystem nur bei direkter Sonneneinstrahlung. Zudem sind die bisher verfügbaren Anlagen dieser Art noch nicht ausgereift.

Dennoch hofft man, eines Tages durch solche Konzentratoren Photovoltaik-Kraftwerke billiger zu machen, da Spiegel kostengünstiger sind als Solarzellen und man nur ein einziges, dafür hocheffizientes Solarmodul benötigt. Plaziert man solch ein Modul an der Spitze eines Turmes über einem Spiegelfeld, so ist ein Photovoltaik-Turmkraftwerk entstanden. Während beim herkömmlichen Solarturmkraftwerk Natrium oder Öl erhitzt wird, wird hier direkt Strom produziert. Für jedes Kilowatt Leistung benötigt man Spiegel mit einer Fläche von etwa sechs Quadratmetern auf einer Bodenfläche von 25 bis 30 Quadratmetern. Solche Türme wären daher nur in menschenleeren Wüsten sinnvoll.

Einfacher ist es, die Module, ähnlich den Spiegeln der Solarkraftwerke, computergesteuert dem Lauf der Sonne nachzuführen, um optimale Einstrahlung zu erreichen. In Merklingen, auf dem Versuchsgelände der Universitäten Stuttgart und Ulm, schwört man darauf. Die dortige Modellanlage schafft 30 Prozent mehr Energieausbeute als vergleichbare statische Anlagen.

Silizium - der Superstoff?

Warum stellt man Solarzellen ausgerechnet aus Silizium her? Nun, Silizium hat sich durchgesetzt, da es zugleich ungiftig, langlebig, stabil und nach dem Sauerstoff das zweithäufigste Element auf der Erde ist. An allen Stränden der Welt ist Silizium im Sand vorhanden, denn Quarz, Hauptbestandteil von Sand und Kies, ist nichts anderes als Siliziumdioxid, SiO_2. Der Erdball besteht zu einem Viertel aus Silizium, das fast immer in Verbindungen - meist mit Sauerstoff - vorkommt. Der Vorrat an Silizium ist schier unerschöpflich, ganz im Gegensatz zu dem an Öl, Erdgas oder Uran.

Ein weiteres Argument dafür, Silizium und nicht Kupfer-, Gallium- oder Cadmiumverbindungen auf der Zellengrundplatte aufzutragen: der Halbleiter Silizium beginnt schon im langwelligen Spektralbereich, Licht zu absorbieren. Daher läßt sich ein besonders großer Teil des Sonnenlichts nutzen. Nur Galliumarsenid kann dem Silizium in dieser Hinsicht das Wasser reichen.

Leider braucht man viel Energie, um das Silizium in großen Öfen bei 1600 Grad Celsius aus seinen Verbindungen zu trennen. Mit immensem Aufwand wird aus dem Billigstrohstoff Quarzsand das High-Tech-Produkt Solarzelle, das zu Beginn seiner Entwicklung teurer verkauft wurde als Platin, das teuerste Edelmetall.

Herstellung der Zelle

Beim Schmelzen des Siliziumdioxids wird der Sauerstoff vom Silizium gelöst und verbindet sich mit zugefügtem Kohlenstoff zu Kohlenmonoxid. Was zurückbleibt, ist Silizium mit einem Reinheitsgrad von 98 Prozent: harte, metallisch glänzende Brocken. Für Anwendungen in der Elektronik und Solartechnik reichen die 98 Prozent noch nicht aus. Die in einem Kilogramm dieses Siliziums enthaltenen 20 Gramm Fremdstoffe sind erheblich zu viel – für Mikrochips braucht man zu 99,9999 Prozent reines Silizium. Auch in der Photovoltaik muß das Silizium so rein sein. Denn bei der späteren Dotierung soll ein Phosphoratom unter zehn Millionen Siliziumatomen eine spürbare Veränderung der Leitfähigkeit herbeiführen. Bevor man das Silizium zum Zweck der Stromerzeugung gezielt verschmutzen kann, muß man es in absoluter Reinform besitzen. Dazu braucht man ein aufwendiges, vielstufiges Reinigungsverfahren: das Rohsilizium wird gemahlen und mit Salzsäure versetzt. Es entsteht Trichlorsilan, das durch Destillation gereinigt und mit Wasserstoff zu reinem Silizium reduziert wird. Dieses wird zu sogenannten Monokristallen gezüchtet, indem es erneut bei 1400 Grad Celsius geschmolzen wird. Das ist nötig, um die höchstmögliche Gleichmäßigkeit des Kristallgitters zu erreichen. Nur so können später fremde Dotierungs-Atome eingebaut werden.

Einkristalline, also äußerst gleichmäßige Siliziumstangen, bis zu 1,5 Meter lang und mit 15 Zentimetern Durchmesser, werden schließlich aus der Schmelze gezogen und mit einer Diamantsäge in etwa 0,3 Millimeter dünne Scheiben zerschnitten. Die Scheiben werden geätzt, gespült, dotiert und mit einer

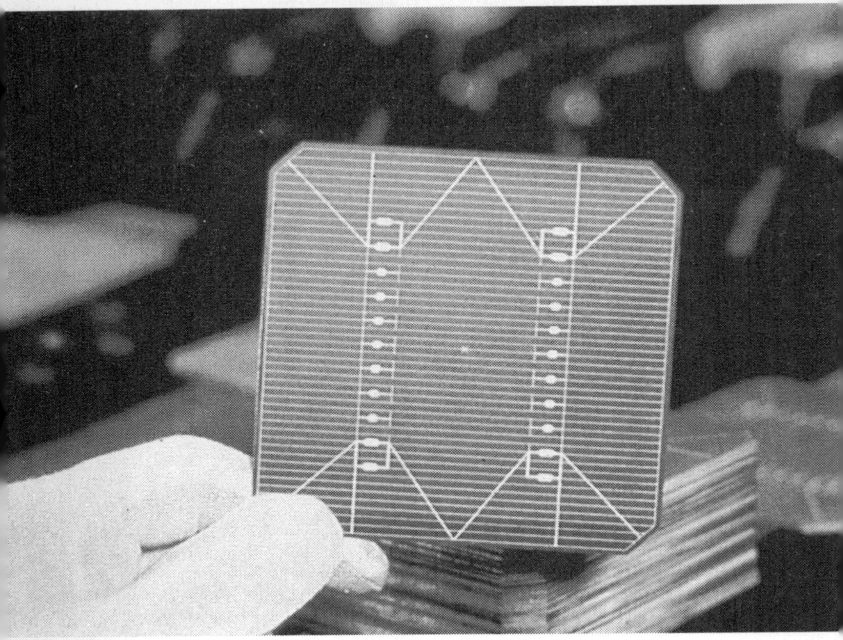

Die bedruckte Photozelle steht am Ende einer aufwendigen Fertigung, bei der extreme Reinheit von Material und Arbeitsräumen erforderlich ist.

sogenannten ›Maske‹ belegt. Dann kommen sie in einen Vakuumofen, wo Aluminium auf die Stellen gedampft wird, die nicht von Masken abgedeckt sind. Die Einbettung der Zellen in Module verläuft wie die Herstellung von Verbundglas: die Zellen werden in Folien zwischen Glasscheiben gelegt und im Vakuum bei hoher Temperatur ›verbacken‹. So ist dauerhafter Schutz vor Umwelteinflüssen gegeben. Schließlich wird das Ganze mit einer hauchdünnen Titandioxid-Schicht überzogen, ohne die das Silizium etwa 30 Prozent des Sonnenlichtes reflektieren – und für die Stromerzeugung verlieren – würde.

Die Antireflexschicht ist es übrigens, die den Solarzellen die charakteristische tiefblaue Oberfläche gibt.

Wie für jedermann einsichtig, ist das beschriebene Verfahren - eines von verschiedenen derzeit angewandten - nicht gerade billig. Der große technische Aufwand zur Herstellung der Zelle bleibt ein Hauptproblem der Photovoltaik-Forschung.

Was hinzukommt: bei der Herstellung von Zellen können verschiedene umweltschädliche Stoffe freigesetzt werden. Auch hier fehlt bisher noch eine Lösung.

Arten von Solarzellen

Kristalline Siliziumzellen

Kristallin - im Gegensatz zu amorph - sind Solarzellen dann, wenn sie eine reguläre Kristallgitterstruktur aufweisen. Mono- und polykristalline Zellen sind langlebig, wartungsfrei und technisch zuverlässig.

Monokristalline Siliziumzellen

Monokristalline Zellen bestehen unabhängig von ihrer Größe aus einem einzigen Kristall. Ihre Herstellung ist sehr aufwendig - der vorstehend beschriebene Herstellungsprozeß ist der einer solchen monokristallinen Siliziumzelle, eines ›Einkristalls‹. Zwar ist der Wirkungsgrad dieser Zellen mit elf bis 14 Prozent relativ hoch, ihre Herstellung aber bei weitem zu teuer, um im Rennen um effektive und zugleich billige Zellen der Zukunft die Nase vorn haben zu können. Noch herrschen monokristalline Zellen aber in der praktischen Anwendung vor.

Zellen für Satelliten wurden immer schon aus einkristallinem Silizium gefertigt. Bei dieser speziellen High-Tech-Anwendung spielte der Preis auch nie eine Rolle. Dies gilt natürlich nicht für eine etwaige Stromversorgung der Zukunft. Einkristalline Zellen, so läßt sich heute feststellen, waren sozusagen die erste Generation von Solarzellen.

Polykristalline Zellen

Noch vor wenigen Jahren schien es unmöglich, Solarzellen anders als einkristallin herzustellen. Heute weiß man es besser.

Poly- oder multikristalline Siliziumzellen sind aufgrund der geringeren Herstellungskosten ein zukunftsträchtigerer Weg.

Im Grunde unterscheidet polykristalline Zellen von den einkristallinen nur die Tatsache, daß die Herstellung vor den letzten Reinigungsschritten abgebrochen wird. Ein Einkristall muß mühsam gezüchtet werden, mit hohem Energieaufwand bei ununterbrochen 1400 Grad Celsius. So verbraucht die Herstellung eines Quadratmeters einkristallinen Siliziums 2200 Kilowattstunden Energie; 80 Prozent davon entfallen auf die Kristallzüchtung. Die sogenannte Energie-Rücklaufzeit beträgt zehn Jahre. Das heißt: erst nach zehn Jahren hat die Zelle die Energie zurückgebracht, die ihre Herstellung verschlungen hat. Zu diesem Zeitpunkt ist jedoch schon die Hälfte ihrer Lebensdauer verstrichen.

Die Herstellung von multikristallinem Silizium braucht nur einen Bruchteil der Zeit – und damit auch der Energie. Da das Silizium früher abgekühlt wird, erstarrt es zu Kristallen, die nicht absolut rein sind und in Solarzellen keine so hohe Leistung wie Einkristalle bringen.

Polykristalline Zellen finden sich vor allem in den bekannten Kleinanwendungen, etwa in Taschenrechnern. 13 Prozent Wirkungsgrad wird von den Herstellern als realistisches Nahziel angestrebt.

Amorphe Siliziumzellen

In den letzten Jahren sind neue Materialien für photovoltaische Zellen entwickelt worden, zum Beispiel amorphes Silizium. Es hat keine regelmäßige Struktur, wodurch es etwa fünfzigmal so viel Licht aufnehmen kann wie kristallines Silizium. Amorphes Silizium wird daher als direkter, kristallines Silizium als indirekter Halbleiter bezeichnet. Die Verwendung amorphen Siliziums soll die Leistungen künftiger Zellen im Vergleich zu den heutigen verdoppeln, ihren Preis jedoch halbieren. Eine Pilotanlage zur Produktion solcher Zellen aus amorphem Silizium gibt es bei Siemens in München seit Mitte 1989.

Dünnschichtzellen

Am vielversprechendsten unter den aus amorphem Silizium bestehenden Zellen sind die sogenannten Dünnschichtzellen. Experten verglichen die Einführung der Dünnschichttechnik bereits mit dem Übergang von der Elektronenröhre zum Mikrochip. Sie sollten Prognosen zufolge längst die kristallinen Zellen abgelöst haben. Doch daraus wurde nichts. Der Wirkungsgrad dieser ziegel- bis grünlichbraunen Zellen ist (noch) zu niedrig. Man nähert sich inzwischen immerhin der Zehn-Prozent-Marke. Die neuesten kristallinen Module haben aber bei einer Lebensdauer von 20 bis 30 Jahren einen Wirkungsgrad von 14 Prozent, während amorphe Dünnschichtzellen oft schon zu Beginn ihres ohnehin kürzeren ›Lebens‹ stark nachlassen. Lediglich Herstellung und Material sind billiger: Herkömmliche Solarzellen sind bis zu 500 Mikrometer dick, Dünnschichtzellen bringen es gerade auf 0,3 bis 1,0 Mikrometer.

Um die Bedeutung der komplizierten Dünnschichttechnologie erfassen zu können, sollte man wissen, daß die entscheidenden Funktionen technischer Produkte vor allem in der Mikroelektronik heute oft von hauchdünnen Schichten im Nanometerbereich auf fast ebenso dünnen Trägerplättchen ausgeführt werden. Daher steht im Mittelpunkt aller Bemühungen die Kunst der gezielten Erzeugung und Veränderung solcher Filme.

Die aus amorphem Silizium bestehende Dünnschicht wird auf die Rückseite von fenstergroßen Glas- oder Stahlplatten im Vakuum vollautomatisch aufgesprüht. Ein Laserstrahl teilt die Zelle dann in geeignete Strukturen auf. Zur Kontaktierung wird auch hier Aluminium aufgedampft, anschließend werden je zwei Platten verschweißt, so daß ein wasserdichtes Modul entsteht. In den letzten Jahren haben sich die Verfahren zur Herstellung von Dünnschichtzellen grundlegend verändert. Früher waren es hauptsächlich elektrochemische, mechanische und thermische Verfahren, heute sind vakuum-, plasma-, und ionentechnische Prinzipien an deren Stelle getreten. Zur

Beschichtung von Oberflächen setzt man Gasplasmen ein. Ihre entscheidende Bedeutung liegt darin, daß sich verschiedene Stoffe in dünnen Schichten beliebig miteinander kombinieren lassen.

Führend in der Dünnschichtzellenproduktion ist mit einem Weltmarktanteil von 50 Prozent Japan, gefolgt von den USA. Westeuropa versucht mit dem Programm ›Phototronics‹ im Rahmen des europäischen Forschungsprogramms EUREKA Anschluß zu finden. Und bei der Entwicklung sind bundesdeutsche Forscher mittlerweile Weltspitze (Siemens, Deutsche Forschungsanstalt für Luft- und Raumfahrt, Uni Stuttgart, Fraunhofer-Institut für Solare Energiesysteme).

Sonstige Hochleistungszellen

Die Forschung schläft nicht: Schlagwörter wie doppelseitig wirksame Zellen, Mehrschichtzellen, Tandemzellen können einige der Ideen nur kurz anreißen. Ziel des Forschungseifers ist immer, die Energieausbeute zu erhöhen.

Ein Fortschritt der Dünnschicht-Solarzellentechnik besteht in der Methode, mehrere Zellen übereinanderzuschichten, um die Ausnutzung des Sonnenspektrums zu vergrößern. Die verschiedenen Schichten ›sammeln‹ verschiedene Wellenlängen des Lichtspektrums. Solche Zellen, bei zwei Schichten ›Tandemzellen‹ genannt, haben dann einen weit höheren Wirkungsgrad als die knapp zehn Prozent, die jede der Schichten alleine hätte.

Die Materialforschung für Dünnschichtzellen beschränkt sich keineswegs auf Silizium. Pyrit, Kupferindiumselenid und andere Stoffe werden ebenso verwendet. Die besten Werte wurden bisher mit Galliumarsenid-Tandemzellen erzielt. Sie erreichten im Labor Wirkungsgrade von bis zu 37 Prozent! So haben photoelektrochemische Zellen (PEC) die Konkurrenz mit den Siliziumzellen aufgenommen. Meist sind es Halbleiter, die in Salzlösungen eingetaucht werden. An der Grenze zwischen Festkörper und Flüssigkeit entsteht so das nötige elektrische Feld. Eine solche - noch sehr kurzlebige - Zelle aus

Sonnenenergie kann auf zwei grundsätzlich verschiedene Arten genutzt werden: als Wärme und als Strom. Eine Nutzung als Wärme ist technisch einfach und kann durch energiebewußtes Bauen (passiv) oder durch ›Kollektoren‹ (aktiv) genutzt werden, die es in zahllosen unterschiedlichen Bauarten gibt. Auch in Kraftwerken kann Sonnenwärme eingefangen werden, hierfür errichtete Anlagen gibt es bisher als Farm-, Turm- und als Aufwindkraftwerke. Um Sonnenenergie unmittelbar in Strom umzuwandeln (= ›Photovoltaik‹) sind ›Solarzellen‹ erforderlich, die meist zehn mal zehn Zentimeter groß sind und häufig zu Modulen zusammengefaßt werden. Man unterscheidet zwischen mono- und polykristallinen Zellen, wobei erstere leistungsstark aber teuer, letztere dagegen leistungsschwächer aber kostengünstiger sind. Auch die photovoltaische Stromerzeugung kann in Kraftwerken erfolgen, sie bietet sich jedoch ganz besonders zur Anwendung unmittelbar beim Verbraucher an.

Cadmiumselenid brachte es 1990 auf einen Wirkungsgrad von 17 Prozent.

Für die Zukunft ist zu erwarten, daß die Bedeutung von Konzentratoren und hocheffizienten Zellen erheblich zunehmen wird. Doch weist die Photovoltaik-Forschung und -Entwicklung so viele Strömungen in so vielen Stadien in so vielen Ländern auf, daß es schwerfällt, einen Status Quo festzuhalten. Wann die Photovoltaik den Durchbruch zu einem Energiegewinnungsverfahren von weltweiter Bedeutung schaffen wird, ist nicht vorherzusagen. Welche Hindernisse auf dem Weg dorthin noch bestehen, damit wollen wir uns in den folgenden Kapiteln befassen.

Technische Hindernisse der Solarenergienutzung

Probleme bei der Stromerzeugung

Mit dem Lied »Und immer, immer wieder geht die Sonne auf«, steuerte einst Udo Jürgens einen Beitrag zur ›Solardiskussion‹ bei. Der optimistische Barde mag auch recht haben, doch was den Solarfreunden Kopfschmerzen bereitet, ist die Tatsache, daß sie auch ›immer, immer wieder‹ untergeht. Denn dann ist es im doppelten Sinne zappenduster. Und genau an diesem Punkt krankt (noch) die gesamte Nutzung der Sonnenenergie.

Strom durch Sonne zu produzieren ist kein großes Problem. Um den ganzen Prozeß aber lohnend und zum Kern einer zukünftigen Energiepolitik zu machen, braucht man eine gute Speicherung. Denn Stromerzeugung und Strombedarf fallen zeitlich wie räumlich nur selten zusammen. Klimatisierungsbedarf in den Tropen zur Mittagszeit oder Schwimmbaderwärmung im Hochsommer bei uns sind zwei von wenigen Ausnahmen, bei denen man die Sonnenenergie genau dann und dort braucht, wenn und wo die Sonne sie liefert. Meist aber brauchen etwa wir Deutschen gerade zu ›Ausfallzeiten‹ der Sonneneinstrahlung, also nachts und im Winter, die meiste Energie – für Heizung, Warmwasser und Licht. 75 Prozent des Primärenergieverbrauchs der bundesdeutschen Haushalte fallen ins Winterhalbjahr. Von Oktober bis März erhalten wir von der Sonne aber nur knapp 25 Prozent ihrer Gesamt-Jahresstrahlung. Die Anlagen größer zu dimensionieren, um im Winter mehr Energie ›einzufangen‹, hieße, mit Kanonen auf Spatzen zu schießen. Wenn Anlagen effektiv arbeiten sollen, muß es heißen: so groß wie nötig, so klein wie möglich. Folglich bleibt nur die Suche nach effektiven und transportfähigen Speichern für die Solarenergie.

Herkömmliche Speicher

Heute wird Sonnenstrom noch meist in Bleiakkus gespeichert. Für Kleinstanwendungen mag das noch angehen. Eine Batterie in einer Photovoltaik-Anlage, die in der Nacht Licht liefert, kann am Tag aufgeladen werden. Aber Kleinanlagen, so wichtig sie für die Entwicklung der Solarenergie sind, bringen nicht den Durchbruch. Vorrangig bleibt deshalb die Speicherung der Kraftwerksenergie. Alle bisherigen Batterie-Speichersysteme sind dafür technisch unzureichend und zu teuer. Sie haben eine verhältnismäßig kurze Lebenszeit, ihre Kapazitäten sind begrenzt, das Gewicht ist zu hoch. Auf die Akkus entfallen alleine 30 Prozent der Anlagenkosten und 90 Prozent der Instandhaltungskosten. Hinzu kommt, daß man mit ihnen nur elektrischen Strom speichern kann. Und der ist in vielen Bereichen, nehmen wir nur den Straßenverkehr, keine ideale Energiequelle.

Zwar gibt es andere Möglichkeiten der Speicherung, von Heißwassertanks bis zu Eisspeichern, aber keiner der derzeit gangbaren Wege ist zugleich billig, langlebig, effizient und wartungsfrei. Vor allem gibt es keine sinnvollen Ansätze zur saisonalen Speicherung, um den Sommer-/Winter-Gegensatz zu überbrücken. Hier liegt das große Hindernis auf dem Weg zur Wirtschaftlichkeit. Erst wenn es gelingt, so äußern sich führende Wissenschaftler, einen chemischen Energieträger mit angemessen großer Energiedichte zu finden, kann sich die Solarenergie als Hauptenergiequelle etablieren. Der deutsche Chemie-Nobelpreisträger Dr. Hartmut Michel, sieht eine Chance, das Speicherungsproblem mittels verbesserter Leitungen zu lösen. Dazu müsse es aber gelingen, »die Technologie der Supraleiter bei hohen Temperaturen weiter zu entwickeln und aus solchen Stoffen Drähte zu ziehen«. Und das ist noch Zukunftsmusik.

Solarenergie will mit fossilen Energien konkurrieren. Nun sind diese aber hervorragend speicherbar: Heizöl hat eine Energiedichte von 10 000 Kilowattstunden pro Kubikmeter, flüssiges Erdgas 6000 Kilowattstunden. Der heutige Haupt-›Sonnenspeicher‹ Bleibatterie bringt es auf mickrige 100 Kilowattstunden je Kubikmeter; Warmwasserspeicher erreichen nicht einmal dies. Wasserspeicher und Batterien eignen sich auch nicht besonders gut für den Transport, während sich Gas und Öl leicht über Tausende von Kilometern befördern lassen. Doch es gibt einen Ausweg: den Speicher Wasserstoff.

Utopie oder Lösung: die solare Wasserstoffwirtschaft

Im Jahre 1937 explodierte das deutsche Luftschiff ›Graf Zeppelin‹ über Lakehurst bei New York. 49 Jahre danach erlebten wir die größte Katastrophe der Raumfahrt: die Explosion der amerikanischen Raumfähre Challenger.

Beide Unglücksfälle haben eine Gemeinsamkeit: 1937 kam es genau wie 1986 zur Katastrophe, weil mit einem Stoff falsch umgegangen wurde, mit dem Treibstoff Wasserstoff. Diese legendären Rückschläge in Luft- und Raumfahrt zeigen die Risiken des Energiebündels Wasserstoff.

So absurd es sich angesichts der spektakulären Katastrophen auch ausnimmt: Wasserstoff darf – bei sorgfältiger Behandlung – als ungefährlich gelten. Er ist der Stoff, aus dem die Träume einer glänzenden (nicht strahlenden!) Energiezukunft sind. Wasserstoff könnte das Speicherproblem lösen und nach Ansicht vieler Forscher zum Dreh- und Angelpunkt der Energieversorgung des nächsten Jahrtausends werden: in einer globalen solaren Wasserstoffwirtschaft.

Das Prinzip

Augustin Mouchot, der Solarpionier, der uns schon im Eingangskapitel begegnet ist, bewies geradezu hellseherische Fähigkeiten, als er sich in seinem 1879 erschienenen Buch über die Anwendungen der Sonnenwärme um die Endlichkeit der fossilen Brennstoffe sorgte und plante, »mittels der Sonnenwärme Wasser zu spalten und den so freiwerdenden Wasserstoff und Sauerstoff in getrennten Gasometern aufzubewahren«. Die Planungen der heutigen Wissenschaftler zur Lösung des Speicherproblems weichen davon erstaunlich wenig ab. Auch sie wollen den Strom, der in Solarkraftwerken und Photovoltaikanlagen erzeugt wird, dazu benutzen, Wasser elektrolytisch in seine Bestandteile Wasserstoff und Sauerstoff zu zerlegen. Die Elektrolyse ist kinderleicht: Man setzt zwei Elektroden in Wasser oder in eine Lauge. Die positive Elektrode zieht den schwach negativen Sauerstoff an, die negative den positiv geladenen Wasserstoff. Beide werden abgeleitet.

Dieses simple Verfahren soll der sagenhafte Stein der Weisen, der Königsweg der Energiespeicherung sein? Durchaus. Der Sauerstoff kann entströmen, er wird nicht gebraucht. Dagegen kann der entstehende Wasserstoff in Tanks gespeichert und bei Bedarf transportiert werden. Wenn er später und an einem völlig anderen Ort wieder mit Sauerstoff verbunden, also verbrannt wird, gibt er die gespeicherte Energie wieder frei.

Wunderstoff Wasserstoff

Wasserstoff, das am häufigsten auftretende Element überhaupt, ist die Nummer Eins unter den Elementen - schon im chemischen Periodensystem. Ein geruch- und geschmackfreies farbloses Gas, das auch - bei entsprechend niedriger Temperatur - flüssig oder an andere Moleküle gebunden auftreten kann.

Für Wasserstoff als die Lösung des Speicherproblems der solaren Energiewirtschaft sprechen viele Gründe:

- Er ist ungiftig, sauber und im natürlichsten Stoff schlechthin enthalten: in Wasser.
- Er ist leicht und unbegrenzt elektrolytisch zu erzeugen, über große Entfernungen transportabel und unbegrenzt lagerfähig. Strom muß dagegen hochgespannt und verlustreich über Land transportiert werden.
- Er verbrennt bei der Nutzenergieerzeugung umweltfreundlich. Die Abfälle aus den Trennungs- und Zusammenführungsprozessen dürften kaum zu erhöhter Umweltbelastung beitragen: es sind (bei der Trennung) Sauerstoff und (bei der

Verbrennung) Wasser. Lediglich die bei der Verbrennung anfallenden Stickoxide stellen ein - lösbares - Problem dar.

- Sein Brennwert liegt dreimal so hoch wie der von Benzin oder Dieselkraftstoff.
- Er ist vielseitiger einsetzbar als Benzin, Diesel, Erdgas oder Strom und ist ein hervorragender Energieträger für ungleichmäßig anfallenden Überschußstrom, wie er gerade bei Solar- und Windkraftwerken anfällt.

»Wasser ist die Kohle der Zukunft«, erkannte bereits 1870 der Franzose Jules Verne, Autor utopischer Romane. Die heutigen Entwicklungen zeigen, daß Verne wohl fast so schnell wie bei seinem Roman ›In 80 Tagen um die Welt‹ von der Realität eingeholt werden dürfte.

Strom aus der Wüste

Eine globale Energieversorgung mittels einer solaren Wasserstoffwirtschaft sähe im Jahre 2050 vielleicht so aus: Weltweit sind, besonders in großen Wüstengebieten, (die Sahara etwa bietet 400 000 Quadratmeter bestens geeignete Fläche) Tausende von Solarkraftwerken mit Millionen von Parabolspiegeln oder Photovoltaikmodulen installiert (den photovoltaischen Kraftwerken werden langfristig größere Chancen gegeben, wenngleich die solarthermischen für die nächsten Jahrzehnte noch effizienter wären). Ein Teil des Sonnenstroms kann direkt in Stromnetze eingespeist werden, aus dem Rest wird per Elektrolyse Wasserstoff gewonnen, der über Pipelines oder in riesigen Tankern in die Zentren des Energiebedarfs gebracht wird. Wasserstoff kann problemlos über bereits heute vorhandene Systeme befördert werden, wie etwa die Erdgaspipeline von Algerien über Sizilien nach Norditalien. Produziert von überschüssigem Nachtstrom könnte Wasserstoff in Deutschland sogar schon heute dem Erdgas in den bestehenden Netzen beigemischt werden.

In den Industriemetropolen wird der Wasserstoff in Brennern und Kesseln zur Wärmeerzeugung, in Motoren zur Kraftgewinnung oder in Brennstoffzellen mittels umwelt-

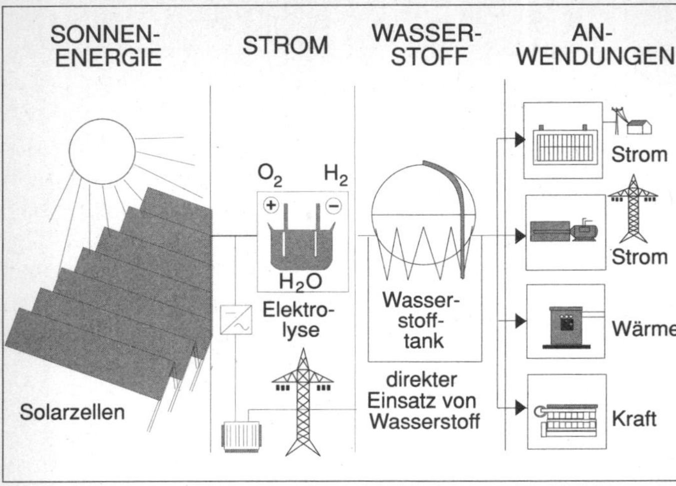

Solarer Wasserstoff wird mit Solarstrom aus normalem Wasser gewonnen und kann dann wieder als vielseitige Energiequelle eingesetzt werden.

freundlicher ›kalter‹ Verbrennung zur Stromerzeugung genutzt - wenngleich letztere Methode teuer ist und fast ausschließlich in der Raumfahrt Verwendung findet.

Längst gibt es Verbände, Konsortien und Initiativen, die sich für dieses nur scheinbar utopische System einsetzen. Die Idee dazu ist viel älter als manche glauben. Schon in den fünfziger Jahren schlug sie Dr. Eduard Justi, Ordinarius an der Universität Braunschweig vor. Weiterverfolgt hat sie in den siebziger Jahren neben anderen der AEG-Manager Dr. Reinhard Dahlberg. Er stellte schon zu Beginn der achtziger Jahre ein praktisches Konzept zur Durchführung vor. Sein Drei-Stufen-Plan sieht wie folgt aus:

Phase 1: Zehn Jahre lang werden zwei Prototypen von Groß-Photovoltaik-Solaranlagen in tropischen Gefilden getestet und weiterentwickelt. Allerdings stehen die Kraftwerke nicht isoliert in der Wildnis. Vielmehr sind Kleinfabriken zur Glas- und Solarzellenherstellung angegliedert. So wird solar erzeugte Energie gleich an Ort und Stelle zur Produktion von Solartechnik eingesetzt. Nach dem Baukastenprinzip wachsen Kraftwerk und Fabriken ständig. Die Kosten für diese Phase beziffert Dahlberg auf 25 bis 50 Milliarden Mark. Eine Idee zu ihrer Reduzierung: Absprachen etwa mit Saudi-Arabien über Senkung des Ölpreises mit der Gegenleistung, die Solaranlage zur Verfügung zu stellen. Das Projekt wäre auch dann noch teuer, aber seine stetig sinkenden Kosten (durch Produktionszuwachs und Technologiefortschritt) kämen dem deutschen Exportgeschäft mit Solargeneratoren zugute. Die Bundesrepublik wäre Marktführer in einem expandierenden Markt.

Phase 2: In zehn weiteren Jahren werden zehn identische Anlagen des Typs, der sich als am effektivsten erwiesen hat, einschließlich der Silizium- und Glasfabriken als ›Plantagenfamilie‹ in einer sonnenreichen Region aufgestellt. Die Baukosten betrügen gigantische 300 Milliarden Mark, schrecken dennoch wenig, wenn man mit Dahlberg der Meinung ist, daß die Summe aus Exporterlösen solartechnischer und sonstiger High-Tech-Anlagen herauszuholen ist.

Phase 3: In den folgenden 50 Jahren wachsen in verschiedenen Regionen weitere Plantagenfamilien auf, die sich die Erkenntnisse der ersten Familie zunutze machen. Der Clou: Jede ›Familie‹ kann ›Kinder‹ bekommen! Die angegliederten Fabriken jeder Anlage produzieren mittels Solarstroms alle zehn Jahre Bauteile und Zellen für zehn neue Anlagen. An die Stelle der Einfuhr teurer Solaranlagen würde schon bald die eigene Herstellung treten. Nur noch Regel- und Steueranlagen kämen aus den Industrieländern. Diese unter technischen Gesichtspunkten keineswegs utopische Selbstvermehrung nach dem Schneeballsystem könnte innerhalb von 60 Jahren in zehn

> Regionen der Erde ungefähr 400 000 Plantagen auf einer Fläche von vier Millionen Quadratkilometern liefern - gigantische Ausmaße, die bei der derzeitigen Steigerungsrate der Bevölkerungszahl und damit des Energieverbrauchs aber durchaus angemessen wären.

Die eigentliche Nutzung des Wasserstoffs soll nach Dahlbergs Plan erst nach Abschluß dieser wundersamen Kraftwerksvermehrung beginnen, da die übrigen Energiereserven bis dahin noch reichen dürften.

Geeignete Standorte müßten eine jährliche Sonneneinstrahlung von mindestens 2000 Kilowattstunden je Quadratkilometer aufweisen. Ebene Böden, wenig Vegetation, kaum Sandstürme und kein Regen sind weitere Vorbedingungen. Die in Frage kommenden Gebiete liegen zu 75 Prozent in Nordafrika und im Nahen Osten. Insgesamt sind weltweit 1,9 Millionen Quadratkilometer Land geeignet, das sind 1,3 Prozent der Landfläche unserer Erde beziehungsweise fünf Prozent der Wüstenflächen. Dort ließe sich langfristig eine Energiemenge

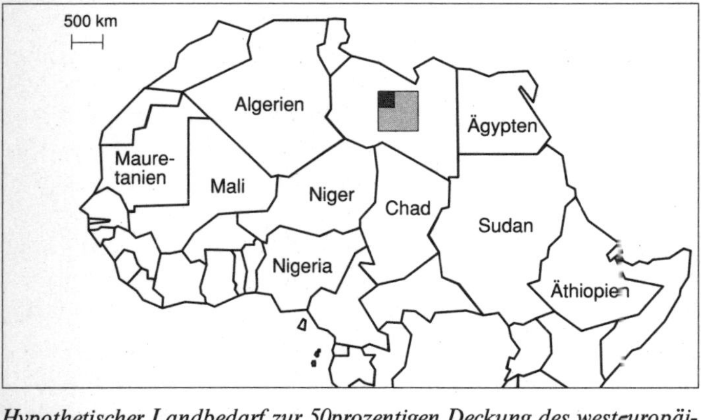

Hypothetischer Landbedarf zur 50prozentigen Deckung des westeuropäischen (kleines Quadrat) bzw. weltweiten (großes Quadrat) Energieverbrauchs mittels Solarenergie.

von etwa 14500 Millionen Tonnen Steinkohleeinheiten im Jahr erzeugen, das Doppelte des derzeitigen Weltendenergieverbrauches. Für den bundesdeutschen Verbrauch genügt schon ein kleiner Landzipfel in der Sahara.

Die Idee klingt utopisch. Tatsächlich ist sie visionär und wird in den nächsten zwei, drei Jahrzehnten nicht realisierbar sein. Aber langfristig bleibt uns zur Deckung unseres enormen Energiebedarfs nur die Sonne. Und dann schlägt die Stunde der Wasserstoffwirtschaft, die öde Wüsten zu unerschöpflichen Energiequellen macht.

Chemische Energiespeicherung

Das System der globalen solaren Wasserstoffwirtschaft hat großartige Zukunftsperspektiven. Allerdings hat der einzelne Bürger sehr wenig Einfluß darauf und für seine Solar-Kleinanlage nützt ihm das Wissen um gigantische Wasserstoffpipelines wenig. Was ihn mehr interessieren dürfte, ist die Frage, wie sich im Hausgebrauch die Sonnenenergie sinnvoll speichern ließe, sinnvoller zumindest als mit herkömmlichen Akkus? Auch hier scheint es bis zu einem Durchbruch nicht mehr weit; auch hier, wie bei der ›großtechnischen‹ Lösung, ist es Wasserstoff, der Hoffnung macht.

Chemische Energiespeicherung scheint heute ein möglicher Ausweg aus der Speicherproblematik. Dieser Technik bedienen sich neue Hydrid-Speicher. Das Prinzip: es werden Metalle eingesetzt, die Wasserstoff sowohl ›aufsaugen‹ als auch abgeben können. Beim solar betriebenen Magnesiumhydrid-Speicher etwa wird Wasserstoff tagsüber durch Sonnenkraft aus einer Magnesiumverbindung getrennt und strömt nachts unter Energieabgabe wieder zurück.

Im badischen Lörrach arbeitet ein Unternehmen mit Vorreiterfunktion: die ›Bomin Solar‹. Im September 1988 stellte Bomin-Solar-Chef Jürgen Kleinwächter in Bonn seinen Magnesiumhydridspeicher als wesentlichen Bestandteil seines ›SEPAK‹-Projektes vor, was für ›Solar-Energie-Paket‹ steht. Der Speicher nutzt sowohl Gesetze der Mechanik als auch der

Optik und der Chemie. Fraglich ist noch, wann SEPAK in Serie und somit billiger als bisher produziert werden kann.

Das SEPAK wird von einem Stirling-Motor betrieben, der seinerseits mittels von Spiegeln gebündelter Sonnenstrahlen angetrieben wird. An den Speicher kam man eher durch Zufall: Forscher des Max-Planck-Instituts für Kohleforschung in Mülheim hatten herausgefunden, daß bestimmte Wasserstoff-Metall-Verbindungen Energie sowohl speichern als auch dosiert wieder abgeben können. Die Mülheimer Wissenschaftler konstruierten einen Magnesiumhydrid-Speicher, hatten aber eine praktische Anwendung gar nicht im Sinn. Erst ›Bomin-Solar‹ stattete den ›Mülheimer Speicher‹ mit Parabolspiegeln, Solarkocher und Stirling-Motor aus, so daß er im privaten Haushalt eingesetzt werden kann. Der Speicher ist technisch leicht herzustellen, denn Magnesium ist auch in großen Mengen relativ einfach aus dem Meer zu gewinnen, kostet aber etwa zehn Mark pro Kilo. Doch auch hier kann sich die Solarenergie langfristig selbst auf die Beine helfen: Betreibt man mit Hilfe von Sonnenenergie in großem Umfang Meerwasserentsalzung, fällt der Magnesiumpreis.

Die Arbeitsweise des Magnesiumhydrid-Speichers

Am Tage: Sonnenlicht wird von Spiegeln auf den Hochtemperaturspeicher konzentriert, wo es Magnesiumhydrid auf etwa 450 Grad Celsius erhitzt. Bei so hoher Temperatur wird die nur bis etwa 300 Grad stabile Magnesiumverbindung (MgH_2) gespalten. Der freiwerdende Wasserstoff kann in einen zweiten Tank, einen Niedertemperaturspeicher, geleitet werden, wo er sich mit dort gelagertem Eisen und Titan verbindet. Zwar verbraucht die Spaltung viel Energie, dennoch bleibt noch genug Wärme im Speichertank, um den Stirling-Motor und beispielsweise einen Solarherd zu betreiben. Im zweiten Tank liefert das Eisen-Titan-Hydrid immer noch Wärme von etwa 40 Grad, genug zum Heizen oder als Badewasser. Der Rest der im Wasserstoff enthaltenen Energie ist in seiner Verbindung mit Eisen und Titan gespeichert.

In der Nacht: Eisen-Titan-Hydrid ist eine sehr unbeständige Verbindung. Schon Zimmertemperatur reicht aus, um den Wasserstoff wieder vom Eisen-Titan zu trennen (wobei sich der Speicher auf minus 20 Grad abkühlt, was wiederum zur Kühlung genutzt werden kann). So führt man wenig Energie zu, ein Ventil öffnet sich, und schon fließt der Wasserstoff in den Hochtemperaturspeicher zurück. Dort reagiert er mit dem Magnesium - und gibt die gespeicherte Energie ab. Erneut entsteht Wärme bis zu 450 Grad Celsius, zum Kochen oder zum Betrieb des Stirling-Motors - mitten in der Nacht, ohne daß der Energielieferant Sonne auch nur am Horizont sichtbar wäre.

Das System bietet zahlreiche Vorteile. Magnesium und Wasserstoff sind sauber, umweltfreundlich und leicht erhältlich. Da es sich um ein geschlossenes System handelt, kann man die beiden Elemente ohne nennenswerten Energieverlust beliebig oft trennen und wieder zusammenführen: tagsüber Wasserstofftrennung, nachts -verbindung - ein ›energetisches Ping-Pong‹, von der Sonne angetrieben.

Den beteiligten Ingenieuren zufolge genügen drei Quadratmeter Spiegelfläche, 16 Kilogramm Magnesium und 48 Kilogramm Niedertemperaturhydrid, um an Sommertagen täglich etwa vier Kilowattstunden (kWh) Hochtemperaturwärme, 3,4 kWh Strom, drei kWh Wärme für Warmwasser und drei kWh Kühlenergie liefern zu können - was den Energiebedarf einer vierköpfigen Familie annähernd deckt.

Im westafrikanischen Mauretanien werden schon Öfen ähnlichen Prinzips gebaut und gegen einen geringen Betrag verkauft. Ein wichtiger Effekt dort: die zur Neige gehenden Brennholzvorräte werden geschont. Auch in sonnenarmen Gebieten arbeitet das SEPAK mit einem Umwandlungsgrad von 70 bis 80 Prozent. Regentage haben für SEPAK-bestückte Solarenergie-Nutzer ihren Schrecken verloren. Nicht aber Wintertage. Denn bisher funktioniert zwar die Tag/Nacht-Speicherung, doch als saisonaler Speicher ist SEPAK noch zu unausgereift.

Die Zukunft der solaren Wasserstofftechnologie

Wasserstoff ermöglicht ein sauberes, in sich geschlossenes, faszinierendes Energiebereitstellungskonzept. Da auch Wasser und Wind den zur Elektrolyse nötigen Strom liefern können, sind die Projekte nicht an Wüstengebiete gebunden, sondern könnten in nahezu allen Regionen der Welt in unterschiedlichen Formen starten. Die globale solare Wasserstoffwirtschaft ist beileibe keine Spinnerei: Selbst ein von der – in Energiefragen wahrlich nicht übermäßig progressiven – Bundesregierung eingesetzter Sachverständigenrat gab schon 1987 bekannt, daß man die Wasserstoffwirtschaft als »wichtige Energieoption für das 21. Jahrhundert« sehe. Allerdings hat die Sache einen Haken: Wasserstoff ist keine Primärenenergiequelle. Er muß mit Hilfe anderer Primärenergieträger hergestellt werden. Das heißt, daß er durch Solar- oder Windkraftwerke produziert werden kann, aber auch durch Kernenergie oder gar fossile Brennstoffe. Was wiederum bedeutet: nicht jeder Anwalt der Wasserstoffwirtschaft muß Befürworter einer umweltfreundlichen Energieversorgung sein.

Wegen der hohen Umwandlungsverluste ist Wasserstoff auf billige Primärenergie angewiesen. Die solare Stromerzeugung muß daher zunächst effizienter und billiger gemacht werden. Daß die Wasserstoffwirtschaft aber kommen wird, daran zweifelt unter Fachleuten kaum jemand. Nur über den Zeitpunkt herrscht Unklarheit. Dr. Jochen Holzer, Chef der Bayernwerk AG, des Haupt-Stromversorgers des Freistaates Bayern, sagt, »in ferner Zukunft« könne Wasserstoff Gas und Öl völlig ersetzen. Nun, zum einen darf es auch ein bißchen früher sein, zum anderen klappt es vielleicht sogar mit dem Ersetzen der Kernenergie. Ob Herr Holzer die vergessen hatte?

Viele tippen auf die Verwirklichung der Wasserstoffwirtschaft um das Jahr 2050, doch verschiedene aktuelle Projekte lassen diese Form der Energieversorgung schon früher denkbar und wirtschaftlich erscheinen. Das Bundesforschungsministerium immerhin nennt die Verbesserung von Elektrolyse, von Transport- und Speichertechnik für Wasserstoff und den Einsatz von Brennstoffzellen als Schwerpunkte zukünftiger Forschung. Hoffen wir, daß der ministeriellen Forschung Glück beschieden sein wird. Die Bundesregierung könnte allerdings durchaus etwas nachhelfen. Hermann Scheer, der Vorsitzende von ›Eurosolar‹, einem Verband zur Förderung der Solarenergienutzung, sagt: »Wasserstoff muß wegen seiner Umweltvorteile steuerfrei gestellt werden. Dann ist er markteinführbar und sogar konkurrenzfähig, preislich etwa wie teueres Benzin.«

Die Kosten/Nutzen-Frage

Solarenergie, so sagen viele, sei eine wunderschöne Idee, nur in der Praxis zu teuer, zu unwirtschaftlich, zu wenig effizient und für eine zukünftige Energieversorgung unbedeutend. Wirklich?

Kosten der Photovoltaik

Der billigste Strom kommt aus der Wasserkraft: Sechs Pfennig kostet jede an unseren Flüssen produzierte Kilowattstunde, Kohlekraftwerke liefern zum Preis von 70 Pfennig, Kernkraftwerke für 14 Pfennig. So die ›offiziellen‹ Zahlen. 14 Pfennig, der Wert für die Kernkraft, gilt auch den Befürwortern der Solarenergie als buchstäblich strahlendes Vorbild. Noch ist ein solcher Wert für jegliche solar erzeugte Energie illusorisch. Die laufenden Kosten sind zwar gering, Wartung und Reparaturen selten nötig, noch aber wiegen die hohen Investitionskosten schwer. Die blauschwarzen Solarzellen kommen weiter überwiegend dort zum Einsatz, wo Geld keine Rolle spielt oder es keine andere Stromquelle gibt: im Weltraum oder in abgelegenen Gebieten. Photovoltaik ist die teuerste der solaren Energien.

Das 1983 gebaute Photovoltaik-Kraftwerk auf der Nordseeinsel Pellworm, damals Europas größte Anlage dieser Art, liefert jährlich 270 000 Kilowattstunden zu je zwei Mark. Die

Kilowattstunde Sonnenstrom kostet auch sonst noch, je nach Rahmenkosten und Art der Module, zwischen rund einer Mark bei den besten Kraftwerken in Sonnenländern und vier Mark bei älteren Kleinanlagen in nördlicheren Zonen. In einer Wasserstoffwirtschaft kämen für Elektrolyse und Transport noch etwa zwei Mark pro Kilowattstunde hinzu - der Preis der Speicherbarkeit.

Es geht bergab - mit den Kosten

Dies sind nackte Zahlen. Doch wer sich näher damit beschäftigt, stellt fest, daß sie eher Anlaß zu Zuversicht denn zu Resignation geben. Schließlich sind es keine Daten ewiger Gültigkeit, sondern Marksteine einer mal schleichenden, mal sprunghaften Entwicklung.

Die Kilowattstunde Strom aus Solarkraftwerken kostet also mehr als eine Mark. Aber vielleicht ist schon bei Erscheinen dieses Buches der Preis auf - sagen wir - 80 Pfennig gesunken. Das ist keine Utopie. Jede Wissenschaft lebt von solchen Fortschritten. Gerade die Solartechnik als sehr junge Sparte hat in dieser Hinsicht große Entwicklungen hinter und eine vielversprechende Zukunft vor sich. Vergessen wir nicht, daß die Kilowattstunde Atomstrom 1960 auch noch zwei Mark kostete. Damals meldete sich keine kritische Stimme. Warum bei der ›sauberen‹ Solarenergie?

Als in naher Zukunft erreichbarer Preis für Solarstrom gilt ein Wert von knapp einer Mark pro Kilowattstunde, in Einzelfällen noch weniger. In der Schweiz wird derzeit ein neues Photovoltaikkraftwerk installiert, das nach Aussage der Betreiber Strom zum Preis von 72 Pfennig pro Kilowattstunde liefern soll. Die Ludwig-Bölkow-Stiftung rechnete in einer 1987 erstellten Studie für Anfang der neunziger Jahre bereits mit Preisen von 40 bis 80 Pfennig. Der Bundesbürger zahlt derzeit rund 30 Pfennig für seinen Steckdosen-Strom. Strom aus neuesten Photovoltaik-Hausanlagen kostet hierzulande anno 1991 nur noch knapp 1,50 Mark. Das ist kein gigantischer Unterschied mehr.

Noch besser ist die Lage in sonnenreichen Ländern. Dort scheinen Preise unter 40 Pfennig noch in diesem Jahrhundert möglich. Für das Jahr 2020 rechnen optimistische Studien mit zwölf Pfennig pro Kilowattstunde in Sonnenländern und etwa 25 Pfennig hierzulande. Sobald es Solarstromanlagen aus der Großserie gibt, sind diese Zahlen durchaus realistisch.

Kostenschätzungen für Photovoltaik und Wasserstoffwirtschaft

Jahr	Investitionskosten (DM/Watt)		Stromerzeugungskosten (Pf/kWh)		
	Solarzellen-generator	Kraft-werk	Elekrolyse-anlage	Mittel-europa	Sonnen-länder
1990	10	27	1,3	250–350	130–190
1995	5	10	1,3	85–130	45–70
2000	3	7	1,0	60–90	35–50
2020	1	2,5	0,7	20–30	12

(Bis zum Jahr 2000 ist derzeitige Technik sowie noch einzuführende Serienproduktion zugrundegelegt; für das Jahr 2020 wird von technischen Fortschritten in der Dünnschichttechnologie und voll ausgebauter Solarindustrie ausgegangen. Bei den Kosten sind sieben Prozent Zinsen und 30 Jahre Abschreibung einkalkuliert.)

Der Trend ist bei den reinen Modulkosten (Kosten pro installiertem Watt Spitzenleistung) derselbe: 1975 hatte die US-Regierung ein Programm zu deren Reduzierung gestartet. Auch in der Bundesrepublik verfolgte man das ehrgeizige Ziel, das da lautete: Jedes erzeugte Watt sollte bis 1986 weniger als fünf Mark kosten (wohlgemerkt: man begann 1975 bei 100 Mark). Ganz hat man es nicht geschafft, aber nach 15 Jahren liegen die Modulpreise bei acht Mark. Bei Serienproduktion von Dünnschichtzellen und großtechnischem Einsatz in sonnenreichen Ländern gelten für das Jahr 2000 fünf Mark als realistischer Wert. Unternehmen wie Bayer oder AEG-Telefunken, die seit 1980 in weltweiter Führungsrolle die Möglichkeiten großtechnischer Fabrikation multikristalliner Siliziumzellen erforschen, nennen sogar »Modulkosten drei Mark« als Ziel. Billiger ist das Watt in Kernkraftwerken auch nicht.

Die mit den Modulpreisen zusammenhängenden Installationskosten pro Quadratmeter Solarzellenfläche sind innerhalb von zehn Jahren von 1200 auf unter 500 Mark gesunken; für das Jahr 2000 kalkuliert man mit 100 Mark.

Bei kompletten Photovoltaik-Anlagen gilt: für Sonnenstrom ergibt sich ein Investitionsvolumen von etwa 30 Mark pro Watt Leistung. Da die meisten Regelanlagen, Widerstände und Kabel noch nicht spezifisch für die Photovoltaik konzipiert sind, läßt sich auch dieser Wert noch weiter reduzieren.

Abseits der Hausanlagen oder Kraftwerke, nämlich bei den praktischen Einzelanwendungen, hat die neue Technik hin und wieder schon die Nase vorn. Ein Beispiel: Photovoltaisch betriebene Pumpen fördern Trinkwasser zu Kosten von 30 Pfennig pro Kubikmeter, zehn Pfennig billiger als Dieselpumpen, die in der Dritten Welt noch dominieren.

Technischer Fortschritt und Serienfertigung

Gehen wir in der Zeit etwas zurück. Um 1975 kostete die Erzeugung von Solarstrom elf Mark pro Kilowattstunde, Strom aus den anderen Energiequellen etwa zehn bis 20 Pfennig. Der Preis des photovoltaisch erzeugten Stroms ging seither um 90 Prozent zurück, der der anderen Energieträger stagnierte. Aus dem 70:1- wurde in nur 15 Jahren ein 7:1-Verhältnis. In der Anfangszeit der Photovoltaik-Forschung, Ende der fünfziger Jahre, als Zellen nur in der Raumfahrt eingesetzt wurden, hat Solarstrom gar noch 100 Mark pro Kilowattstunde gekostet.

Neue Materialien, neue Herstellungsverfahren und erste Serienproduktionstests halten das hohe Tempo der Kostenreduzierung aufrecht. In der Dünnschicht-Technologie zum Beispiel sind Entwicklungssprünge geradezu an der Tagesordnung. Schon der Einsatz von Aluminium statt Silber bei den Zellenkontakten senkte die Kosten deutlich. Verschiedene

Studien - die erste schon 1974 unter Beteiligung des Bundesforschungsministeriums - haben nachgefaßt: Wo läßt sich einsparen, welche Herstellungsschritte können wegfallen? Müssen Handschuhe getragen werden, muß der Herstellungsraum staubfrei sein, ist Einzelverglasung immer nötig, gibt es billigere Materialien?

Die Zelle bringt die zu ihrer Herstellung aufgewandte Energie erst nach drei Jahren ein. So ist bei der teuren Reinsilizium-Herstellung, die ein Drittel der gesamten Zellenproduktionskosten verschlingt, noch ›Luft‹ vorhanden. Bisher werden Silizium-Rohlinge in dünne Silizium-Scheiben zersägt. Dabei geht fast die Hälfte des teuren Materials als Sägestaub verloren. Besser und kostengünstiger wäre es, direkt aus der Schmelze ohne den Umweg über die ›Stangen‹ gleich Folien oder Bänder herauszuziehen, die zu Zellen verarbeitet werden können. Erste Folienziehmaschinen gibt es bereits. Nur deren Geschwindigkeit läßt noch zu wünschen übrig. In einer Pilotanlage der Firma Nukem werden kristalline Zellen ohne Hochtemperaturprozesse hergestellt, was bis zu 30 Prozent der Kosten spart. So ist der Angriff auf die Traumgrenze der Solarstromkosten, 50 Pfennig pro Kilowattstunde, nicht mehr abwegig.

Dazu würde auch die Serienfertigung beitragen: »In Wakkersdorf«, so stand 1989 vielfach zu lesen, »soll die weltweit erste Anlage zur Serienproduktion von Solarzellen entstehen«. Bisher gibt es also nirgends Serienfertigung. Wie will man dann konkurrenzfähige Preise erwarten?

Bei den derzeitigen Preisen für Solaranlagen handelt es sich immer um Preise für Einzelanfertigungen. Wer sich des Unterschieds zur Massenherstellung nicht mehr so recht bewußt ist, braucht sich nur einmal einen Maßanzug oder ein Modellkleid leisten. Auch ein nach Maß gefertigter Wohnzimmerschrank kostet so viel wie die halbe Wohnungseinrichtung aus dem Großmarkt; ein Serienfahrzeugen vergleichbarer, aber einzeln hergestellter Kleinwagen käme auf nahezu 100 000 Deutsche Mark. Kritik an den (noch) hohen Kosten ist somit unfair, haben es doch viele der Kritiker aus Politik und Industrie selbst in der Hand, die Rahmenbedingungen zum Start der Serienproduktion zu schaffen.

Die Einführung photovoltaischer Kraftwerke in größerer Anzahl ist durch die hohen Kosten bisher verhindert worden. Umgekehrt verhindert die fehlende Serienproduktion Kostensenkungen. Erst wenn dieser Teufelskreis durchbrochen wird, ist der Weg für billigere Systeme frei.

Es gibt längst einen florierenden Markt für Solarzellen. Und er boomt. Christopher Flavin vom Washingtoner ›Worldwatch Institute‹ schätzt, daß der derzeitige Weltmarktumsatz von 400 Millionen Dollar in den nächsten fünf Jahren die Milliardengrenze erreichen wird. Solarzellen mit 42 Megawatt Leistung werden weltweit jährlich verkauft. Allein Telefunken und Siemens peilen aber noch für den Anfang der neunziger Jahre eine Jahresproduktion von 20 Megawatt an. Dabei sitzen in den USA und in Japan noch größere Hersteller. Die derzeitigen Schätzungen gehen von einer Weltjahresproduktion von 400 Megawatt Zellenleistung aus - noch vor der Jahrtausendwende.

›Wahre‹ Kosten

»Jedes neue Energiesystem«, so im Juni 1989 die *Süddeutsche Zeitung*, »muß sich an den Kriterien der alten messen lassen. Solarkraftwerke machen da keine Ausnahme«. Wirklich nicht? Will solare Technologie überhaupt mit alten Energiesystemen nach »Kriterien der alten« konkurrieren? Warum billigt man der Solarenergie heute nicht zu, daß sie noch in den Kinderschuhen steckt? Warum sehen viele nicht, daß sie, um beim Bild zu bleiben, ein Stiefkind der Politik darstellt? Ein Blick auf die Forschungsetats mag als Beleg genügen.

Die entscheidenden Pluspunkte der Solarenergie lassen sich kaum quantifizieren: Umweltfreundlichkeit, Verringerung der Importabhängigkeit, Unbegrenztheit. Dazu gibt es eine interessante Untersuchung des Fraunhofer-Instituts für Systemtechnik und Innovationsforschung in Karlsruhe von 1989 über

»Soziale Kosten des Energieverbrauchs«. Ihr Ergebnis: rechnet man gesamtgesellschaftliche Kosten ein, so muß man der solaren Stromerzeugung mindestens 17 Pfennig pro Kilowattstunde Abschlag gegenüber anderen Energiequellen gewähren. Dies geht freilich nicht in offizielle Berechnungen ein. Beispiele hierzu:

Die im atomaren Bermuda-Dreieck Wackersdorf/Mülheim-Klärlich/Kalkar verschollenen fast 20 Milliarden Mark tauchen ebensowenig in den Kostentabellen auf wie die - nicht nur finanziellen - Kosten des Reaktorunglücks in Tschernobyl. Das gleiche gilt für die seit Jahrzehnten gezahlten Milliarden-Subventionen für die Kohleförderung, verniedlichend ›Kohlepfennig‹ genannt - ein Faß ohne Boden. Allein die Steinkohle wird jährlich mit zehn Milliarden Mark unterstützt. Hier ist Energieversorgung als vernetztes System zu sehen: Ein Kohlekraftwerk mag auf den ersten Blick billig Strom produzieren; betrachtet man die Folgekosten der Luftverschmutzung, die Folgekosten im Gesundheitswesen, in der Landwirtschaft, bei Entsorgung, bei Filter- und Katalysatoreneinbau, dann wird das ganze sehr teuer.

Kerntechnik kostet die Bundesbürger alljährlich 1,4 Milliarden Mark an Entwicklungs(!)kosten obwohl sie von ihren Befürwortern seit Jahren als ›ausgereift‹ verkauft wird.

Auch die ›wahren‹ Kosten des Öls werden unterschätzt. Was ist etwa mit den Folgen der Ölkatastrophe von 1989 an Alaskas Küste? Die durch Trunkenheit am Ruder verursachten Milliardenkosten gehen allenfalls in die Bilanz des Exxon-Konzerns ein, nicht in energiepolitische Kostentabellen. Wieviel auch immer der Öl-Multi nach Abschluß aller Verfahren gezahlt haben wird, es wird nur ein bescheidener Betrag im Vergleich zum angerichteten Schaden sein: Tote Fische oder Vögel fordern keinen Schadenersatz.

Rechnete man alle langfristigen Kosten der anderen Energien ein, wäre Photovoltaik wohl konkurrenzlos billig. Unerschöpflichkeit, Umweltverträglichkeit und Risikoarmut werden sogar immer wertvoller! Sie endlich in die volkswirtschaftliche

Gesamtrechnung einzubeziehen, ist eine energiepolitische Aufgabe. Beim ›Parlamentarischen Abend‹ des Ingenieurverbandes VDI Ende 1988 erklärten Vertreter der Elektronikfirmen, die Frage der Rentabilität der Photovoltaik sei letztlich »eine Frage der politischen Willensbildung«.

»Solarenergie kostet viel Geld«, das ist auch für Ludwig Bölkow, Deutschlands prominentesten Solar-Vordenker, keine Frage, »aber schließlich geht es ums Überleben. Da kommen sonst ganz andere Kosten auf uns zu. Was glauben Sie, welchen Aufwand es bereitet, Millionen von Ägyptern zu evakuieren, wenn aufgrund des Treibhauseffektes ihr Land überschwemmt wird?«

Hans Lüthi von ›Asea Brown Boveri‹, der Welt größtem Energieversorger, fordert wie viele andere Fachleute eine radikale Besteuerung der fossilen Kohlendioxid-Erzeuger. Ein verfünffachter Strompreis sei schließlich immer noch »scheißbillig«, so Lüthi derb, würde aber zu Sparsamkeit anregen und die Solarenergie voranbringen. Hier kreuzt sich Lüthis Forderung mit der für die Bundesrepublik diskutierten ›Öko-Steuer‹ auf umweltschädliche Produkte. Zu ihnen müßte man auch die augenblicklich favorisierte Art der Energiegewinnung zählen.

Die hohe Politik allerdings zeigt sich relativ unbeeindruckt. Die bayerische Staatsregierung etwa kam jüngst mit den bemerkenswerten Plänen heraus, Strom für Großabnehmer zu verbilligen. Wer spart, der zahlt – wer vergeudet, erhält Rabatt. Wie das dem Wähler erklärt werden soll, ist noch nicht klar.

Konversion

Nur wenige Stellen geben auf Einwände gegen die konventionelle Energiepolitik immer noch keinen Pfifferling. Schade nur, daß es sich dabei um die für unsere Energiepolitik zuständigen Stellen handelt. Und so butterten die Ministerien in Atom-Friedhöfe wie den Schnellen Brüter in Kalkar 7,5 Milliarden Deutsche Mark nur an Baukosten. Mit diesem Geld, das sang- und klanglos verloren ging, hätte man, Installationskosten eingerechnet, auf eine Million Häuser je zehn Quadratmeter

Solarmodule plazieren können. Jahresproduktion: eine Milliarde Kilowattstunden. Der Schnelle Brüter erbrachte letztlich 0 (in Worten: Null) Kilowattstunden, kostet dafür aber mehr als hundert Millionen Deutsche Mark jährlich.

Wer sich mit dem Metier befaßt, hegt bald den Verdacht, daß die Mär von den billigen ›alten‹ Energien in den Chefetagen und Parlamenten längst als solche erkannt ist. Nur soll der Gesinnungswandel offenbar nicht öffentlich werden. Schließlich wären einige der Beteiligten arbeitslos, würde jeder seinen Strom mittels der Sonne selbst produzieren.

Der Wirkungsgrad der Solarzellen

Kosten und Wirkungsgrad sind die Kennziffern der Photovoltaik. Sonnenfreunde werden immer wieder gedrängt, anhand dieser Daten den Beweis der Rentabilität zu führen. Was ist das, der Wirkungsgrad?

Wenn Sonne mit 100 Watt Leistung auf den Erdboden strahlt und es gelänge, die vollen 100 Watt als elektrische Energie zu gewinnen, hätte man den Traumwirkungsgrad von 100 Prozent erreicht. Den gibt es aber bei keiner Technik, weil bei jedem Arbeitsvorgang Energie verloren geht. Liefern die 100 Watt den Strom für eine Zehn-Watt-Glühbirne, hat man einen Wirkungsgrad von zehn Prozent vorliegen. Der Wirkungsgrad ist also ein Maß für das Verhältnis zwischen zugeführter und abgegebener Energie: bei Windkraftanlagen zwischen kinetischer Energie und Strom, bei Kollektoren zwischen Strahlungsenergie und Wärme, bei Kohlekraftwerken zwischen Gesteinsenergie und Elektrizität.

Theoretischer Wirkungsgrad einer Solarzelle

Welchen Wirkungsgrad kann die Solarzelle bieten? Nähern wir uns dem Problem theoretisch und betrachten wir Zellen aus ›herkömmlichem‹ kristallinem Silizium. Sie nutzen etwa 44 Prozent der Sonnenenergie. Mehr ist nicht drin. Nur ein Teil der auf der Erde auftreffenden Sonnenstrahlen läßt sich nämlich energietechnisch nutzen, da Sonnenlicht aus unterschiedlichen Wellenlängen besteht. Die längeren Wellen, das infrarote Licht, empfinden wir als Wärme. Die mittellangen sehen wir als Licht. Nur die kürzesten, die ultravioletten, sind energiereich genug für die Photovoltaik.

Etwa 16 der grundsätzlich nutzbaren 44 Prozent Sonnenenergie gehen durch Prozesse im Inneren der Zelle verloren; weitere Verluste, wie Reflexionsverlust oder Serienwiderstandsverlust, drücken den in der Anwendung theoretisch möglichen Wirkungsgrad auf etwa 14 bis 23 Prozent – wenig, verglichen mit den Daten anderer Energieträger.

Bei nicht-kristallinen Hochleistungszellen wären Wirkungsgrade bis 45 Prozent möglich, weil sie Strahlung unterschiedlicher Wellenlängen nutzen können. Das sind aber Laborwerte ohne Praxisbezug, weil die Lebensdauer solcher Zellen noch zu gering ist.

Praktischer Wirkungsgrad

Der Wirkungsgrad einer Solarzelle wird bei 1000 Watt je Quadratmeter Einstrahlung und 25 Grad Celsius Zellentemperatur gemessen. Für die gängigen Solarzellen gelten derzeit folgende Werte:

Monokristalline Siliziumzellen: zwölf bis 16 Prozent Wirkungsgrad in praktischer Anwendung, bis 23 Prozent im Labor.
Polykristalline Siliziumzellen: elf bis 13 Prozent in der Praxis (im Kraftwerkseinsatz derzeit um elf Prozent), im Labor bis knapp 18 Prozent.
Dünnschichtzellen aus amorphem Silizium: in Anlagen acht bis zehn Prozent, im Labor bis 13 Prozent.
Andere Hochleistungszellen: bis 21 Prozent in der Praxis.

Europas bislang größte Solarzellenanlage in Lugano, die im Dauerbetrieb Strom liefern kann, bringt es auf einen Wirkungsgrad von elf Prozent. Natürlich wird dieser Wert auch von anderen Systemkomponenten beeinflußt, also jenen der Kabel, Regler und Spannungswandler.

Über Effizienzvorteile der einen oder anderen Zellenart sagen die Daten kaum etwas aus. Dazu wären auch Herstellungs- und Materialkosten zu berücksichtigen. So tragen Dünnschichtzellen trotz des geringsten Wirkungsgrades die größten Hoffnungen. Vor zehn Jahren noch lag ihr Wirkungsgrad nahe Null, heute liegt er bereits bei fast zehn Prozent.

Wirkungsgrad – Maßstab oder Trugschluß?

Natürlich finden sich genau wie bei der Kostenfrage genug um das Wohl ihrer Wähler besorgte Parlamentarier, die Krokodilstränen darüber vergießen, daß ob des geringen Wirkungsgrades von etwa zehn Prozent leider, leider nichts ginge mit der Solarenergie. Fossile Brennstoffe würden schließlich zu 35 bis 40 Prozent umgesetzt, Atomkraftwerke schaffen 28 bis 30 Prozent. Doch wie bei den Kosten kommt auch beim Wirkungsgrad ein direkter Zahlenvergleich über das Niveau einer Milchmädchenrechnung kaum hinaus.

Das zeigt sich bereits an den völlig unterschiedlichen Bezugsgrößen, die zur ›Beweisführung‹ herangezogen werden. Ein Beispiel: gewiß erreicht eine ölbefeuerte Dampfturbine einen weit höheren Wirkungsgrad als jede Solarzelle. Man kann getrost von 40 Prozent ausgehen. Auf den ersten Blick ist dies eine viermal so gute Nutzung der Energie. Aber was heißt das? Bei 40 Prozent Wirkungsgrad entläßt eine solche Anlage 60 Prozent des teuren und schmutzigen Brennstoffs Öl in die Luft. Eine Solarzelle mit Zehn-Prozent-Wirkungsgrad läßt 90 Prozent des Sonnenlichts ungenutzt, doch ›vergeuden‹ läßt sich Sonnenlicht nicht.

Ein Wirkungsgrad von zehn Prozent ist bei einer unerschöpflich zur Verfügung stehenden sauberen Energiequelle akzeptabel, nicht aber bei einem Kohle- oder Atomkraftwerk. Wer hier nackte Zahlen gegeneinander aufrechnet, vergleicht Äpfel mit Birnen. Setzte sich solches Denken durch, müßte der deutsche Wald bald wegen Unrentabilität zur Strecke gebracht werden: Er speichert nämlich nur den 10000sten Teil der eingestrahlten Sonnenenergie.

Rekordsuche

Dennoch bleibt es natürlich eine vordringliche Aufgabe, den Wirkungsgrad der Zellen zu erhöhen. Die Entwicklung ist rasant: erste Siliziumzellen brachten es auf gerade sechs Prozent, die heutigen schaffen zehn bis 15 Prozent. Als Weltrekord galt noch 1987 ein Wert von 21,2 Prozent, unter Laborbedingungen. Schon ein Jahr später, im September 1988, ließ eine Nachricht aus US-Labors aufhorchen: Eine Zelle aus den ›Sandia National Laboratories‹ in Albuquerque/New Mexico überschritt erstmals die als unüberwindbar geltende 30-Prozent-Grenze. Ihr Wert: 31,0 Prozent. Damit nicht genug: Mitte 1989 lag der Rekord plötzlich bei schier unglaublichen 37 Prozent. Die Wunderzelle war eine Tandemzelle des Boeing Technologie Zentrums in Seattle.

Vereinfacht gesagt handelt es sich bei ihr um ein ›Solar-Sandwich‹: In einer Kunststoffschicht konzentrieren Linsen das einfallende Licht 500fach. Darunter liegt ein ›Doppeldekker‹ aus Galliumarsenid und Galliumantimonid. Die Rekordzelle von 1988 benutzte noch Galliumarsenid mit Silizium. Hier wie dort der Clou: die Schichten nutzen verschiedene Spektren des einstrahlenden Sonnenlichts.

An industrielle Fertigung ist – auch wegen des teuren Galliumarsenids – noch nicht zu denken. Außerdem ist Galliumarsenid giftig und krebserregend. Mit dem weniger effizienten Silizium hat man da kaum Probleme. So wird es in der Praxis vorerst führend bleiben; doch die Suche nach besseren Materialien geht weiter.

Die Rekordwerte, das muß festgestellt werden, beziehen sich auf einmalig und kurzzeitig erreichte Maxima und haben für die praktische Anwendung bisher nur Modellcharakter. Die 37-Prozent-Zelle, bei einer Tagung des US-Energieministeriums vorgestellt, wurde für die Raumfahrt in geringer Stückzahl konstruiert. Eine Massenproduktion wird erwogen.

Bedenkt man, daß hier eine zwar uralte, aber zugleich von Grund auf neue Energiequelle entwickelt wird, ist Respekt geboten: Kaum mehr als zwei Jahrzehnte dauerte die Entwicklung von der Idee bis zur Serienreife. Schneller ging das auch bei der Atom- oder Öl-Konkurrenz nicht. Angesichts dieses Entwicklungstempos lesen sich Meldungen über Forschungsergebnisse von vor drei, vier Jahren heute fast wie Historie.

Das Wettrennen um Prozente und Materialien

Mit Minischritten tasten sich die Wissenschaftler überall auf der Welt voran. Jedes Zehntelprozent ist wichtig. Die USA und Japan liegen Kopf an Kopf in Führung, doch die deutschen Wissenschaftler müssen sich nicht verstecken. Auch hierzulande rauchen die Köpfe kräftig.

Ab und zu steigt dabei auch einmal weißer Rauch auf: etwa als Telefunken damit begann, Laserlicht zum Schneiden der Kristalloberfläche einzusetzen. So wurden Mulden erzeugt, in die die elektrischen Anschlüsse versenkt wurden. Die Abschattungsverluste so behandelter Zellen sind niedriger. Es geht also um unvorstellbar kleine und zugleich komplexe Vorgänge an der Zelle, besonders bei der Veränderung der Oberflächenstruktur, mittels Ätz- und Lasertechniken oder neuer Antireflexschichten.

Ein anderer Geistesblitz ist die ›back surface field technology‹, die Technik des rückseitigen Feldes. Gemeint ist die Anbringung eines weiteren künstlich erzeugten elektrischen Feldes an der rückseitigen Oberfläche des Halbleiters, durch das die Trennung von Elektronen und Löchern verbessert wird.

Ein weiterer Hit: ›Strom aus Katzengold‹. Die Rede ist von einem neuen Silizium-Ersatz, dem Pyrit. Helmut Tributsch, Professor für Strahlenchemie am Hahn-Meitner-Institut in Berlin, schwört darauf. Das aus Eisen und Schwefel bestehende Pyrit (FeS_2), landläufig Katzengold genannt, ist billiger als Silizium, genauso effizient, leichter herstellbar und reichlich vorhanden, ohne so giftig wie Galliumarsenid oder Cadmiumsulfid zu sein. Die theoretische Grenze für seinen Wirkungsgrad liegt bei 18 Prozent.

Pyrit bietet sich für die Dünnschichttechnik an, weil es in Schichten von nur einem zehntausendstel Millimeter Dicke verarbeitet werden kann. »Wer weiß«, sinnierte Professor Tributsch im Interview, »vielleicht werden wir eines Tages unter goldenen Dächern wohnen«. Vorläufig müssen wir uns noch mit Ziegeln bescheiden: die Pyrit-Zellen schaffen bislang nur Wirkungsgrade um drei Prozent.

Das Hahn-Meitner-Institut, ein Institut für Kernforschung, wendet sich inzwischen ohnehin verstärkt der Solarenergie zu. Die Berliner erreichten erstaunliche 13-Prozent-Wirkungsgrade mit relativ billigen Kupfer-Indium-Selen- und Kupfer-Indium-Schwefel-Zellen. Somit scheinen die getesteten Materialien für Dünnfilm-Solarzellen geeignet.

›Arco Solar‹ aus Los Angeles, zeitweilig größte Solarzellenfirma der Vereinigten Staaten, bereitete kurz vor ihrer Übernahme durch Siemens eine geheimgehaltene Massenproduktion von Kupfer-Indium-Diselenid-Zellen vor, die einen Wirkungsgrad von elf Prozent erreichen sollten.

Schon 1987 erfand Professor Hezel von der Universität Erlangen die ›Hezel-Zelle‹; eine Silizium-Nitrid-Inversionsschichtsolarzelle. Sie ist besonders billig, weil sie bei niedrigen Temperaturen hergestellt werden kann. Mit einer Schicht polykristallinen Siliziums erreicht sie einen Wirkungsgrad von 13 Prozent, in der einkristallinen Ausführung 15 Prozent. Bei dieser Zelle gibt es kaum Verschleiß, weder durch hohe Temperaturen noch durch mechanische Beanspruchung. Sichert man sie gegen Staub und Witterungseinflüsse, könnte sie theoretisch jahrhundertelang einsatzfähig bleiben. In der Praxis rechnet man allerdings nur mit einer Lebensdauer von wenigen Jahrzehnten.

Ziel aller Laborforschung ist die Praxisreife. Die in großen Anlagen eingesetzten Zellen sollten Wirkungsgrade von 16 bis 17 Prozent haben, damit nach unvermeidlichen Verlusten 15 Prozent für die gesamte Anlage bleiben. Weit davon entfernt sind wir nicht mehr. In etwa zehn Jahren dürfte weltweit ein einheitlicher Stand von 13 bis 19 (heute zehn bis 13) Prozent bei den in Betrieb befindlichen Photovoltaikanlagen erreicht sein. Auch die Wirkungsgrade der Dünnschichtzellen nähern sich denen herkömmlicher Zellen - bei einem Bruchteil der Kosten. Nach Ansicht der Techniker vom Fraunhofer-Institut für Solare Energiesysteme (ISE) würde zum Beispiel ein Wirkungsgradanstieg von elf auf 14 Prozent die Kosten einer Gesamtanlage um 15 Prozent senken.

Ein Hindernis stellt sich jedoch: im wahrsten Sinne des Wortes hat sich noch nicht ›herauskristallisiert‹, welchem Material langfristig der Vorzug zu geben ist. Wird heute eine teure große Fabrik für - sagen wir - Dünnschichtzellen aus amorphem Silizium gebaut (eine Fabrik mit einer Jahreskapazität von 30 Megawatt kostet mindestens 120 Millionen Mark), kann sie morgen schon veraltet sein. In naher Zukunft dürften allerdings kristalline Siliziumzellen noch bestimmend bleiben.

Aber auch wenn sich keines der Materialien klar durchsetzt: die Massenproduktion muß jetzt beginnen, denn sie zieht in jedem Fall Kostensenkung nach sich. Wieder einmal sind Starthilfen aus der Politik gefragt; und wäre es nur ein symbolischer Startschuß.

Effizienz der Solarthermik

Die Effizienz der Photovoltaikanlagen ist das Hauptkriterium für die Zukunft. Manche solarthermischen Anlagen arbeiten allerdings bereits heute sensationell rentabel; das wird oft verkannt. Speziell die kalifornischen Solarfarmen sind längst etabliert. Sie verkaufen Sonnenstrom - mit Gewinn - für sage und schreibe 16 Pfennig. Damit sind sie billiger als ›herkömmlicher‹ Strom auf dem US-Energiemarkt.

Paraboloide

Um die Wirtschaftlichkeit der solarthermischen Anlagen weiter zu erhöhen, müssen ihre Komponenten vervollkommnet werden. Als Beispiel sei hier auf die Spiegel verwiesen, die augenfälligsten Bestandteile von Turm- und Farmkraftwerken.

An ihre Präzision werden enorme Anforderungen gestellt, schließlich müssen sie während jeder Sekunde des Tages Sonnenlicht oft über Hunderte von Metern auf bestimmte Punkte leiten.

Deutsche Wissenschaftler haben wichtige Verbesserungen erfunden; so zum Beispiel spezielle extraleichte Paraboloide. Diese Hohlspiegel sind bei Durchmessern von oft mehr als 20 Metern nur etwa 0,5 Millimeter dünn. Möglich wird dies, da sie aus speziellem teflonverwandten Fluor-Kunststoff statt des bisher verwendeten Aluminiums bestehen. Eine Folie davon wird über einen kreisrunden Rahmen gespannt und mit einer – wenn möglich solarbetriebenen – Vakuumpumpe in die gewünschte Form gebracht. Sie wölbt sich infolge des Unterdrucks gleichmäßig, wodurch sie einen Wirkungsgrad von hervorragenden 80 bis 90 Prozent erreicht.

Bei den massiven Metallspiegeln kommen auf jedes Kilowatt erzeugbaren Solarstroms 800 Kilogramm konventioneller Baumaterialien, das Folienprinzip zielt auf unter 200 Kilogramm. Zum Vergleich: in Atomkraftwerken werden für jedes Kilowatt zirka 320 Kilogramm Material verbraucht.

Die Leichtbau-Philosophie scheint sich durchzusetzen. In den USA entstehen schon Sonnenkraftwerke mit Folienspiegeln. Deren Nutzungsdauer dürfte bei über zehn Jahren liegen. Das heißt: Sie sind nicht schlechter als die üblichen Glas- und Metallspiegel, dafür aber um drei Viertel billiger und deshalb gerade für Entwicklungsländer eine Alternative. Sie können sogar dort relativ einfach hergestellt werden.

Weiterentwicklung des Stirling

Um beim solarthermischen Stirling-Motor die Kraft des Kolbens auf das Getriebe umzulegen, benutzte man bisher eine Welle. Das Problem: Das Gestänge mußte durch eine Öffnung in den Zylinder geführt werden, und durch diese Öffnung entwich Arbeitsgas aus dem Zylinder. Den Ausweg fanden die Solarenergie-Pioniere der Lörracher Firma ›Bomin Solar‹: magnetische Auskopplung. Bewegliche Magneten an der

Außenseite des Zylinders übertragen die Kolbenbewegung aus dem hermetisch abgeschlossenen Innenraum. Der Bomin-Solar-Sechszylinder-Stirling schafft drei Kilowatt Leistung. Ziel der Hersteller ist ein 10-Kilowatt-Motor mit 40-Prozent-Wirkungsgrad.

Die Entwicklung marktfähiger Stirling-Motoren läuft auf Hochtouren. Selbst eine Gruppe von Studenten stellte auf dem Münchner Umwelttag 1989 einen selbstgebauten Stirling-Motor vor und sorgte für erhebliches Aufsehen. Serienproduktion fehlt aber auch hier noch. Handarbeit und Liebe zum Detail sind gefragt.

Wirkungsgrad bei Wasserstoff

Die Effizienz einer etwaigen Wasserstoffwirtschaft ergibt sich aus den Wirkungsgraden der einzelnen Komponenten. Geht man von heutiger Technik aus, so kann man wie folgt kalkulieren: Solarzelle zehn Prozent, Elektrolyse 70 Prozent, Verwendung des erzeugten Stroms 40 Prozent. Es ergibt sich ein Gesamtwirkungsgrad von 2,8 Prozent - und damit die Frage nach dem Sinn. Hier gilt, was für alle sanften Energien gilt: ihre Nutzung ist vornehmlich ein politisches, dann erst ein technisches Problem. In kleinem Umfang wird eine Wasserstoffwirtschaft also immer sinnlos sein. Aber bei vollautomatisierten Großanlagen müssen höhere Wirkungsgrade herauskommen. Um dies zu erreichen, wird derzeit die sogenannte ›Hot Elly‹-Technologie, eine neu entwickelte Hochtemperatur-Elektrolyse von Wasserdampf getestet. Ihre Vorteile wären geringer Gesamtenergiebedarf und Ersatz von Strom durch Hochtemperaturwärme. Aber die ›Hot-Elly‹ hat noch nicht den Sprung aus den Forschungslabors in die Praxis geschafft.

Das Problem Realisierbarkeit

Nicht nur mit hohen Kosten und geringen Wirkungsgraden müssen sich all diejenigen herumschlagen, die an der Nutzung der Solarenergie interessiert sind. Vor den Erfolg der herrlichen Ideen haben die Götter auch hier den Schweiß gesetzt: die

Notwendigkeit, die großtechnischen Konzepte der Photovoltaik-Kraftwerke oder der Wasserstoffwirtschaft auch in die Praxis umzusetzen.

Flächenbedarf und Standort

Ein Computer braucht einen fingernagelgroßen Chip, Photovoltaik-Kraftwerke dagegen ganze Fußballfelder voll mit Zellen, um nennenswerte Leistungen zu erbringen. Aus einer kleinen Siliziumscheibe kann man wahlweise eine Solarzelle oder 500 Mikrochips machen, von denen jeder einem Computer ein Gedächtnis für Millionen von Daten verleiht.

Wenig Leistung - viel Fläche, dies ist ein Handicap der Solaranlagen. So besteht das ›kleine‹ Pellwormer Kraftwerk aus 17568 Solarzellen-Modulen auf 4100 Quadratmetern, deren Produktion (270000 Kilowattstunden pro Jahr) gerade das dortige Kurzentrum mit Strom versorgen kann. Um die Leistung eines großen Atomkraftwerkes (1300 Megawatt) zu erreichen, müßten zehn bis 20 Quadratkilometer mit parallel und in Serie geschalteten Solarzellen vom Pellwormer Typ überdeckt werden.

Genauso sind bei den Spiegelfarmen der solarthermischen Kraftwerke schon die Grundstückskosten enorm, ganz zu schweigen von der Platzfrage in einem dichtbesiedelten Land wie der Bundesrepublik. Selbst die gigantisch ausgedehnten Solarkraftwerke in Kalifornien bringen es nur auf bis zu 100 Megawatt Leistung; Kohlekraftwerke liegen bei 750 Megawatt.

Will man die solare Wasserstoffwirtschaft einführen, ist der Platzbedarf noch weitaus höher. Eine Modellrechnung: In den Tropen beträgt die ›Globalstrahlung‹ der Sonne (direktes plus indirektes Licht) 1750 bis 2630 Kilowattstunden pro Quadratmeter im Jahr; im Schnitt etwa 2200 Kilowattstunden. So erzeugt ein Solargenerator mit einem - bescheiden angesetzten - Fünf-Prozent-Wirkungsgrad im Jahresmittel 110 Kilowattstunden Strom. Per Elektrolyse (bei 70 Prozent Wirkungsgrad) ließen sich auf diesem Quadratmeter binnen Jahresfrist 27,5 Kubikmeter Wasserstoff produzieren.

Zur Deckung des Endenergiebedarfs der Bundesrepublik Deutschland wäre demnach ein Solarzellen-Wasserstoff-System mit rund 20 000 Quadratkilometern Solarzellenfläche erforderlich. Dies entspricht einem Achtzehntel des Bundesgebietes, also etwa der Fläche Hessens. Technisch und vom Platzbedarf her wäre dies etwa in der sonnenreichen Sahara kein Problem; weniger als ein Dreihundertstel ihrer Fläche reichte aus. Immerhin der fünftgrößte Energieverbraucher der Welt wäre damit schon versorgt. Um den gesamten Weltenergieverbrauch decken zu können, brauchte man auch nur etwa drei Prozent der Saharafläche.

Die Realisierung wäre allerdings auch zeitlich problematisch. Will man den Weltendenergiebedarf mit Großanlagen decken, sind 50 000 Großanlagen à fünf Quadratkilometer Fläche nötig. Bauen die Industrienationen 50 davon im Jahr, wäre das Konzept immer noch ein Jahrtausendprogramm.

Aber niemand spricht ja davon, alles mit Kraftwerken zu erreichen. Denn wo man klein und auch dezentral anfängt, schrumpft auch das Problem: Der Niedrigtemperatur-Wärmebedarf der Bundesrepublik wäre mit 5000 Quadratkilometern Kollektoren und Solarzellen zu decken, der gesamte Strombedarf mit 4000 Quadratkilometern Solarzellenfläche. Zusammen wären das 9000 Quadratkilometer; ein Gebiet, fast viermal so groß wie das Saarland. Das klingt schlimmer als es ist: Siedlungs- und Verkehrsfläche der Republik machen bereits das Dreifache aus. Die Anlagen sind ohne weiteres auf Dächern von Häusern, Hallen, Schulen, Einkaufszentren, Fabriken, am Straßenrand, auf Brücken und selbst auf Brachland zu errichten.

Die Schweiz ist dabei, uns die Lösung vorzuexerzieren: 1990 startete ein zwei Millionen Franken teures Pilotprojekt, das den ›sanften‹ und flächensparenden Einbau von Modulen testet. An der Autobahn nahe Chur zieht sich auf 830 Metern Länge ein 1,3 Meter breites Solarzellenband mit 2200 Modulen an der Fahrbahn entlang. Die jährlich 140 000 Kilowattstunden der 100-Kilowatt-Anlage werden ins lokale Stromnetz eingespeist –

zu 1,15 DM/kWh. 1991 soll ein ähnliches System entlang einer Eisenbahnstrecke im Tessin installiert werden. Eine neue Studie der Eidgenossen macht Mut: 45 Megawatt seien auf solche Weise problemlos und unauffällig an Verkehrswegen unterzubringen.

Probleme bei der Wärmeerzeugung

Entscheidend für die Konkurrenzfähigkeit der Solarenergie sind die Kosten der Stromerzeugung. Kollektoren helfen lediglich, Heizöl zu sparen. Nichtsdestotrotz waren Kollektoren die erste Sparte der Solartechnik, die schwarze Zahlen schrieb. Wer heute Kollektoren kauft, profitiert nach etwa fünf bis sieben Jahren auch finanziell von der fortschreitenden Entwicklung. Die Wärmegestehungskosten sind in den letzten fünf Jahren von einer Mark auf unter 50 Pfennig pro Kilowattstunde gesunken. In Sonderfällen wie bei Schwimmbädern liegen sie sogar nur bei etwa zehn Pfennig.

Die Installationskosten, auch Systemkosten genannt, schrecken viele noch ab. Dabei betrug vor zehn Jahren die Investition rund 1500 Mark pro Quadratmeter, heute liegen die Kosten bei 200 bis 300 Mark – ohne Montage. Eine Fläche von 35 Quadratmetern Sonnenkollektoren, mit einem vier Kubikmeter großen Speicher verbunden, ermöglicht bei einem Einfamilienhaus eine Ersparnis von 60 Prozent des Heizölverbrauchs. Die Aufheizung eines 500-Liter-Wasserspeichers von 15 auf 60 Grad Celsius bei einer Ölheizung kostet täglich knapp vier Mark, bei einer Elektroheizung über sieben Mark. Mit Kollektoren kostet sie nichts.

Leider ist die staatliche Förderung nach wie vor gering. So ist noch Pioniergeist gefragt und zum Selbsteinbau zu raten. Neue Selbstbausätze, die sich jeder einigermaßen geschickte Verbraucher aufs Dach basteln kann, senken den Preis von Solaranlagen derzeit ebenso wie die Fortschritte in der Materialforschung – lichtdurchlässige Kunststoffe, spezielle Glasschäume, Kapillar- und Wabenstrukturen, neuartige Absorber und ähnliches. Ganz besonders zukunftsträchtig sind Kombinationen transparenter Wärmesysteme mit Solar-Kollektoren.

Technisch sind die Kollektoren heute schon sehr ausgereift. Noch 1983 stellte der TÜV Bayern bei Kollektoren zur Warmwasserbereitung viele Mängel fest. Beim Wiederholungstest 1985 waren deutliche Verbesserungen bei Wirkungsgraden und Zuverlässigkeit zu verzeichnen. So mußten im Schnitt nur noch 49 Prozent Fremdenergie zugeführt werden (1983 waren dies noch 74 Prozent) »Die Leistungsfähigkeit«, so konstatierten die Prüfer, »war um 50 Prozent höher.«

Laut dem Deutschen Fachverband Solarenergie liefert jeder Quadratmeter eines Warmwasser-Kollektors während seiner 15jährigen Lebensdauer etwa 5500 Kilowattstunden, ein Quadratmeter einer Photovoltaikanlage jedoch nur 1600 Kilowattstunden Nutzenergie. Noch ist Kollektortechnik also effizienter als solare Stromerzeugung.

Die genannten Zahlen sind übrigens nicht mit einsparbaren Primärenergiemengen zu verwechseln. Die liegen höher: bei Kollektoren betragen sie bis zu 16500 und bei photovoltaischen Anlagen etwa 4800 Kilowattstunden je Quadratmeter. Denn nur zum Beispiel: 1600 Kilowattstunden Sonnenstrom sparen das Dreifache an Atomstrom ein, da in Kraftwerken zwei Drittel der Brennstoffe verlorengehen.

Ausblick

Niemand kann verlangen, daß die Solarenergie von einem Tag auf den anderen den Weltenergiebedarf deckt. Doch jede Verbesserung im Detail erhöht die Chancen der Gesamtkonzepte. Ohne neue politische Rahmenbedingungen und neue Industriestrukturen wird ihr Durchbruch dennoch schwer sein. Auf der Freiburger Photovoltaik-Konferenz im Dezember 1989, der mit 800 Teilnehmern aus aller Welt bisher größten Photovoltaik-Tagung, war man sich einig: 15 bis 20 Jahre wird es bis zur Wirtschaftlichkeit noch dauern. Kosten und Produktionszahlen von Solarzellen haben sich in den letzten zehn

Bisher scheitert sowohl die großtechnische Sonnenstromerzeugung als auch dieselbe auf dem Hausdach daran, daß teils die Technik nicht vollends ausgereift, teils eine Herstellung der Bauteile in Großserie noch nicht verwirklicht ist. Die Entwicklung der Solarzellen kam erst in den letzten Jahren in Schwung, so daß der für die Wettbewerbsfähigkeit ausschlaggebende Wirkungsgrad der Zellen in den letzten Jahren sprunghaft anstieg. Er liegt heute bei im Handel erhältlichen Zellen zwischen zehn und 14 Prozent, im Labor wurden sogar schon Werte bis 37 Prozent erzielt. Noch schwieriger ist bisher das Speichern des mittels Solarzellen erzeugten Sonnenstromes. Magnesiumhydridspeicher und Stirlingmotor sind Bauteile, die zur Lösung des Problems beitragen können. Langfristig scheint aber ausschließlich ein Umstellen der weltweiten Erdöl-, Gas- und Kohle-Energiewirtschaft auf eine ›solare Wasserstoffwirtschaft‹ Erfolg zu versprechen, bei der mit Hilfe von Solarstrom Wasser in Sauerstoff und den weitgehend unproblematischen Energieträger Wasserstoff gespalten wird. Sollte diese Umstellung in absehbarer Zeit verwirklicht werden können, so dürften auch die Kosten der Sonnenstromnutzung so weit fallen, daß die Nutzung der Solarenergie auch wirtschaftlich von Vorteil ist.

Jahren zwar genau gegenläufig entwickelt, dennoch ist Solarenergie noch teuer.

Vielleicht hilft in der hitzigen Diskussion ein Blick zurück auf Weisheiten vergangener Jahrhunderte: als im oberpfälzischen Neunburg vorm Wald 1989 die Evangelische Akademie Tutzing zum Thema ›Erneuerbare Energiequellen‹ tagte, entdeckte ein Teilnehmer an der Wand im Saal des historischen Rathauses einen Sinnspruch aus dem Mittelalter, der nichts von seiner Aktualität eingebüßt zu haben scheint. Dort stand zu lesen:
»Schau erst ob die Sach' ist gut, dann erst, was sie kosten tut.«

Widerstände aus Politik und Wirtschaft

Das Sieben-Prozent-Dogma

»Enge Grenzen für Energie aus Wind und Sonne« – so überschrieb das ›BMFT-Journal‹ des Bundesforschungsministeriums jüngst einen Bericht über die Zukunftschancen der sanften Energien. Kernaussage: auf über vier bis sechs Prozent könnte der Anteil der ›Sanften‹ am gesamten Energiekuchen bis zum Jahre 2000 unmöglich steigen (1990 waren es drei Prozent). Seit Jahren werden diese und ähnlich bedauerliche Prognosen ganz ohne Bedauern von bestimmter Seite stets aufs neue wiedergekäut. Der Tenor vieler Studien: wegen technischer und wirtschaftlicher Probleme ist bis zum Jahr 2000 höchstens ein Sieben-Prozent-Anteil für die regenerativen Energien drin.

Gewiß sind solche Prognosen nicht aus der Luft gegriffen, aber sie zeigen nur eine Seite der Medaille. Schließlich hängen Voraussagen von Variablen ab. Diese, nehmen wir nur technischen Fortschritt, Energieverbrauch oder Kosten, können sich aber immer wieder ändern. Und: manche der scheinbar festen Parameter sind beeinflußbar. Hier sei nur auf die finanzielle Förderung hingewiesen. Wer heute wissenschaftliche Prognosen von der Mitte unseres Jahrhunderts über die heutige Zeit liest, der kennt derartige Unzulänglichkeit: demnach müßten wir permanent mit Raumschiffen durch die Galaxis oder zumindest mit Kleinstflugzeugen zum Einkaufen jetten, und schnöde Erden-Probleme wie Hunger oder Krieg wären längst überwunden. Selbst Voraussagen aus den sechziger und siebziger Jahren über technische Neuerungen oder Energieverbrauchswerte lassen den Leser heute die Hände über dem Kopf zusammenschlagen, so haarsträubend sind die Fehleinschätzungen. All die Berechnungen waren fundiert, doch neue

Größen kamen ins Spiel. Daher und auch aus folgenden Gründen zeigen die ›Sieben-Prozent-Prognosen‹ nur einen Teil der Wirklichkeit:

Wirtschaftlichkeit: Tendenz ›veränderlich‹

Fast alle Studien nennen »wirtschaftlich ausschöpfbare« Potentiale zwischen drei und sieben Prozent für die regenerativen Energien. Das bis zum Jahre 2000 ›unwirtschaftlich ausschöpfbare‹, also technisch machbare Potential liegt weit höher. Dieses aber ist entscheidend. Denn angesichts der fortschreitenden Umweltzerstörung dürfte uns bald kein Preis zu hoch sein, um der ›Wirtschaftlichkeit‹ der Solarenergie nachzuhelfen. Der Münchner Professor Peter Fabian propagiert in Anlehnung an das erfolgreiche US-Raumfahrtförderprogramm der sechziger Jahre ein weltweites ›Apollo-Programm‹ zur Einführung regenerativer Energien.

Wasserstoff ›vergessen‹

Den meisten pessimistischen Studien ist anzukreiden, daß sie die Idee einer solaren Wasserstoffwirtschaft schlichtweg zu vergessen scheinen. Damit ist ein entscheidender Teil eines von Grund auf neuen Energiekonzepts nicht berücksichtigt. Die Wasserstoff-Wirtschaft, bereits innerhalb der nächsten zwei Jahrzehnte einführbar, würde alle vorsichtigen Prognosen hinfällig machen.

Geringe Flexibilität

Fast alle Prognosen sehen die kommenden Kostenentwicklungen anderer Energieformen zu statisch. Meist sind Preisentwicklungsraten zugrundegelegt, als ginge es um Butter oder Kartoffeln. Doch allein unter dem Gesichtspunkt der in den nächsten fünf Jahrzehnten zu erwartenden Umweltschäden, direkt oder indirekt hervorgerufen durch alte Energieträger, können die Energiekosten gewaltig steigen. Folge: der Energieverbrauch dürfte sinken. In der Bundesrepublik könnte er nach Ansicht namhafter Wissenschaftler in den nächsten 30 Jahren ohne große Opfer halbiert werden, so daß sich der Anteil der erneuerbaren Energien bei gleichbleibender Produktion verdoppelte. Und schon müßten selbst vorsichtige Prognosen bei einem Anteil von fast 15 Prozent ansetzen.

Fehlende Aktualität

Das Bundesministerium für Forschung und Technologie (BMFT) zitiert schon seit Jahren immer dieselbe Studie in seinem ›BMFT-Journal‹. Eine Aktualisierung scheint nicht gefragt. Die VEBA AG bringt in ihrer aufwendigen, 1989 verteilten Broschüre ›Zukunftsenergien‹ eine Prognose des Deutschen Instituts für Wirtschaftsforschung, die den erneuerbaren Energiequellen im Jahre 2000 einen Anteil von sechs Prozent zuerkennt. Das Alter der Tabelle wird schamhaft verschwiegen. Auch sie hatte schon bei Veröffentlichung satte fünf Jahre auf dem Buckel, obwohl die Broschüre ansonsten mit Aktualität protzt. Doch solch liebgewonnene Daten scheinen Organe der Politik und der Stromversorger nicht aktualisieren zu wollen. Etwa, weil ein mißliebiges Ergebnis herauskommen könnte?

Kurzsichtigkeit

Offizielle Prognosen beziehen sich zumeist auf das Jahr 2000. Dabei haben wir das Jahr mit der noch immer futuristisch anmutenden Jahreszahl schon in neun Jahren erreicht; Prognosen müssen weiter blicken. Mit jedem Jahr, das man weiter in die Zukunft rechnet, ergeben sich größere Möglichkeiten. Schon 2020 sind nach glaubhaften Studien bis zu 20 Prozent des ›Energiekuchens‹ für die ›Sanften‹ drin; 2050, die Einführung einer Wasserstoffwirtschaft vorausgesetzt, könnten sie bereits die Hälfte unserer Energie liefern.

Umstrittene Ergebnisse

Es gibt zahlreiche nicht minder seriöse Studien, die zu völlig anderen Ergebnissen kommen. Eine detaillierte Untersuchung von 1987 immerhin des baden-württembergischen Umweltministeriums rechnete für das Baden-Württemberg des Jahres 2020 mit einem Elf-Prozent-Anteil alleine der Solarenergie. Andere Prognosen sehen im Jahr 2030 Wind und Sonne bei je fünf, Wasserkraft bei sieben, andere Sanfte bei drei Prozent. Ged Davis, Leiter der Energieplanungsabteilung der Londoner Shell AG rechnet mit einer Verfünfzehnfachung des heutigen Anteils im nächsten Jahrhundert. Studien für die Enquete-Kommission des Bundestags schätzen bei Einführung einer Wasserstoffwirtschaft den Anteil der Sonne im Jahr 2050 sogar auf 50 Prozent.

Führt man Prognosen etwa des Freiburger Öko-Instituts ins Feld, wird man schleunigst darauf hingewiesen, das sei eine unseriöse weil von den ›Grünen‹ in Auftrag gegebene Studie. Stehen hinter anderen Studien keine politischen Interessen?

Regionale Bedeutung und Bedeutung in Nischen

Unabhängig von ihrem Gesamtanteil können regenerative Energien eine immense regionale Bedeutung erlangen. Wasserkraft ist das beste Beispiel: Ihr Beitrag zur in der Bundesrepublik verbrauchten Primärenergie beträgt kaum zwei Prozent, aber sie trägt in Bayern 20 Prozent zur Stromversorgung bei und ist dort entsprechend wichtig. Eine solche Rolle kann die Sonne für den Süden, der Wind für den Norden der Republik spielen.

Zweierlei Maß

Sieben Prozent für die Sanften im Jahr 2000 - nach zehn Jahren ohne nennenswerte Förderung - nennen die Studien ›enttäuschend‹. Sieben Prozent für Atomkraft gilt als ›erfolgreich‹ - nach 30 Jahren mit Milliardenzuschüssen. Zweierlei Maß.

Nehmen wir das amerikanische SDI-Programm. Die weltraumgestützte Verteidigung - Kostenpunkt mindestens 400 Milliarden Dollar - galt selbst vielen Nobelpreisträgern der USA als ›technisch undurchführbar‹. Doch den Regierungen der NATO-Staaten war kein Preis zu hoch. Dieselben erklären ihre bremsende Solarpolitik mit der ›unausgereiften Technologie‹. Zweierlei Maß. Eine bedeutende Rolle der Solarenergie in der Energieversorgung ist also realisierbar. Und doch: Es ist nicht auszuschließen, daß die Anhänger pessimistischer Prognosen recht behalten werden. Nicht, weil die technischen Probleme unlösbar wären, sondern aus Gründen, die schon heute oft sinnvolle Entwicklungen verhindern.

Gesetzgeberische Bremsen

»Enge Grenzen für Energie aus Wind und Sonne«; so der Leitsatz des Bundesforschungsministeriums. Fragt sich nur, wer die engen Grenzen steckt. Die USA haben in den siebziger Jahren besonders in Kalifornien Zeichen gesetzt, mit Steuererleichterungen für Investoren.

Wer aber in der Bundesrepublik mit der Sonne heizen will, tut sich schon schwer, auch nur zu erfahren, welche Hilfen der Staat gewährt, oder welche Anlagen für seinen Zweck geeignet sind. Redakteure des Magazins *Öko-Test* wählten im August 1990 die Telefonnummer der angeblich gut bezuschußten Förderstelle für Solaranlagen. »Hier spricht der automatische Anrufbeantworter«, war zu hören und auf schriftlichem Weg nur zu erfahren, daß private Photovoltaik-Betreiber keine Förderung zu erwarten haben.

Dabei könnte der Staat die Amortisierungszeit der Anlagen durch Hilfen ohne weiteres auf weniger als fünf Jahre senken. Einige Länder und Gemeinden haben begonnen, Investitionen in Solaranlagen zu fördern. Bundesweite Signale sind kaum gesetzt worden, die wenigen uneinheitlichen Kleinst-Hilfen im Paragraphendschungel kaum zu finden. Wo gibt es Kollektoren auf kommunalen Bauten? Wo bleiben – ein negativ besetztes Wort – Subventionen? Das Wort ›Subvention‹ verdankt sein Negativ-Image der Tatsache, daß es meist Sterbegeld für kränkelnde oder dahinsiechende Branchen bezeichnet. In der Solarenergie wären Subventionen Lebensversicherungen für eine rosige Zukunft.

In den USA bezahlen Strom-Großabnehmer höhere Preise - Energiesparer werden belohnt. Bei uns ist es umgekehrt. 1989 stellte der *Spiegel* fest: »Mehr als 15 Jahre nach der ersten Ölkrise und Appellen zum sparsamen Umgang mit Energie erhalten Haushalte und Unternehmen ihre Stromrechnung immer noch nach Tarifregeln, die im Jahre 1933 zur ›Steigerung des Stromabsatzes‹ entwickelt worden waren.« Auch bei der neuen ›Bundestarifordnung Elektrizität‹ (BTO Elt) wird dieses Prinzip kaum angetastet.

Eine Steuer auf umweltschädliche Energiegewinnung sucht man im bundesdeutschen Gesetzesdschungel vergeblich. Stattdessen schwelgt die Regierung in Selbstzufriedenheit mit ihrer Floskel von der ›erfolgreichen Energiepolitik‹. Regelmäßig verlautet aus Bonn, die Erforschung der erneuerbaren Energiequellen sei wichtig, Hilfen zur Markteinführung aber mit den Gesetzen der freien Marktwirtschaft unvereinbar. Folgerichtig berappte man 1989 für jedes einzelne Tornado-Flugzeug 100 Millionen Mark, unterstützte aber im Jahr darauf die Photovoltaik-Forschung nur mit 99 Millionen. Dazu Bernd Stoy, Chef des Bundesverbandes Solarenergie: »Die Photovoltaik braucht 600 Millionen im Jahr, um sich fortzuentwickeln.«

In den Hochglanzbroschüren der Stromversorger sieht alles sehr hübsch aus. Über zwei Milliarden Mark, so die VEBA, habe die Regierung bereits für alternative Energiequellen ausgegeben. Stimmt. Doch die Summe bezieht sich auf einen Zeitraum von 15 Jahren - im Jahr 1990 wurden dagegen gerade mal 278 Millionen Mark für alle ›Sanften‹ zusammen ausgegeben - gegenüber 198 Millionen für Kernfusion und 678 Millionen Mark, die Heinz Riesenhuber für die Erforschung der Kernspaltung und der zugehörigen Reaktorsicherheit aus seinem Füllhorn zu schütten bereit war.

Und selbst die 278 Millionen Mark täuschen Großzügigkeit nur vor. Da wird einfach Förderung völlig unterschiedlicher Bereiche zusammengefaßt: Fernwärme, Wasserstoff, Photovoltaik, Photochemie, Photoelektrochemie, Biomasse, Windkraft, Wasserkraft, Erdwärme, Energiespartechnik und so weiter. Selbst die Kosten für Grundlagenstudien zur Energieversorgung, für die Untersuchung des Stroms als Sekundärenergieträger oder für die Entwicklung von Batterien sind in jenen 278 Millionen enthalten. Schlüsselt man die Zahl auf, so offenbaren sich peinlich geringe Beträge. So wurden 1990 für die Erforschung des Wasserstoffs 16 Millionen Mark aufgewandt, für die Weiterentwicklung der Biomasse-Nutzung ganze zwei Millionen Mark, für Wind- und Wasserkraft zusammen 13 Millionen Mark. Jene 16, zwei oder elf Millionen, nicht die 278 Millionen Mark, sind mit den 876 Millionen Mark für die Kernspaltungs- und Kernfusionsforschung zu vergleichen.

Die Atomkraft-Gelder rechtfertigte die Regierung auf eine Große Anfrage wie folgt: »... ist zu berücksichtigen, daß die Erforschung der Nukleartechnik wegen ihrer besonderen Sicherheitsaspekte erhebliche Anforderungen erfordert und letztlich in großen Leistungseinheiten realisiert werden muß; demgegenüber ist die Forschung und Entwicklung bei erneuerbaren Energien in kleinen Einheiten ohne besondere Sicherheitsprobleme möglich ...« Freie Übersetzung: Atomenergie ist lebensgefährlich und daher besonders viel Geld wert.

Forschungs- und Entwicklungsausgaben für Energietechnik in der Bundesrepublik (in Mio. DM)

	1985	1990
Nukleare Energieforschung mit Reaktorsicherheitsforschung	1555	678
Kernfusion	167	198
Fossile Energieträger	252	151
Erneuerbare Energiequellen	222	278

Nicht einmal den scheinbar ablesbaren stetigen Anstieg der Alternativen-Förderung gibt es. Zwischen vergleichsweise fetten Jahren liegen magere: 169 Millionen Mark betrugen die Fördermittel 1986, 178 Millionen Mark im Jahr darauf. Der scheinbar stolze Wert von 300 Millionen Mark war schon 1982 fast erreicht – danach sanken die Zuschüsse wieder.

Doch selbst in Staaten mit besserer Förderung der solaren Energiesysteme sind die Ausgaben zu gering, um in absehbarer Zeit im Reich der Sonne anzukommen. In den letzten 20 Jahren sind weltweit rund fünf Milliarden Dollar in die Solarenergie gesteckt worden. Gemessen daran, daß manche kurzfristigen Rüstungsprojekte in wenigen Monaten das Zehnfache kosten, ein verschwindend geringer Betrag. Alleine die NATO-Staaten lassen sich ihr Militär jährlich 400 Milliarden Dollar kosten. Kurz gesagt: Geld wäre da. Doch es scheint, als kenne man in den zuständigen Ministerien die Ergebnisse der Forschungen schon, bevor sie überhaupt stattgefunden haben.

Selbst Zuschüsse, die gegeben werden, erreichen nicht immer den Adressaten. So fließen Fördermittel für alternative Energien meist den ›bewährten‹ Weg zu ohnehin finanzkräftigen Großunternehmen wie Siemens, AEG, Messerschmitt-Bölkow-Blohm oder gleich zu großen Energieversorgern. Deren Milliardeninvestitionen im Bereich der herkömmlichen Energiegewinnung machen deutlich, welche Unternehmensbereiche Vorrang genießen. Die Erforschung der Solarenergie nicht. Kleinere dezentrale wirtschaftliche Einheiten, von denen sich Fachleute mehr Konkurrenz, bessere Ideen und letztlich eine wirtschaftlichere Energieversorgung versprechen, bleiben auf der Strecke.

Manche der aktuellen Förderprogramme wirken dabei wie Feigenblätter. Etwa das groß angekündigte ›1000-Dächer-Photovoltaik-Programm‹ des Bundesforschungsministers. Erst wurde es lange aufgeschoben, was den Markt lähmte, schließlich im September 1990 doch gestartet. Es soll Photovoltaik-Hausdach-Anlagen bis fünf Kilowatt Leistung testen. Bei 1500 Anlagen trägt das Ministerium die Hälfte der Kosten. Das Programm soll demonstrieren, »daß die Nutzung von Dachflächen für die Solarstromerzeugung vereinbar ist mit baulichen und architektonischen Erfordernissen«, so der offizielle Text. Die Kosten des Programms: 50 Millionen Mark bis 1994. So weit, so gut, doch Querelen ließen nur eine Woche auf sich warten; dann protestierte die nordrhein-westfälische Landesregierung gegen ihren Ausschluß vom Programm. Wie Wirtschaftsminister Günther Einert kritisierte, sei das Programm ohnehin falsch angelegt. Es schütze die teuren inländischen Zellenhersteller. Damit würden kleinere Firmen, die auf die um 20 Prozent billigeren ausländischen Zellen angewiesen sind, ausgegrenzt, Großfirmen bevorzugt.

Noch härter gaben sich Energiefachleute vom Wissenschaftszentrum Nordrhein-Westfalen. Das Programm sei das »Windei des Jahrzehnts«, so Professor Frank-Dietrich Heidt von der Universität Siegen. Von den etwa 150 000 Mark Installationskosten jeder Anlage müßten die privaten Investoren letztlich etwa 30 Prozent, also 45 000 Mark zahlen. Der Lohn: zehn bis 15 Mark Stromersparnis am Tag. Bonn werde bald zugeben müssen, daß das Programm unausgereift und zu teuer sei.

Schade. Denn die Bürger brennen darauf, die Sonne zu nutzen. Für das BMFT-Programm ging eine Lawine von Anträgen ein. Doch der Minister ließ ausrichten, es würden nur Forschungs- und Demonstrationsanlagen gefördert. Hausbesitzer können anno 1991 Photovoltaik-Anlagen nicht mal mehr steuerlich absetzen.

Zwar sind Politiker zu langsam, immerhin kam es aber wenigstens unter Forschungsinstituten 1990 zu einem wichtigen Koordinierungsabkommen zwischen der Kernforschungsanlage Jülich (Schwerpunkt: Photovoltaik, Solarzellen), dem Berliner Hahn-Meitner-Institut (Materialforschung), der Deutschen Gesellschaft für Luft- und Raumfahrt (Solarthermik) und dem Fraunhofer-Institut (Kollektortechnik). Warten wir ab, was der Zusammenschluß leistet.

Atom – kein Preis zu hoch

Heinz Riesenhuber, Forschungsminister, kann sich mit der neuen Technik nicht so recht anfreunden. In die Wasserstofftechnologie werde »zu viel hineingeheimnißt«. Lieber kleckern als klotzen, scheint die Devise. Der Minister lobt und tätschelt die netten kleinen Ideen wie solare Taschenrechner, Autoklimaanlagen oder einen Solarkoffer, mit dem man auch auf dem

Campingplatz seine Stereoanlage betreiben kann. Mehr? Solarenergie als Energie der Zukunft? Da wendet sich der Minister mit Grauen. Er verpulverte lieber acht Milliarden Mark in Kalkar. Und kaum war klar, daß der dortige Schnelle Brüter nicht ans Netz gehen würde, fand er ein neues Faß ohne Boden: den ›Euro-Brüter‹. Bei diesem EG-Projekt sollte alles größer werden: die Fläche, die Leistung, die Förderung – größer wurde nur das Desaster. 100 Millionen Mark, mehr als 1989 die gesamte Photovoltaik-Förderung betrug, schaufelte das Ministerium im selben Jahr in dieses Milliardengrab. Dabei hatten Experten wie Professor Tributsch vom Berliner Hahn-Meitner-Institut schon früh befunden: »Eine totale Plutoniumwirtschaft wäre nicht mehr als acht Sonnentage wert«. Auch Professor Wilfried Bach, führender deutscher Klimaforscher, sieht die Atomenergie in diesem Zusammenhang als »das entscheidende Hemmnis.« Sie binde Forschungsgelder, die zur Erschließung neuer Energieträger dringend benötigt würden, gleichzeitig erdrücke ihr Überangebot alle Einsparungsversuche. Ein Gutachten von 1988 für die Enquete-Kommission des Bundestages bestätigt: »Solange und weil aus der Kernenergie nicht ausgestiegen wird, können sich die Alternativen nicht wirtschaftlich durchsetzen, obwohl sie längst technisch verfügbar sind.«

›*Amtliche Kosten*‹

Mit ›unbestechlichen‹ Daten versucht das Forschungsministerium immer wieder, seine unterlassene Hilfeleistung für die ›Sanften‹ zu rechtfertigen (siehe Tabelle).

Strom aus	Netto-leistung (MW)	Nutzungs-dauer (h/a)	Investitions-kosten (DM)	Strom-preis (Pf/kWh)
Kohlekraftwerk	420	5000	2500	19,5
Kernkraftwerk	1285	7000	5000	13,5
Windkraftanlage	0,05	2000	3800	27
Photovoltaik	0,3	900	30000	357

Anmerkungen seien gestattet: Die Zahlen sind von 1987, waren jedoch damals schon veraltet. Vielerorts waren die Kosten der Photovoltaik schon niedriger als 3,75 Mark. Der Wert mochte für ein miserabel arbeitendes Solarkraftwerk gelten; verglichen wird er mit effizientesten Kernreaktoren. Die 0,3 Megawatt Leistung der Photovoltaik ist auf das Pellwormer Kraftwerk bezogen, schon damals fast ein Museumsstück.

Das Grundübel dieser und ähnlicher Tabellen: sie vergleichen ›Frühwerke der Solartechnik‹ mit modernen Atomkraftwerken. In einer Publikation von 1989 berief sich das Ministerium noch auf dieselben Zahlen.

Während die Konkurrenten ausgereizt haben, stecken Sonne und Wind aber noch in der Grundlagenforschung. Jede aktualisierte Statistik würde die Sonne in besserem Licht erscheinen lassen. Es scheint Absicht dahinter zu sein, daß man hier auf neue Gutachten verzichtet. Ganz zu schweigen davon, daß die Zahlen – siehe obiges Kapitel – ›wahre‹ Kosten nicht einbeziehen. Wäre es zuviel verlangt, bei der Kernenergie die verpulverten 20 Milliarden für die High-Tech-Ruinen Wakkersdorf, Kalkar und Hamm-Uentrop zu berücksichtigen?

Neues Deutschland

Die deutsche Einheit hat weitere Probleme eröffnet. Ein Bauboom ohne Rücksicht auf Wärmedämmung oder ›solares Bauen‹ hat eingesetzt. Viele Bauherren denken nur an gesetzliche Mindestvorgaben. Heutige Bausünden können sich aber noch in hundert Jahren rächen – und das bei einer Million neuer Wohnungen bis 1992. Deren Verbrauch läge bei 20 Milliarden Kilowattstunden Strom und eine Milliarde Liter Heizöl jährlich. Mit Dämmung und solarer Bauweise lassen sich diese Zahlen und damit auch der Schadstoffausstoß halbieren. ›Solare Stadtplanung‹ ist heute ein Muß. Schnelle Reaktionen der Politiker und Behörden wären gefragt. Doch da schaut es trübe aus. In der Ex-DDR wurden die Fehler der alten Bundesrepublik schon vor der Vereinigung übernommen. Nicht nur, daß die Energieversorger aus dem Westen das gesamte Gebiet der neuen Bundesländer noch vor der Vereinigung untereinander aufteilten, auch sonst blieb die Sonne wieder mal auf der Strecke. Als der damalige Noch-DDR-Umweltminister Steinberg gefragt wurde, ob nicht gerade in der DDR, wo neue Häuser und neue Versorgungssysteme zu errichten sind, der Sonne von Anfang an große Bereiche eingeräumt werden könnten (weil ja keine alten Strukturen umgebaut werden müssen), reagierte der, als seien Sonnenkollektoren Tretminen: »Wir wollen keine Versuchskaninchen sein. Das Risiko ist zu groß. Wir wollen das System des Westens.« Ein Dokument der Ahnungslosigkeit.

Wie man sieht, dominieren die Energieversorger das Denken der Politiker. Alles wie gehabt. Auch die Devise: so viel Umweltschutz wie nötig, so wenig wie möglich.

Politiker im Dunkeln

Wer sich mit den Verlautbarungen unserer Regierungspolitiker zur Solarenergie befaßt, muß den Eindruck gewinnen, sie scheuten die Sonne wie die Motten das Licht: (notfalls alte) Gegenprognosen, (notfalls falsche) Rechenspiele, (notfalls unbegründete) Skepsis, keine Förderung, harte Kritik, aber kritikloses Befürworten aller anderen Energiequellen.

Dies ist, gelinde gesagt, eine Perversion des Denkens. Warum will man geradezu zwanghaft einen Beweis führen, der in unser aller Interesse nicht erbracht werden sollte? Wir brauchen besser heute als morgen umweltfreundliche Energie. Unsere Entscheidungsträger müßten jede neue Energie-Idee hoffnungsfroh begrüßen, weil sie sich von Berufs wegen um zukünftige Energieversorgung bemühen müssen. Wenn Solarenergie teuer ist, müssen wir sie billiger machen, nicht die hohen Kosten anprangern. Man gibt dem Kind nichts zu essen und fragt scheinheilig: »Warum wird aus dir nichts?«

Der Beweis für das verschwindend geringe Potential der ›Sanften‹ wird geführt, so scheint es, damit die kläglich geringe Förderung ihre Berechtigung erhält, die Lobby der etablierten ›schmutzigen‹ Energien zufrieden ist und alles seinen gewohnten, verfilzten Gang weitergeht. Hermann Scheer, Vorsitzender von Eurosolar, spricht von »mammutartigem Aufwand zur Fortschreibung der Vergangenheit und zwergenartigen Bemühungen zur Gewinnung der Zukunft.«

Juristische Hemmnisse

Noch geben sich auch Gerichte recht kleinkariert, wenn es um Solartechnik geht. Nicht nur einmal verhinderten deutsche Richter die Anbringung weniger Quadratmeter Solarmodule auf Dächern. Grund: mal angebliche ästhetische Bedenken, mal Denkmalschutz. Gegen Atommeiler wurden übrigens bisher nie ästhetische Bedenken vor deutschen Gerichten verhandelt.

So sind erst kleine Durchbrüche zu verzeichnen: Irmhild Kopfermann aus Hamburg gehört zu den Glücklichen, die ihre Photovoltaik-Anlage gegen den Behördenwillen durchsetzen konnte - nach vielen Mühen. Sie hatte sich entschlossen, Kosten hin, Aufwand her, auf ihrem Balkon Solarzellen zu plazieren. 1987 baute sie nach und nach ihre solare Versorgung aus, nachdem sie zunächst mit einem 0,4-Quadratmeter-Modul und Gleichstrom-Kühlschrank begonnen hatte. Bald versorgte das Modul die ganze Wohnung - die öffentlichen Stromversorger schauten in die Röhre und mußten ihren Zähler abbauen.

Die Zellen auf dem Balkon gefielen der vermietenden Verwaltungsgesellschaft aber überhaupt nicht. Sie kündigte den Mietvertrag. Das Modul sei ein Verstoß gegen das Baurecht. Dort steht aber geschrieben, daß elektrische Anlagen von der Genehmigungspflicht frei sind. Der Passus hatte bisher die Hamburger Elektrizitätswerke (HEW) geschont. Nun, wo eine Bürgerin ihn in Anspruch nahm, sollte er nicht mehr gelten. Das Bezirksamt Eimsbüttel ordnete 1988 den Abbau der Anlage an. Es begann der Rechtsstreit. Die Behörden behaupteten eine ›Standunsicherheit‹, wollte sagen, das Modul könne dem nächstbesten Passanten auf den Kopf fallen.

Außerdem unterbreche die Anlage mit ihren ›gewaltigen‹ Ausmaßen (1,5 Quadratmeter) »die Regelmäßigkeit und Ästhetik des Gebäudes«. Das Gebäude ist freilich unbestreitbar ohnehin häßlich genug. Die Standsicherheit demonstrierte Frau Kopfermann persönlich vor Pressevertretern mit Turnübungen am Modul. Auch der TÜV befand die Anlage als sicher, am Ende stand ein Vergleich. Die Anlage darf bestehenbleiben, die Behörden ihre Standfestigkeit hin und wieder überprüfen. Das Modul sei in Form und Material ein »Fremdkörper‹, hatte die Behörde geschrieben. Die einzigen Fremdkörper in der zukünftigen Energieversorgung sind solche Amtsschimmel.

Schauplatz München. Kontrahenten: solare Zukunft gegen Bundeskleingartengesetz, das auch ein Bundeskleingeistgesetz zu sein scheint. Der Münchner Umweltschutzreferent Rüdiger Schweikl wollte Photovoltaik-Anlagen in Schrebergärten fördern – gerade hier wäre die Verwendung der Photovoltaik recht sinnvoll. Dem stand das Gesetz entgegen: Versorgung der Lauben mit elektrischer Energie ist verboten (in vielen Häuschen stehen aber Gasflaschen oder Autobatterien). Auch der Kleingärtnerverband war gegen die Photovoltaik. Solche Anlagen trieben Ablösen für die Hütten hoch. Der Streit hält an und zeigt, daß noch viel Engstirnigkeit zu überwinden ist. Aus der Ankündigung des 1000-Dächer-Photovoltaik-Programms: Es »soll zu künftigen Vereinheitlichungen und Erleichterungen der Genehmigungs- und Abnahmeverfahren für PV-Anlagen führen.« Wahrlich bitter nötig.

Gegner aus der Wirtschaft

Vor den Erfolg der Sonne haben die Götter nicht nur einige Politiker und manch engstirnige Gesetze, sondern auch eine starke Lobby gesetzt. Ob Atomkraftwerksbauer oder -betreiber, ob Elektrizitätswerk oder in der Energieversorgung tätiges Großunternehmen – ihnen allen liegt herzlich wenig daran, daß die Bundesbürger ihren Strom eines Tages selbst produzieren können. Und ihre Aufsichtsräte und Vorstände sitzen, wenn nicht - wie oft der Fall - im Bundestag, so doch zumindest in dessen Wandelhalle oder in diversen Foyers, wo sie schneller ein offenes Ohr finden als die Vertreter kleiner und mittelständischer Betriebe, die für den Bereich der sanften Energienutzung charakteristisch sind. Dr. Otto Ulrich aus dem Vorstand von Eurosolar: »Wer den politischen Prozeß ... als knallharten Tummelplatz von Machtinteressen, Einflußnahmen und eines spannenden Ringens um die Durchsetzung von Positionen, vor und hinter den Kulissen, sieht, der weiß, daß die Stunde des konkreten Einstiegs ins Solarzeitalter noch lange nicht geschlagen hat.«

Die Stromversorger haben ein Monopol zu verlieren. Und ihre Kraftwerke haben gewaltige Überkapazitäten aufgebaut. Die wollen verkauft werden.

So erklärt sich, daß, wer mit seiner Solaranlage Strom produziert, bis vor kurzem nur in Einzelfällen Überschüsse ins öffentliche Netz einspeisen durfte und von den Energieversorgungsunternehmen dann auch nur Spottpreise dafür bezahlt bekam. Erst durch das Stromeinspeisungsgesetz vom 7. Dezember 1990 änderte sich die Lage grundlegend. Durch dieses Gesetz, das seit dem 1. Januar 1991 in Kraft ist, muß Strom aus erneuerbaren Energiequellen zu Preisen vergütet werden, die dem Abgabestrompreis der Energieversorger zumindest nahe kommen:

Strom aus Wasserkraft und Biogas bringt nun 75 Prozent (13,8 Pfennig je Kilowattstunde), Strom aus Sonne und Wind sogar 90 Prozent (16,6 Pfennig je Kilowattstunde) des vom Verbraucher zu bezahlenden Betrages.

Die Berliner Elektrizitätswerke zahlten 1989 als erste einem Bastler Geld für seinen solar erzeugten Strom. Auch München hat seit November 1990 Solaranlagen, die offiziell ins Stromnetz der Stadt einspeisen.

Im August 1990 rang sich das Bundeskabinett immerhin zu einem Gesetzentwurf durch, wonach Abnahmeverpflichtungen für Solarstrom an die Energieunternehmen ergehen sollen, mit festgelegten Mindestvergütungen. Die Mehrkosten für die Energieversorger: Etwa 50 Millionen Mark.

In Saarbrücken erhielten private Stromerzeuger im Jahr 1990 schon 25 Pfennig pro Kilowattstunde von den Stadtwerken. Und diese werden unabhängiger von Atom und Kohle. Private Einspeisung ist ein Weg der Zukunft.

Doch es gibt einige, die meinen, weltweit fast 450, bundesweit 23 Kernkraftwerke seien nicht genug. Der Chef der Rheinisch-Westfälischen Elektrizitätswerke, Gieske, fordert neue Kernkraftwerke für die Ex-DDR; Prof. Dr. Joachim Grawe, Hauptgeschäftsführer der Vereinigung deutscher Elektrizitätswerke (VDEW), kann sich über Ausstiegs-Studien blendend amüsieren: »Es wirkt schon kurios, wenn jeden Monat ein Vertreter der Ausstiegsgläubigen mit Rechenkunststückchen zu belegen sucht, man könnte es ohne Kernenergie schaffen.«

Kurios ist nur, daß hochrangige Politiker Leute wie Herrn Grawe als ›Experten‹ heranziehen und damit deren naturgemäß parteiische Aussagen zu Stellungnahmen unabhängiger Fachleute aufwerten. Wer auf diese Art sonnige Zeiten anbrechen lassen will, könnte ebensogut die Marlboro-Cowboys in eine Anti-Raucher-Kampagne einspannen. Vergessen wir nicht: im Gegensatz zu den Solarenergie-Gegnern kann man ihren Befürwortern nur selten rein wirtschaftliche Interessen unterstellen. Warum auch sollen die Atom-Lobby dem Ausstieg, die Stromversorger dem Energiesparen das Wort reden? Sollen die, die sich am Verbrauchsboom goldene Nasen verdienen, ›Stop!‹ rufen? So ist laut Grawe »ein Energieträger mit ähnlichem Potential und guter Umweltverträglichkeit (sic!) wie die Kernkraft« nicht in Sicht. Da haben ihm wohl die Kühltürme eines Kraftwerks den Blick gen Himmel verstellt. Gegen Angst vor der Kernenergie haben Atom-Manager wie Grawe auch eine Lösung parat: »Die Menschen müssen eben lernen, Ängste zu überwinden«. Den Menschen in Tschernobyl rechtzeitig nahegebracht, hätte der weise Rat sicher seine Wirkung getan.

Trotz alledem gibt es neue Hoffnung für einen ›Sonnenaufgang‹ – dank der Tatsache, daß vorgenannte Zitate sich nach und nach als albernes Gefasel offenbaren; sind doch mittlerweile selbst die einstigen Atom-Befürworter in der Bundestags-Enquete-Kommission ›Vorsorge zum Schutz der Erdatmosphäre‹ vom Kern-Kurs abgegangen. Der Abschlußbericht der Kommission von Ende 1990 macht klar: Atomkraft ist keine Zukunftsenergie. Fast unbemerkt haben sich etwa in den USA, der Schweiz oder Deutschland Moratorien ergeben.

Auch ein weiterer Flop bei hochfliegenden Plänen der Atomindustrie brachte die Sonne weiter: die Wiederaufbereitungsanlage in Wackersdorf wurde 1989 gestoppt – »aus wirtschaftlichen Erwägungen« – nachdem man schon 2,6 Milliarden Mark verpulvert hatte. Für Atomstrom ist nichts zu teuer. Ironie des Schicksals: ein Teil dieses Denkmals einer gescheiterten Atom-Politik wird zur Geburtsstätte neuer Energieträger werden, kurz, eine Solarzellenfabrik wird im arg geschundenen Taxöldener Forst entstehen.

Manchmal müssen sich selbst Politiker dem Gebot der Stunde (und der Wirtschaft) beugen. Am 5. Juni 1989 teilte Bayerns Ministerpräsident Max Streibl die Entscheidung für die Solarzellenherstellung mit; nach vielen Jahren, in denen das Bauwerk in der Oberpfalz zum Bollwerk wider alle Vernunft ausgebaut worden war. Späte Einsichten ... Oder, wie es der bayerische SPD-Chef Rudolf Schöfberger rustikal ausdrückte: »Die Betonköpfe sind weichgeklopft worden«.

Die Energieversorger, die die Politiker im Stich gelassen hatten, butterten eine Milliarde Mark sozusagen als Ausfallentschädigung zu den verschiedenen neuen Nutzungen des Geländes zu. Siemens und die Bayernwerk AG planen zusammen die Solarzellenfabrik, die 120 Millionen Mark kosten und ab 1995 400 Mitarbeiter beschäftigen soll. Gemessen am Zellen-Weltmarkt, auf dem jährlich Zellen mit einer Gesamtleistung von 45 Megawatt verkauft werden, wäre das Werk Wackersdorf gigantisch. Jedes Jahr sollen dort 300 000 Quadratmeter Solarzellen aus amorphem Silizium mit einer Gesamtleistung von 20 Megawatt produziert werden. Damit hätte die Bundesrepublik eine weltweite Führungsstellung. Doch es ist zu erwarten, daß die Produktion in anderen Staaten ähnlich rasant steigt. Der Markt wächst um 40 Prozent jährlich. Etwa 30 amerikanische, europäische und japanische Firmen sind an der Herstellung von Solarzellen beteiligt; 50 bis 70 weitere Unternehmen wirken an Anlagenbau und Vertrieb mit. Fast die Hälfte des Weltverbrauchs an Reinsilizium kommt aus der Bundesrepublik.

Allein Marktführer AEG, speziell das Werk Wedel bei Hamburg, stellt jährlich in weitgehend automatisierter Fertigung zirka 2,5 Prozent der Weltproduktion her, ähnlich viel an kristallinen Siliziumzellen stammt von Chemitron, einer Wacker-Tochter aus dem bayerischen Burghausen.

In Wackersdorf sind zweistellige Wachstumsraten eingeplant. Von »positiven Markterwartungen« sprach denn auch vorsichtig ein Bayernwerk-Sprecher. Allerdings produziert das Werk nur Dünnschichtzellen. Heute wäre Serienfertigung eher für die länger erforschten normalen Siliziumzellen angebracht. Siemens aber will nicht für sinnvolle Kraftwerke, eher für den lukrativeren Kleingeräte-Markt produzieren, der mit Dünnschichtzellen arbeitet.

Kritik dafür gab es von der Wacker-Chemie GmbH, die aus dem Projekt ausstieg.

Wer die Augen nicht verschließt und aufmerksam Zeitungen studiert, stellt fest, daß die Front gegen die Sonne aufweicht. »Siemens beginnt Geschäft mit der Sonne«, »Wackersdorf wird Solarzellenfabrik«, »Boom der Solarmobile« stand da schon zu lesen. Zweifelsohne ist Solarenergietechnik trotz aller Widrigkeiten eine Wachstumsbranche. Wenn große Firmen jetzt auf den anfahrenden Zug aufspringen, dann wird die Technik zum Exportschlager ausgerechnet der sonnenarmen Bundesrepublik. Ein immenser Fortschritt, denkt man an kaum vergilbte Zeitungsanzeigen der Stromversorger, etwa die der Kraftwerksunion von 1987: »Mehr Wirtschaftswachstum bedeutet auch mehr Energiebedarf«, wurde da festgestellt, »drei Prozent Stromzuwachs« in der Bundesrepublik bejubelt, genau wie dessen Produzenten: »Kohle- und Kernenergie ergänzen sich bestmöglich«, hieß es damals stolz.

1990 neue Klänge: »Wir haben eines der unwirtschaftlichsten Kraftwerke Europas gebaut. Mit weitreichenden Absichten«, so die Rheinisch-Westfälischen Elektrizitätswerke (RWE) über ihr 1988 in Betrieb gegangenes Solarkraftwerk bei Kobern-Gondorf an der Mosel.

340000 Solarzellen produzieren dort Strom für 75 Haushalte. Im Jahr sind 250000 Kilowattstunden abzuzapfen. Kosten der Anlage: 13 Millionen Mark. Eine Zukunftsinvestition, die sich RWE mit neun anderen Firmen aus vier Ländern teilt, darunter auch eine Skandalfirma auf der Suche nach ihrer umweltfreundlichen Sonnenseite: Nukem, Hanauer Hersteller für atomare Brennelemente.

Auch als ›Atlantic Richfield‹, US-Stromgigant, 1989 seine kalifornische Tochter ›Arco Solar‹, damals Weltmarktführer bei der Solarzellenproduktion, verstieß, hätte man meinen können, die Firma würde bald im Meer der Konkurse dümpeln. Weit gefehlt. Schnell fand sich ein neuer Besitzer. Ein Besitzer, der nichts Unprofitables anfassen würde und mit einem Riecher für zukunftsträchtige Technologie ausgestattet ist: »Siemens übernimmt Arco-Solar« - so im August 1989 die Agenturmeldung, und weiter, »Siemens will Nr. 1 in der Solartechnik werden«. Wenig später nahm eine Solarzellenfabrik in München-Freimann, Europas erste Fertigungsanlage für großflächige amorphe Dünnschichtzellen, ihre Arbeit auf. Betreiber: ›PV Electric‹, jenes Unternehmen, das einmal als Gemeinschaftsunternehmen von Siemens und Arco-Solar gegründet wurde und am 1.Oktober 1991 endgültig mit der Siemens Solar GmbH verschmolzen werden soll. 15000 Quadratmeter Zellen, die zusammen ein Megawatt leisten, sollen hier jährlich entstehen, als Vorstufe zur Wackersdorfer Serienproduktion.

Und zur gleichen Zeit stieg die Bayernwerk AG mit 49 Prozent bei ›Siemens-Solar‹ ein. Eine Elefantenhochzeit, um – wie man schicksalsergeben in der ›Wirtschaftswoche‹ kundtat – »Risiken und Chancen der noch in den roten Zahlen steckenden Solarzellentechnik zu teilen«. Das Bayernwerk, das wohl eher die Chancen als die Risiken mit Siemens teilen will, arbeitet nun in Wackersdorf, Freimann und bei der Pilotanlage für solare Wasserstofftechnik in Neunburg vorm Wald mit Siemens zusammen. Mitte der neunziger Jahre, so erwarten Insider, wird der Rubel rollen. Die 400 Arco-Solar-Mitarbeiter will Siemens behalten, den 40-Millionen-Dollar-Umsatz auch. Mindestens.

Anwälte des Atoms

Vorsicht ist geboten. Von einer wundersamen Wandlung der Bayernwerke vom Saulus zum Paulus ist nicht auszugehen. Zwar sitzen sie mit im Solar-Boot, ob in Wackersdorf oder Neunburg vorm Wald. Aber ein ökologisches Feigenblatt steht heute jeder Firma gut. Die Prioritäten bleiben unverändert. Die Auslagerung der Wiederaufbereitung nach La Hague, so bekunden die Stromversorger, diene eher zur Förderung denn zum Bremsen der Atomkraft, auch im Hinblick auf einen europäischen Atommarkt. Rudolf v. Bennigsen-Foerder, verstorbener Vorstandsvorsitzender der VEBA AG im Mai 1989 vor der Presse: »... verbanden wir mit der Herausnahme des Reizwortes ›Wackersdorf‹ aus der energiepolitischen Kontroverse die ... Hoffnung, einen Beitrag zur Rückkehr zum Grundkonsens ›Kohle/Kernenergie‹ zu bewirken.« Der Wackersdorf-Ausstieg war also eher wirtschaftlich notwendige Aktion mit PR-Qualitäten denn Einstieg zum Ausstieg. Der Chef der Badenwerke, Dr.Eberhard Benz, weiß heute schon, was Wissenschaftler noch zu ergründen versuchen: »Wir werden Mitte der neunziger Jahre das Resümee ziehen müssen, daß regenerative Energien nur beschränkt ausbaubar sind, ... und wir werden vor der Alternative stehen: Ausbau fossiler Energieträger oder Ausbau der Kernenergie.«

Die sanfte Lobby

Trotz der Vernachlässigung durch die gewählten Vertreter des Volkes und trotz scheinbar übermächtiger Widerstände engagieren sich Institute, Organisationen und einzelne einfallsreiche Ingenieure und scharf kalkulierende Kaufleute dafür, daß die Sonne in absehbarer Zukunft der Welt größter Kraftwerksbetreiber wird. Zwar sind Orte der Sonnenenergienutzung noch vereinzelte Fähnchen auf der Landkarte gegenüber einem nahezu lückenlosen Netz der herkömmlichen Energieversorgung mit ungezählten Einrichtungen der Energieversorgungs- und Mineralölkonzerne. Doch die Fähnchen werden zahlreicher.

Firmen

Großfirmen wie AEG oder der Rüstungsriese MBB, der über die Tochterfirma ›Phototronics‹ in Frankreich schon gut an der Sonne verdient, sollen hier nicht näher vorgestellt werden. Stellvertretend für die vielen mittelständischen Unternehmen sei ›Bomin-Solar‹ erwähnt; das vielleicht rührigste Solartechnikunternehmen der Republik. Bereits 1971 im badischen Lörrach ins Leben gerufen, hat es heute mehr als dreißig äußerst vielversprechende Patente für solartechnische Erfindungen inne. Offenkundig weiß man auch andernorts die Firma zu schätzen: Geldgeber aus dem sonnigen saudischen Dschiddah tragen nicht unerheblich dazu bei, daß sich Bomin Solar Forschung im angemessenen Umfang leisten kann.

Die Zusammenarbeit mit Dritten beschränkt sich keineswegs auf die Finanzierung: gemeinsam mit dem Chemiegiganten Hoechst entwickelte man Paraboloide, mit den Mülheimer Max-Planck-Instituten dazu den Magnesiumhydridspeicher. Bomin-Solar-Chef Jürgen Kleinwächter hat eine klare Vorstellung davon, wie eine Sonnenenergieindustrie mit Zukunft beschaffen sein muß: »Viele Kleinbetriebe, die in einem Netzwerk in guter Verbindung stehen und Informationen austauschen.« Wichtig wird es auch sein, Vorurteile abzubauen.

Denn Solarenergie ist keine ›linke‹ Energie. Nur eine Gruppe ist laut Kleinwächter auszuschließen: »Die Nuklearindustrie. Die muß weg.«

Vorkämpfer

Dr. Ludwig Bölkow ist neben Carl Friedrich von Weizsäcker der wohl prominenteste Abweichler vom Atompfad. Bölkow gilt als deutscher Solarpionier schlechthin; er, der während des 2. Weltkrieges Jagdflugzeuge bei der Messerschmitt AG konstruierte. In den sechziger Jahren gründete er die Bölkow GmbH, die 1969 Teil des Messerschmitt-Bölkow-Blohm-Konzerns wurde. Fortan baute Bölkow an intelligenten Verkehrssystemen, an Airbus und Magnetschwebebahn. 1977 verließ Bölkow die MBB-Konzernleitung - ein Glücksfall für die Entwicklung der Energietechnik der Zukunft.

Die Sonne kann uns laut Bölkow vor allem durch die Photovoltaik helfen, die Ära der Kohle zu beenden und wird, da ist sich der 1912 geborene Wissenschaftler sicher, in 50 Jahren der marktbeherrschende Energieträger sein. Den Weg dahin hat er inzwischen vielfach beschrieben - den des ›Solar-Wasserstoff-Konzepts‹. Bölkow hat das Konzept nicht erfunden, sich aber mit seinem klangvollen Namen dafür eingesetzt, daß es den Ruf der Science-Fiction-Spinnerei verliert. Bölkow selbst trägt mit seiner Ludwig-Bölkow-Stiftung zur Förderung der Solarenergie bei und hält vielbeachtete Vorträge vor Energiefachleuten. »Es ist heute schon absehbar,« so Bölkow im November 1989, »daß man bei Solarzellen auf einen Wirkungsgrad von etwa 20 Prozent kommt, vielleicht sogar mehr. Und daß die Preise durch Massenproduktion sinken. Hier liegt der Hund begraben.«

In etwa fünf Jahren koste Solarstrom dann nur noch etwa das Doppelte dessen, was auf andere Weise erzeugter Strom kostet. Wenn einmal der Liter Öl bei einer, Benzin bei zwei Mark liege, sei Sonnenstrom sogar billiger. Die Einführung einer globalen Solarenergiewirtschaft kostet laut Bölkow »Tausende von Milliarden Mark. Aber angesichts der Bedrohung, daß wir hier verrecken, daß die Meeresspiegel steigen und wir Millionen Menschen umsiedeln müssen, angesichts dessen also, daß wir in eine Klimakatastrophe hineinlaufen, ist es doch sehr die Frage, ob die Menschheit das Geld nicht aufbringen will«.

Verbände

Eine ›Herrschaft der Verbände‹ wurde für die Bundesrepublik nicht nur einmal konstatiert. Nicht ganz zu Unrecht, möchte man meinen, betrachtet man die Öffentlichkeitsarbeit der Energieversorgerverbände, der man nachsagt, daß sie zum Wirkungsvollsten im Lande gehöre. Und daß die Verbandsoberen in den Hinterzimmern der Macht stets ein offenes Ohr für ihre Worte finden. Wie anders wäre es zu erklären, daß eine simple Feststellung - daß die Vorräte an herkömmlichen Energieträgern zur Neige gehen und ein Umsteigen auf unerschöpfliche Energien geboten ist - nicht vermittelbar zu sein scheint. Damit dies nicht so bleibt, haben Sonnenfreunde sich ihrerseits im Verband zusammengeschlossen, um die Hinterzimmer der Macht samt der darin Sitzenden mit dem Schein der Sonne zu erleuchten.

Eurosolar, ›Vereinigung für das solare Energie Zeitalter e.V.‹, ist so ein Verband; eine Gemeinschaft von Wissenschaftlern, Unternehmen, Gewerkschaften und Politikern, die aus dem Luxusartikel Sonnenenergie Handelsware machen wollen. Eurosolar wurde im August 1988 gegründet, als Gegengewicht zur ›Euratom‹, der Vereinigung von EG-Staaten zur Förderung der Atomindustrie.

Der Vorsitzende von Eurosolar, der Bundestagsabgeordnete Hermann Scheer, wendet sich vor allem gegen »Uninformiertheit und Phantasielosigkeit mancher Entscheidungsträger«, denen er »Lippenbekenntnisse« für solare Energien vorwirft.

Eurosolar hat Mitglieder in Deutschland, Österreich, Frankreich, Großbritannien, Italien, USA und der Schweiz und versteht seine Arbeit international. Zu den politischen Zielen gehören

- die Einführung einer Kohlendioxidsteuer auf Verbrennung fossiler Energieträger,
- die Verwendung des Betrages zur Entschuldung der Entwicklungsländer, zur Walderhaltung und für eine neue Energiepolitik,
- die Berücksichtigung ›externer Effekte‹ der Energieerzeugung, etwa der Atommüllproblematik oder der Luftverschmutzung durch Kohlekraftwerke sowie der daraus entstehenden Schäden an Natur und Mensch.

Die Deutsche Gesellschaft für Sonnenenergie sei hier ebenfalls erwähnt, weil sie schon in den siebziger Jahren große Solartechnik-Ausstellungen organisierte. In Hamburg etwa stellten 1977 siebzig Firmen vor 7000 Besuchern aus. Krönung war damals ein 38-Millionen-Mark-Auftrag aus den USA an ein deutsches Unternehmen.

Sonne im Kommen

Es sind erschwerte Bedingungen, unter denen die Sonnenfreunde ihrem sauberen Geschäft nachgehen – und doch warten sie immer wieder mit verblüffenden Fortschritten auf. Wie sähe das erst aus, wenn auch noch die Unterstützung stimmte? Wolfram Huncke, Chefredakteur von ›Bild der Wissenschaft‹, forderte schon 1986 die Industrie auf, »mehr Geld auch in risikoreiche Experimente zu stecken«. Hätte man die vielen Milliarden, die in den sechziger Jahren in die Atomkraft investiert wurden, gleich für die Erforschung der ›Sanften‹ abgezweigt, wären sie heute rentabel.

Vielleicht muß man einfach erkennen, daß der Erfolg der Solarenergie an entscheidender Stelle nicht erwünscht ist. Ludwig Bölkow zu den Widerständen von Politik, Wirtschaft und Behörden: »Man ist sehr zurückhaltend. Die Politiker wollen wiedergewählt werden und daher ihren Leuten nichts abverlangen. Und die in der Wirtschaft sind ja auch immer nur für fünf Jahre gewählt. Ob sie wiedergewählt werden, hängt vom wirtschaftlichen Erfolg ab. Bei der Photovoltaik müssen

Bisher wird die Sonnenenergie hierzulande nicht großtechnisch genutzt, so daß es auch kaum einflußreiche Vertreter dieser Energiegewinnungsart gibt. In Energiewirtschaft und Politik gibt es daher umfangreichen Widerstand gegen die neue Technik. Insbesondere der Irrweg Atomenergie, den sich Industrie und Politik in den zurückliegenden Jahrzehnten allein in der Bundesrepublik Milliarden von Mark kosten ließen, blockiert mittelbar oder unmittelbar den Weg in eine anders geartete Energiezukunft. Erst seit 1991 ist als Schritt in eine neue Richtung ein geändertes Strompreisgesetz in Kraft, das Strom aus erneuerbaren Energiequellen eine fairere Wettbewerbsposition verschafft. Ganz allmählich werden auch andere juristische und verwaltungstechnische Hemmnisse beseitigt, die bisher die Solarenergiegewinnung gegenüber der alteingesessenen Energiewirtschaft benachteiligten. Auch bringen immer mehr Großunternehmen Solarenergietechnik auf den Markt, auf dem bisher praktisch ausschließlich mittelständische Unternehmen vertreten waren. Bomin Solar, Siemens und Ludwig Bölkow sind namhafte Beispiele für die immer zahlreicheren Vertreter einer zukünftigen solaren Energiewirtschaft, deren Entstehung wir miterleben.

sie zuerst mal lange zubuttern. Und die Beamten wollen eigentlich langfristig mehr ihre Ruhe.« Und so sieht Hermann Scheer, Eurosolar-Vorsitzender, zweierlei Maß angelegt: »Die Solarenergie wurde und wird von denselben Politikern, Publizisten, Forschern und Unternehmern für unrealistisch erklärt, die es für realistisch hielten, im Laufe von zehn Jahren im Weltraum ein fliegendes Kernkraftwerk und Strahlenspiegel installieren zu können - zur Energiebereitstellung und Lenkung einer Laserwaffe gegen angreifende Atomraketen über Reichweiten von Tausenden Kilometern!«

Trotz der schleichenden Erkenntnis, daß die Menschen in den Schaltzentralen die Sonne nicht in ihr Herz lassen wollen, besteht Grund zur Zuversicht. Die Großunternehmen, die in dieser Republik die Richtung angeben, beschäftigen sich zwar nach und nach, immerhin aber allmählich doch mit Solartechnik. Nicht nur sie haben, aufgerüttelt durch die immer dichter werdenden Hinweise auf eine bevorstehende Klimakatastrophe, erkannt, daß man die Kraft der Sonne nicht länger vernachlässigen darf. Eine resignierte Erkenntnis, die hier ausnahmsweise Zuversicht begründet: wo die Wirtschaft langgeht, läuft auch bald die hohe Politik brav hinterher.

Sonnen-Einsätze auf der Erde

Verkehrschaos in südländischen Straßen? Hupkonzerte auf verstopften Kreuzungen? Das mag mitunter nichts Ungewöhnliches sein, auch und gerade in den Städten des Orients. Doch seit kurzem ist - zumindest im Ölstaat Bahrain am Persischen Golf - eine mögliche Ursache abgestellt: vielleicht war ja der Grund für die alltägliche Unordnung, daß sich der dortige lange Arm des Gesetzes mit der Hand allzu oft Schweißperlen von der Stirne wischen mußte, statt die Trillerpfeife an die Lippen zu liften; vielleicht waren neben den Automobilisten des Golfstaates auch seine Verkehrspolizisten einfach zu hitzköpfig.

Damit ist es ein für alle mal vorbei. Heute, genauer gesagt seit August 1989, können sich die Bahrainer Schupos selbst in der größten Mittagshitze eine kühle Brise um die Ohren wehen lassen. Einige von ihnen tragen jetzt nämlich eine Spezialkopfbedeckung: die Mütze mit eingebautem Ventilator, die Wahib Al-Nasser, ein kluger - und natürlich kühler - Kopf erdachte. Woher der Strom kommt? Sie ahnen es: Solarzellen auf der Mütze sorgen im immer sonnigen Golfstaat für sicheren Verkehr.

Nicht nur arabische Ordnungshüter, auch Millionen privater Haushalte auf der ganzen Welt decken ihren Energiebedarf schon aus erneuerbaren Energiequellen. Allein 750 000 Haushalte in Israel erhalten ihr Warmwasser aus solarbeheizten Dachbehältern, vier Millionen sind es in Japan, und der geneigte Türkeiurlauber kann auf zahllosen Hausdächern an Mittelmeer- und Ägäisküste die charakteristischen Flachkollektoren nebst Kessel ausmachen. Denn, ungeachtet der kleinkarierten Widerstände von wo auch immer - die Entwicklung ist dabei, die Kritiker zu überholen. Mit jedem neuen Sonnenaufgang gehen neue Solaranwendungen in Betrieb. Die Zeit arbeitet für die Sonne, denn - sie bewegt sich doch.

Umweltmessen und Öko-Aktionen zeigen einen kleinen Ausschnitt der Möglichkeiten. Nehmen wir den Münchner ›Umwelttag‹ im Sommer 1990. Da wurde mitten auf dem Marienplatz im Stadtzentrum Wasser für heiße Würstchen mit Sonnenenergie erwärmt - wenn es auch ob des bedeckten Himmels bei eher lauen Wienern blieb. Da wurden Solarmobile und Solartankstellen bestaunt und neue Kollektoren ausgestellt. Modelle und Schautafeln zeigten den interessierten Laien die Möglichkeiten der Zukunft.

Doch ist München - trotz der Bemühungen der bayerischen Staatsregierung - noch nicht der Nabel der Welt. Daher soll im folgenden dargestellt werden, wie die Solartechnik weltweit Fuß gefaßt hat; wie die Sonne heute schon in unser tägliches Leben Einzug gehalten hat: vom Solar-Taschenrechner bis zur kompletten Stromversorgung ganzer Dörfer, vom solarbetriebenen Mikrofon moslemischer Muezzins bis zu Solar-Medizin-Containern für Afrika. Und nicht nur in tropischen Ländern ist Solartechnik, etwa zum Kochen, Kühlen und Beleuchten schon heute rentabel. Photovoltaik etwa ist in abgelegenen Gebieten bereits heute jeder anderen Stromgewinnungsart überlegen. Hier eine kleine Auswahl möglicher Wege ohne Anspruch auf Vollständigkeit.

Sonnenenergie ums traute Heim

An unseren Häusern tut sich einiges. Neue, günstige Kollektoren drängen auf den Markt. Frankfurt war 1987 die erste Großstadt der Republik, die auf öffentlichen Gebäuden Solartechnik installierte. Mittlerweile gibt es sogar erste Solarzellen-Dachziegel, mit denen Solarzellen am Haus weder auffallen noch Platz kosten - eine ebenso simple wie sinnvolle Lösung.

PV-Hausanlagen

Unzählige Beispiele für Hausdach-Anlagen lassen sich hier nennen. Nur ein Beispiel: im solartechnisch recht rührigen Frankenland, genauer gesagt in Erlangen, dessen Bewohner

Daß Sonnenstrom auch mitten in der Stadt gewonnen werden kann, beweist diese großzügig dimensionierte Photovoltaik-Anlage im Herzen Kreuzbergs (Berlin).

überwiegend der örtlichen Universität oder dem ansässigen Elektronikzweig der Siemens AG angehören, stellten der dortige Solarmobilverein, die ›Umweltwerkstatt‹, die Stadtwerke und die Firma Siemens zusammen 40000 Mark zur Verfügung - die Umweltwerkstatt baute. Am Ende stand eine kleine Solaranlage, die aus zwölf Quadratmetern Solarzellen eine elektrische Leistung von 1,2 Kilowatt erzeugt. Erfreulich: die beteiligten Stadtwerke lassen den so anfallenden Strom seither in ihr Netz einspeisen.

Öko-Häuser und Energiesparhäuser

Unter den Begriffen ›Öko-Haus‹ und ›Energiesparhaus‹ firmieren Häuser, die verschiedene Energiespartechniken anwenden. Meist sind sie sowohl mit Kollektoren bestückt als auch wärmegedämmt, und/oder beziehen ihren Strom aus Solarzellen. Das zeigt, daß Solartechnik verschiedene Prinzipien kombinieren sollte. Energieeinsparungen können dann bei bis zu 90 Prozent liegen.

Der Ölpreisschock war langfristig heilsam. Zwar schießen Öko-Häuser nicht gerade wie Pilze aus dem Boden, doch sind sie inzwischen ihr Exoten-Image los. 1977 noch zitierte die *Süddeutsche Zeitung* den Bewohner eines der damals etwa 1000 kollektorbestückten bundesdeutschen Häuser: »Die Nachbarn haben zuerst befürchtet, da könnte etwas explodieren«. Mittlerweile gibt es auch in der Bundesrepublik Häuser, die nur noch die Hälfte der von vergleichbaren Häusern benötigten Energie verbrauchen, ohne daß sie kurz vor der Explosion stehen oder die Bewohner ihre Schnitzel auf steinzeitlichen Feuerstellen zubereiten müßten.

Freiburg: energieautarkes Familienhaus

Das Fraunhofer-Institut für Solare Energiesysteme (ISE) baute in Freiburg ein energieautarkes 8-Familien-Haus: 100 Prozent Energieeinsparung - dank neuester Technik. ›TWD‹ spielt dabei eine große Rolle. TWD heißt ›Transparente Wärmedämmung‹ und ist ein teures, hocheffizientes Dämmsystem.

Bei der TWD-Verschalung werden Spezialplatten aus Acrylglasschaum eingesetzt, die Sonnenstrahlen problemlos bis zur Hausfassade dringen lassen, eine Rückstrahlung der Wärme aber verhindern und so die Wärme in der Fassade halten. Die Hersteller wollen TWD auch bei Sanierungen in der ehemaligen DDR verwenden.

Beim Freiburger 100-Quadratmeter-Haus soll die TWD-Verschalung aller Außenwände den Heizbedarf um 90 Prozent senken; die restliche Heizenergie kommt von TWD-verkleideten Dachkollektoren, die Heiz- und Badewasser liefern.

Damit nicht genug: ein autarkes Haus produziert natürlich auch seinen Strom selbst - mit Solarzellen auf dem Dach. Gespeichert wird er von einem Magnesiumhydrid-Speicher im Keller; mit dem gewonnenen Wasserstoff wird gekocht. 2000 Kilowattstunden Strom nimmt der Speicher auf, soviel wie 2000 Lastwagen-Batterien. 5,8 Millionen Mark hat das Haus gekostet, 1993 soll es bezugsfertig sein.

Schwedisches Wasserstoffhaus

Auch in anderen Ländern strebt man Energie-Autarkie an. Nicht weit von Göteborg steht ein Haus, das mittels eines 55-Kilowatt-Windrades solare Wasserstoffwirtschaft im Kleinen demonstriert. Der Wind treibt einen ›Elektrolyseur‹, welcher in jeder Betriebsstunde einen Kubikmeter Wasserstoff produziert. Der wird einem Metallhydridspeicher zugeführt, und kann bei Bedarf als Energiequelle genutzt werden. Er reicht für die gesamte Heizanlage, für Kochen und Warmwasserbereitung des 140-Quadratmeter-Hauses, und sogar ein zum Haus gehörendes 100-PS-Auto läuft und läuft und läuft. Wasserstoffgetrieben natürlich.

München: Sanierungsmodell

Das Haus Pariser Straße 10 in München im Jahre 1985: ein verfallener Altbau mit bröckelnden Mauern, Wasserschäden und veraltetem Heizsystem; die Innenhöfe trostlose Betonwüsten. Das Haus Pariser Straße 10 im Jahr 1990: ein von Grund auf saniertes Haus, mit den neuesten Tricks zu einem High-Tech-Öko-Haus gemacht, mit hoher Wohnqualität und begrünten Innenhöfen.

›Demonstrativ- und Vergleichsbauvorhaben Ökologische Modellsanierung Pariser Straße 10‹ heißt im Amtsdeutsch das, was in nur vier Jahren geschah: Ein Altbau wird zum Öko-Haus. Seit 1898 steht das viergeschossige Mietshaus, seit dem 12. Mai 1989 hat es ein neues Kleid. Die Idee dazu hatte 1985 die Soziologin Claudia Döring. Ihr Arbeitgeber, die Schumacher-Gesellschaft für politische Ökologie machte sich zusammen mit der Münchner Gesellschaft für Stadterneuerung (MGS) ans Werk. Das Ergebnis kann sich sehen lassen.

Energie wird gespart durch:
- Gas-Absorptions-Wärmepumpe (GAWP), die bis zu 90 Prozent des jährlichen Wärmebedarfs deckt, selbst Abluft aus Bädern und Küchen nutzt.
- Wärmetauscher zur Wärmerückgewinnung aus Abwässern, sogar benutztes Badewasser heizt die Räume. Brauchwasser muß nicht mehr von 10, sondern von 23 Grad aus erwärmt werden. Dies spart jährlich 4200 Kilowattstunden Energie.
- Vakuum-Röhrenkollektoren auf dem Dach, 28 Quadratmeter groß, mit drei 1000-Liter-Speichern. Sie liefern 65 Prozent der zur Brauchwassererwärmung erforderlichen Energie.
- Passive Solarenergienutzung: Teilverglasung der Südbalkone nach Wintergartenprinzip, Bepflanzung der Fassaden, bessere Dämmung.

Wasser wird gespart durch:
- Moderne Armaturen, beispielsweise durch wassersparende Toilettenspülkästen
- Grauwasseraufbereitungsanlage: Wasch-, Spülmaschinen- und Badewasser wird gereinigt und für die WC-Spülung wiederverwendet.
- Zisterne im Hof zur Pflanzenbewässerung.

Energie- und Wasserverbrauch gingen um die Hälfte zurück.

Die Gesamtkosten beliefen sich auf 2,3 Millionen Mark. Zahlreiche Gemeinschaftsflächen und die Hofbegrünung zeigen, daß überlegtes ökologisches Bauen auch den Wohnwert erhöht. Die Nebenkosten für die Mieter sind von drei Mark auf 1,50 Mark pro Quadratmeter gesunken.

Stuttgart: Studentenwohnheim

Studenten sind ›Energiefresser‹, auch wenn sie oft nichts dafür können. Tatsache ist, daß in deutschen Wohnheimen aller Art immens hohe Heizkosten auftreten. Ein Grund sind die vielen energieintensiven ›Toträume‹ wie lange Gänge, Treppenhäuser und Gemeinschaftsräume. Was lag näher, als ein Studentenwohnheim als Energiesparhaus zu konzipieren? 1983 war es soweit; einmal mehr unter Beteiligung des Freiburger Fraunhofer-Institutes. Der Architekt Dr. Horst Schmitges konzipierte das Projekt. Er ist bekannt dafür, in die Planung seiner Bauten ebenso althergebrachte wie modernste Erkenntnisse über Baumaterialien, Klima oder Windrichtungen einzubeziehen. »Schließlich«, so Schmitges, »haben die Leute früher mit zwei Scheiten Holz ihr Bauernhaus eine Stunde heizen können«. Der Architekt hält Haus-Außenflächen klein, nutzt wärmeisolierende Materialien wie Holz und Ziegel, öffnet die Häuser nach Süden, schützt die anderen Seiten durch Hecken, und arbeitet mit Wintergärten oder wärmespeichernden Wänden. In Stuttgart-Hohenheim baute Schmitges sechs vom Bund geförderte Gebäude mit zusammen 158 Wohneinheiten.

Die Häuser liegen in einer Mulde. Drei Seiten sind erdbedeckt und damit windgeschützt, nur nach Süden öffnen sich großzügig verglaste Fenster. Wasserflächen davor reflektieren Sonnenlicht aufs Haus und senken dort die Temperaturdifferenz zwischen Tag und Nacht.

Die gesamte Lüftungs- und Heizanlage wird mittels Prozessoren permanent dem jeweiligen Bedarf angepaßt. ›Toträume‹ fehlen. Mittels Glaskuppeln, Lichtschächten, transparenten Türen und verspiegelten Hohlkanälen wird Tageslicht optimal genutzt.

›Fluoreszenzkollektoren‹ fangen Sonnenlicht ein; Heliostate und transparente Platten leiten es bis in die Kellerräume. Kunstlicht wird fast überflüssig. Jeder Quadratmeter Heliostatenfläche liefert maximal 700 Watt Lichtleistung und ersetzt bis zu 7000 Watt elektrischer Energie. Die Energieersparnis des Stuttgarter Heimes: 50 Prozent.

Reit im Winkl: Niedrigenergiehaus

Bernd Stangl, Mitglied des bayerischen ›Forums Ökologie e.V.‹, ließ seinem Umweltengagement auch daheim Taten folgen. Sein Zweifamilienhaus im bayerischen Reit im Winkl, 1962 gebaut, ist heute ein ›Niedrigenergiehaus‹:

1962 und in den Jahren vorher gingen alljährlich 11 000 Liter Heizöl drauf. Wen scherte es? Der Liter kostete sechs Pfennig.

1973 kostet der Liter 30 Pfennig. Stangl bringt Thermostatventile an, läßt Heizwasser außentemperaturabhängig erwärmen. Sein Ölverbrauch 1973: 9000 Liter.

1982, bei der zweiten Ölkrise, als Öl 70 Pfennig kostet, drückt Stangl per Wärmedämmung durch Holzverschalung und eine 8-Zentimeter-Mineralwolleschicht seinen Verbrauch auf 6000 Liter.

1983 zahlt er noch für 4300 Liter; dank eines neuen Niedertemperaturkessels.

1986 baut Stangl einen 12-Quadratmeter-Kollektor zur Brauchwassererwärmung auf sein Dach. Am Ende des Jahres schlagen noch 3300 Liter Öl zu Buche.

1988 verdient der Öllieferant kaum noch an Bernd Stangl. 2600 Liter kauft er ihm ab und kann durch seine frisch eingebauten Fenster mit Spezial-Isolierverglasung dem Tankwagen froh hinterherwinken.

Gesamteinsparung 1988 gegenüber 1962: fast 80 Prozent.

Solarfolien

Einige Firmen verlassen bei der Dünnschichttechnik langsam die Labors und suchen die Öffentlichkeit: Siemens etwa wirbt für ›Kleinkraftwerke am Fenster‹: Auf die Fensterscheibe wird dabei eine transparente Siliziumschicht aufgedampft – schon ist das Fenster zur stromerzeugenden Solarzelle geworden und büßt dabei nur 10 Prozent an Lichtdurchlässigkeit ein. Noch in den neunziger Jahren soll sich das System in großem Umfang durchsetzen. Hubert Aulich, technischer Direktor bei PV-Electric, der Siemens-Tochter: »Damit können große Bürokomplexe, die über gute Wärmedämmung und Systeme der Wärmerückgewinnung verfügen, ihren Strom völlig autark erzeugen.«

›Bomin Solar‹ testet ähnliche und zugleich ganz andere Folien. Auch sie werden über das Fensterglas gezogen. Doch nicht zur High-Tech-Stromerzeugung, sondern zur banalen aber nicht minder wichtigen Wärmedämmung, denn durch die Fenster geht üblicherweise am meisten Wärme verloren. In einem Genfer Bürogebäude, wo solche Dämmfolien eingesetzt sind, ist es selbst an kalten Wintertagen auch ohne Heizung recht warm. Verbesserte Folien sollen in naher Zukunft 70 Prozent der Heizenergie einsparen helfen.

Nummer mit Strom

Wer genug Geld und ein Faible für Extravagantes hat, dem bietet ein Versandhaus im Land der unbegrenzten Möglichkeiten für sein Heim eine solarstrombetriebene Leucht-Hausnummer. 105 US-Dollar ist der stolze Preis für das 20 × 30 Zentimeter große Schild. Dessen Solarzellen-Beleuchtung hält dank Speicher selbst bei totaler Finsternis zehn Tage durch. Danach aber wird's auch am Haus zappenduster. Ein Sprecher der US-Firma sieht darin kein ernstes Problem: »Wenn wir mal zehn Tage in absoluter Dunkelheit leben werden, wird sich kaum einer mehr darum kümmern, welche Hausnummern wir haben«.

Solarkühlschrank

Auch Haushaltsgeräte lassen sich in die solare Wirtschaft eingliedern. Für alle, die ihre Geräte ohne Spannungswandler an die Photovoltaik-Anlage auf dem Dach anschließen wollen, wurden Solarfernseher, Solarkaffeemaschinen, Solarvideorecorder und ähnliches entwickelt, wobei der Unterschied zu den herkömmlichen Geräten meist nur darin besteht, daß neben Steckdosenstrom auch der 24-Volt-Solar-Gleichstrom für den Betrieb sorgen kann.

Stellvertretend seien hier Solarkühlschränke vorgestellt. Gerade Kühlschränke sind energetisch gesehen ›schwarze Löcher‹, Energieschlucker. Solarkühlschränke arbeiten besonders energiesparend. Ihr Einsatz bietet sich an, wo Häuser keinen Stromanschluß haben: Auf einsamen Almen oder in romantischen Waldhütten brauchen Wochenendgäste zur Kühlung mitgebrachter Getränke nicht länger nach Bächen zu forschen.

Die Stromersparnis der Solarkühlschränke im Vergleich zu herkömmlichen Geräten beträgt 60 Prozent. Benötigt wird Gleichstrom von zwölf oder 24 Volt, was sogar den Betrieb per Autobatterie möglich macht, wenn das auch nicht im Sinne des Erfinders sein dürfte.

Probleme bereitet wie so oft in der Solartechnik der Preis: Der ›AEG Santo Solar‹ kostet mit zwei 40-Watt-Solarmodulen, Laderegler, Solarbatterie und Kühlgerät knapp 2400 Mark (Inhalt 162 Liter), das entsprechende Gerät der Firma ›Waeco‹ (100 Liter, 12-Stunden-Kältespeicher) belastet den Haushaltsetat kaum minder. Bis zur Amortisierung dauert es zudem einige Zeit. Der Solarkühlschrank spart etwa 50 Mark im Jahr.

Solarkocher

Mit Sonnenwärme kochen zu können, war schon immer ein erklärtes Ziel aller Solar-Bastler. Dazu läßt sich auch heute noch eine uralte Konstruktion verwenden: ein verstellbarer Parabolspiegel mit etwa einem Meter Durchmesser konzentriert die Strahlung auf einen Brennpunkt, in dem Töpfe angebracht werden können. Ob Wasser zu kochen, Suppe aufzuwärmen oder ein komplettes Mittagessen zuzubereiten ist – die Sonne macht's möglich. Der Siemens-Solar-Kocher ›Falco‹ beispielsweise leistet 500 bis 800 Watt und ist gewöhnungsbedürftig: Koch oder Köchin sollten sicherheitshalber eine Sonnenbrille tragen.

Strom aus der Wand

Forscher der Universitäten Bremen und Hannover versuchen derzeit, aus Farben wie Perlilen Strom zu gewinnen. Perlilen ist billig, weil es ein Massenprodukt zur Färbung von Strumpfhosen oder Spielzeug ist. Wie auch bei der Photosynthese der Pflanzen geraten im organischen Perlilen bei Sonneneinstrahlung Elektronen in Bewegung. Vielleicht sitzt in einigen Jahren also das Kleinkraftwerk sozusagen im Hausanstrich. Im Moment liegt der Wirkungsgrad von Perlilen-bedampften Kristallen noch unter einem Prozent.

Solardörfer

Im September 1990 wurde in Lykovrissi bei Athen ein komplettes Solardorf eingeweiht. 26 Gebäude mit 2000 Bewohnern in 435 Wohnungen, zehn Geschäfte und ein Bürgerzentrum stellen das weltweit größte Demonstrationsvorhaben zum Zusammenspiel verschiedener Solartechniken dar.

Bei diesem 100 Millionen Mark teuren deutsch-griechischen Gemeinschaftsprojekt bauten die Griechen die Häuser, deutsche Techniker auf Veranlassung des deutschen Forschungsministeriums die Solaranlagen. Zehn verschiedene Systeme werden erprobt und verglichen. Grundregeln beim Bau waren biologische Bauweise, Südausrichtung und kompakte Form aller Wohnungen, gute Wärmedämmung sowie Einsatz von Kollektoren und Wärmepumpen. Dazu kamen städtebauliche Vorgaben wie schmale, gewundene Straßen zur Verbesserung des Mikroklimas.

Zu schaffen macht noch die Gefahr der Überhitzung der Systeme. Auch der bisher starke Verschleiß bringt Techniker ins Schwitzen. Je nach Saison und System sind aber 20 bis 90 Prozent Einsparung drin. Ähnliche, kleinere Solardörfer förderte das Bundesforschungsministerium schon in Indonesien und China.

Sonne in Sonnenländern

Es scheint logisch, daß es in den Tropen mit der Sonnenenergienutzung besonders schnell vorangehen müßte. Zwei Gründe liegen auf der Hand: zum einen, logisch, die hohe Sonneneinstrahlung. Zum anderen liegen in tropischen Staaten viele Häuser, ja ganze Dörfer - besonders in ländlichen Gebieten - abseits öffentlicher Netze. Allein in Indien haben 250 000 Dörfer keine Elektrizität und sind damit prädestiniert für die dezentralen Photovoltaik(PV)-Systeme; von den knapp 3000 bewohnten Inseln der Philippinen werden derzeit nur rund 200 mit Strom versorgt.

Zwei Milliarden Menschen (!) haben bei den derzeitigen Energiestrukturen keine Chance, jemals in ihrem Leben eine

Gerade in Entwicklungsgebieten – wie hier in Kythnos (Griechenland) – kann die photovoltaische Stromgewinnung den Anschluß an ein öffentliches Netz ersetzen.

Stromversorgung zu erhalten, wie sie für uns selbstverständlich ist. Von Wasser ganz zu schweigen: Trinkwasser findet sich in Afrika erst in 30 bis 40 Metern Tiefe - ohne kräftige Pumpe geht da nichts. Hier liegt ein Ansatzpunkt für sinnvolle Entwicklungspolitik. Heute arbeiten in Indien fast fünf Millionen dieselbetriebene Wasserpumpen. Welch ein Markt für die Photovoltaik!

Die ersten Erfahrungen etwa der philippinischen Regierung mit photovoltaischen Hausanlagen waren hervorragend. Die staatliche Energiepolitik treibt derzeit die photovoltaische Stromversorgung der ländlichen Haushalte voran. Das Problem sind noch die teuren Spannungswandler.

Photovoltaik-Anlagen sind den in den Entwicklungsländern heute noch meist benutzten Dieselgeneratoren weit überlegen, was im Krisenjahr 1990 auch die Botschaften einiger Industrienationen auf unangenehme Weise erfuhren. So mußten die meisten Vertretungen in Kuwait oder Liberia in jenem Jahr zusätzliche Schwierigkeiten hinnehmen, weil ihnen in ohnehin angespannter Situation der Diesel für ihre Notstromaggregate ausging. Solaranlagen wären Gold wert gewesen.

Wo Dörfer mit Photovoltaik-Anlagen ausgestattet sind, wird kein Holz verbrannt, was sonst trockene Gebiete auch noch der letzten Pflanzen beraubt. Stattdessen werden Kommunikationsnetze, Kühlaggregate oder Wasserpumpen mit Solarstrom versagt. Ein Quadratmetermodul leistet bei maximaler Sonneneinstrahlung knapp 100 Watt, womit Kleingeräte betrieben werden können.

So sind viele der sogenannten ›unterentwickelten‹ Länder sogar relativ weit entwickelt. Wenn etwa an einer staubigen sudanesischen Überlandstraße, Hunderte von Kilometern von der Hauptstadt Khartoum und fast ebensoweit von der nächsten Steckdose entfernt, plötzlich das Schild ›Ice-cold drinks‹ auftaucht. Die - selbstverständlich sonnengekühlten - Getränke gehen weg wie warme Semmeln, Lastwagenfahrer sind zufrieden. Der solare Kühlschrank der betreffenden Snack-Bar hat sich längst ausgezahlt.

Telefon für Mexiko

In dem mexikanischen 300-Seelen-Fischerdorf Las Barrancas wurde schon 1982 ein solares Telefonsystem installiert. Hitze und Pazifikluft unterziehen es seither einem permanenten Härtetest. Das Projekt war ursprünglich sehr groß angelegt: ein solarthermisches Kraftwerk von 100 Kilowatt Leistung sollte den bis dahin nicht ans Netz angeschlossenen Ort mit Strom versorgen und ein Tiefkühlhaus für Fisch, eine Wasserentsalzungsanlage und eben das Telefonsystem betreiben.

Dann wurde zumindest die Kraftwerksidee aufgegeben. Die Technik war für diesen Einsatzort noch zu kompliziert. Nun telefonieren die mexikanischen Fischer mit Sonnenkraft und warten auf weitere Fortschritte.

Pumpen für Argentinien

La Rioja, eine Region am Rande der argentinischen Anden, ist besonders stark von Landflucht betroffen. Um den Prozeß zu stoppen, war es nötig, Trinkwasserförderung und Bewässerung sowie die gesamte Stromversorgung für Krankenstationen, Schulen und Wohnhäuser zu verbessern. Bis 1987 erledigten Diesel- und Benzingeneratoren rauchend und stinkend, dazu unzuverlässig, die wichtige Aufgabe. Dann wurden die Menschen von La Rioja glückliche Besitzer großer Photovoltaik-Systeme, die bisher hervorragend laufen. AEG lieferte die Module und sogar das Bundesforschungsministerium steuerte 280 000 Mark bei.

Photovoltaik eignet sich hervorragend für Pumpsysteme, die besonders in afrikanischen Staaten wie Sudan oder Mali vielerorts die Diesel bereits verdrängt haben. Solare Pumpsysteme sind flexibler. Treibstoffmangel, der ganze Ernten gefährden kann, gibt es nicht als herkömmliche. Solare Systeme sind hier längst mehr als eine Alternative, sie sind schlichtweg besser.

Und so beteiligt sich die Gesellschaft für Technische Zusammenarbeit (GTZ) derzeit auch am 60 Millionen Mark teuren

Aufbau und Test von photovoltaisch betriebenen Wasserpumpsystemen in acht Ländern, von Argentinien bis Zimbabwe.

SEPAK für Indien

Indien wird in wenigen Jahren das bevölkerungsreichste Land der Welt sein, noch vor der heutigen Nummer 1, der Volksrepublik China. Der Energieverbrauch Indiens steigt immens. Dazu hat es mit die höchsten Sonnenstrahlungsdaten der Erde. Kein Zweifel, will das Land sich nicht noch mehr an Umwelt und Energiereserven versündigen, ist die Solarenergienutzung einziger Ausweg. Sie wäre zudem weit sicherer als die derzeitige Energieversorgung, die - so kann jeder Indien-Reisende bestätigen - total überlastet ist.

Das weiß auch die Regierung. Schon der frühere Premier Rajiv Gandhi klopfte bei den technisch führenden Unternehmen an. Bei einem Staatsbesuch in der Bundesrepublik hatte er Interesse am SEPAK-Speicher bekundet. 350 000 indische Dörfer plante Gandhi mit dem dezentralen und einfach zu handhabenden System auszustatten, bevor ihn das Schicksal vieler demokratischer Führer ereilte - er mußte sein Amt abgeben. Doch die - wenn auch noch schüchterne - Solar-Politik der Regierung läuft weiter. So bald wie möglich wollen die Inder ein Solar-Versuchskraftwerk installieren.

Arztpraxen für Tansania

Schon 1986 rumpelten große weiße Lastwagen bis in abgelegene Dörfer am Viktoriasee. Ihre Fracht: teures medizinisches Gerät, unter anderem für Leprastationen. Der deutsche Ingenieur Bernd Melchior hat für Ärzte und Zahnärzte ›Praxis-Container‹ entwickelt, die ihren Strom aus Sonnenenergie beziehen. Die Ausstattung ist variabel, Zahnarzt, Chirurg oder Orthopäde erhalten den jeweils geeignetsten Rahmen für ihre Arbeit. Solarzellen auf dem Dach folgen wie bei solarthermischen Kraftwerken dem Lauf der Sonne. Verschiedene Hersteller bieten heute solche ›Solar-Medizin-Container‹ an.

Sonnenenergie abseits ausgetretener Pfade

Der zweite erwähnte Grund, der Solarenergie zum Gebrauch in den Tropen prädestiniert, die Bedeutung für abgelegene Gebiete, gilt nicht nur für Länder der Dritten Welt. Schließlich gibt es auch in nördlichen Gefilden genug Häuser, die weitab der Stromnetze liegen: Man denke nur an Alpenhöfe, Berghütten oder Wochenendhäuser.

Ob in Alaska oder in einsamen Alpentälern - Photovoltaik-Anlagen leisten dort gute Dienste, wo sie nicht mit subventioniertem Kraftwerksstrom konkurrieren müssen sondern nur mit Diesel- oder Benzingeneratoren. Und die stinken, lärmen, verbrauchen Brennstoff und gehen auch hin und wieder kaputt. Bis zu einer erforderlichen Spitzenleistung von etwa fünf Kilowatt ist Sonnenstrom günstiger. Komplette Anlagen sind schon für 3000 Mark zu haben.

Der Markt ist größer als so mancher glaubt: 80 Prozent der Menschheit leben in Gebieten ohne feste Stromversorgung! Alleine in den EG-Staaten gibt es 300 000 Haushalte ohne Stromanschluß; vor allem im sonnigen Südeuropa - eine Aufgabe für den europäischen Binnenmarkt.

Der Erfolg der Photovoltaik bei der Versorgung mobiler Einheiten wie Expeditionen, Wohnmobile oder Schiffe zeigt den Weg. Die US-amerikanische Küstenwache ist mit 17 000 Systemen auf ihren Booten ein Großkunde am weltweiten Photovoltaikmarkt.

Alpenstrom in der Schweiz

Von den 180 Bergunterkünften des Schweizer-Alpen-Clubs (SAC) ist die Hälfte schon mit Sonnenenergieanlagen ausgerüstet. Etwa 10 000 Schweizer Wochenendhäuser sind es ebenso, wenngleich kaum eines davon mit Anlagen bestückt ist, die mehr als 100 Watt leisten. Bernhard Germann, Elektroingenieur und Hubschrauberpilot aus der Schweiz, tüftelt weiter. Seine Solaranlagen sollen Schnee zur Wasserversorgung der Hütten schmelzen.

Umweltmeßstation

Die umweltfreundliche Energiequelle Sonne kann sich auch in den Dienst des Umweltschutzes stellen, wie ein deutsches Beispiel zeigt. Der TÜV im Rheinland fährt derzeit eine neue Umweltmeßstation durch die Gegend: damit lassen sich Luftverschmutzungsmessungen oder Filteranlagen-Tests durchführen, ohne daß die aufwendigen Meßinstrumente am Kabel hängen müssen. Auch mitten im Wald ermöglicht der Solarzellenbetrieb ein einwandfreies Funktionieren des Kleinlabors.

Füllsender

Täler sind häufig von großen Sendern nicht erreichbar. Das Resultat: die Flimmerkisten der Talbewohner bleiben dunkel. Doch dank der Photovoltaik lassen sich ›Füllstationen‹ auf der nächstgelegenen Anhöhe aufstellen. So geschehen etwa im Eifeldorf Lasel. Auch 1982, bei der Fußballweltmeisterschaft in Spanien, arbeitete man schon mit 58 solcher Zusatzsender, die AEG-Telefunken zur Verfügung stellte (Die Begeisterung im Dorf soll sich in Grenzen gehalten haben, was aber eher der Leistung der DFB-Kicker zuzuschreiben war).

Dies ist ein Hauptansatzpunkt des ›solaren Aufbruchs‹: Kommunikationstechnik, an Bedeutung gewinnend, kann dank Solarenergie auch in unwegsames Gelände gebracht werden. Auf der ägyptischen Sinai-Halbinsel etwa wurde mit deutscher Technik ein solares 1000-Kilometer-Richtfunknetz aufgebaut.

Solarenergie für Hobby und Freizeit

Ferienhäuser, Schwimmbäder, Wohnwagen und Caravans werden meist dann genutzt, wenn die Sonne scheint. Sonnenenergie lohnt sich in diesen Bereichen längst – wenn dies selbst die Bild-Zeitung so sieht, muß es wohl stimmen. Das Massenblatt frohlockte im Sommer ’89: »Jetzt zapfen wir die Sonne an«. Auf bunten Bildern wurde allerlei Krimskrams für sonnige Tage vorgestellt; zum Beispiel das ›Solar-Power-Pack‹ von

AEG, für 1200 Mark zu erstehen. Ein handlicher Alukoffer mit drei Solarzellen-Tafeln liefert demjenigen Strom, der selbst auf dem Campingplatz nicht auf Fernseher und ähnliches verzichten möchte. Daneben haben sich solarbetriebene Batterien, Radios, Ladegeräte oder Taschenlampen längst Marktanteile erkämpft. Solarpaneele für 20 Mark sind postkartengroß und können zum Beispiel problemlos einen Walkman betreiben. Solarlampen für den Garten gibt es für unter 100 Mark. Dank eines Akkus liefern sie noch 4 bis 6 Stunden nach Sonnenuntergang Licht. Ein Kabel ist nicht mehr vonnöten.

Für Wohnwagen und Wohnmobile sind solarzellenbestückte Dächer im Handel, die sich an einem strahlenden Sommertag mit 130 Wattstunden aufladen, was leicht für den mehrstündigen Betrieb von Lampen, Wasserpumpe und Kühlschrank ausreicht. Bis zu 1500 Mark muß man aber für den Einbau locker machen.

Sonnenenergie auf Straße und Schiene

Der Verkehr - ein weites Feld, das die Solartechnik langsam zu bestellen beginnt. Solargetriebene Signale für Schienen- und Straßenverkehr, Solargeneratoren für Yachten oder Golfwagen, Straßen- und Verkehrsschilderbeleuchtung sind immer häufiger anzutreffen. Im schwäbischen Ludwigsburg tut ein mittels Solarzellen betriebener Drucker für Parkscheine seinen Dienst, auf der B 27 in der Schwäbischen Alb ist eine solarzellenbetriebene Notrufsäule im Einsatz. Und am Schweizer Grimselpaß beleuchtet schon seit 1987 ein 150 Quadratmeter großes 16-Kilowatt-Solarzellenfeld den Summereggtunnel.

Auto-Sonnendächer

Das Prinzip ist uns schon bei Fensterscheiben begegnet. Silizium wird auf Glas aufgedampft, ein Mini-Solarkraftwerk ist entstanden. Als transparenter Einsatz im Auto-Dach erbringen solche Module etwa 25 Watt. Das genügt völlig, um an regnerischen Tagen die Batterie zu speisen, an heißen Tagen einen Ventilator zu betreiben, der die Innentemperatur spie-

Eine solar betriebene Bordstromversorgung macht jeden Yachtbesitzer unabhängig von Strom aus der Steckdose und allzu großen Batterien.

lend um bis zu 20 Grad senkt. Mit ihrer Lebensdauer von 20 Jahren dürften die Zellen jedes Auto überleben, außerdem sind sie wartungsfrei. Die Preise für Auto-Sonnendächer liegen zwischen 600 und 1000 Mark.

Gewiß. Es geht auch ohne Autos. Nicht nur auf der Nordseeinsel Langeoog wurde immer schon mit Pferden, später mit Elektrokarren bewegt, was nicht laufen konnte. Und doch werden wir vom Auto wohl nie mehr lassen. Der totale Auto-Staat ist freilich nicht anzustreben, denn je besser wir mit dem Auto jeden Fleck der Erde erreichen können, desto weniger lohnt es sich, dort anzukommen. Lärm, Streß, Stau, Abgase, 8000 Verkehrstote jährlich in der Bundesrepublik, dies nur Stichworte.

Um die Jahrhundertwende gab es noch Alternativen, versahen abgasfreie Elektrofahrzeuge in Städten wie Berlin oder Paris ihren Dienst - als Lieferwagen, Müllautos und ähnliches. Dann wurden sie von Benzin- und Dieselfahrzeugen verdrängt und bald vergessen. Jetzt sind sie wieder im Gespräch. Nur sind heute erhältliche Elektromobile klein, relativ langsam und haben geringe Reichweiten. Das muß kein Nachteil sein. Das größte Verkehrsproblem für den Bürger ist schließlich nicht die Urlaubsreise, sondern der tägliche Streß in den Städten, die Fahrt zum Einkaufen, zur Schule oder in die Arbeit. Nach einer Studie der Bundesregierung sind 96 Prozent der Fahrten im Individualverkehr Strecken unter 50 Kilometer. Hier liegt die Chance für Elektro- und Solarmobile. Um so mehr, als die öffentlichen Verkehrsmittel auf absehbare Zeit Autos nicht vollständig ersetzen können. Zu wichtig sind unserer Gesellschaft die Faktoren Bequemlichkeit und Unabhängigkeit.

Die heutigen Strom-Autos sind fast schon ›richtige‹ Autos. Fiat baute 1990 200 Exemplare einer Strom-Version des ›Panda‹, den Panda Elettra. Er leistet 9,2 Kilowatt, fährt 70 km/h bei einer Reichweite von 100 Kilometern und soll 1991 in einer ersten 1000er Serie produziert werden. Der ›City-Stromer‹, ein VW Jetta mit Elektro-Antrieb, 105 km/h schnell bei einer Reichweite von 100 Kilometern, ist auch heute noch in der Testphase. Das Bundesforschungsministerium betrieb ihn 1990 für drei Wochen als Dienstauto. Schon vor Jahren hatte ihn die Zeitschrift ›Auto-Bild‹ unter die Lupe genommen. Das Urteil der Tester damals: das Stromauto rolle »in der Stadt zwar locker mit«, aber wer sei schon bereit, »für viel Geld objektive Nachteile einzukaufen«. Und, eine Wertung, die man sich auf der Zunge zergehen lassen muß: »Von den Vorteilen profitiert nicht der Fahrer, sondern nur die Allgemeinheit.« Einzelkämpfer Autofahrer. ›Bild‹ machte klar, woran es weltweit fehlt: Umweltschutz? Das hilft ›nur‹ der Allgemeinheit.

Elektroauto-Besitzer bedienen sich meist aus ihrer Haussteckdose. So sind ihre Vehikel statt Solarmobile oft Atomstrom-Autos und als solche zwar schadstoffärmer als Benziner, doch in der Gesamtenergiebilanz genauso bedenklich. Erst mit Solarenergie betrieben, zum Beispiel von der Photovoltaik-Anlage auf dem Hausdach, sind sie wirklich umweltverträglich und verdienen den Namen ›Solarmobile‹. Im engeren Sinne sind Solarmobile ohnehin nur solche Elektroautos, die Solarmodule mit sich führen; Ungetüme mit solarzellenbestückten Dächern oder tragflächenähnlichen Zusatzmodulen, irgendwo zwischen Waschbrett und Tischtennisplatte angesiedelt. Nur bei ihnen ist sicher, daß die Antriebsenergie ausschließlich von der Sonne kommt.

Die Palette der Solarautos reicht vom Fahrrad mit Solarzellen auf dem Gepäckträger über Kabinenroller und futuristische Rennmobile bis zum echten Auto-Ersatz. ›Das‹ Solarauto gibt es nicht. Allein die Höchstgeschwindigkeit liegt schon, je nach Modell, mal bei 30, mal bei 120 km/h. Die Preise reichen von 5000 bis sage und schreibe 120 000 Mark, die Reichweiten gehen bis zu 200 Kilometer. Der Energiebedarf entspricht mit 10 bis 20 Kilowattstunden auf 100 Kilometer etwa ein bis zwei Liter Benzin.

Bestandteile der Solarmobile:

Bei der *Karosserie* sind Aerodynamik und vor allem Leichtbautechnik angebracht. Jedes Gramm Einsparung zählt. Daher wird mit Kunststoffen gearbeitet: ›Kevlar‹, Glasfaser, Kohlefaser.

Die *Räder* sind wichtiger als oft angenommen. Der seit der letzten Energiekrise verringerte Energieverbrauch der diesel- und benzingetriebenen Autos geht fast zur Hälfte auf verbesserte Reifen zurück! Gerade im Nahverkehr bei geringen Geschwindigkeiten können die Räder fast 50 Prozent der Energie ›fressen‹, je nach Gewicht oder Rollwiderstand. Daher haben Solarmobile oft schmale Fahrrad- und Motorradräder, wodurch das Fahrzeug unter Umständen schon mit einem Finger geschoben werden kann.

Die *Solarzellen* haben in Autos dasselbe Problem wie in Kraftwerken: geringe Energieausbeute.

Der *Motor* wandelt elektrische Energie in Antriebsenergie. Noch 1985 gab es kaum Motoren über ein Kilowatt Leistung, Heute schaffen Drei-PS-Autos ohne weiteres eine Geschwindigkeit von 100 km/h. Der Elektromotor besitzt Vorteile: an Ampeln wird keine Energie verbraucht; der Wirkungsgrad kann bis zu 95 Prozent betragen – Benzinmotoren kommen im Nahverkehr nur auf 30 Prozent, weil sie Kraftstoff unvollständig verbrannt aus dem Auspuff blasen.

Ein fein abgestimmtes *Getriebe* ist wichtig. Gute Erfahrungen wurden mit stufenlosen Getrieben gemacht. Oft ist sogar Rückspeisung von Bremsenergie möglich.

Ein *Laderegler* zwischen Motor und Getriebe gleicht Schwankungen der Sonnenstrahlung aus und bringt so etwa 20 Prozent Leistungszuwachs.

Die *Batterien* für Ausfallzeiten (Tunnel, Regen, Nacht) sind der ›Pferdefuß‹ aller Ökomobile. Blei-Akkus sind zu groß und zu schwer. Eine 100-Kilogramm-Batterie bringt gerade so viel Energie wie ein Liter Benzin. Silber-Zink Batterien sind besser, doch die Zukunft gehört Hochleistungsbatterien. So planen das Bundesforschungsministerium, Asea Brown Boveri und BMW eine Natrium-Schwefel-Batterie. Deren Vorzüge gegenüber Blei-Akkus: halbes Volumen, ein Viertel des Gewichts, keine Selbstentladung, mehr Energie, Reichweiten bis 300 Kilometer.

Batterien sind teuer; von 3000 (Blei) bis 100 000 Mark (Silber-

Cadmium). Auch deshalb testen VW und Audi ein Kompromiß-Konzept, den Hybridantrieb. Bis 50 km/h Geschwindigkeit treibt ein Neun-Kilowatt-Elektromotor das Auto, darüber schaltet sich ein 130-PS-Benzinmotor zu.

Um die Breite des Spektrums darzustellen, hier einige völlig verschiedene Mobile.

Der Futuristische - ›Sunraycer‹

Der ›sunraycer‹ von General Motors, ein futuristisch anmutendes Mobil in Leichtbautechnik, wurde einmal für ein einziges Rennen gebaut: die 3000-Kilometer-Rallye quer durch Australien, ›World Solar Challenge‹, gewann man 1987 gegen 21 andere Teilnehmer prompt - nach geradezu generalstabsmäßiger Planung des GM-Forscher-Teams, die sich das Unternehmen 15 Millionen Dollar kosten ließ. Das Ergebnis: Leichtbauweise mit Aluminiumrahmen, Kevlarverkleidung und Fahrradreifen. Gewicht 180 Kilogramm. 1500 monokristalline Siliziumzellen, 8000 Galliumarsenid-Zellen. Silber-Zink-Batterie mit drei Kilowattstunden Speicherkapazität. 80-Volt-Motor mit vier PS, der das Fahrzeug auf 129 km/h beschleunigt. Der Energieverbrauch auf den 3000 Kilometern der Rallye entsprach dem Energiegehalt von 20 Litern Benzin.

Es zeigte sich, daß Leichtbauweise, kleiner Rollwiderstand, geringe Seitenwindempfindlichkeit, ausgereifte Motortechnik und Aerodynamik (›sunraycer‹ hat den kleinsten je von einem Landfahrzeug erreichten Luftwiderstandsbeiwert: 0,125; halb so viel wie Durchschnittsautos) die mit Abstand wichtigsten Gesichtspunkte beim Bau sind. Sunraycer hat gezeigt, daß ein umweltschonendes Fahrzeug eine respektable Geschwindigkeit mit sensationell geringem Energieverbrauch schaffen kann.

Das Fahrzeug wird mittlerweile als Teil eines US-Energiespar-Erziehungsprogramms an Schulen benutzt. General-Motors-Chef Robert Stempel ist sich sicher: »Im 21. Jahrhundert ist der Bedarf nach solchen Fahrzeugen da.«

Die Dinosaurier - Perestrojka, Trabbi & Co

Geradezu niedlich nimmt sich dagegen das erste Solarmobil der Sowjetunion aus, das in Moskau im Mai 1989 vorgestellt wurde. Von Leichtbauweise keine Spur: 250 Kilogramm Solarzellen auf der Motorhaube lassen das Gefährt mit halsbrecherischen 20 bis 25 km/h dahinrasen. Auch in der Tour de Sol wurde das Solarmobil schon - mit bescheidenem Erfolg - eingesetzt. Dennoch ist es nicht das erste des bisherigen Ostblocks: das erste Solarauto der damaligen CSSR rollt bereits seit 15 Jahren durch Prag. Und - das mußte ja kommen - auf deutschen Straßen wurden längst die ersten Solarzellen-Trabbis gesichtet.

Das Praktische - ›Mini-el‹

Aus dem dänischen Städtchen Randers stammt ein kleines Einkaufs-Elektromobil für nur 6000 Mark: ›mini-el‹ von der Firma ›El-Trans‹. Schon über 2000mal wurde das Auto verkauft - Weltspitze in der Solarmobil-Serienfertigung. Auf zwei-Sitzplätzen können die Dänen im Mini-el nun stündlich 40 Kilometer zurücklegen und ohne ›nachzuladen‹ 70 Kilometer weit zum Smörrebröd-Laden Solarmobil fahren, bevor sie - an einer beliebigen Steckdose - ›tanken‹ müssen. Das dauert dann zwölf Stunden. Dieses 3 × 1 Meter kleine Auto ist ideal für den Stadtverkehr oder für abgelegene Gebiete ohne öffentliche Verkehrsmittel. Die Fahrt kostet je Kilometer etwa zwei Pfennig. Inzwischen existiert auch schon das weiterentwickelte ›maxi-el‹, für 18 000 Mark, mit 60 km/h Spitze und 80 Kilometer Reichweite.

Die Schweiz macht Mobil(e) - vorbildlich

Die rührigste europäische Nation auf dem Solartechnik-Sektor ist die Schweiz. Davon künden in diesem Buch viele Beispiele. Die Führungsrolle zeigte sich auch 1990, als ›Solar 91‹, Gemeinschaftsverband dreier Solar-Vereine, martialisch im Ton, für 1991 zur »solaren Anbauschlacht« aufrief. Will sagen: Die 3029 Gemeinden sollen zum 700. Geburtstag der Schweiz 1991 zusammen mindestens 700 Solaranlagen installieren. Das Bundesamt für Energiewirtschaft, die Gemeinden und die Behörden zeigten sich von der Idee angetan.

Ihre größten Solar-Trümpfe besitzen die Schweizer im Verkehrssektor: Nicht nur, daß Tunnels mit Solarenergie beleuchtet werden, daß entlang der Autobahnen und Bahngeleise Solarzellen installiert werden oder daß Regierungsrat Bernhard Ziegler sogar die solare Stromversorgung der Genfer Trambahnen anregte und Tests laufen - einsame Spitze sind die Eidgenossen darüber hinaus beim Solarmobilbau. Es gibt schon rund 500 Solarmobilbesitzer. Hersteller wie die Firma Fridez Solar haben bereits Modellpaletten, angefangen bei einem 16000 Mark-Solarmobil für zwei Personen bis hin zum solaren Lastwagen. Fridez Solar will auch Dänemark und Österreich versorgen und verkauft 300 Fahrzeuge im Jahr. In Basel fand 1990 als freche Antwort auf das jährliche Spektakel des Genfer Automobilsalons der weltweit erste ›Solarmobilsalon‹ statt. Fast 50 Solarmobilbauer stellten ihre Werke aus.

Netzverbund

›Netzverbund‹ ist ein weiterer, bisher rein schweizerischer Geistesblitz. Die Idee gründet auf der Tatsache, daß - aus Gewichts- und Effizienzgründen - kaum ein Solarmobil die Solarzellen noch direkt am Fahrzeug mitführt. Die Entwicklung geht zu ›Solartankstellen‹: Photovoltaik-Anlagen auf Hausdächern oder freien Flächen, deren Strom über eine Steckdose an die Autos abgegeben wird. Warum, so fragten Solarmobilisten, sollen wir nur an unserer eigenen ›Haustankstelle‹ Strom zapfen? Könnte man nicht die Überschüsse der eigenen Anlage ins öffentliche Netz einspeisen und dafür andernorts dieselbe Menge Strom dem Netz entnehmen? Man konnte und tut es inzwischen erfolgreich. Sogar die Energieversorger werben für den Netzverbund und schossen schon 100000 Franken für Solartankstellen zu. Ohnehin sind in vielen Kantonen Solarmobile steuerfrei; die größte Versicherung des Landes bietet Sonderkonditionen an.

Die Bundesrepublik ist demgegenüber Entwicklungsland. Der CSU-Fraktionschef im bayerischen Landtag, Alois Glück, zum Thema Netzverbund: »Ich sehe wenig Möglichkeiten ... mehr eine technische Variante, die man unter Forschungsgesichtspunkten weiterbetreiben soll ... «. Aus Bonn sind da schon konkretere Formulierungen zu hören. Mehr Mut machen die auch nicht. Eine »strenge Linie« werde man bei den Öko-Mobilen fahren, verlautet von dort. Gerade so, als planten die Solarbastler gerade den Umsturz.

Schon Dreirad-Fahrzeuge mit Elektroantrieb sind in der Bundesrepublik wie Autos zu behandeln. Die Schweizer lassen kleine Öko-Mobile als Motorräder gelten. Die Bedeutung des kleinen Unterschieds: Ein bundesdeutsches Öko-Mobil mit atemberaubenden 20 km/h Höchstgeschwindigkeit und zwei PS Leistung muß wie ein 300-PS-Ferrari Sicherheitsgurte besitzen, die vier Tonnen Zugbelastung aushalten. Auch sonst werden an diese besseren Fahrräder Anforderungen gestellt, die fast unmöglich zu erfüllen sind. Uli Stempel, Stuttgarter Besitzer einer Solar-Isetta, über Schwierigkeiten beim TÜV: »Die wußten gar nicht, was sie mit dem Auto anfangen sollten«. Erst beim zweiten Anlauf ging's. Das Leid aller Pioniere.

In Hamburg wird auf Antrag der Kauf von Solarmobilen mit immerhin 4500 Mark pro Sitzplatz unterstützt. In Hessen läuft ein ähnliches Programm an, nachdem das Wirtschaftsministerium als erstes deutsches Ministerium im August 1990 ein Solarmobil anschaffte. Die Hannover-Messe 1988 überraschte immerhin mit der ersten Solartankstelle der Republik, sie dient, auf einer 42 Meter hohen Säule angebracht, der Forschung. Die erste von mittlerweile sechs praktisch nutzbaren Solartankstellen der Republik wurde zwei Jahre später, am 2. Mai 1990, in Kassel direkt neben dem Rathaus eröffnet. Vier Steckdosen liefern Strom von neun Quadratmetern Modulen für 15 Solarmobilpioniere im Raum Kassel. Baukosten: 30000 Mark. Der Trend geht wegen der hohen Kosten ohnehin zu Gemeinschaftsanlagen.

In Düsseldorf hat Dachdeckermeister Walter Joecken auf dem Dach seines Firmengebäudes eine 15000 Mark teure Sonnentankstelle für zwei Firmenwagen eingerichtet. Der Clou: die Module bewegen sich per Elektromotor mit der Sonne, weil zwei Fotoaugen permanent den hellsten Punkt am Himmel suchen – der Trick soll bis zu 40 Prozent mehr Energieausbeute bringen. Joecken besitzt einen Elektro-Lastwagen und einen Elektro-Zweisitzer. Die mit etwa 60 Kilometern geringe Reichweite der Fahrzeuge kann Joecken nicht schrecken: »Wir wissen aus einer Untersuchung, daß mit den vorherigen Firmenwagen an 98 von 100 Arbeitstagen weniger als 40 Kilometer zurückgelegt wurden.«

Im sonnigen Südwesten der Republik gibt es die größte Dichte an Solarmobilen, wozu wohl auch die Nähe zur in dieser Hinsicht innovationsfreudigen Schweiz beiträgt. »In Stuttgart und Umgebung ist ein regelrechter Elektro- und Solarauto-Boom in Gang gekommen«, notierte 1989 die Münchner Abendzeitung. Allerdings – bei ganzen sieben im Raum Stuttgart zugelassenen Solarmobilen dürfte der Ausdruck ›Boom‹ mit Verlaub vielleicht etwas hoch gegriffen sein.

Tour de Sol

Was im Solarmobilbau bereits möglich ist, zeigt sich alljährlich bei der ›Tour de Sol‹. Der Ursprung der Tour ist typisch. Alles begann mit einem mutigen Bastler. Ein Schweizer (natürlich) namens Josef Jenni wollte Anfang 1985 mit einem selbstgebauten Solarmobil die Schweiz durchqueren. Da ihm dieses Unterfangen, alleine angegangen, zu langweilig schien, schrieb er ein Rennen aus. Zu dieser Zeit gab es um den ganzen Erdball kaum 10 solcher Mobile, aber bis zum Rennbeginn im Juni des Jahres meldeten 58 Bastler ihre Ungetüme an. So entstand das weltweit renommierteste Solarmobil-Rennen, das seitdem in jedem Sommer als offizielle Weltmeisterschaft für Solarmobile immer in der Schweiz stattfindet. Die mehrwöchige Tour war immer eine Mischung zwischen Leistungsschau, Rallye, und Volksfest (da Tausende von Zuschauern die

Straßen säumen) Michael Trykowski, Gewinner der Tour de Sol 1988: »Sie ist ein Katalysator der Idee der Solarmobile.« Mit ihren Kurzetappen und anschließender Neu-›Betankung‹ simuliert sie den Anforderungsrhythmus des Nahverkehrs und damit den Einsatzbereich der Solarmobile. Von einer belächelten Kuriositätenshow wurde die Tour zur Entwicklungsplattform für High-Tech-Solarfahrzeuge. Und das ohne große Sponsoren, dafür mit viel Eigeninitiative der Bastler. Erster Sieger bei der Tour 1985: der ›Silberpfeil‹ von Daimler-Benz, der einen Schnitt von 38km/h erreichte. Die Besitzer der Solarrenner, die die Tour 1990 aufnahmen, konnten darüber nur noch lächeln. Die Entwicklung ist derart rasant verlaufen, daß Geschwindigkeiten von über 100 km/h für die meisten Fahrzeuge kein Problem darstellen.

Die Tour de Sol erhielt 1990 den angesehenen Prognos-Preis des gleichnamigen Schweizer Wirtschaftsberatungs-Unternehmens für »hervorragende Beiträge zu einem Zukunftsthema«. »Die Tour de Sol zeigt« so heißt es in der Begründung, »daß die Weiterentwicklung zur Alltagstauglichkeit der Solarenergie im Verkehrswesen keine reine Utopie mehr ist«.

Nun gehe es darum, so der Tour-Chef und Schweizer Solar-Unternehmer Urs Muntwyler, »ein industrielles Umfeld und ein Marketing zu schaffen, um die breite Markteinführung des umweltfreundlichen Verkehrsmittels zu beschleunigen.« Dahin geht der Weg. Weniger die Aushängeschilder der ersten Touren, die Rennsolarmobile, standen 1990 vielbestaunt im Mittelpunkt, sondern jene Mobile, die bereits in Kleinserien verkauft werden. Die Mobile der Rennklasse sind eher rollende Testlabors für Serienautos.

Der Erfolg der Tour blieb nicht ohne Folgen. Mittlerweile gibt es zahlreiche jährliche Solarmobil-Rallyes über mehrere Tage; von der Alpinen Solarmobil-Europameisterschaft im Kanton Graubünden bis zur Frankfurter Stadt-Rallye. 2500 Kilometer weit, von Orlando in Florida bis nach Detroit führte im Juli 1990 ›Sunrayce‹, Amerikas größtes Solarmobilrennen, das auf Initiative von General Motors und des US-Energieministeriums stattfand. Auf den elf Etappen waren nur Solarzellen-bestückte Autos zugelassen. Da die Modulfläche begrenzt wurde, benutzten alle 32 Teilnehmer, Hochschulteams aus den USA und Kanada, Hochleistungszellen, wodurch jedes Team Budgets in Millionenhöhe verbrauchte. Die drei besten Teams durften umsonst an der berühmten ›World Solar Challenge‹ in Australien teilnehmen, wo es über 3000 Kilometer von Darwin nach Adelaide ging.

Die Zukunft der Solarmobile

Wettrennen um Höchstgeschwindigkeiten sind wenig sinnvoll. Sinnvoller ist es, dem Bürger im Nahverkehr eine realistische Möglichkeit zum Umsteigen zu bieten. Laut einer EG-Studie liege der »akute Bedarf« für Elektroautos schon bei einer Million Stück. Zur Etablierung bedürfe es aber Preisen unter 10000 Mark. Dazu fehlt noch die Serienfertigung. Aber wir stehen am Anfang. 1985 gab es weltweit keine 10 Solarmobile. In den fünf Jahren danach tat sich mehr als in der Automobilentwicklung in 50 Jahren. Heute laufen in vielen Ländern, so in Großbritannien, Frankreich, Italien, Irland oder der Schweiz erfolgreich Elektroautos, die in Handarbeit oder in Kleinserie hergestellt wurden.

Noch gehört das Feld den kleinen Idealisten, aber alle großen Automobilhersteller der Welt investieren bereits Millionen in Tests. Nicht ohne Grund: Obwohl Politiker wie der schon erwähnte Abgeordnete Alois Glück immer noch alte Vorurteile wiederkäuen (»Das Solarmobil wird eine exotische Möglichkeit bleiben«), ist klar: in wenigen Jahrzehnten wird nicht mehr mit Benzin oder Diesel gefahren werden – weil es dann keines mehr gibt.

München plant jetzt schon, im Jahr 1995 nur noch Strom-Autos in die Innenstadt zu lassen. Grundlage ist der erfolgreiche Test mit einem BMW-Elektrofahrzeug, das mit einer Natrium-Schwefel-Batterie 100 km/h und 200 Kilometer Reichweite schafft. Kostenpunkt: 100000 Mark, davon 40000 alleine für die Batterie.

Gewiß sind die Sonnen-Vehikel kein vollwertiger Ersatz, das müssen sie aber auch nicht werden. Urs Muntwyler: »Solarmobile sind ein kleiner Beitrag zur Sanierung der Umwelt. Das Verkehrsproblem werden sie aber auch nicht völlig lösen können.«

Wasserstoff-Autos

Seit 15 Jahren experimentiert die Industrie mit wasserstoffbetriebenen Autos. Die Idee der solaren Wasserstoffwirtschaft macht sie indirekt sogar zu ›Solarmobilen‹ der Zukunft.

Schon seit 1986 läßt Daimler-Benz zehn Prototypen auf Berlins Straßen fahren. Äußerlich besteht zu anderen Mercedes-Modellen kein Unterschied – bis auf das Schild ›Wasserstoff‹ auf dem Heck. Erst ein Blick in den Motorraum und mehr noch in den Kofferraum offenbart den ›kleinen‹ Unterschied, der wie so oft gar nicht so klein ist.

Im Kofferraum befindet sich ein Titan-Mangan-Hydridspeicher. Die nötige Wärme, um Wasserstoff freizusetzen, liefert der Motor selbst: seine Abgase werden am Speicher vorbeigeführt. Aus dem Auspuff kommen Wasserdampf und geringe Mengen von Stickoxiden – 10 Prozent der für Katalysator-Fahrzeuge erlaubten Höchstmenge. Der riesige, 320 Kilogramm schwere Speicher füllt den ganzen Kofferraum und bringt das Fahrzeug doch nur etwa 100 Kilometer weit. Die speicherbaren 4,5 Kilogramm Wasserstoff entsprechen etwa 13 Litern Benzin.

Konkurrenz belebt das Geschäft: die Münchner Rivalen von BMW und die Deutsche Forschungs- und Versuchsanstalt für Luft- und Raumfahrt (DLR) entwickelten einen Flüssigwasserstofftank. 130 Liter groß und 30 Kilogramm leicht bringt er das Auto fast 400 Kilometer weit.

Aber Flüssigwasserstoff hat seine Tücken: er muß ständig auf einer Temperatur von minus 253 Grad Celsius gehalten und mittels eines komplizierten Pumpsystems unter einem Druck von konstant 15 bar zum Motor geleitet, dort bei 80 bis 150 bar eingespritzt werden. Das Betanken gestaltet sich außerordentlich schwierig, »ein absolutes Provisorium«, so Ingenieur Christian Fickel. Eine weitere Schwierigkeit: täglich verflüchtigen sich zwei Prozent des Wasserstoffs.

Schweizer Wissenschaftler wollen den Wasserstoff in organischen Hydriden speichern. Das erste Modell benötigte noch eine ganze LKW-Ladefläche; inzwischen ist man auf Kofferraum-Niveau. 1995 sollen in der Schweiz Stadtbusse mit Wasserstoff betrieben werden. In München liefen schon zu den Olympischen Spielen 1972 solche Busse. Betankung und Speicherung waren nur damals nicht ausgereift.

Heute ist das anders. Dr. Rolf Povel, Daimler-Benz-Techniker: »Technisch wären wir zur Serienfertigung bereit.« Längst rollt die dritte Generation von Testautos über die Straßen. Auf der Hannover-Messe 1990 zeigten Daimler und BMW, daß ihre Wasserstoffautos weltweit an der Spitze liegen. Bleibt nur das Kostenproblem. Aber langfristig kann Wasserstoff billiger produziert werden als Benzin und Diesel. Es geht nur darum, die Nachfrage anzukurbeln. Von BMW und Daimler-Benz heißt es dazu in seltener Einmütigkeit: »Alles ist eine Frage der politischen Rahmenbedingungen.«

Wasserstoff-Flieger

Im März 1989 wurde bekannt, daß Wasserstoff - ein halbes Jahrhundert nach den Flügen der Zeppeline - wieder in die deutsche Luftfahrt Einzug hält. Die Ottobrunner Flugzeugbauer von Messerschmitt-Bölkow-Blohm (MBB) wollen einen Airbus auf Wasserstoffbetrieb umrüsten und 1995 mit Probeflügen beginnen. Im Jahr 2000 soll der Airbus in Linienflügen eingesetzt werden. Wasserstoff hat einen dreimal so hohen Heizwert wie Kerosin, nimmt aber erheblich mehr Raum in Anspruch und muß hervorragend isoliert werden.

Sowjetische Techniker kennen das Problem. Seit nämlich im Frühjahr 1988 eine Wasserstoff-Tupolew zum Jungfernflug startete, haben die Sowjets hier die Nase vorn.

Es muß nicht immer Wasserstoff sein: Der Amerikaner Eric Raymond flog im Sommer 1990 von Kalifornien bis zur

Ostküste der Vereinigten Staaten, nahe der Stelle, wo die Gebrüder Wright im Jahre 1903 mit dem ersten gesteuerten Motorflug Fluggeschichte geschrieben hatten - sein 90 Kilogramm leichtes Flugzeug war von einem solaren Elektromotor betrieben.

Zu Lande, zur Luft und ...

... auch auf dem Wasser sind Photovoltaik-Anlagen sinnvoll. Nicht nur zur Versorgung elektrischer Bordgeräte, auch als Antrieb ganzer Boote. Versuche auf dem Bodensee mit dem Solarboot ›Korona‹ zeigten 1990, daß ein Solarzellen-Motor bei Booten die unterste Leistungsklasse der Verbrennungsmotoren ersetzen kann. Bis etwa acht Meter Länge, bei niedriger Geschwindigkeit und auf stehenden Gewässern zumindest. Vorteil gegenüber Solarautos: es gibt mehr Flächen für die Paneele, ihr Gewicht spielt kaum eine Rolle. Zur Entlastung vieler ölverschmutzter Seen wären Solarboote Gold wert. Die ›Korona‹ mit ihrem 2-Kilowatt-Motor und 12 km/h Höchstgeschwindigkeit hat seine Tauglichkeit unter anderem bei einem Solarbootrennen unter Beweis gestellt - in der Schweiz natürlich, auf dem Neuenburger See.

Solartechnik in der Landwirtschaft

Die Landwirtschaft mit ihren vielen abgelegenen Höfen ist ein riesiger Markt für Solartechnik in Deutschland. Ob Stallbelüftung, Trocknung, Fütterungsanlagen, Heizung, Melkmaschinen, Weidezäune, Bewässerung oder Gewächshäuser - es gibt hier nichts, woran noch nicht getüftelt würde.

Auf dem Limburgerhof, einer Versuchsstation der BASF, laufen auf 23000 Quadratmetern solarbetriebene Bewässerungsanlagen. Die Sonne, deren Wärme dem Boden Feuchtigkeit entzieht, wird hier benutzt, um ihm Feuchtigkeit wieder zuzuführen. Dies klingt auch für die Dritte Welt interessant. Bewässerung ist allgemein eine in sich sinnvolle Solarenergienutzung, da sie gerade bei Sonnenschein gebraucht wird.

Für den Einödhof Brunnenbach im bayerischen ›Kocheler

Moor‹ war der Juni 1989 ein Freudenmonat. Das bislang stromlose Gut bekam vom Stromversorger ›Isar-Amper-Werke‹ eine Photovoltaik-Anlage vor die Tür gestellt, die künftig 90 Prozent des von der achtköpfigen Bauernfamilie benötigten Stroms liefern sollte. In den jährlich fast 1900 Sonnenscheinstunden sollten 9000 Kilowattstunden Strom von den 120 Quadratmetern silbrigblauer Module auf der Wiese kommen und dafür sorgen, daß die Milch der 20 Kühe nicht sauer wird.

Der Bauer zahlt den normalen Stromtarif für den kostenlosen Sonnenstrom. 745 000 Mark kostete die Anlage mit ihren 10,4 Kilowatt Spitzenleistung und dem Wirkungsgrad von 13 Prozent. Eine Ausgabe, die sich Forschungsministerium und Amperwerke teilen.

Die erste Jahresbilanz wurde im Juli 1990 gezogen. Das System arbeitete noch besser als erwartet, lieferte sogar 93 Prozent des gesamten Strombedarfs. Nur die Batterien machten auch hier Sorgen. Bei ihnen ging noch zu viel Energie verloren.

In den landwirtschaftlichen Forschungsanstalten Triesdorf in Mittelfranken plazierte die Ludwig Bölkow-Systemtechnik GmbH photovoltaische Anlagen. Gewaltige ›Sonnensegel‹ heizen Treibhäuser, bringen den Futtertrog auf Touren, klimatisieren Ställe, helfen dem Landwirt im Haushalt und betreiben eine Werkstatt. Schon 1987 hatte der Bezirkstag Mittelfranken die Bölkow-Stiftung für das 3-Millionen-Mark-Projekt gewonnen.

Trocknung

Trockenobst ist seit alters her in allen Kulturen bekannt. Lebensmittel im allgemeinen, vom Dörrfisch der Eskimos bis zu türkischen Feigen, sind getrocknet haltbarer. An der Universität Stuttgart-Hohenheim wurden spezielle Flachkollektoren zum Trocknen von Erntegut entwickelt, die Luft auf 40 bis 70 Grad Celsius erwärmen können:

- Beim ›solaren Tunneltrockner‹ streicht in einem 20 Meter

langen und nur sechs Zentimeter hohen Kanal durch einen Ventilator herangeführte Luft über das Gut hinweg. In Nordafrika, Griechenland, Jugoslawien, sogar auf den Philippinen und in Korea wird dieser Kollektor zur Trocknung von Trauben, Mangos, Datteln, Kaffee oder Kakao eingesetzt.

- Der ›solare Gewächshaustrockner‹ ist in ein Foliengewächshaus integriert. Die gesamte Dachfläche wird als Luftkollektor ausgebaut, innen lagert man das Trockengut in Boxen auf einem Lattenrost. In Jugoslawien wird das System bei der Pflanzentrocknung angewendet.

Bei beiden Systemen trocknen die Lebensmittel doppelt so schnell wie beim Auslegen des Gutes unter freiem Himmel. Die Qualität der konservierten Lebensmittel ist besser, die Nährstoffverluste geringer.

Rolf Petersen, Ingenieur aus dem norddeutschen Hoisbüttel, entwickelte sogar einen ›wassermoderierten Solartrockner‹. Dessen Vorteil: durch Verwendung eines wassergefüllten Wärmetauschers wird die Temperatur an den zu trocknenden Lebensmitteln besonders gleichmäßig zwischen 35 und 45 Grad Celsius gehalten, was von Bedeutung ist, weil zu große Hitze den Lebensmitteln Nährstoffe und Vitamine entziehen würde. In Petersens Gerät hängt das Trockengut in einer Art Schornstein über dem Wärmetauscher in der heißen Luft.

Solarenergie in der Raumfahrt

Als das Hubble-Weltraumteleskop von der Mannschaft der Raumfähre ›Discovery‹ ausgesetzt werden sollte, machte ausgerechnet eines der zur Energieversorgung mitgeführten Sonnensegel Schwierigkeiten. Es ließ sich tagelang nicht entfalten.

Und doch ist die Raumfahrt das älteste und wohl erfolgreichste Anwendungsgebiet der Photovoltaik. Schon der erste deutsche Forschungssatellit, Azur, hatte ein photovoltaisches Energiesystem mit 5000 je vier Quadratzentimeter großen Zellen, die 40 Watt Leistung lieferten. Dies war 1969.

Ein Weltraumeinsatz ist aufgrund der extremen Anforderungen ein hervorragender Härtetest für die Systeme. So heizten sich die deutsch-amerikanischen Sonnensonden Helios A und B beim Vorbeiflug an der Sonne bis auf 200 Grad Celsius auf, während sich der Satellit Hermes im Erdschatten auf minus 190 Grad abkühlte. In beiden Fällen war der gleiche Solarzellen-Typ im Einsatz. Dabei zeigte sich beispielsweise, daß angeschweißte Kontakte und Zellenverbindungen dauerhafter sind als angelötete, da Schweißstellen keinen ›Buckel‹ haben und die Zellen vollständig mit Deckglas überklebt werden können, was vor Beschädigung, Schmutz und Strahlung schützt. So wird seit Anfang der siebziger Jahre in der Raumfahrt ausschließlich geschweißt.

Im Weltraum haben Kosten nie eine Rolle gespielt. Die Devise heißt »Gutes darf auch teuer sein«, Leistung geht vor. Der daraus erwachsenen Maxime »möglichst hohe Leistung pro Kilogramm Gewicht« verdanken wir unter anderem die Dünnschichttechnik.

Fast so alt wie die Anwendung der Photovoltaik in der Raumfahrt ist der Gedanke, daraus ein Energieversorgungssystem für die Erde zu entwickeln. Bereits in den sechziger Jahren hatte Peter E. Glaser, leitender NASA-Ingenieur, die Idee, Solarfarmen im Weltraum zu plazieren und den Strom per Mikrowelle zur Erde zu schicken. Nach wie vor ist das eine faszinierende Idee: riesige Sonnensegel, die nahezu rund um die Uhr Energie liefern; auf der Erde wäre solch ein 24-Stunden-System nur über gute Speicher oder durch weltweiten Verbund möglich. Raumfähren oder Raketen könnten die Anlagen installieren. Einem Aufbau einer entsprechenden ›Infrastruktur‹ im Weltraum steht theoretisch nichts im Wege. Aber die Komplexität solch eines Systems wird es wohl noch eine Weile Utopie bleiben lassen.

Sonne jenseits von Strom und Wärme

Auch das ist Solarenergie: ultraviolettes Licht kann - in verschmutztes Wasser gelenkt - zum Beispiel Mikroben töten und energiezehrendes Abkochen ersparen. Genauso kann es heute mittels flüssiger Öle in dünnen Kunststoff-Hohlfasern umgelenkt, durch Endoskope in den menschlichen Körper geführt und zur Tumorbehandlung eingesetzt werden. Dies nur zwei Beispiele für die Vielfalt der heute schon möglichen Anwendungen.

Manchmal kann es gerade wichtig sein, die Sonne ohne Umwege und Filter zu nutzen, wie uns ein Ausflug nach Holland zeigt. Fast jeder kennt (und kauft) Gewächshaustomaten aus Holland. Doch die Sache hat einen Haken. Hollands Treibhäuser - und nicht nur die - lassen kein ultraviolettes Licht an das Gemüse.

UV-Licht aber macht Pflanzen resistenter. Die Folge: man arbeitet mit viel Chemie. Der Giftgehalt der Treibhaustomaten liegt weit höher als der der Freilandtomaten. Dem Verbraucher bleibt nur eines: Finger weg.

Weltweit wird die Sonnenenergie schon heute genutzt, und sie ist, obgleich ihr sehr kleiner Anteil an der Energieerzeugung eher auf eine geringe Bedeutung hinzuweisen scheint, vielerorts schlicht unersetzlich. Gerade in vielen Ländern der Dritten Welt konnte die fortschrittliche Technik trotz anfangs hoher Kosten Fuß fassen, weil es dort zwar reichlich Sonne aber kaum Stromnetze gibt. So handelt es sich vielfach um ›Inseleinsätze‹, bei denen die noch hohen Anschaffungskosten der Solartechnik durch entfallende Transport- oder Verkabelungskosten mehr als aufgewogen werden. Doch auch der scheinbare Kostenvorteil in den Industrieländern, wo der Anschluß an das öffentliche Stromnetz fast überall ohne großen Aufwand möglich ist, wird von Jahr zu Jahr geringer. Ursache sind nicht nur die stark fallenden Preise der solartechnischen Bauteile, sondern auch die steigenden Preise der herkömmlichen Energieträger, die mit der Zeit immer knapper werden. Für den einzelnen sind schon heute Anlagen für die häusliche Energieversorgung ebenso anwendungsreif wie Solarmobile, die gerade im Kurzstreckenverkehr gegenüber herkömmlichen Kraftfahrzeugen kaum noch Nachteile aufweisen.

Aufbruch

Ob Verkehrsampeln oder Solarherde, Hausanlagen oder Funkstationen, Taschenrechner oder Walkmen, Radios, Funkgeräte oder Wohnmobile: die Sonne geht auf, vor allem für die Photovoltaik. Das Freiburger Öko-Institut stieß jüngst schon auf Lieferengpässe bei den Herstellern. Denn die kristallinen Zellen sind heute schon wieder 40 Prozent billiger als noch vor drei Jahren. Damit eröffnet sich für die Solarindustrie ein großer Markt. Die Folge liegt auf der Hand: die Anlagen werden weiter billiger. Dies ist auch bitter nötig, denn noch zögern viele Verbraucher. Noch gehen Zellen in Einzelanwendungen wie abgelegene Wetterstationen, Wasserpumpen oder Elektrozäune. Das große Geschäft steht erst bevor.

Wer Photovoltaik noch immer für teures Teufelszeug hält, dem seien zumindest solares Bauen, Wärmedämmung und Kollektorinstallierung nahegelegt. Diese Techniken sind längst lohnend und nicht mit der kostenintensiven solaren Stromerzeugung zu verwechseln. Wer die Zeit bis zum Tage der Rentabilität großer High-Tech-Photovoltaik-Systeme gut nutzen will, der muß – besser heute als morgen – diese dezentralen Low-Tech-Sonnenenergien anwenden.

Solarkraftwerke im Einsatz

»Die Solartechnik hat Marktreife« prangte es in dicken Lettern in der *Süddeutschen Zeitung* vom 5. Juli 1989. Tatsächlich. Die ersten großtechnischen Anlagen arbeiten wirtschaftlich. Und mit ihnen steht und fällt die Solarenergienutzung. Kollektoren fürs Schwimmbad oder photovoltaisch durchströmte Weidezäune für glückliche Kühe, all dies mag wichtig sein für eine Bewußtseinsänderung in der Bevölkerung, all dies muß auch Teil eines neuen dezentralen Energiekonzepts sein. Der Durchbruch aber kann nur kommen, wenn Solarkraftwerke die großen Kernreaktoren oder Kohlekraftwerke buchstäblich in den Schatten stellen. Wie weit wir davon noch entfernt sind, soll hier anhand einiger Beispiele dargestellt werden. Ende 1990 leisteten die mit regenerativen Energien betriebenen Kraftwerke einen Beitrag von 5,3 Prozent zur weltweiten Stromerzeugung.

Solarthermische Kraftwerke

Seit rund zehn Jahren sind solarthermische Kraftwerke in Betrieb. Über eine Milliarde Mark haben sich die Industrieländer dies bisher kosten lassen, ein Achtel der Kosten für die Atom-Ruine in Kalkar, und nicht mehr, als die Entwicklung jedes Automobils verschlingt.

Das gegenüber der Photovoltaik einfachere Prinzip hat sich längst erfolgreich in viele regionale Energiemärkte gedrängt. Gegenüber photovoltaischen Kraftwerken haben solarthermische aber zwei Handicaps, die sich langfristig auswirken dürften.

- Erstens ist die Technik, sind die mechanischen, physikalischen und chemischen Verfahren ziemlich ausgereizt, während in der Photovoltaik Entwicklungssprünge erwartet werden dürfen. Solarthermische Kraftwerke sind sozusagen ›Low-Tech-Systeme‹.

Bei Lugo, im Nordwesten Spaniens, errichtete die Siemens Solar GmbH ein Photovoltaik-Kraftwerk, in dem die neueste Solartechnik zum Einsatz kommt.

- Zweitens wird solarthermische Stromerzeugung im Gegensatz zur Photovoltaik nie in nördlichen Gegenden anzuwenden sein. Sie braucht acht Sonnenstunden täglich und viel Platz.

Turmkraftwerke

Sizilien: Das Erste

Bei den Solarturm-Kraftwerken hatte Europa die Nase vorne. Man schrieb das Jahr 1980, da setzten Arbeiter in Sizilien, genauer gesagt bei Adrano am Fuße des Ätna, 182 Spiegel in den Lava-Sand. Die Kosten dieses weltweit ersten Turmkraftwerkes - 25 Millionen Mark - waren hingegen keineswegs in den Sand gesetzt. Der Wirkungsgrad der größtenteils EGfinanzierten Ein-Megawatt-Anlage lag bei etwa elf Prozent. Eines der zwei mit computergesteuerten Spiegeln ausgestatteten Spiegelfelder stammte von der Pariser Firma ›Cethel‹, beim anderen hatten die Techniker von MBB Gelegenheit, ihre Fähigkeiten jenseits des Waffenbaus vorzustellen. Eine italienische Firma baute den 55 Meter hohen Turm, den Dampfkreislauf und die Gebäude. 1986 schaltete man das Versuchskraftwerk ab, weil genug Erfahrungen gesammelt worden waren.

Almeria: Zwei in einem

Will man Farm- und Turmkraftwerke vergleichen, was liegt näher, als sie nebeneinander aufzustellen. So geschehen 1981 in der Hochebene der Sierra Nevada, 50 Kilometer nordwestlich des südspanischen Almeria, in ausgedörrter Wüstengegend mit durchschnittlich 3042 Sonnenscheinstunden pro Jahr. Die zwei Kraftwerke der ›Plataforma Solar‹ leisten seither je 500 Kilowatt; wenig im Vergleich etwa zum Kernkraftwerk Biblis, wo jeder der zwei Blöcke 1200 Megawatt – also das 2400fache – bringt. Aber auch Almeria war nie für kommerziellen Einsatz geplant, sondern ist Forschungsprojekt der Internationalen Energie Agentur (IEA), einer selbständigen Körperschaft innerhalb der Organisation für Zusammenarbeit und Entwicklung (OECD). Der Turm soll Vorläufer größerer Kraftwerke mit über zehn Megawatt Leistung sein.

93 Heliostate mit insgesamt 3700 Quadratmetern Spiegelfläche nehmen eine fußballplatzgroße Fläche ein. Motoren führen die um zwei Achsen drehbaren Spiegel permanent der Sonne nach. Ihre Entfernung vom 43 Meter hohen Turm beträgt 60 bis 150 Meter. Neu ist die Art der Wärmeübertragung. Statt Wasser wie im ›Eurelios‹ wird leichteres flüssiges Natrium benutzt. Das Leichtmetall schmilzt schon bei unter 100 und siedet erst bei 900 Grad Celsius, was es für die hohen Temperaturen im ›Receiver‹ prädestiniert. Aufgrund von Explosionsgefahr bei Berührung mit Wasser oder Luft ist es nur in geschlossenen Kreisläufen zu verwenden. In Almeria schützen besonders wärme- und korrosionsfeste Tanks mit 30

Zentimeter dicker Isolierschicht das 270 Grad heiße Natrium, das bei ausreichender Sonnenstrahlung in den Receiver gepumpt wird. Auf die schwarz lackierten, fünf Zentimeter dicken Rohre im Receiver trifft das gebündelte Sonnenlicht 450fach verstärkt. Hat sich so das Natrium auf 530 Grad erhitzt, wird es zur Dampferzeugung verwendet.

USA: Das Größte

›Solar One‹, so heißt das größte Turmkraftwerk der Welt. Einst ingenieurtechnisches Wunderwerk, ist es heute High-Tech-Ruine – symptomatisch für das Turmkonzept. Nur ein Jahr hatte ›Eurelios‹ den Titel ›Größtes Turmkraftwerk‹ inne gehabt, dann schlugen die Kalifornier mit dem zehnmal so großen Kraftwerk in der Mojave-Wüste zurück. ›Solar One‹ ging 1982 mit einer Spitzenleistung von zehn Megawatt in Betrieb. 1818 Spiegel, jeder 40 Quadratmeter groß, erzeugten im Receiver auf einem 100 Meter hohen Turm Temperaturen um 1000 Grad. Übertragungsmedium war Wasser.

Technische Mängel machten den Betrieb jedoch zu teuer. Ein wirtschaftlich arbeitender Turm hätte die Dimensionen des Kölner Doms haben müssen. Nach sechs Jahren Test gab Betreiber ›Edison‹ auf und legte die Pläne für die vorgesehenen 100-Megawatt-Anlagen auf Eis. ›Solar One‹ steht zum Verkauf. Symbolischer Preis: ein Dollar.

Weltweit wird heute kein einziges Turmkraftwerk wirtschaftlich betrieben, doch an der nächsten Generation fleißig geforscht. Solare Turmkraftwerke sind komplizierter als die Farmen, weil höhere Temperaturen zu beherrschen sind. Bei 1000 Grad Celsius sind Thermo-Öle nicht verwendbar. Auch die Anfahrprozedur ist aufwendig. Tausende Heliostate müssen auf einen Punkt ausgerichtet werden. Nach Bewölkung oder Sandsturm, also manchmal mehrmals täglich, ist dies zu wiederholen. Für die Zukunft plant man mit Folienspiegeln anstelle der teuren Glasspiegel.

Ein Hoffnungsschimmer für die Anhänger der Turmkraftwerke ist ›Phoebus‹, ein europäisches Konsortium aus Instituten und Unternehmen. Es plant ein 30-Megawatt-Turmkraftwerk. Standort soll Jordanien sein. Ob es je gebaut wird, ist ungewiß - wie die Zukunft des gesamten Turm-Konzepts.

Farmkraftwerke

Farmkraftwerke haben aufgrund der billigeren Technik heute schon Marktreife erreicht. Ein Unternehmen aus Los Angeles demonstrierte in den letzten Jahren das Potential des Farmprinzips eindrucksvoll: Luz International Limited.

1984 ließen private Geldgeber, allen voran ein Herr namens Brian Goldman, die ersten Farmkraftwerke in den Sand der kalifornischen Mojave-Wüste nördlich von Los Angeles setzen, nicht weit vom damals schon arbeitenden Turmkraftwerk ›Solar One‹. Heute ist ›Solar One‹ am Ende, aber Goldman hat sich eine goldene Nase verdient.

Der Star unter den Luz-Kraftwerken ist das SEGS (Solar Electricity Generating System No. 8) - das größte kommerzielle Solarkraftwerk der Welt. Im Dezember 1989 ging es nach nur acht Monaten Bauzeit ans Netz. Mit seiner Leistung von 80 Megawatt kann es 40 000 Wohnungen versorgen. Mit SEGS-8 hat Luz nun 275 Megawatt Sonnenstrom aus acht Kraftwerken am kalifornischen Netz. Jedes Jahr soll ein weiteres 80-Megawatt-Kraftwerk dazukommen, Bauzeit immer nur acht Monate. Mitte der neunziger Jahre dürften mehr als 300 000 Haushalte von Luz versorgt werden. Ende 1992 sollen die Luz-Farmen schon so viel Strom wie ein mittleres Atomkraftwerk liefern - nur billiger.

Bisher hat Luz, benannt übrigens nach dem Wort für ›Sonne‹ in alten jüdischen Legenden, 700 Millionen Dollar investiert. Und Goldman will auch außer Landes gehen: er plant Solarfarmen nicht nur in Texas und Nevada, sondern auch in Brasilien und Indien. Las Vegas fragte schon an, aber 1992 soll zunächst eine 320-Megawatt-Anlage in Nordbrasilien gebaut werden. Geschätzte Stromkosten: neun bis 13 Pfennig je Kilowattstunde. Das schafft kein Staudamm.

Luz verkauft jährlich Sonnenstrom für fast 200 Millionen

Dollar an den Energieversorger Southern California Edison, bei Erzeugungskosten von 15 Pfennig pro Kilowattstunde. Der Luz-Strom reicht aus, um 250 000 Menschen mit Elektrizität zu versorgen, vor allem dann, wenn die Sonne brennt und die Klimaanlagen in Los Angeles auf Hochtouren laufen. Goldman und seine 700 Mitarbeiter scheffelten schon Millionen, als der Ölpreis noch niedrig war. Heute zahlt er jährlich 13 Prozent Rendite.

Sicher waren die gesetzlichen Rahmenbedingungen hervorragend. Kalifornien hatte bis Anfang der achtziger Jahre ein überaus freundliches Investitionsklima für Solarenergie. Die US-Regierung unter Carter erleichterte Investitionen um 15 Prozent, der Staat Kalifornien legte 25 Prozent Steuervergünstigung drauf. Die US-Energieversorger mußten sich 1978 verpflichten, Strom auch von Kleinanbietern zu kaufen - zum jeweiligen Marktpreis. Erst Reagan strich die Subventionen - Luz jedoch floriert inzwischen auch so.

Auch die ›Low-Tech-Bauweise‹ der Farmen begünstigt die Rentabilität. Der Bau von Solarkraftwerken ist simpel. Schon ein Jahr nach Baubeginn können Strom und Einnahmen fließen. Die Lebensdauer dürfte bei etwa 30 Jahren liegen. Selbst Sandstürme mit Windgeschwindigkeiten von 160 Kilometern pro Stunde (Windstärke 12) und leichtere Erdbeben haben die Farmen schon ausgehalten. Seit 1990 gibt es sogar eigens für die Spiegel konstruierte Reinigungsfahrzeuge, mit dem einem Hauptproblem, dem Staub auf den Spiegeln, der die Reflexionsfähigkeit schnell um die Hälfte vermindern kann, seine Schrecken genommen wurden.

Computersteuerung und Hochleistungs-Parabolspiegel sind die teuersten Teile. Die silberbeschichteten Weißglasspiegel sind ›made in Germany‹; alle 464 000 Quadratmeter Spiegelfläche des SEGS-8 kommen von der Flachglas Solartechnik GmbH aus der Oberpfalz. Die Kraftwerksteile liefert Asea Brown Boveri, Steuer- und Regeltechnik Israel, der Rest kommt aus Mexiko, Brasilien oder Südafrika. Denn bei Luz sitzen keine blauäugigen Anhänger einer glücklichen, ›sanften‹

Energiezukunft, sondern knallharte Geschäftsleute. Stahl aus Südafrika? ›No problem‹, Hauptsache billig, sagt Goldman. Solarenergie ist längst ein Geschäft. Und kein schlechtes.

Die Flachglas, weltweit führend in der Spiegeltechnik, will bald selbst Kraftwerke bauen. Potentielle Partner geben sich die Klinke in die Hand. Geschäftsführer Joachim Bennemann spricht von Verhandlungen mit Regierungsvertretern aus Marokko und Indien. Mit Brasilien sind bereits Pläne für eine 80-Megawatt-Anlage unter Dach und Fach.

Almeria-Farm

Das Almeria-Farmkraftwerk ist das erste dieser Art in Europa. Seine Röhren sind mit 150 Kubikmetern eines besonders reinen Öls gefüllt. Es verläßt den 15 Meter hohen Tank mit 225 Grad Celsius und kommt von der Plantage mit 295 Grad wieder zurück. Das erhitzte Öl treibt Dampfmaschine und Generator.

Zwei Kollektorfelder sind in Betrieb: ein von MAN mit deutscher Technik ausgerüstetes und ein US-amerikanisches. Jedes Feld hat 2700 Quadratmeter Spiegelfläche. Die US-Spiegel können nur um die eigene Längsachse bewegt werden. So sind sie nur an die Höhe des Sonnenstandes angleichbar, nicht dem Sonnenlauf von Ost nach West nachzuführen: Morgens und abends liegt der Wirkungsgrad niedriger. Die MAN-Spiegel ›Heliomen‹ haben zwei Achsen. Die deutschen Systeme, das zeigt die Öltemperatur, sind stärker, aber teurer und komplizierter.

Auch der Almeria-Test, der sich dem Ende zuneigt, zeigt, daß Farmkraftwerke heute besser arbeiten als Turmkraftwerke. Doch vor allem die Entwicklung in Kalifornien macht Mut und weist den Weg: die Luz Company verkauft Energie billiger als Atomstrom ist. Experten wissen, daß die Firma längst nicht die billigsten Systeme verwendet. Die Farmbauweise ist das derzeit beste solarthermische Prinzip. Brian Goldman glaubt, daß 25 Prozent des US-Strombedarfs problemlos mit Farm-Kraftwerken zu erzeugen wären. In Südeuropa gilt ähnliches.

Aufwindkraftwerke

Das deutsch-spanische Aufwindkraftwerk Manzanares, ein, wie es offiziell hieß, »atmosphärenthermisches Aufwindkraftwerk«, wurde 1981 zwischen Madrid und Granada erbaut, mitten in der menschenleeren Hochebene ›La Mancha‹.

Noch 1979 war der Riese Theorie. Dann gab das Bundesforschungsministerium seinen Segen zur Ausführung des alten Planes; der Auftrag erging an ein Stuttgarter Ingenieurbüro.

1980 entschied man sich für den Standort in Spanien. Der ebene, dunkle Boden inmitten menschenleerer öder Landschaft erschien ideal.

Im Frühjahr 1981 begann der Turmbau zu Spanien. Fünf Monteure wurden in die Wildnis entlassen und bastelten fortan am Kamin.

Hoch und trotzdem leicht sollte er sein. Am Ende ragte er 200 Meter gen Himmel und wog 250 Tonnen. Ein vergleichbarer Betonturm wäre 20mal so schwer gewesen. Millimeterdicke Bleche waren am Boden zu einem Rohr von zehn Metern Durchmesser zusammengesetzt worden. Als es acht Meter hoch war, hievte man es auf einen Stützring, fertigte am Boden das nächste Stück und setzte es darunter. So wuchs der Kamin im acht-Meter-Takt. Nach einem halben Jahr war er fertig; gehalten von Stützringen und Abspannseilen. Innen war die Kaminwand glatt, um die Luftreibung niedrig zu halten. Um auch am Fuß möglichst wenige Luftwirbel zu erzeugen, erhielt der Turm verhältnismäßig zierliche Stützen.

Dann wurde das Foliendach in Angriff genommen: ein Areal mit 250 Metern Durchmesser wurde in zwei Metern Höhe transparent überdacht, wodurch sich die Luft darunter an Sonnentagen um zehn bis 20 Grad erwärmt. Nach weiteren Monaten war auch die Turbinen- und Maschinenanlage am Kamineingang fertiggestellt. Das vierblättrige Windrad aus glasfaserverstärktem Kunststoff nahm fortan ab einer Luftgeschwindigkeit von vier Metern in der Sekunde zehn Meter über dem Boden seinen Betrieb auf. Mittags stieg die Luftgeschwindigkeit im Kamin bis auf über zwölf Meter in der Sekunde, das Windrad wurde mittels seiner verstellbaren Blätter auf 150 Drehungen pro Minute gehalten. Mit geringerer Geschwindigkeit konnte die Anlage sogar nachts laufen, da der Boden gut Wärme speicherte.

Einen eher unfreiwilligen Praxis-Test mußte das Kraftwerk schon an Neujahr 1982 über sich ergehen lassen: über Spanien tobten Stürme, die als Jahrhundertstürme bezeichnet wurden. Die Windgeschwindigkeit stieg auf 160 km/h, das Kraftwerk hielt. Lediglich einige Folien zerrissen, als der Kaminsog zu stark wurde. 1988, zum Ende der Meßperiode, passierte dann doch, was man immer befürchtet hatte. Der Turm fiel einfach um.

Die Idee allerdings ist noch nicht in sich zusammengefallen. Das 50-Kilowatt-Kraftwerk war schließlich das billigste Solarkraftwerk, das je entwickelt wurde. Hier waren keine sondergefertigten Hochleistungsspiegel nötig. Das Prinzip ist einfach und bleibt faszinierend. Noch etwas bleibt: Das Stabilitätsproblem.

Solar-Kuppel-Kraftwerk

Während des ›6. Sonnenforums‹ 1988 in Berlin stellten die Lörracher Tüftler von ›Bomin Solar‹ ihr ›Solar-Kuppel-Kraftwerk‹ vor. Das Wort ›Kuppel‹ schleicht sich in den Namen, weil zum Schutz gegen jegliche Witterungsunbill das Spiegelfeld mit transparenter Plastikfolie umhüllt ist, die sich über ein Stahlgerüst spannt und die charakteristische Form verleiht. Der Clou der Anlage: die Kombination der federleichten und billig herzustellenden Folienspiegel mit einem stromerzeugenden Stirling-Motor und einem Hydridspeicher.

Solch ein Mini-Kraftwerk bietet sich für abgelegene Dörfer in der Dritten Welt an. Siedlungen mit etwa 1000 Einwohnern könnten ihren Energiebedarf problemlos decken.

In Saudi-Arabien ist bei Riad bereits ein Projekt im Rahmen des deutsch-saudischen Forschungsprogramms in Betrieb: im ›Solar Village‹ bringen zwei Großspiegel-Konzentratoren mit einem Stirling-Motor eine Leistung von 50 Kilowatt. Die Anlage hat einen hervorragenden Wirkungsgrad von 23 Prozent. Parallelschaltung solcher Kraftwerke kann einige hundert Kilowatt Strom für größere Industrie- und Meerwasserentsalzungsanlagen liefern.

Photovoltaik-Kraftwerke

Die Photovoltaik hat in vielen Anwendungen längst ihre Rentabilität bewiesen. Photovoltaische Kraftwerke, weltweit etwa 25 größere mit Leistungen von über 200 Kilowatt, dazu hunderte kleinerer Demonstrationsanlagen, sind aber noch nicht so weit.

Verbesserung des Solarzellen-Wirkungsgrades und Reduzierung der Herstellungskosten lassen den ›Break-even-point‹ für das Jahr 2000 erwarten.

Es ist kein großes Rätsel, wer auch in der Photovoltaikkraftwerksentwicklung vorne liegt: Kalifornien. Der Grund ist das doppelt günstige Klima – Sonnenklima plus (ehemals) sonniges Investitionsklima. Zehn Photovoltaik-Kraftwerke wurden unter kalifornischer Sonne hochgezogen.

Als kleine Auswahl heutiger Photovoltaik-Kraftwerke:

USA

Das größte Photovoltaik-Versuchskraftwerk der Welt steht in Carissa Plains, Kalifornien, und versorgt 2300 Haushalte. Es entstand in weniger als einem Jahr, erbaut von ›Arco Solar‹, der jüngst an Siemens veräußerten Tochter des Ölmultis ›Atlantic Richfield‹. Die 6,5 Megawatt Spitzenleistung werden fast vollautomatisch erzeugt, selbst bei bedecktem Himmel. Und hier gibt es herrliche Ruhe mitten in einem Großkraftwerk! Alles, was ans Ohr dringt, sind Vogelgezwitscher und ein leises Summen der 800 Solar-›Tische‹, die wie stahlgewordene Sonnenblumen mit der Sonne mitwandern. Ein einziger Techniker befindet sich auf dem Gelände, und auch der muß nur hin und wieder eine Sicherung auswechseln.

Das zur Zeit größte Photovoltaik-Kraftwerk im kalifornischen Carissa Plains versorgt mit einer Spitzenleistung von 6,5 Megawatt 2300 Haushalte.

Schweiz

Im sonnenreichsten Kanton der Schweiz, dem Tessin, speist eine Anlage in Trevano nahe Lugano Sonnenstrom ins öffentliche Netz ein. ›Ticino-Sole‹ besteht aus 100 Quadratmetern Solarzellen in zwei Feldern. Jedes Feld besitzt 288 Module, die zehn Kilowatt leisten, selbst unter einer Schicht Neuschnee – Sonnenlicht dringt auch durch Schneekristalle. Die Kilowattstunde aus Trevano kostet noch 2,50 Mark, mehr als zehnmal so viel wie Atomstrom. Aber das Werk ist ein ›Frühwerk‹ der Solartechnik – mit moderneren Zellen sei schon jetzt ein Preis von 50 Pfennig erreichbar, so Projektleiter Mario Camani.

Ein weiterer Knaller der Eidgenossen: fast nach dem Motto ›schneller-höher-weiter‹ baut die Schweiz das größte photovoltaische Sonnenkraftwerk Europas, bei St. Imier im Kanton Bern, genauer gesagt auf einem Berg mit dem sinnigen Namen Mont Soleil. In 1300 Meter Höhe wird ein Solarzellenfeld von 4000 Quadratmetern (500 kW Spitzenleistung) errichtet. ›Phalk 500‹ ist der offizielle Name, was für ›photovoltaisches alpines Kraftwerk‹ steht. Das Werk ist konzipiert als Forschungs- und Demonstrationsprojekt, wird Strom zu etwa 70 bis 95 Pfennig pro Kilowattstunde liefern und eine Jahresproduktion erreichen, die dem Verbrauch von 200 Haushalten entspricht: 720 Megawattstunden, die direkt am Werk in Wechselstrom verwandelt werden und ins Netz gehen. Das Kraftwerk soll Daten über die mögliche Elektrizitätsausbeute in alpinen Lagen liefern. Etwa elf Millionen Mark wird das Projekt kosten, im Sommer 1991 soll der erste Strom fließen. Aber: Noch 1991 wird das Phalk die Krone des ›Größten‹ wieder abgeben. Der staatliche italienische Stromversorger ENEL baut dann für 50 Millionen Mark ein mit drei Megawatt Leistung noch größeres Solarkraftwerk – in Süditalien.

Österreich

In der Steiermark, in 1550 Metern Höhe auf dem Berg Loser, steht das bis zur Fertigstellung des Mont-Soleil-Kraftwerks größte Alpen-Solarkraftwerk. 263 Quadratmeter Sonnenzellenfläche bringen bescheidene 30 Kilowatt Spitzenleistung, 37 000 Kilowattstunden im Jahr. Das eine Million Mark teure Projekt wurde von der ›ARGE Alpen-Photovoltaik‹ initiiert. Hinter diesem Namen verbergen sich zwei der größten Stromversorger der Alpenrepublik. Wie fast alle Photovoltaik-Kraftwerke ist auch dieses vorrangig zur Forschung bestimmt.

Deutschland

Seit 1983 erfreut sich die Nordseeinsel Pellworm eines photovoltaisch arbeitenden 300-Kilowatt-Kraftwerks, des ersten bundesdeutschen Gehversuchs bei derartigen Kraftwerken. Der Wirkungsgrad des Gesamtkraftwerks beträgt etwa vier Prozent. 17568 Module aus multikristallinem Silizium bringen 346 Volt.

Die ›Solarelektrische Anlage‹ ist eines von 18 Pilotprojekten der EG und liefert dem Kurzentrum der Insel seinen Jahresbedarf von 300 000 Kilowattstunden Strom. Überschüssige Energie fließt in eine Batterie. Baukosten der Gesamtanlage: elf Millionen Mark. Nun ist Leistungsverdopplung geplant.

Die Rheinisch-Westfälischen Elektrizitätswerke (RWE) eröffneten in Gondorf an der Mosel 1988 das damals größte Photovoltaik-Kraftwerk und testeten dabei Zellen von zehn Herstellern aus aller Welt. Sie bauen daneben schon ihr zweites photovoltaisches Kraftwerk. Es soll am Südhang einer ehemaligen Braunkohlengrube bei Grevenbroich errichtet werden, die heute ein See ist. 350 Kilowatt Spitzenleistung sind möglich. Der See bürgt für hohe Effizienz; durch die Reflexion an der Wasseroberfläche kann auch das gespiegelte Licht genutzt werden.

Auf dem 1837 Meter hohen Wendelstein in den bayerischen Alpen errichteten die Lechwerke Augsburg im Rahmen des EG-Forschungsprogramms Eureka ein kombiniertes Photovoltaik- und Windkraftwerk mit 60 Kilowatt Leistung, das seit Ende 1990 in Betrieb ist. Die jährlich bereitgestellten 100 000 Kilowattstunden Strom versorgen die benachbarte Bergbahn.

Kraftwerke zur Wasserstofftechnologie

Saudi-Arabien

In Riad steht das ›Hysolar‹-Kraftwerk (›Hydrogen from Solar Energy‹); eine 40 Millionen Mark teure Pilotanlage zur Wasserstoffgewinnung mit 100 Kilowatt Leistung. Eine Zehn-Kilowatt-Anlage in Stuttgart und eine Forschungs- und Ausbildungs-Laboranlage mit zwei Kilowatt Leistung in Dschiddah unterstützen das Projekt. Ziel des Programms ist der Test von Photovoltaik- und Elektrolyse-Techniken, Ausbildung von Experten und Untersuchung von Strategien zur Markteinführung. Deutsche und arabische Wissenschaftler von den Universitäten Stuttgart, Riad, Dschiddah und

Dhahran wirken im Rahmen des deutsch-saudischen Programms ›Solarer Wasserstoff‹ mit; ein Programm mit tieferer Bedeutung: schließlich ist Saudi-Arabien einer der größten Ölexporteure der Welt. Selbst dort scheint sich die Einsicht durchzusetzen, daß das Energiesystem Veränderungen erfahren wird.

Deutschland

In Neunburg vorm Wald in der Oberpfalz arbeitet seit April 1990 die größte kombinierte Photovoltaik-Wasserstoff-Anlage Deutschlands; mit einer Spitzenleistung von derzeit 270, in

Die zur Zeit größte Photovoltaik-Wasserstoff-Anlage Deutschlands in Neunburg vorm Wald (Oberpfalz) liefert jährlich rund 100 000 Kubikmeter Wasserstoff.

Kürze von 500 Kilowatt. Die Initiative ging von der Bölkow-Stiftung aus. MBB, BMW, Linde, Siemens und die Bayernwerk AG, größter bayerischer Stromversorger, sind beteiligt.

Von den Kosten, 65 Millionen Mark, zahlt das Bundesforschungsministerium 35, der Freistaat Bayern 15 Prozent. Erprobt und demonstriert wird das Zusammenspiel von photovoltaischer Stromerzeugung, sowie der Gewinnung, Speicherung und Verbrennung von Wasserstoff.

Etwa 500 000 Kilowattstunden pro Jahr produziert das 12 000 Quadratmeter große Solarzellenfeld. Damit werden 100 000 Kubikmeter Wasserstoff gewonnen, die teils ins öffentliche Gasnetz, teils in Speichertanks wandern, wo der Wasserstoff verbrannt wird und Generatoren antreibt. Ab 1992 sollen Dünnschichtzellen eingesetzt werden.

25 000 Besucher aus aller Welt kamen schon nach Neunburg und bestaunten die Anlage, doch nicht nur die ›Grünen‹ sind skeptisch. Schließlich war Wackersdorf ›gleich um die Ecke‹, geplant. Will heißen: vielleicht wird unter dem Vorwand der Solar-Wasserstoff-Erprobung die Atom-Wasserstoff-Wirtschaft erprobt. Ludwig Bölkow dazu: »Man findet schon solche Pläne«. Die deutschen Stromversorger, sonst eher konservativ, sind auffallend schnell auf den Wasserstoff-Zug aufgesprungen. Bayernwerke und Siemens halten 70 Prozent an der Anlage.

Kanadisches Wasser auf deutsche Mühlen

Nach landläufiger Meinung kann die solare Wasserstoffwirtschaft frühestens im Jahr 2050 Wirklichkeit werden. Mittlerweile mehren sich aber Hinweise, daß ein Durchbruch früher möglich ist. Im März 1989 wurde das gigantische ›Euro-Kanadische Wasserkraft-Wasserstoff-Projekt‹ vorgestellt. Die Idee: solange Photovoltaik noch teuer ist, muß die globale Wasserstoffwirtschaft durch billige Wasserkraft gefördert werden. Die Atomkraft wäre ›ausgeschmiert‹.

Da in Kanada das Potential in den Flüssen immens ist, beschloß die EG: Wasserstoff aus Wasserkraft soll schon in den neunziger Jahren von Kanada per Schiff nach Hamburg gebracht und in einigen europäischen Städten in Kraftwerken und als Treibstoff genutzt werden. 40 Firmen und Institute aus sechs Staaten sind beteiligt. Bis zum Jahr 2000 soll das Projekt die Realisierbarkeit der Wasserstoffwirtschaft mit einem Investitionsvolumen von mehr als 600 Millionen Mark testen. Ein kanadischer Energieversorger stellt Elektrolysestrom zur Erzeugung von etwa 170 Millionen Kubikmetern Wasserstoff jährlich zum Sonderpreis zur Verfügung. Noch ist der Transport ein Problem. Sowohl chemisch gebundener als auch flüssiger Wasserstoff lassen sich nicht ohne Schwierigkeiten nach Europa schaffen. Die Praxis muß erweisen, was ›geht‹. Hermann Scheer, Eurosolar-Vorsitzender, zum Sinn des Projekts: »Es zeigt, daß die Einleitung einer Solaren Wasserstoff-Wirtschaft bereits aktuell möglich ist«.

Mit sauberer Wasserkraft wäre schon jetzt Wasserstoff in großem Umfang in den Energiemarkt einzuführen. Die großen Wasserkraftpotentiale liegen in Asien, Afrika, Südamerika und Kanada. Durch Wasserstoff wären sie erstmals speicher- und nutzbar. Es geht um 15 bis 20 Billionen Kilowattstunden pro Jahr, das 15fache des Stromverbrauchs der EG-Länder. Der ließe sich »ohne größere ökologische Eingriffe« alleine mit Schmelzwasser-Energie aus Grönland decken, hat der Physiker Joachim Gretz, Mitinitiator des Projekts, errechnet. Kanadas Wasserkraft würde 20 Kernkraftwerke ersetzen. Große Stauprojekte sind nicht nötig: Wasserkraftwerke von etwa 100 Megawatt reichen aus und sind in die Landschaft integrierbar. ›Small is beautiful‹, gilt hier besonders; dann, nur dann, versündigt sich Wasserkraftnutzung nicht an der Umwelt, wie es große Staudämme, etwa der Assuandamm, getan haben.

Solare Kraftwerke sind noch in der Testphase. Die große Ausnahme sind solarthermische Sonnenfarmen, die bereits heute beweisen, daß Solarstrom billiger ist als Atomstrom. Turm- oder Aufwindkraftwerke haben diese Entwicklungsstufe noch nicht erreicht.

Doch der wirkliche Durchbruch der Solarenergie wird erst

mit großen photovoltaischen Kraftwerken als Teil einer globalen solaren Wasserstoffwirtschaft kommen. Die photovoltaischen Kraftwerke stecken noch in den Kinderschuhen, dennoch dürften sie uns unter allen Solarkraftwerken am ehesten eine sonnige Zukunft bescheren.

Die politische Dimension einer Wasserstoffwirtschaft

Die Einführung einer Solarkraftwerks-Wirtschaft in den Wüsten der Welt erschlösse einen gigantischen Markt, von dem auch in den Entwicklungsländern viele Menschen leben könnten. Gewiß, derzeit verplanen Europäer Flächen in Nordafrika, aber etwa Marokko, Tunesien und Libyen haben längst Interesse signalisiert. Bereitschaft zur Teilnahme an der Sonnenwirtschaft darf weltweit vorausgesetzt werden:

- Die Industrieländer müssen aus Gründen des Umweltschutzes und der Gefährdung ihrer Energieversorgung umdenken.
- Den Entscheidungsträgern der ölexportierenden Staaten ist klar, daß die Bodenschätze, die ihren Reichtum begründeten, versiegen. Kein Wunder, daß der Hauptteilhaber bei ›Bomin Solar‹ aus Saudi-Arabien kommt.
- Für viele tropische Staaten ist Sonnenenergie vielleicht ›die letzte Chance‹. Die heißen (und zumeist armen) Länder als Energieversorger der Welt – hier liegt die entwicklungspolitische Dimension des Konzeptes. »Es ist der Süden der Welt, auf den die sonnige Zukunft zukommt«, so der US-amerikanische Professor James Woodwell auf dem Hamburger Klimakongreß 1988.

Auf einer Bonner Tagung zum Thema ›Zukünftige Energieversorgung der Industriegesellschaft‹ im Januar 1990 äußerte sich Hermann Rappe, Vorsitzender der Gewerkschaft Chemie-Papier-Keramik, in eine ähnliche Richtung: »Es scheint mir durchaus eine Überlegung wert, statt mit höchstem finanziellen Aufwand in der BRD nur noch marginale Umwelteffekte zu erzielen, dieselben Summen in Entwicklungsländern einzusetzen und dort um ein vielfaches höhere Effekte durchzusetzen«.

Statt unter ›Entwicklungshilfe‹ weiter zu verstehen, Kredite in arme Staaten zu ›pumpen‹, könnte man durch Bau von Kraftwerken zur Selbsthilfe anregen. Erstmals könnten die Ärmsten der Armen Dreh- und Angelpunkt des lukrativen Energiehandels sein: eine Chance für den Nord-Süd-Ausgleich und für internationale Zusammenarbeit. Die wachsenden Energieprobleme sind nur gemeinsam zu lösen, ohne Egoismus. Und das ist gut so.

Erwin Häckel, Politikprofessor in Florenz, vertritt eine Gegenposition: »Unsere Abhängigkeit von Energielieferungen aus der Sowjetunion und aus dem Nahen und Mittleren Osten würde sich im Zeitalter der Sonnenenergie eher verstärken«. Die Staaten, die als Partner Europas in Frage kämen, »gehören zu einer vorwiegend islamisch geprägten Zone, die in den nächsten Jahrzehnten durch soziale Unrast, explosives Bevölkerungswachstum, ..., innerregionale Rivalitäten und das Aufbegehren gegen die Dominanz des Westens gekennzeichnet sein wird. Sonnenenergie ... führt mitten hinein in die ungelösten Schwierigkeiten der Weltpolitik.«

Mit dieser Ansicht steht Häckel nicht alleine. Dennoch: der Weg vom Öl zur Sonne ist schon unter Umwelt-Gesichtspunkten ein qualitativer Fortschritt. Auch wird eine globale Wasserstoffwirtschaft nicht nur den Reichtum von instabilen islamischen Golfstaaten auf ebenso instabile islamische Sahara-Staaten verlegen. Nicht nur islamische Länder des Nahen Ostens würden (wie schon heute) profitieren. Überall in Afrika, Asien, Süd- und Mittelamerika sind Entwicklungsländer von der Natur mit einem Übermaß an regenerativen Energiequellen ausgestattet. Neben der Sonnenenergie ist hier auch an die thermische Energie der Meere, Wind- und Wasserkraft zu denken. Welches Recht haben wir, ihnen mit Hinweis auf ihre ›Unreife‹ und Instabilität die Nutzung zu verwehren?

Wenn durch Photovoltaik eines Tages jeder Strom produzieren kann, liegt darin eine Chance für Menschen in der Dritten

Welt. Die dezentrale Natur vieler Solarenergienutzungen kann der Schlüssel zu einer Entwicklung auch auf anderen Gebieten werden.

Gewiß ändert die solare Energiewirtschaft zunächst nichts am Nord-Süd-Gefälle. Industrienationen stellen heute bereits ›schlüsselfertige‹ Kraftwerke in tropische Staaten – eine Falle: Technologie, Know-how und Gewinne bleiben in den reichen Verbraucherländern; der ›Sonnen-Partner‹ darf mit billigen Arbeitskräften dienen.

Zusammenarbeit zwischen Sonnen- und Industrieländern ist daher unerläßlich. Professor Dr. Walter Peschka von der DLR ist optimistisch und rechnet mit »fairer Partnerschaft«. Peschka weiter: »Die globale Wasserstoffwirtschaft entspricht dem derzeitigen Energie-Welthandel. Entscheidend und neu ist aber, daß die Energiequelle nicht ausgebeutet und den sonnenreichen Ländern nicht weggenommen wird.«

Das leuchtet ein, im wahrsten Sinne des Wortes. Und doch fehlt in den Industriestaaten die Euphorie. Zu vielen liegt nichts an einer Wende; auf die Hilfe der Energieversorger, der

Schon heute betriebene Solarkraftwerke dienen überwiegend der Forschung. Viele davon wurden in internationaler Zusammenarbeit errichtet und weisen insofern auf die Notwendigkeit hin, die Energiewirtschaft der Zukunft länderübergreifend aufzubauen. Unter den bestehenden Solarkraftwerken gibt es sowohl solarthermische Kraftwerke (Turm-, Farm- und Solar-Kuppel-Kraftwerke) als auch photovoltaisch arbeitende, und selbst einige Kraftwerke, die die Möglichkeiten einer solaren Wasserstoffwirtschaft testen sollen, sind bereits in Betrieb oder zumindest im Bau. Grundsätzlich deuten die bisherigen Ergebnisse darauf hin, daß die Solarstromerzeugung in Sonnenländern mit anschließendem Transport des zur Speicherung verwendeten Energieträgers (bei dem es sich um Wasserstoff handeln dürfte) auf lange Sicht billiger sein wird, als die großtechnische Solarstromerzeugung in Ländern mit wenig Sonnenschein.

Atomlobby, all jener, die mit dem Ungleichgewicht gut leben, ist nicht zu zählen.

Es wird noch dauern, bis die Verantwortlichen auch bei uns einsehen, daß Internationalismus geboten ist. Die Gefahren etwa durch den Treibhauseffekt gehen alle an. Koordinierte Aktionen sind effektiver: Die Forschung ist einheitlicher, das Investitionsvolumen höher, der Zusammenhalt stärker. Wie innerhalb der EG schon 1951 und 1957 mit den Gründungen der EGKS (Europäische Gemeinschaft für Kohle und Stahl) beziehungsweise der Euratom geschehen, muß auch im Solarbereich Zusammenarbeit institutionalisiert werden.

Alternative Energie im Verbund

Solarenergie ist der Weg in unsere Energiezukunft. Jedoch – der Clou eines ökologisch verträglichen neuen Energiekonzepts liegt in einem Zusammenspiel vieler Komponenten. Dezentrale Systeme unterschiedlichster Träger sind gefragt. Dazu kommt als zweites Standbein die vergessene Energiequelle – Sparen. Zunächst muß es nämlich darum gehen, den Verbrauch zu verringern und die vorhandenene Primärenergie rationell umzusetzen. Erst dann kommen die unerschöpflichen und sauberen Energien zum Einsatz – von Sonne bis Wind, von Erdwärme bis Biomasse. Die Einzelkomponenten des Systems sollen hier dargelegt werden. Erst das aus ihnen zusammengesetzte Energie-Orchester macht die Musik – mehr als nur Zukunftsmusik.

Die anderen ›Sanften‹

Windenergie

Surfen, Segeln, Fliegen, Drachen steigen lassen... Der Wind hat es uns in der Freizeit angetan. Doch er hat auch seine brutale Seite: Orkane in Europa, Hurrikane in der Karibik, Sand- oder Schneestürme dokumentieren die – mitunter tödliche – Urgewalt des Windes. Der Wind zeigt seine Stärke.

Neben der Sonne ist der Wind die Energiequelle mit den größten Zukunftsaussichten, und schon heute, so Forschungsminister Riesenhuber Ende 1990, »der regenerative Energieträger, der der Schwelle zur Wirtschaftlichkeit am nächsten ist«. Und das, obwohl Windkraft eigentlich Energie von gestern ist. Ein Urlaub in Holland oder Griechenland zeigt uns verschiedene jahrhundertealte Systeme, dem Wind Arbeitskraft abzuringen. Hier wie dort prägen Windmühlen jeweils charakteristischer Bauweise das Bild der Landschaft. Ende des 19. Jahrhunderts waren selbst in Deutschland noch 20000 Windmühlen in Betrieb; von den Küsten an Nord- und Ostsee

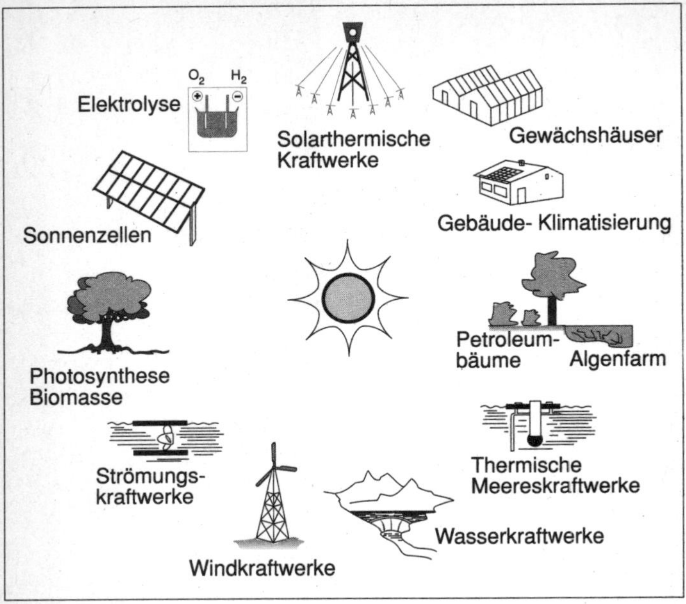

Von der Sonne gespeiste Energiequellen.

über die Ränder der Mittelgebirge bis tief ins Landesinnere, etwa in die ›Kornkammer‹ Schlesien. Windmühlen und Wasserräder waren die einzigen Alternativen zu menschlicher und tierischer Arbeitsleistung. In den dreißiger Jahren arbeiteten immer noch 5000 Windmühlen; dann schwand das Interesse. Die Hatz auf Leistung ließ den trägen Riesen keine Chance. Die Mühlen in Deutschland erbrachten um 1900 etwa 50 Megawatt, ein Zwanzigstel der Leistung großer Kraftwerke von heute. So setzten sich Motoren aller Art durch. Nur einige denkmalgeschützte Mühlen vom Holländer-Typ durften an die gute alte Zeit erinnern. Erst in den siebziger Jahren kam die Windenergie mit den ersten Zweifeln an Öl und Atom wieder ins Gespräch und in die Laboratorien. Heute liefern Windanlagen weltweit 1660 Megawatt, 85 Prozent davon werden in Kalifornien ›erdreht‹.

Das Prinzip

Klassische Windmühlenflügel wurden und werden einfach vom Wind angeschoben. Moderne Windanlagen aber arbeiten effektiver: der Rotor nutzt strömungsphysikalische Gegebenheiten, Rotorblätter besitzen heute eine ausgefeiltere Aerodynamik als Flugzeugtragflächen. So sind erstaunlicherweise schmale Flügel besser. Sie ›zerschneiden‹ die Luft in schraubenförmig zusammenhängende Scheiben, von denen nahezu die gesamte Energie an den Flügel übergeht. Die herkömmlichen breiten, vermeintlich besseren Windräder decken dagegen einen Großteil der überstrichenen Fläche ab und bremsen sich praktisch selbst, indem sie Wirbel erzeugen.

Die Leistung

Zwei Größen bestimmen die Leistung einer Windkraftanlage: Rotordurchmesser und Windgeschwindigkeit. Die Faustregel: doppelter Durchmesser bringt vierfache, doppelte Windgeschwindigkeit achtfache Leistung. Wo Wind mit 20 km/h weht, ist achtmal soviel Energie zu holen, wie dort, wo es - scheinbar kaum weniger - 10 km/h sind! Deshalb ist der Standort entscheidend. Nur in wenigen Gebieten Deutschlands - auf einigen Berggipfeln und an der Küste - werden die nötigen Windstärken von mindestens fünf Meter pro Sekunde (18 km/h) in zehn Metern Höhe über längere Zeit erreicht.

Der windreichste Ort der Republik ist Helgoland. Hier wäre eine Nutzung in 4500 der 8760 Jahresstunden möglich, eine Auslastung von mehr als 50 Prozent - bei etwa neun Meter pro Sekunde. An der deutschen Nordseeküste würde der Wind immer noch an 3400 Stunden den Betrieb einer Windanlage erlauben. In Süddeutschland erreicht der Wind meist nur ein Drittel der Küstenwindgeschwindigkeit; so ist nur 1/27 der dort erreichbaren Leistung zu erwarten - kaum rentabel.

Rotorarten

Riesige Propeller am Ende von 100 Meter langen Fahnenstangen - so nahmen sich die ersten Windkraftanlagen aus. Diese

Zeiten sind vorbei. Heute sind vor allem drei kleinere Haupttypen in Anwendung:

Zwei- oder dreiflügelige Propeller mit Rotordurchmessern von zehn bis 20 Metern auf Masten von etwa 20 bis 30 Metern Höhe sind heute vorherrschend. Der von MAN entwickelte Aeroman etwa, ein Zweiblattrotor mit 12,5 Metern Rotordurchmesser, bringt 30 Kilowatt Spitzenleistung. Jährlich werden 500 ›Aeromänner‹ (Stückpreis 100 000 DM) verkauft, vor allem nach Kalifornien. Aber auch in Norddeutschland arbeiten viele Kleinanlagen, zumeist mit weniger als 100 Kilowatt Leistung.

Eine Weiterentwicklung aus dem Hause MBB ist der Monopteros. Der Name stammt aus dem griechischen und bedeutet ›Einarmiger‹, womit wir beim Charakteristikum sind: Der Monopteros hat nur einen Flügel, der von einem Gegengewicht ausgewuchtet wird. Das bringt zwei Vorteile mit sich: Zum einen kann wegen der Materialeinsparung der Rotor ruhig aus teurem glasfaserverstärkten Kunststoff gebaut werden, zum anderen kann das Rotorblatt flexibler aufgehängt werden. Der Monopteros ist billiger als herkömmliche Anlagen, der Bau einfacher. Maßgebend für die Leistung ist ohnehin nicht die Anzahl der Flügel, sondern die vom Rotor überstrichene Fläche. Zwei Flügel bringen höchstens zehn Prozent mehr Leistung als einer. Die Anlage gibt es als ›Monopteros 50‹ und als ›Monopteros 15‹, wobei die Zahlen für die Rotordurchmesser stehen. Der Monopteros 15 erbringt 15 bis 25 Kilowatt Leistung und kostet etwa 60 000 Mark.

Der erste Entwurf zu einem besonders eigenwilligen Modell, genannt Darrieus-Modell oder ›Eierschläger‹, stammt aus dem Jahre 1929 und von dem Franzosen J. M. Darrieus. Den respektlosen Beinamen verdankt es seiner unorthodoxen Form: Zwei gewundene Metallbogen drehen sich um eine vertikale Achse. 150 dieser Anlagen sind am Altamontpaß in Kalifornien installiert. Sie arbeiten zwar nicht so effektiv wie Rotoranlagen, sind aber einfacher in Konstruktion und Wartung, dazu robuster und billiger.

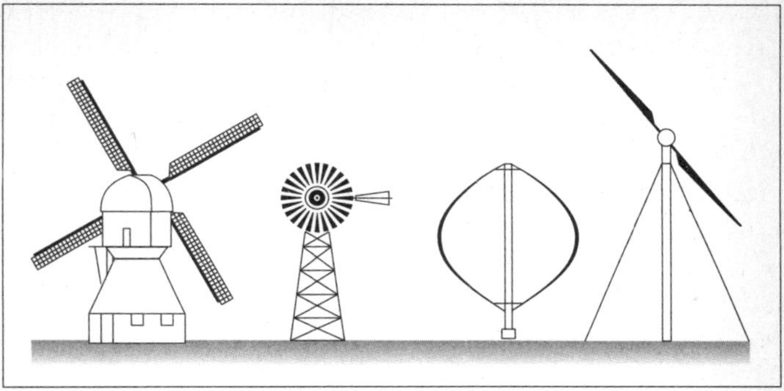

Windenergie-Anlagen: klassische Windmühle, Western-Rotor, Darrieus-Rotor und Propeller (v. l. n. r.).

Windanlagen im Einsatz

Mehr als 200 Windkraftanlagen erbringen derzeit in Deutschland eine Leistung von rund 25 Megawatt. Beispiele:

Fehlstart in die Zukunft: Growian

Am Anfang stand die Ernüchterung: Growian nannte sich das erste deutsche Forschungsprojekt. Growian, für ›Große-Wind-Anlage‹. Daraus wurde eher ein Growijam, für ›Großer-Wind-Jammer‹: 1983 mit großen Hoffnungen in die norddeutsche Küstenlandschaft am Kaiser-Wilhelm-Koog in Dithmarschen gebaut, wurde das Projekt zum Rohrkrepierer. Growian und seine später zu bauenden Brüder hätten mit einem (Wind)Schlag das Energieproblem lösen sollen, im Zusammenspiel mit Kohle und Atom, so der unbescheidene Anspruch.

Doch von Anfang an stand die Idee unter einem schlechten Stern. Schon bei der 1977 begonnenen Planung und dem Bau ab 1981 erwiesen sich die Teile des Riesenpropellers als empfindlich, die Kosten als unerwartet hoch. Die Rotornabe war zu schwach, weil der Rotor auf seinem 100 Meter hohen Mast mit einer Spannweite von 100 Metern einfach zu groß war. Bei jedem der nicht wenigen auftretenden Fehler mußte das entsprechende Teil ersatzlos ausgebaut und langwierig repariert werden, weil alle Teile ob ihrer Größe Einzelanfertigungen waren. Und so kam Growian in den drei Jahren seines Betriebs mit ihren 26000 Stunden auf ganze 200 Stunden Laufzeit. 1985 wurde das Projekt abgeblasen. 90 Millionen Mark hatte es inklusive Begleitforschung gekostet.

Für kommerziellen Einsatz sind kleine und mittlere Anlagen um 1,5 Megawatt besser geeignet - dies blieb als Erkenntnis. Growians Nachfolger sind ausgereifter. Insofern war auch die Pleite ein Fortschritt. Um die Leistung eines modernen Kohlekraftwerks zu erreichen, zum Beispiel des nahe Growian stehenden Kraftwerks Wilhelmshaven, das 670 Megawatt leistet, hätte man 500 Growiane gebraucht. Allerdings: auf Hawaii oder Schweden laufen Großanlagen heute recht erfolgreich.

Auch der erste Windenergiepark der Republik wurde am Kaiser-Wilhelm-Koog geplant und nach nur einem Jahr Bauzeit 1987 in Betrieb genommen. 32 moderne Windmühlen kosteten fünf Millionen Mark und produzieren im Jahr 2,5 Millionen Kilowattstunden Strom, womit sie den Bedarf von 400 Haushalten decken. Auf dem noch vorhandenen Fundament Growians entsteht eine weitere 1,2-Megawatt-Anlage.

Helgoland

Seit Juli 1990 hat die Nordseeinsel Helgoland ein neues Wahrzeichen: einen 44 Meter hoher Turm mit dreiblättrigem Rotor. Mit 1,2 Megawatt Leistung ist dies die größte deutsche Windkraftanlage und Teil eines großen ›Öko-Energiesystems‹, das die Insel per Fernwärme und Meerwasserentsalzungsanlage auch mit Wärme und Süßwasser versorgen soll. Die Kosten betrugen 60 Millionen Mark und wurden zu 40 Prozent von der EG, dem Forschungsministerium und dem Land Schleswig-Holstein übernommen. Die von MAN gebaute Windanlage selbst kostete knapp neun Millionen Mark und liefert vier Millionen Kilowattstunden jährlich; ein Viertel der auf der Insel benötigten Energie.

Kommerz-Wind

Der vorläufig größte Windpark Europas entsteht im Friedrich-Wilhelm-Lübke-Koog vor Sylt. Die Neuerung: nicht Forschung sondern Profit ist das Anliegen. Die Baukosten von 28 Millionen Mark werden größtenteils privat finanziert. 50 Anlagen sollen zusammen 13 Megawatt leisten und im Jahr 19 Millionen Kilowattstunden Strom erzeugen, genug für 6500 Haushalte. Seit November 1990 speist die Anlage der Nordfriesland Windpark GmbH ins öffentliche Stromnetz ein.

Zwar zahlte die Schleswag, der betroffene Energieversorger, zunächst an Private nur 9,3 Pfennig pro Kilowattstunde Strom, aber aufgrund des neuen Stromeinspeisungsgesetzes wird nun der bundeseinheitliche Tarif von 16,6 Pfennig fällig. Dazu kommen acht Pfennig Betriebskostenzuschuß vom Bundesforschungsministerium. Die Betreiber wollen Strom für 15 bis 20 Pfennig produzieren. Geplante Rendite: sieben bis acht Prozent. Wenn das reicht! Denn das neue Gesetz hat das Stromeinspeisen so lukrativ gemacht, daß alle Erwartungen übertroffen wurden. Das zeigte sich schon in den ersten drei Monaten, in denen das Gesetz in Kraft war, also von Neujahr bis Ende März 1991. In diesem Zeitraum gingen allein bei der Schleswag – in deren Einzugsgebiet es vorher einschließlich des eigenen Windparks gerade eine Handvoll Anlagen gab – Anträge für 450 Windkraftanlagen sowie für weitere 135 (!) ganze Windparks ein, von denen jeder bei einer Mindestleistung von 630 Kilowatt wenigstens aus drei Windkraftanlagen bestehen muß. All dies dank einer einzigen Änderung des gesetzlichen Rahmens! Und all dies, obwohl, wie man bei der Schleswag süßsauer anmerkt, alle Investitionen ausschließlich von Energieanbietern und -verbrauchern in Schleswig-Holstein und Niedersachsen zu tragen sind – während die rückständige Kohleverstromung nach wie vor von allen Bundesbürgern mit dem ›Kohlepfennig‹ bezuschußt wird, bei dem es keineswegs nur um Pfennige geht!

- In Dänemark gab es schon vor zehn Jahren 150 meist kommerzielle Anlagen. Die größten kosteten 120000 Mark, hatten einen Durchmesser von 15 Metern und eine Leistung von 55 Kilowatt. 30 Prozent der Kosten trug der Staat. Bereits diese Anlagen deckten 0,3 Prozent der Energieversorgung des Landes. Heute liefern Windanlagen 1,5 Prozent des verbrauchten Stroms, Ziel für das Jahr 2000 ist ein 15-Prozent-Anteil. Windkraftanlagenbau und -export schafften bis 1990 etwa 5000 Arbeitsplätze.

- Holland baut eine Zehneinhalb-Megawatt-Anlage am Ijsselmeer, die dann die größte europäische Windanlage sein wird und 5000 Haushalte mit Strom versorgen kann.
- Und Kanada hat den Größten. Nahe der Stelle, wo schon 1620 die erste kanadische Windmühle stand, am St.Lorenz-Strom, 700 Kilometer von Montreal entfernt, liefert seit 1987 der Éole Strom, mit vier Megawatt Leistung noch die größte Anlage der Welt - mit Darrieus-Prinzip, da die kanadische Regierung dieses Modell favorisiert. Der Éole macht noch Sorgen. Die Angst vor Materialermüdung am 115 Meter hohen Turm geht um. Und der Wind blies auch schwächer als vorausgesagt (meist sechs statt neun Meter pro Sekunde), wodurch die 40-Millionen-Mark-Anlage nur 2300 Betriebsstunden und nur 40 Prozent der erwarteten 1,7 Millionen Kilowattstunden lieferte.

Probleme der Windkraftnutzung

Ob Windstille oder Sturm - beides bedeutet Ausfallzeiten. So gehen Aeroman-Rotoren wie viele andere Modelle bei etwa 20 km/h Windgeschwindigkeit computergesteuert aus ihrer Ruhestellung (windparallel) in Betriebsstellung (quer), müssen bei über 60 bis 80 km/h abgeschaltet werden. Von Anlagen, die am Netz hängen, erwartet man aber stets optimale Leistung. Sind Windanlagen daher, wie Kritiker einwenden, allenfalls Ergänzungen zum bestehenden Energiesystem? Nein! Auch ›herkömmliche‹ Kraftwerke haben beträchtliche Ausfallzeiten. Im Durchschnitt kommen die deutschen Kraftwerke auf eine zeitliche Verfügbarkeit von 70 bis 85 Prozent, die besten Windanlagen liefern zu 50 Prozent der Zeit Strom. Die Versorgungssicherheit der Bevölkerung wird dies nicht belasten. Schließlich wird in Deutschland trotz der Ausfallzeiten aller Energieträger die Nachfrage zu über 99 Prozent gedeckt. Hat ein Kraftwerk einen Ausfall, springt das nächste ein. Warum soll das nicht auch bei der Windkraft gehen? Und die Versorgungssicherheit ist bei herkömmlichen Kraftwerken schließlich wegen ihrer Importabhängigkeit langfristig gefährdet.

Umweltverträglichkeit

Windnutzung erzeugt weder Abgase noch Abwärme, ist unerschöpflich und bereitet keinerlei Entsorgungsprobleme. Über andere Punkte haben sich Forscher Gedanken gemacht:

- Klimaänderung? Die Veränderung der Windgeschwindigkeiten durch Rotoren ist unbedeutend.
- Lärm? Die ersten Prototypen arbeiteten relativ laut, die heutigen praktisch kaum mehr.
- Fernsehempfangsstörung? Rotoren können den Empfang in nächster Umgebung stören. Technische Lösungen sind noch teuer, aber vorhanden.
- ›Optische Verschmutzung‹? In Berg am Starnberger See lief schon 1984 eine ganze Gemeinde Sturm gegen die Windanlage des Unternehmers Siegfried Genz, wegen des Lärms und der Optik. Gegen die 28 Meter hohe Anlage bildete sich sogar eine Bürgerinitiative. Ein Mast wurde dem Erbauer genehmigt, er will aber drei aufstellen. Der Gemeinderat wehrte 1990 Genzens Bauantrag ab, die Sache ist längst ›gerichtsmassig‹, der Streit dauert an. Das Problem: 20 Prozent aller in Deutschland gestellten derartigen Anträge werden abgelehnt mit der Begründung, Windanlagen verschandelten die Landschaft. Gewiß! Windkraftanlagen sind auffällige und nicht eben schöne Bauwerke. Doch den Vergleich mit formschönen Bauten in Biblis, Brokdorf oder Kalkar haben sie nicht zu scheuen.

Kosten und Nutzen

An günstigen Standorten produziert Wind weit günstiger Energie als Sonne, zu 18 bis 22 Pfennig je Kilowattstunde. Laut der

Aushängeschild Kalifornien

Kalifornien ist das größte Windenergie-Versuchsfeld der Welt. Das Gebiet bietet sich an: kräftige Ausgleichsströmungen über kaltem Pazifik und heißen Tälern bewirken besonders im Sommer starken Südwestwind – 4800 Stunden im Jahr nutzbar.

Auch in Kalifornien glaubte man zunächst, größer sei besser. Zweiarmige Giganten mit Flügelspannweiten von der Länge eines Fußballplatzes und Kapazitäten bis vier Megawatt schossen wie Pilze aus dem Boden. Doch ihnen erging es nicht besser als Growian: öfter in Reparatur als in Betrieb, heute fast vergessene ›Dinosaurier‹.

Als beste Lösung stellten sich ›Windfarmen‹ aus vielen dreiflügeligen Anlagen mit einer mittleren Leistung von 100 Kilowatt heraus. Die meisten von ihnen haben eine Spannweite von 19 Metern, sind rund 20 Meter hoch und stehen an den Pässen des kalifornischen Küstengebirges. Sie sind im Jahr durchschnittlich 1000 Stunden in Betrieb. An den drei wichtigsten Pässen werden 1200 Megawatt Strom erzeugt, fast so viel wie ehedem im Atomkraftwerk Three Mile Island bei Harrisburg. Schon 1982 brachten 1400 ›Windmühlen‹ ihren Betreibern mehr als zwei Millionen Dollar Gewinn. Heute kostet die Kilowattstunde Windstrom etwa elf Pfennig.

Firmen konnten 15 Prozent aller Kosten absetzen. Investitionen durften innerhalb von fünf statt wie üblich 20 Jahren abgeschrieben werden. Zusätzlich erließen Kaliforniens Finanzämter 25 Prozent an Steuerschuld. So konnte, wer 1982 10 000 Dollar investiert hatte, 1990 unter Umständen mehr als 10 000 Dollar Steuern gespart haben und bis zu sieben Prozent Rendite beim Stromverkauf einstreichen. Die Betreiber erhielten per Gesetz eine garantierte Einspeisungsvergütung in Höhe des Preises von Kraftwerksstrom.

So entstanden hier in kürzester Zeit mehr Anlagen als sonst irgendwo. Seit 1982 wurden 18 000 Windräder mit einer Leistung von 1500 Megawatt aufgestellt. Die 750 Millionen Kilowattstunden Strom versorgen 400 000 Haushalte und liefern mehr als ein Prozent der gesamten Stromerzeugung Kaliforniens. Trotzdem wurde das unter Präsident Carter vorbereitete

Förderprogramm 1986 gekürzt. Dabei kann Kaliforniens Windstrom heute preislich mit billigstem Strom aus Wasserkraft mithalten. Dazu trägt die erstaunliche Lebensdauer der Windkraftanlagen bei, die mit 30 Jahren angesetzt wird. Die VDI-Nachrichten: »Dies beweist, wie schnell die Nutzung einer erneuerbaren Energiequelle in die Tat umgesetzt werden kann, wenn natürliche Bedingungen und wirtschaftliche Anreize stimmen.«

Fördergesellschaft Windenergie wären bei Serienproduktion der Anlagen 14 bis 16 Pfennig erreichbar. Noch sind aber die Installationskosten hoch. Doch neben den Riesen MAN und MBB sind mehr als dreißig Kleinfirmen aktiv. Vor einigen Jahren kostete jedes Watt installierte Leistung noch fünf Mark. Schon 1986 brachten es dänische Unternehmen bei 120-Kilowatt-Anlagen auf 2,50 Mark.

Zum Vergleich: bei Steinkohlekraftwerken kostet jedes Watt Leistung etwa zwei Mark, bei Atomkraftwerken 3,50 Mark. Mit jeder Betriebsstunde gewinnen Windkraftanlagen auch finanziell an Boden – die Rotoren haben kaum Wartungs- und keine Brennstoffkosten.

Nur wissen noch nicht alle um das Potential. Auf eine Anfrage im Landtag antwortete Mitte 1990 die bayerische Staatsregierung, sie habe »keine Kenntnisse«, unter welchen Bedingungen Wind-Strom ins Netz einspeisbar sei.

Jede Kilowattstunde Windstrom erspart der Umwelt ein Kilogramm Kohlendioxid, von anderen Schadstoffen ganz zu schweigen. Die Förderung durch den Forschungsminister beträgt in der Bundesrepublik dennoch nur 27 Millionen Mark im Jahr. Das 1989 vorgestellte Programm ›100 Megawatt Wind‹ ist zumindest ein Anfang: Bis 1994 sollen Windanlagen mit 100 Megawatt Gesamtleistung errichtet und gefördert werden, entweder mit acht Pf/kWh Betriebskostenzuschuß oder einer Investitionshilfe. Bis Ende 1990 waren über 700 Anträge für Anlagen mit insgesamt 90 Megawatt eingegangen. Das Programm soll sogar auf 200 Megawatt erweitert werden. Schafft man in Deutschland statt der heutigen 250 Anlagen mit 25 Megawatt bis ins Jahr 2000 insgesamt 2500 Anlagen mit 250 Megawatt, dann kämen fast zwei Prozent des deutschen Stromes aus dem Wind. Mittelgroße Anlagen sind dabei am rentabelsten.

Immerhin: im August 1990 verkündete Minister Riesenhuber, daß bald auch an der Ostseeküste der ehemaligen DDR drei Windparks entstehen werden - die Zeit ist offenbar reif für frischen Wind.

Wasserenergie

Wasserkraft war eine der ersten Energieformen, die der Mensch zu nutzen verstand. Auch heute wird Wasserkraft unter allen regenerativen Energien am intensivsten genutzt. Sechs Prozent des Weltenergieverbrauchs werden mit Wasserkraft gedeckt. In der Schweiz stammen zwei Drittel, in Bayern 15 Prozent des Stroms von Wasserkraftwerken - die Berge machen es möglich. Ähnlich groß ist die Bedeutung der Wasserkraft in der Dritten Welt. Dort sind zum einen die Möglichkeiten zum Bau anderer Kraftwerke begrenzt; zum anderen reicht bei der meist (noch) dünnen Besiedlung das übers Land verteilte Wasser eher aus, den Bedarf zu decken. In Entwicklungsländern trägt Wasser 31 Prozent, in der Bundesrepublik fünf Prozent zur Stromversorgung bei.

Infolge des Kostendiktats wurden in Europa im Laufe unseres Jahrhunderts zahlreiche Kleinanlagen stillgelegt, die nicht mehr rentabel schienen - obwohl sie oft jahrzehntelang ihren Beitrag zur Energieversorgung geleistet hatten. Aus den 10000 bayerischen Anlagen im Jahre 1945 sind heute 4247 geworden. Nur sechs Prozent des aus Wasserkraft gewonnenen Stroms (19 Milliarden Kilowattstunden jährlich) stammen noch aus Kleinanlagen privater Erzeuger, aus den Schaufelrädern an Flüssen und Bächen. Den überwiegenden Teil liefern die großen Energieversorger.

Das Prinzip der großen Kraftwerke ist simpel: aus Stauseen wird Wasser in langen und starken Rohren in die Tiefe geführt, wobei seine Lage- in Bewegungsenergie umgewandelt wird. Diese Energie treibt Turbinen an, die elektrische Energie erzeugen. Bei Flußkraftwerken treibt das Wasser direkt Turbinen, ebenso bei neuesten Techniken wie Gezeitenkraftwerken oder Wellenenergienutzung.

Bayern ist einziges Bundesland mit einer Verordnung für die Vergütung von Kleinwasserkraftwerksstrom. Bundesweite Regelungen fehlen. Weltweit ist ein Ausbau der Wasserkraftnutzung - in kleinen, dezentralen Einheiten - durchaus vernünftig und lukrativ (nicht aber durch große Stauseen).

Erdwärmeenergie

Die Erdoberfläche ist der kälteste Teil des Erdballs. Je tiefer man in die Erde bohrt, um so höhere Temperaturen stellt man fest. Mit jedem Kilometer wird es um etwa 30 Grad heißer, im Erdkern ist das Gestein bei Temperaturen um 5000 Grad Celsius flüssig. Zwar ist es nicht annähernd möglich, in derartige Tiefen vorzustoßen, doch sind auch geringere Tiefen von Interesse. Mit Hilfe von Sonden läßt sich schon die 50 Meter unter der Erdoberfläche herrschende Wärme nutzen. Dabei werden zwei ineinanderliegende Rohre im Boden versenkt. Durch das Innenrohr wird Wasser nach unten gepumpt, im Außenrohr steigt es - erwärmt - wieder auf. Oben kann man ihm die Wärme entziehen - ein natürlicher Wärmetauscher.

Ähnlich läßt sich Erdwärme auch in großem Maßstab nutzen. Statt eines Doppelrohres versenkt man zwei getrennte Rohre kilometertief in die Erde.

Diese Technik ist auch dort anwendbar, wo das heiße Gestein von Natur aus kein Wasser führt: Bei diesem ›Hot-Dry-Rock-Verfahren‹ wird zunächst eine große Menge Wasser in das Gestein gepreßt, damit sich ein weitläufiges und verzweigtes Gefüge von Rissen bilden kann, durch welches das Wasser von einer Bohrung zur anderen gelangt. Mit der Energie kann mitunter eine ganze Siedlung versorgt werden. Beispiel für dieses Verfahren ist ein Projekt im elsässischen Shoultz en Forêt, an dem die Europäische Gemeinschaft mit

4,5 Millionen Mark beteiligt ist. Man nutzt den Umstand, daß in dieser Region bereits in 2000 Meter Tiefe – statt sonst in 3000 Metern – die Temperatur 150 Grad Celsius beträgt. Der Unterschied spart gewaltig Kosten. Die steigen bei großen Bohrtiefen für die letzten Meter nämlich exponential an.

Für Erdwärme gibt es wohl bis etwa zum Jahr 2010 kaum eine wirtschaftliche Einsatzmöglichkeit, aber das sollte nicht schrecken. Erdgeschichtlich gesehen ist dieses Jahr nur einen Wimpernschlag von heute entfernt.

Biogas

Die Erzeugung von Biogas durch bakterielle Zersetzung ist eine bewährte Technik. Schon 1953 lieferten deutsche Klärwerke mehr als 20 Millionen Kubikmeter Biogas, das in Herden, Heizungen und methangetriebenen Fahrzeugen verwendet wurde. Auch zum Beispiel Mülldeponien liefern heute Gas zur Energiegewinnung. Für die Zukunft empfiehlt sich Biogas naturgemäß vor allem dem Bauern. Immerhin liefert jede Kuh bei der Verdauung täglich ein bis zwei Kubikmeter Biogas. Die Gasmenge, die sich dadurch alljährlich ansammelt, hat den Heizwert von 300 Liter Heizöl.

Wie Biogas zu nutzen ist, zeigt seit 1981 eine Anlage im bayerischen Ismaning. Sie ist so gebaut, daß sie laufend Jauche von 1000 Rindern und Abfälle von umliegenden Feldern verarbeitet. Das Gas, das die an der Zersetzung beteiligten Kleinstlebewesen erzeugen, ist ein Gemisch von Methan und Kohlendioxid. Es wird unter einer gasdichten Folie gesammelt, ehe es in einer Generatoren-Anlage eine elektrische Leistung von bis zu 100 Kilowatt erzeugen hilft.

Ismaning müßte kein Ausnahmefall sein. Die Ernährungs- und Landwirtschaftsorganisation der Vereinten Nationen befand nach Abschluß einer entsprechenden Untersuchung, daß Europas Bauern dank der verschiedenen Arten der Biogas-Verwendung mindestens ihren eigenen Energiebedarf decken könnten. ›Abfälle‹ dieser Energiegewinnung wären unter anderem Dünger und Kraftfutter, die die Bauern noch unabhängiger machen würden. Der Landwirt der Zukunft liefert nicht mehr nur Eier und Milch, sondern auch Energie, aus Wind oder Sonne - oder Biogas.

Biomasse

Die jährlich auf der Erde wachsende Biomasse besitzt den gigantischen Energiegehalt von 80 Billionen Kilowattstunden - die Leistung von 7600 Atomkraftwerken, das Sechsfache des jährlichen Weltenergieverbrauchs. Zu Beginn des Jahres 1991 scheint sogar Energie aus Biomasse, also die Nutzung nachwachsender Rohstoffe, Ölerzeugung aus Raps oder Schilf, neben der direkten Sonnenenergienutzung am ehesten die Möglichkeiten zu bieten, die Energieprobleme des nächsten Jahrtausends zu lösen, und darüber hinaus die Krise der Landwirtschaft zu beheben, da pflanzliche Energierohstoffe zu den neuen Nutzpflanzen schlechthin werden könnten.

Auch die Verbrennung von Biomasse wie Holz oder Stroh kann Energie liefern. Die Kohlendioxidentstehung ist dabei kein Problem, wenn man darauf achtet, daß man nicht mehr Biomasse verbrennt als nachwächst. Die nachwachsende Biomasse bindet ja wieder Kohlendioxid.

Theorie und Praxis

Immer wieder zeigt sich bei der Betrachtung der ›alternativen‹ Energieformen, daß deren Möglichkeiten gewaltig sind und so manch eine Energieform den Energieverbrauch der Menschheit potentiell alleine decken könnte.

Gewiß wäre es unseriös, theoretische Möglichkeiten mit praktisch nutzbaren Energiemengen gleichzusetzen. Windstärken in zehn Kilometer Höhe etwa sind meßbar, aber kaum nutzbar. Genauso unseriös ist es aber, alle Energie als nicht wirtschaftlich nutzbar zu bewerten, deren Nutzung zur Zeit noch teurer ist als Steckdosenstrom. Zum einen wird die Nutzung zwangsläufig einfacher und damit billiger. Zum anderen ist es nur eine Frage der Zeit, wann die gängigen Energieträger zu Luxusgütern werden. Das ›technisch-wirtschaftliche

Potential‹ einer Energieform - die Energiemenge, die bei heutiger Technik und heutigen Preisen in einem Gebiet wirtschaftlich nutzbar ist - ist eine veränderliche Größe! Es sollte hier lediglich das Spektrum der Ideen aufgezeigt werden. Welche der Techniken sich außer Sonne und Wind letztlich als am rentabelsten erweist, wird sich zeigen.

Sparen und rationelle Energieerzeugung

Den alternativen Energien gehört die Zukunft. Doch die beste aller Energiequellen ist das Energiesparen. Die entsprechenden Appelle sind bekannt und sollen hier nicht vertieft werden. Jeder Verbraucher kann hier zum Erfolg beitragen: Auto, Heizung oder Elektrogeräte sind nur einige Bereiche, wo heute Energie verpraßt wird und wir die Verbesserungen in der Hand haben.

Energiesparen ist auch anders möglich: Ohne Verlust bei der Nutzenergie kann bereits bei Energiegewinnung und -umwandlung der Verschwendung Einhalt geboten werden. Schließlich gehen zwei Drittel der Energie schon vor dem

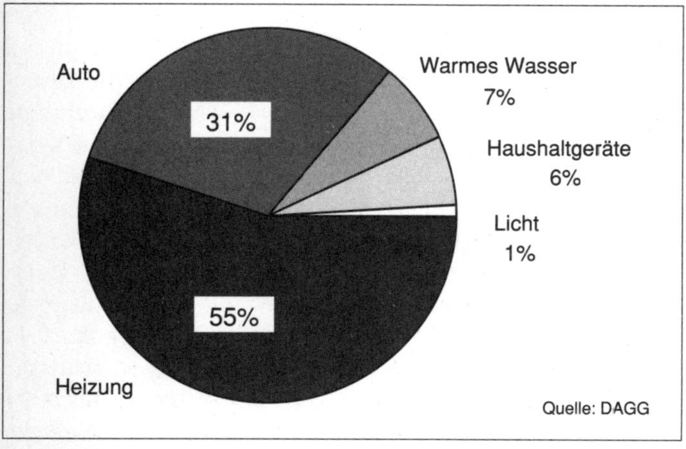

Energieverbrauch im Haushalt.

Verbrauch verloren. Atomstrom enthält nicht einmal ein Drittel der Energie, die zu seiner Erzeugung aufgewandt werden mußte - der Rest belastet als Wärme- oder Strahlungsenergie die Umwelt. Schuld sind veraltete Techniken. ›Rationelle Energieverwendung‹ meint, daß möglichst viel der Ausgangsenergie tatsächlich dem Endzweck dient. Heizen mit Strom ist insofern grober Unfug, wegen dessen geringen Wirkungsgrades.

Daß der durchschnittliche Benzinverbrauch von Neuwagen seit 1978 ohne Leistungseinbußen um ein Viertel zurückgegangen, seit 1973 der Heizölverbrauch je Quadratmeter Wohnfläche von 29 auf 20 Liter reduziert worden ist, sind Beispiele für - geringe - Fortschritte in diesem Bereich. Um weitere Besserung zu schaffen, arbeiten Verfahren, die zwar keine Energiequellen sind, die aber die bessere Nutzung vorhandener Energie ermöglichen. Zwei Beispiele sollen im folgenden vorgestellt werden.

Kraft-Wärme-Koppelung und Prozeßwärmenutzung

Die in Öl und Kohle gespeicherte Energie wird bei der Verbrennung zum größten Teil nutzlos freigesetzt. So werden Wasser und Wasserdampf in Kraftwerken älterer Bauart an Flüsse und an die Luft abgegeben, sobald sie nicht mehr heiß genug zur Stromgewinnung sind.

Beim System der Kraft-Wärme-Koppelung wird diese ›Abwärme‹, richtiger, der Wasserdampf, zum Beheizen von Gebäuden genutzt. Wichtig ist dabei, daß die Wärmeabnehmer nicht allzu weit entfernt und die Fernwärmerohre sehr gut isoliert sind. Mit dieser Koppelung von Strom- und Wärmegewinnung kann ein Heizkraftwerk mit einer Leistung von 100 Megawatt 25000 Haushalte mit Heizenergie versorgen - ganz nebenbei. Der zusätzliche Energieeinsatz betrüge etwa 16000 Tonnen Steinkohleeinheiten im Jahr. Zweifelsohne zu verschmerzen, sparen doch die Abnehmer im gleichen Zeitraum die Energie von 87000 Tonnen Steinkohle. Heute werden neun Prozent aller bundesdeutschen Wohnungen mit derartiger Fernwärme versorgt.

Ähnlich sinnvoll ist in einem dicht besiedelten Gebiet wie der Bundesrepublik die Nutzung der Prozeßwärme: Bei vielen chemischen Reaktionen in der Industrie wird Energie frei, die bisher ungenutzt verpuffte. Auch sie läßt sich ähnlich der Kraft-Wärme-Koppelung nutzen. Nur lief ihre Nutzung bisher nicht so recht, weil der Industrie wenig am Sparen lag: Private Haushalte müssen haushalten, Großabnehmer zahlen Dumpingpreise an die Energieversorgungsunternehmen! Einer von vielen Skandalen: die deutschen Glashütten entlassen permanent Abgase mit bis zu 180 Grad Celsius in die Luft - Idealvoraussetzung, um mit geringem Aufwand daraus selbst billig Strom zu produzieren. Doch damit wäre in so manchem Fall der Strom-Bezugs-Sonderpreis (etwa zehn Pfennig pro Kilowattstunde) gefährdet.

Bei der Kraft-Wärme-Koppelung geht Verschwendung stärker auf Kosten der Energieversorger. Nicht zufällig laufen die Kraft-Wärme-Koppelungs-Programme erfolgreich. Wo ein Wille ist, ist auch ein Weg.

Wärmepumpen

Was wir Wärme nennen, ist aus der Sicht des Physikers die schnelle Hin- und Herbewegung von Elementarteilchen. Praktisch allem, was wir auf der Erde vorfinden, ist diese Bewegung der Atome und Moleküle eigen. Je langsamer die Teilchen ›zittern‹, desto kälter ist der jeweilige Stoff. Die Energie, die dem Zittern innewohnt, kann an andere Teilchen weitergegeben werden - nach Billardkugel-Prinzip. Diesen Umstand macht man sich beim Betrieb einer Wärmepumpe zunutze. Wärmepumpen können der Luft, dem Wasser oder dem Erdreich Wärme entziehen. Man verwendet dabei jenes Verfahren, mit dem Kühlhäuser auf die gewünschte Temperatur gebracht werden. Während man dort Wärme entzieht und ins Freie leitet, laufen Wärmepumpen umgekehrt. Schon bei niedriger Temperatur verdampft in ihnen ein ›Arbeitsmittel‹. Der Dampf wird in einem ›Verdichter‹ unter Druck gesetzt, wodurch seine Temperatur weiter steigt. Der aufgeheizte

Sonnenenergie gibt es auch im weiteren Sinn: Wind, Wasserkraft und energetisch verwertbare Biomasse (Holz, Stroh) sind strenggenommen Sonnenenergie zweiter Ordnung, weil die darin enthaltene Energie unmittelbar und ausschließlich von der Sonne stammt. Die Nutzung der Windenergie hat in jüngster Zeit gerade in Deutschland einen beispiellosen Aufschwung erlebt, weil unter geänderten gesetzlichen Rahmenbedingungen zahlreiche kleine und mittelgroße Anlagen die Rentabilitätsschwelle überwinden konnten, so daß innerhalb sehr kurzer Zeit zahlreiche neue Anlagen entstanden. Im Vergleich dazu sind die Möglichkeiten der Wasserkraft hierzulande weitgehend ausgeschöpft, was allerdings die Erhöhung der Energieeinfuhr aus wasserreichen Ländern wie Finnland oder Kanada keineswegs ausschließt. Weitere erneuerbare Energiequellen wie Biomasse und Erdwärme können längst nicht im eigentlich sinnvollen Maß genutzt werden, weil die technischen Möglichkeiten – vor allem mangels staatlicher Förderung – bei weitem nicht ausgereift sind. Technisch möglich, sinnvoll und schnell umsetzbar ist aber das Ausschöpfen der vorläufig wichtigsten ›Energiequelle‹ überhaupt, des Energiesparens – wobei das Sparen dank moderner Geräte keineswegs auf Kosten des Nutzens zu gehen braucht.

Dampf gibt seine Wärme in einem Wärmetauscher ab – aus dem Dampf wird wieder eine Flüssigkeit. Der Kreislauf beginnt von neuem.

Moderne Wärmepumpen sind so ausgereift, daß ihr Betrieb sogar dann noch möglich ist, wenn die Außentemperaturen erheblich unter dem Gefrierpunkt liegen. Außerdem können sie mit herkömmlichen Heizverfahren kombiniert werden. Natürlich muß man der Pumpe erst einmal Energie zuführen. Das Verhältnis zwischen der aufgewendeten ›Hilfsenergie‹ und der gewonnenen Wärmeenergie wird als ›Leistungsziffer‹ bezeichnet.

Wärmepumpen schienen Anfang der achtziger Jahre einen unaufhaltsamen Siegeszug durch Deutschlands Häuser anzutreten. Daß dieser Zug inzwischen eher langsam dahinzuckelt, sich die Verkaufszahlen halbiert haben, liegt an technischen Schwierigkeiten bei manchen Systemen und an der Zurückhaltung mancher Hersteller. So blieben die Preise hoch; der Staat gab kaum Unterstützung. Wo sich aber findige Ingenieure und bewußte Verbraucher von den Kosten nicht schrecken ließen, decken Wärmepumpen nun den jährlichen Wärmebedarf ihrer Häuser zu 90 Prozent. Problematisch bleibt, daß alle für Wärmepumpen derzeit benutzten Hilfsenergien (je nach System Gas, Öl oder - meistens - Strom) bedenklich sind. Die Wärmepumpe mit Antrieb von sanften Energieträgern wäre langfristig der einzige Ausweg.

Solaranlagen im Eigenbau

Lust bekommen? Die Sonne ist ›in‹. Duschen mit sonnengewärmtem Wasser, dösen im wohlig warmen Wintergarten, nächtliches schmökern mit gespeichertem Sonnenlicht - ist das nicht tausendmal schöner, als bei jedem Knopfdruck, bei jedem Schalterdreh ein schlechtes Gewissen zu bekommen, weil er die Rauchschwaden über unseren Städten vergrößert, weil er seinen Anteil an Atomkatastrophen hat und unsere Welt dem Abgrund noch ein Stück näher bringt? Sonnenfreunde sind nicht länger illusionierende Querulanten, sie sind Leute von morgen, die Vorhut der bewußten Verbraucher des nächsten Jahrtausends. Im folgenden einige knappe Tips, wie jeder einzelne ohne großen Aufwand zur wachsenden Solargemeinde stoßen kann.

Biologisch und solar bauen

Ob Iglu oder Bergbauernhof, Lehmhütte oder Schwarzwaldhaus - Gebäude sind nicht nur folkloristische Tupfer in der Landschaft, sondern überall in der Welt seit Jahrtausenden Ausdruck des in Generationen gewachsenen Wissens um den Zusammenhang von Klima und Bauweise. Steht hingegen im sonnigen Los Angeles das gleiche Hochhaus wie im trüben Frankfurt, so liegt die Vermutung nicht fern, daß es zumindest an einem Ort nicht gut aufgehoben ist.

Biologisches Bauen beginnt beim Baumaterial. Werbung für den einen oder anderen Baustoff hin oder her - in unseren Breiten sind Ziegel im Hinblick auf den Heizenergieaufwand kaum zu übertreffen. Ziegelaußenwände können 30 Grad warm werden, auch wenn die Temperatur im Freien unter 10 Grad liegt. Eine dicke Ziegelwand funktioniert fast wie ein Sonnenkollektor - sie gibt noch zwölf Stunden nach Erwärmung Wärme ab. Wärme vom Mittag und Nachmittag nutzt dem Haus noch nach Mitternacht, wenn es am kältesten ist.

Dies wurde in aktuellen Baunormen gänzlich vergessen. Sie sehen Wärmequellen nur im Inneren des Hauses. So ist in der entsprechenden DIN-Norm 4108 der Tag/Nacht-Unterschied nicht berücksichtigt; Neubauten werden zwangsläufig fehlerhaft geplant. Die Folge: ein ›Barackenklima‹, mit dem weder dem Bewohner noch der Umwelt gedient ist.

Was für das Material gilt, gilt nicht weniger für die Form: Die Wohnsilos und Mietskasernen der fünfziger, sechziger und siebziger Jahre gehören zum häßlichsten, was unsere Städte und Dörfer zu bieten haben. Und sie sind - energetisch betrachtet - örtlich begrenzte Katastrophen. Da bieten die Außenwände Wind und Wetter große Angriffsflächen, da spielten Himmelsrichtungen - und damit die Richtung der Sonneneinstrahlung - ganz offenkundig schon bei der Planung keine Rolle.

Die Wintergärten oder die schattenspendenden Fassadenelemente fehlen; die Wände sind dünn wie Pappe; dafür sind die Heizkörper so angebracht, daß sie den Garten gleich mitheizen können.

Dabei sind Grundregeln biologischen Bauens einfach:

- Naturnahe Materialien gestalten Temperatur und Luftfeuchtigkeit durchweg angenehmer.
- Eigenheiten der Landschaft wie Hügel, Hänge, Windstärken oder Reflexionsflächen sind bei der Planung zu beachten.
- Himmelsrichtungen sind wichtig: Glas und weit überstehendes Dach nach Süden, eine geschlossene Wand, kleine Fenster, ein tief gezogenes Dach oder gar Erdbauweise nach Norden sind anzuraten. Für den Sommer verhindern Markisen an den Glaswänden Überwärmung.
- Wärmedämmung hält brennende Hitze wie klirrende Kälte außen - Temperaturschwankungen fallen gemäßigter aus. ›Undichte‹ Stellen wie Rolladenkästen, Heizkörpernischen oder Fenster müssen gut abgedichtet werden. Wärmeschutzrollos empfehlen sich für Fenster.
- Eine gut gesteuerte Lüftung ist unerläßlich. Fassaden-

Vollwärmeschutz-Systeme sind effizienter als Keller- oder Speicherdämmung. Vollwärmegedämmte Häuser haben einen höheren Wert als andere - weil der Besitzer viel weniger fürs Heizen aufbringen muß. Ohnehin amortisieren sich Dämmaßnahmen nach knapp 10 Jahren. 1970 wurden bei uns im Durchschnitt jährlich pro Quadratmeter Wohnfläche 30 Liter Heizöl verbraucht, heute sind es 14 bis 20, in gedämmten Häusern dagegen gerade acht bis 12 Liter.

- Auch Pflanzen puffern Temperaturschwankungen. Das gilt für Dach- und Fassadenbewuchs ebenso wie für am Haus stehende Bäume.
- Ein Doppelhaus verliert 20 Prozent weniger Wärme als zwei einzeln stehende Häuser. Reihenhäuser sparen noch mehr.
- Die Form des Hauses soll kompakt sein. Zu viele Erker, Winkel und Nischen sind zu vermeiden. Rundungen sind besser als Ecken.
- Eine fachmännische Planung des Heizsystems kostet etwa 1000 Mark mehr als eine laienhafte. Doch die angemessene Größe von Kessel, Rohrnetz oder Ventilen zahlt sich schnell aus.
- Wintergärten sollten ebenfalls gedämmt, mit Markisen und guter Lüftung ausgestattet und nicht extra beheizt werden. Für sie sind dicke Wände (mehr als 10 Zentimeter) und wärmespeicherndes Material in Boden und Wänden unerläßlich. Farben spielen eine maßgebliche Rolle: Schwarz nimmt 95 Prozent der Sonnenenergie auf, Hellgrün 47 Prozent, Weiß strahlt praktisch die ganze Energie zurück. Für die Wände spielen Holzkonstruktionen und Isolierverglasung sowohl optisch als auch energietechnisch gut zusammen. Wintergärten sind keine vollwertigen Wohnräume. Eine thermische Abtrennung zur Wohnung muß eingeplant werden, sonst kann der Wintergarten in trüben Wintertagen zum Energieverschwender werden.

Alles in allem ist es schon mit heutiger Technik problemlos möglich, etwa ein Drittel des derzeitigen Energieverbrauchs einzusparen. Damit sind noch nicht einmal die Potentiale von High-Tech-Ideen oder Sonnenkollektoren gemeint, sondern simple Tricks, die oft keinen Pfennig extra kosten. Leider sind Bauherren meist unbegründet ängstlich und wissen zu wenig über ökologisches Bauen. Dabei kommt es auf jeden einzelnen an: Untersuchungen des Bundesforschungsministeriums von 1989 zeigen: wo die Bewohner zu wenig über Lüftung oder Heizung wußten, konnte der Energiespareffekt von Öko-Häusern ganz verloren gehen. Da wurde der Wintergarten mit Heizlüftern bewärmt oder zu oft gelüftet. Der Verbraucher muß von vornherein voll über die Möglichkeiten der Technik informiert werden. Dies ist Sache der Politik. Das Problem der Unwissenheit gilt sogar für viele Architekten - was auch die Schuld der Universitäten ist. ›Energiegerechtes Bauen‹ ist in den Lehrplänen ein weißer Fleck. Sicher, es ist nicht leicht, gegen einengende Bauvorschriften, mutlose Behördenvertreter und abgestumpfte Architekten eigene Vorstellungen durchzusetzen.

Insbesondere, wenn diese kaum weiter gediehen sind als bis zu einem vagen »›So nicht!‹«, einer diffusen Abneigung gegen kalten Beton und einförmige Wohnkultur. Aber: wer wagt, gewinnt!

Sonnenkollektoren

Kollektoren können heute übers Jahr gerechnet bis zu 70 Prozent des Warmwasserbedarfs decken. Ihr Einbau ins Hausdach ist im Prinzip problemlos möglich, wenngleich in der Praxis ein Sonnenkollektor für so manchen Handwerker (noch!) einen Fremdkörper darstellt. Es gibt sowohl Selbstbausätze als auch mittelständische Unternehmen, die sich auf Bau und Installation spezialisiert haben. Und trotz störrischer Beamter - in den meisten Fällen brauchen Kollektorinstallierungen keine Baugenehmigung - außer bei denkmalgeschützen Häusern.

Zur Wahl stehen Ein- und Zweikreisanlagen, dazu reine

Vorwärmanlagen, die schon für weniger als 2000 Mark zu haben sind, aber im Jahr nur etwa 20 Prozent der Heizenergie liefern, und solche Anlagen, die höchstens an klirrend kalten Tagen Zusatzheizungen brauchen, die aber eine gute Wärmedämmung voraussetzen.

Besser als Schwerkraftanlagen, in denen der Wasseraustausch durch das geringere Gewicht heißen Wassers bewirkt wird, sind pumpenbetriebene Kollektoren - besonders dann, wenn ein Temperaturfühler samt Steuerelektronik die Regelung übernimmt. Ebenso läßt sich der Wirkungsgrad eines Sonnenkollektors erhöhen, wenn die Wärmedämmung an Kollektor und Speicher verbessert wird. Schließlich ist auch die Größe des Kollektors von Bedeutung: Zwölf Quadratmeter können bei einem Einfamilienhaus durchaus noch eine sinnvolle Größe sein.

Als Faustregel gilt: je effizienter das System, desto höher der Preis. Quadratmeterpreise liegen bei 400 bis 1200 Mark. Anlagen, die nur etwa ein Sechstel der herkömmlichen Heizenergie sparen, sind schon ab 2000 Mark zu haben; Anlagen mit 50-Prozent-Einsparung für einen kleinen Haushalt kosten inklusive Einbau selten unter 10000 Mark. Dementsprechend sind die Zeiträume unterschiedlich, nach denen sich Kollektoranlagen auch wirtschaftlich bezahlt machen. Vier bis zehn Jahre dauert es bei den meisten Anlagen. Laufende Kosten entstehen kaum - Wartungs- und Reparaturaufwand sind minimal. Ein Münchner Bastler, um ein konkretes Beispiel zu nennen, brachte 1990 rund 20 Quadratmeter Vakuumkollektoren an seinem Haus an. Kostenpunkt: 32000 Mark. Dafür spart er mehr als die Hälfte der Heizkosten. Der kommunale Zuschuß betrug 7500 Mark.

Das Problem der Amortisierungsdauer sollte nicht künstlich aufgebauscht werden. Heizen mit Sonne ist kein Thema für Pfennigfuchser (wenngleich auch sie schon hie und da auf ihre Kosten kommen) sondern ein Muß für helle Köpfe, die an der Spitze eines neuen Trends glänzen wollen.

Photovoltaik-Anlagen

Sonnenstromanlagen sind für jedes Dach, für jeden Garten, ja sogar für den kleinen Stadtbalkon geeignet. Was zur Zeit noch ein teurer Spaß für Leute ist, die gerne ihrer Zeit voraus sind, dürfte sich bald zu einem festen Bestandteil des Haushalts entwickelt haben. Die Dünnschichttechnik bei den Zellen, neue Speichersysteme und vor allem die anstehende Serienfertigung für die Anlagenteile lassen einen baldigen Preissturz erwarten.

Planung und Bau der Anlage sind heute noch eine Sache für den Fachmann, wenngleich ein geschickter Laie das Unterfangen durchaus nicht als aussichtslos verwerfen muß. Allerdings sind viele Faktoren zu berücksichtigen, die ihm leicht entgehen können, so daß er am Ende mit einer unbefriedigend arbeitenden Anlage dastehen kann: Durchschnitts- und Spitzenverbrauch, Sonnenscheindauer, Höhenlage, Himmelsrichtung, Geländeneigung, Beschattung, Reflektion des Untergrundes, Batteriedaten und Reglertyp - all das und mehr ist von Bedeutung. Beratung ist unverzichtbar! Auch, weil der Markt im Aufbruch ist und sich die Technik rasant weiterentwickelt. Experten zu befragen, bewahrt vor teuren Fehlern. Und wozu mehr zahlen, als der Spaß - und das Gefühl, anderen voraus zu sein - ohnehin kostet?

Grundsätzlich muß der glückliche Photovoltaik-Kraftwerker in spe Zellen, Kabel und eine Batterie besorgen, wobei selbst letztere noch entbehrlich ist, wenn man sich damit zufrieden gibt, nur bei Sonnenschein unter Strom zu stehen. Jedoch ist der Einbau einiger Extras überaus ratsam, weil diese die Effizienz der Anlage vergrößern und auch deren Betriebssicherheit erhöhen.

- Ein Batterie-Entladeschutz zwischen Batterie und Stromverbraucher bewahrt die Batterie vor zu starker Entladung und verlängert ihre Lebensdauer gewaltig.
- Ein Laderegler zwischen Solarmodul und Batterie unterbricht die Stromzufuhr, sobald die Spannung einen kriti-

schen Wert - bei einer 12-Volt-Batterie beispielsweise 14,5 Volt - überschreitet.

- Eine Sperrdiode zwischen Modul und Batterie sorgt dafür, daß die Batterie nachts nicht automatisch entladen wird - Strom fließt immer vom höheren zum tieferen Spannungsniveau, und die Spannung am Modul sinkt in der Nacht auf Null.
- Ein Spannungswandler (Transformator) wandelt den 12- oder 24-Volt-Gleichstrom der Batterie in Strom gewünschter Spannung.
- Ein Wechselrichter vermag aus dem solaren Gleichstrom Wechselstrom zu machen, und spannt ihn zugleich auf die bei uns für Netzstrom vorgeschriebenen und ›brauchbaren‹ 220 Volt um.

Bei großzügig ausgelegten Anlagen kann es in Spitzenzeiten zu erheblichen Stromflüssen kommen. Die Kabel sind daher für die Funktionstüchtigkeit des gesamten Systems bestimmend. Meist werden Photovoltaik-Anlagen mit 24 oder 12 Volt betrieben - die Stromstärken sind also zehn- oder gar zwanzigmal so hoch wie bei einer Netzspannung von 220 Volt. Folgerung: die verwendeten Kabel müssen einen größeren Querschnitt haben. Für eine vorgesehene Höchstleistung von nur 60 Watt ist bei 12-Volt-Betrieb bereits ein Kupferkabel mit 1,3 Millimeter Durchmesser zu empfehlen.

Das Freiburger Öko-Institut errechnete 1990 für Kleinanlagen mit genug Kapazität für ein Vier-Kopf-Einfamilienhaus folgende Installationspreise: Etwa 20000 Mark pro Kilowatt installierter Leistung (bei Großanlagen über 10 Kilowatt: 15000 Mark), inklusive aller Kosten von der Idee bis zur Installation. So ergibt sich ein Strompreis von 1,20 Mark pro Kilowattstunde bei 1000 Vollaststunden im Jahr (größere Anlagen: eine Mark).

Eine Zehn-Quadratmeter-Anlage liefert ausreichend Strom für eine vierköpfige Familie. Ein bayerischer Architekt, der 1988 für 40000 Mark eine solche Anlage in Betrieb nahm: »Wir stehen auch mal drei Wochen ohne Sonne durch«. Sein Haus ist folgerichtig auch gar nicht ans öffentliche Stromnetz angeschlossen.

Angemessene Größen für Solarstromanlagen

	Solargenerator (Watt)	Batterie (Amperestunden)
Wochenend- oder Ferienhaus	70–700	200–800
Berghütte	35–350	100–500
Notrufstation, Straßenleuchte	35–100	100–200
Funk- oder Fernsehempfangsanlage	35–120	100–200
Brunnenpumpe, Telefonzelle	35–100	100
Elektrofahrzeug	100–250	100–200
Segelboot	35–200	100–600
Uhr, Boje, Ampel, Alarmanlage	35–100	100–200
Weidezaunanlage	35	100

Zuschüsse

Solares Bauen

Seit der Wende von 1982 wurde die steuerliche Unterstützung der wirkungsvollsten Energiesparmaßnahmen still und leise gestrichen. Fenster- und Fassadenisolierung wird nicht mehr gefördert. Erst nach und nach – und immer laut als Fortschritt verkündet – nähert man sich in Einzelbereichen dem Stand von damals wieder an. Als einziges Bundesland bietet heute Schleswig-Holstein Zuschüsse zu energiesparendem Bauen.

Kollektoren

Nur Baden-Württemberg, Rheinland-Pfalz und Bayern haben nichts für Kollektoren übrig.

Für niemanden muß es heute noch zu teuer oder zu exotisch sein, zumindest einen Teil seines Energieverbrauchs mit Sonnenenergie zu decken. Häuser und Wohnungen können für die passive Solarenergienutzung umgerüstet oder von vornherein nach ihren Erfordernissen errichtet werden. Sonnenkollektoren fürs Dach oder für den Garten werden in Großserie hergestellt und sind entsprechend preiswert. Selbst der Einsatz von photovoltaisch arbeitenden Anlagen könnte durch das jüngst angelaufene staatliche ›1000-Dächer-Programm‹ den entscheidenden Schritt vorangekommen sein. Mehr und mehr werden das Aufspüren staatlicher Zuschüsse und die Auswahl des für den jeweiligen Einsatz angemessensten Systems zu den eigentlichen Problemen der Solarstromgewinnung. Die beim Bau der Anlage anfallenden Kosten werden von Jahr zu Jahr geringer, entsprechend spielen sie immer häufiger eine untergeordnete Rolle. Wo eine Solarstromanlage erst einmal steht, belastet sie den Betreiber finanziell ohnehin kaum noch: Sie ist praktisch wartungsfrei und bezieht ihre Energie ausschließlich von der Sonne. Heute und für alle Zukunft kostenlos!

Der Bund ist auch hier keine große Hilfe. Zwar hatte schon 1988 die Ministerpräsidentenkonferenz einstimmig für bessere Förderung votiert, aber der Bund lehnte ab. So bleiben nur bescheidene Steuererleichterungen (etwa 25 Prozent der Kosten absetzbar). Die ersten Abgas-Katalysatoren dagegen wurden groß unterstützt. Die ungleiche Förderung ist betrüblich, bedenkt man, daß – laut ›Deutschem Fachverband Solarenergie‹ – jeder Quadratmeter Sonnenkollektor während seiner 15jährigen Lebensdauer der Gesellschaft etwa 1000 Mark an Umweltschäden erspart.

Auf kommunaler Ebene tut sich etwas mehr. Die Stadt München beispielsweise zahlt bis zu 30 Prozent für sparsame Technik, Wärmepumpen und Kollektoren. Wer in München Kollektoren für 10000 Mark kauft, kann inklusive Landes- und Bundesförderung (über steuerliche Absetzbarkeit) bis zu 5000 Mark sparen. In anderen Städten, beispielsweise in Erlangen, liegt die Förderung noch höher.

Photovoltaik

Zuschüsse auf Bundesebene gibt es für Photovoltaik-Anlagen kaum. Auch beim 1000-Dächer-Programm werden nur Demonstrationsanlagen gefördert. Lediglich Steuererleichterungen werden in geringem Maß angeboten. Auf kommunaler Ebene gibt es mehr Geld. Laut Öko-Institut sind Investitionskosten für eine Anlage bei optimal ausgenutzten Zuschüssen an manchen Orten um drei Viertel zu senken.

Für alle solaren Anwendungen gilt: Jeder Interessent muß in Rathäusern, Landes- und Bundesbehörden anfragen (und zwar hartnäckig – die Möglichkeiten sind vielen Beamten selbst nicht geläufig).

Sonnenaufgang

Zweifellos: die Sonne hat begonnen, in der Energiewirtschaft der Welt ihre Rolle zu spielen. Sonnenkollektoren sind ausgereift, und selbst großtechnische Lösungen im Megawattbereich halten Vergleichen mit konventionellen Verfahren stand, ja sind vielerorts sogar profitabler. Am Horizont zeichnet sich die Möglichkeit einer solaren Wasserstoffwirtschaft ab.

Eine große Chance liegt vor, bemerkenswerter Fortschritt hinter uns. Keinen Tag länger müssen Gegner der derzeit forcierten Energiepolitik nur auf Opposition aus sein. Jetzt bieten sich ihnen tatsächlich gangbare Wege. Und sie haben ihr Miesmacher-Image abgelegt. Solarenergienutzer können nicht länger als Spinner oder genußfeindliche Querulanten gelten. Die Solaranlage auf dem Dach gehört bald einfach dazu, wird Statussymbol. Solarmobilfahrer können bestätigen: Passanten grinsen nicht mehr, sie staunen. Auf der Münchner Erfindermesse im Mai 1990 stand Solartechnik im Mittelpunkt. Ein Solaranlagenbesitzer zum Thema Kosten: »40 000 Mark – aber wir ernten die edlere Energie.« Richtig. Duschen mit solar beheiztem Wasser macht schlicht und einfach mehr Spaß. Auch Bewohner von Solarhäusern gaben bei einer Umfrage des Bundesforschungsministeriums zu Protokoll: Keine revolutionären Umsturzpläne sind es, die ihnen solares Wohnen schmackhaft machen – Helligkeit, Behaglichkeit, mehr Sonnenschein, gute Raumluft und (durch die Verglasung) größere Nähe zur Umwelt sind die Vorzüge der Häuser. Sonne ist Leben – Solartechnik ist Lebensqualität.

Gewiß, noch kostet Energie von der Sonne viel. Strom photovoltaischen Ursprungs kommt auf den achtfachen Preis des in Atomkraftwerken erzeugten Stromes. Aber abgesehen davon, daß Solarenergie gegenüber allen anderen Energieträgern Vorteile besitzt, die sich kaum verrechnen lassen: Die Sonnen-Ära wird früher anbrechen, als man das noch vor einem Jahrzehnt erwartete. Die Solarindustrie kann eine der Elektronikindustrie vergleichbare Bedeutung erlangen.

Das A und O sind Speicherbarkeit und Transportfähigkeit des Sonnenstroms. Diese Probleme sind schwerer zu lösen als die von Kosten und Wirkungsgrad, wo die Rentabilität nur eine Frage weniger Jahre sein wird. Wenn aber - wie bisher - Fortschritte gelingen, dann sind die Visionen der Experten bald keine Utopien mehr: gigantische Solarkraftwerke in unbesiedelten Wüstenzonen liefern Wasserstoff für alle Staaten der Erde.

Eine interne Studie von ›Asea Brown Boveri‹, dem größten Energiekonzern der Welt, bezeichnet die Solarenergie als »bald konkurrenzfähig«. Die Verfasser raten ihrem Konzern, sich schleunigst bei der Photovoltaik einzukaufen. Ein deutliches Signal. Trotz aller gegenteiligen Beteuerungen weiß die Industrie, daß die Solarenergie kommt.

Denn mit der im wahrsten Sinne des Wortes ›rückständigen‹ (weil Kohlendioxid zurücklassenden) Verbrennung fossiler Energieträger plündern wenige Generationen der Weltbevölkerung eine Sparbüchse, die die Natur in Hunderten von Millionen Jahren angefüllt hat. Das Kohlendioxid-Problem wird gigantische Ausmaße annehmen. Und langfristig wird auch die Kernenergie versagen. Das Endlager-Problem ist ungelöst, die Schnelle-Brüter-Technologie und die Erzeugung von Fusionsenergie sind umstritten und gefährlich, ihre Entwicklung ist völlig unausgegoren. Bei Atomreaktoren vergehen zwischen Planung und Inbetriebnahme mitunter Jahrzehnte, so daß Anlagen oft schon veraltet sind, ehe sie ans Netz gehen. Sonnenkraftwerke lassen sich in einem Jahr bauen. Bei fast allen Verbrauchern in der Dritten Welt ist eine Nutzung der Kernenergie angesichts fehlender Stromnetze ohnehin sinnlos. Atomkraft ist ein elitärer Energieträger, der den Nord-Süd-Konflikt nur verstärkt.

Mit Solarenergie lassen sich dagegen 20 Prozent des Prozeßwärmebedarfs der Entwicklungsländer solar decken. Es warten große Aufgaben wie Meerwasserentsalzung, Kühlung von Lebensmitteln oder Medikamenten sowie Energieversorgung abgelegener Dörfer auf die Sonne.

Die weltpolitische Dimension ist gigantisch: ein von Grund auf neuer Industriezweig mit Millionen von Arbeitsplätzen kann entstehen. Mit einem Mal wären die ärmsten Staaten der Welt die Energieversorger – »... die Letzten werden die Ersten sein ...«.

Der Sinn der alternativen Energien ergibt sich auch daraus, daß sie überholte und gefährliche Energiestrukturen verändern: An die Stelle der zentralen, schmutzigen Kraftwerkswirtschaft weniger Konzerne tritt ein Zusammenspiel aus Energiesparen (mit rationeller Energieverwendung), dezentraler Wärmeerzeugung (Kollektoren), großtechnischer Stromerzeugung in Kraftwerken (Wind an den Küsten, Sonne in den Wüsten, Biomasse auf den Feldern, ...) und Speicherung (Wasserstoffwirtschaft), an dem sich jeder beteiligen kann.

Noch ist unsere Energiepolitik auf Verschwendung ausgerichtet. Heute muß das Umdenken beginnen. Der niederländische Umweltminister Hans Alders: »Wenn wir die Wende erst in zehn Jahren beginnen, kostet das viermal soviel wie bei heutiger Umstellung.« Nehmen wir die Ex-DDR. Anstatt dort, wo man bei Null beginnen könnte, wo auf keine ›alten‹ energiepolitischen Strukturen Rücksicht zu nehmen ist, eine topmoderne High-Tech-Energiewirtschaft aufzubauen, überläßt man den großen Stromversorgern aus dem Westen den Aufbau – nach deren bekannten, alten Mustern. Was jetzt an Kohle-, Öl- und Atomkraftwerken saniert wird, muß in wenigen Jahrzehnten wieder abgerissen werden. Kaum etwas spräche dagegen, für jeden Neubau, jede Sanierung, den Einbau von Sonnenkollektoren vorzuschreiben.

Die Nutzung der Solarenergie ist eine gesellschaftspolitische Frage. Wir müssen reif sein dafür. Das beginnt in der Schule, wo Energiesparen gelehrt werden muß. Und: Warum stellen die Kommunen öffentliche Gebäude nicht auf ›Solarbetrieb‹ um? Warum ist das Bundeshaus kein Solarhaus? Wo bleibt die Besteuerung der ›harten‹ Energien? Wie kann man den Bürgern Kollektoren empfehlen, ohne mit gutem Beispiel voranzugehen? Warum wirft man denen Knüppel zwischen die Beine, die eigenständig versuchen, Sonnenenergie zu nutzen?

Es fehlt die Lobby: Da noch kaum jemand selbst die Solarenergie nutzt, setzt sich kaum jemand für sie ein. Die Gesellschaft muß zur Lobby werden. Kaufen Sie eine Solaranlage! Jedes neue Modul, jeder Kollektor vergrößert die Lobby. Dazu muß man kein Öko-Freak sein. Selbst der ›Schicki-Micki‹ kann helfen: Im Solarauto zur Szene-Kneipe – ein gutes Gefühl, ein neuer Gag. Mini-el statt Jaguar – billiger und gewiß auffälliger.

Es geht darum, einen Teufelskreis zu durchbrechen: Solartechnik hat keinen Markt, weil sie teuer ist. Teuer ist sie, weil sie keinen Markt hat, will sagen, nicht großtechnisch in Serie produziert wird.

Es wäre leicht, den Teufelskreis mit kurzfristiger politischer Hilfe zu durchbrechen. Kurzfristig, weil Solartechnik für einen freien Markt prädestiniert ist. Denn jeder kann aktiv werden, was für dauersubventionierte Bereiche wie Landwirtschaft, Kohleförderung oder Rüstungsindustrie nicht gilt.

Die Rentabilität von Solartechnik ist abhängig etwa vom Ölpreis – und von zahllosen anderen politischen und wirtschaftlichen Rahmenbedingungen. Die aber kann man auch setzen. Öl etwa wird nicht allzu hoch besteuert. Der wohl größte Hemmschuh für den ›Sonnenaufgang‹: Einspeisung von umweltfreundlich erzeugtem Privatstrom ins öffentliche Netz wird vielerorts immer noch unnötig schwer gemacht. Die Herren über die öffentlichen Netze sträuben sich.

Warum wollen so viele der Solarenergie am Zeug flicken? Sie wird doch allen zugute kommen. Doch Politiker werden nicht müde, zu erklären, daß sie Solarenergie ja ›sooo gerne‹ nutzen würden, diese aber leider immer ein Schattendasein zu führen habe. Warum die Krokodilstränen?

Auf unsere Politiker und deren guten Willen sollten wir uns nicht verlassen.

Do-it-yourself ist gefragt. Dann kann die Sonne über ihren

Kraftwerken aufgehen. Wenn wir anfangen, in nur scheinbar unbedeutenden Marktnischen Photovoltaik einzusetzen, ob als Uhren oder Pumpensysteme in der Dritten Welt, im Solarmobil oder als Kollektor, dann wächst der Markt. Und genau dies kommt dann den Preisen der Großanlagen zugute, die wir so dringend brauchen. Dann wird auch die geniale aber noch nicht effiziente Photovoltaik bei uns marktfähig sein.

Die Entwicklung eines neuen Mittelklasse-Autos, bei weitem keine neue Technologie, kostet über eine Milliarde Mark. Für die Sonnenenergie wurden bis 1990 bei uns 0,9 Milliarden Mark an öffentlichen Mitteln ausgegeben, und schon wird erwartet, daß diese völlig neue Technik rentabel ist. Wie soll Solarenergie schon schwarze Zahlen schreiben, ohne Massenproduktion, kaum gefördert und von mächtigen ›alten‹ Industrien behindert? Geben wir ihr doch den Bonus, den die Atomenergie von den Regierenden immer – kritiklos – bekam.

Würde bei der Solartechnik so viel Geld in den Sand gesetzt wie bei den peinlichen Meilensteinen einer verkorksten Energiepolitik, bei den Ruinen des Atoms in Kalkar oder Wackersdorf, dann würde gerufen: »Ihr seht, es lohnt sich nicht!«

›Lohnte‹ sich jemals, die Kernenergie?
Lohnte sich Tschernobyl?

Adressen

Bund

Bundesministerium des Inneren
Graurheindorferstr. 198
5300 Bonn 1
Tel. 02 28/68 81

Bundesministerium für Forschung und Technologie
Heinemannstr. 2
5300 Bonn 2
Tel. 02 28/591

Bundesministerium für Umwelt, Naturschutz und Reaktorsicherheit
Postfach
5300 Bonn 1
Tel. 02 28/55 80

Bundesministerium für Wirtschaft
Villemombler Str. 76
5300 Bonn 1
Tel. 02 28/61 51

Umweltbundesamt
Bismarckplatz 1
1000 Berlin 33
Tel. 0 30/89 03–1

Länder

Baden-Württemberg

Landesanstalt für Umweltschutz
Koordinierungsstelle für Umweltforschung
Postfach 210752
7500 Karlsruhe 21
Tel. 07 21/84 06 0

Ministerium für Ernährung, Landwirtschaft, Umwelt und Forsten
Marienstr. 41
7000 Stuttgart 1
Tel. 07 11/64 71

Bayern
Staatsministerium für Landesentwicklung und Umweltfragen
Rosenkavalierplatz 2
8000 München 81
Tel. 0 89/92 14 1

Berlin
Senator für Stadtentwicklung und Umweltschutz
Lindenstr. 20–25
1000 Berlin 61
Tel. 0 30/25 86 0

Brandenburg
Umweltministerium
Albert-Einstein-Str. 42–46
O-1561 Potsdam
Tel. 00 37 33/23 30

Bremen
Senator für Umweltschutz
Birkenstr. 3
2800 Bremen
Tel. 04 21/39 71

Hamburg
Umweltbehörde
Steindamm 22
2000 Hamburg 1
Tel. 0 40/24 82 51

Hessen

Landesanstalt für Umwelt
Unter den Eichen 7
6200 Wiesbaden 1
Tel. 0 61 21/58 12 54

Ministerium für Umwelt und Energie
Dostojewskistr. 4
6200 Wiesbaden
Tel. 0 61 21/81 71

Mecklenburg-Vorpommern

Umweltministerium
Schloßstr. 6–8
O-2750 Schwerin
00 37 84/71 90

Niedersachsen

Ministerium für Ernährung, Landwirtschaft und Forsten
Calenbergerstr. 2
3000 Hannover
Tel. 05 11/12 01

Nordrhein-Westfalen

Ministerium für Umwelt, Raumordnung und Landwirtschaft
Roßstr. 135
4000 Düsseldorf
Tel. 02 11/45 63 1

Rheinland-Pfalz

Ministerium für Umwelt und Gesundheit
Bauhofstr. 4
6500 Mainz
Tel. 0 61 31/161

Saarland

Ministerium für Umwelt
Hardenbergstr. 8
6600 Saarbrücken 1
Tel. 06 81/50 11

Sachsen

Umweltministerium
Ostraallee 23
O-8010 Dresden
Tel. 00 37 51/47 07 16

Sachsen-Anhalt

Umweltministerium
Olvenstedter Str. 1–2
O-3010 Magdeburg
Tel. 00 37 91/38 20

Schleswig-Holstein

Ministerium für Umwelt
Düsternbrooker Weg 70 - 90
2300 Kiel
Tel. 04 31/21 90

Thüringen

Umweltministerium
Johann-Sebastian-Bach-Str. 1
O-5085 Erfurt
00 37 61/23 99 1

Solaranlagen: Bezugsquellen

Achatz Wärmetechnik GmbH
Planegger Str. 125
8000 München 60
Tel. 0 89/83 10 87

A. Ziereis GmbH
Am Berg 6
8210 Prien/Chiemsee
Tel. 0 80 51/20 15

Biosolar
Hofstatt 6
7070 Schwäbisch-Gmünd
Tel. 0 71 71/50 30

Bomin Solar GmbH & Co KG
Industriestr. 8–10
7850 Lörrach

Christeva GmbH
Schubertstr. 17
8029 Sauerlach
Tel. 0 81 04/16 08

Chr. Lietz Solarelektronik GmbH
Oeder Weg 159
6000 Frankfurt 1
Tel. 0 69/5 96 32 30

Deutsche Total GmbH
Postfach 2732
4000 Düsseldorf 1
Tel. 02 11/3 38 80

Energiesparladen
Weißenburgerstr. 30
8000 München 80
Tel. 0 89/480 12 43

Energietechnik Müller
Industriestraße
7181 Satteldorf
Tel. 0 79 51/80 29

Ernst Schweizer AG
Forellenweg 11
6790 Lauda-Königshofen
Tel. 0 93 43/17 18

Gefas GmbH
Zielmattstr. 3
7888 Rheinfelden 2
Tel. 0 76 23/54 77

Getra Solartechnik GmbH
Schulstr. 3–5
8309 Osterwaal/Au
Tel. 0 87 52/73 73

GWU Solarzentrum
Peter-Henlein-Str. 35
8500 Nürnberg 70
Tel. 09 11/43 50 40

Ingenieurbüro Bernd Clauss
Bülowstr. 59
7530 Pforzheim
Tel. 0 72 31/7 52 25

Ingenieurbüro für umweltfreundliche Technologien
Gemarkenstr. 122a
4300 Essen 1
Tel. 02 01/73 78 68

Klöckner & Co Wärmetechnik
Knorrstr. 119
8000 München 40
Tel. 0 89/3 54 03–318

Lanz Solar- und Umwelttechnik
Augsburger Straße 39
8905 Mering
Tel. 0 82 33/43 06

Mildebrath GmbH
Marckolsheimer Str. 6
7831 Sasbach/Kaiserstuhl 1
Tel. 0 76 42/72 26

Novatech GmbH
Am Schlegelsberg 27
7175 Vellberg-Talheim
Tel. 0 79 07/20 63

Pro Solar Energietechnik GmbH
Meersburgerstr. 31
7980 Ravensburg
Tel. 07 51/1 70 21

REA GmbH
Holzstr. 2
8000 München 5
Tel. 0 89/260 73 33

Reinhard Solartechnik GmbH
An der Riede 7
2803 Weyhe
Tel. 0 42 03/13 17

Sandler Energietechnik
Ölmühlhang 17
8950 Kaufbeuren
Tel. 0 83 41/30 01

Seab GmbH
Lindigstr. 4
8752 Kleinostheim
Tel. 0 60 27/62 04

Siemens Solar GmbH
Buchenallee 3
5060 Bergisch Gladbach 1
Tel. 0 22 04/40 60

Sirius Solar-Technik
Im See 20
2302 Boksee
Tel. 0 43 02/667

Solardiamant-System GmbH
Postfach 1140
4441 Wettringen
Tel. 0 25 57/442

Solar Energietechnik GmbH
Industriestr. 1–3
6822 Altlußheim
Tel. 0 62 05/35 25

Solar-Fit GmbH
Ohmstr. 3
8618 Strullendorf
Tel. 0 95 43/14 37

Solarstrom
Keltenweg 3
8130 Starnberg 5
Tel. 0 81 51/60 60

Solartronic
Postfach 3270
Winterhäuser Str. 22
8700 Würzburg
Tel. 09 31/61 22 42

Solar- und Regeltechnik
Frankenstr. 15
6501 Weinolsheim
Tel. 0 62 49/77 56

Solarwerkstatt Bremen
Orleansstr. 88
2800 Bremen
Tel. 04 21/44 69 33

Soltec Solartechnik GmbH
Wichmannstr. 4
2000 Hamburg 52
Tel. 0 40/89 50 25

Sunset Energietechnik GmbH
Industriestr. 22–26
8555 Adelsdorf
Tel. 0 91 95/996

SVE Solarenergie Vertriebs- und Entwicklungsgesellschaft
Borsigallee 59
6000 Frankfurt/Main 60
Tel. 0 61 09/3 10 72

Technik & Design für Photovoltaik
Adersstr. 93
4000 Düsseldorf 1
Tel. 02 11/37 22 55

Wagner & Co GmbH
Zimmermannstr. 11a
3550 Marburg/Lahn
Tel. 0 64 21/6 70 55

Walo Georg Wagner
Postfach 540
8770 Lohr am Main
Tel. 0 93 52/90 88

W.Grammer KG
Solar-Klima-Technik
Wernher-von-Braun-Str. 6
8450 Amberg 1
Tel. 0 96 21/601–0

Bürger-Information
Neue Energietechniken
Ahrstraße 64
5300 Bonn 2
02 28/37 69 21

Bundesverband Solarenergie e.V.
Kruppstr. 5
4300 Essen 1
02 01/185 30 06

Deutsche Gesellschaft für Sonnenenergie e.V.
Augustenstr. 79
8000 München 2
0 89/52 40 71

Deutscher Fachverband für Solarenergie e.V. (DFS)
Hindenburgallee 1
8017 Ebersberg

Eurosolar
Vereinigung für das Solare Energie-Zeitalter e.V.
Plittersdorfer Str. 103
5300 Bonn

Gemeinnütziger Solarenergie-Förderverein e.V.
Walhorner Straße 9
5100 Aachen

Register

T

U

V

W

Z

HEYNE SACHBUCH

HEYNE BÜCHER

Große Autoren
und ihre
Sachbuch-Klassiker

19/109

19/158

19/102

19/155

19/98

19/16

19/9

19/73

Wilhelm Heyne Verlag München

F L U C H E N

FLUCHEN

louisa luna

aus dem Amerikanischen
von Kerstin Winter
mtv-buch

MUSIC TELEVISION®

vgs

Deutsche Bibliothek – CIP-Einheitsaufnahme

Luna, Louisa:
Fluchen / Louisa Luna. Aus dem Amerikan. von Kerstin Winter.
MTV. – 1. Aufl. – Köln : vgs, 2001
(MTV-Buch)
Einheitssacht.: Brave new girl ‹dt.›
ISBN 3-8025-2849-2

Titel der amerikanischen Originalausgabe: Brave new girl
Original English language edition

This edition is published by arrangement with the original publisher,
MTV Books/Pocket Books, New York.

1. Auflage 2001

Lektorat: Verena Ludorff
Produktion: Annette Hillig
Umschlaggestaltung: Sens, Köln
Satz: Greiner & Reichel, Köln
Druck: Pustet, Regensburg
Printed in Germany
ISBN 3-8025-2849-2

Besuchen Sie unsere Homepages im WWW:
www.vgs.de
www.mtvhome.de

Für meine Eltern

Teil 1

Tracey sagt, du dumme Kuh, du weißt nichts, du bist noch ein Kind, mach bloß, dass du rauskommst.

Dad sagt, mach keinen Blödsinn, ich hab keine dummen Kinder gemacht, heul nicht, denn das nützt überhaupt nichts, jeder ist für sich selbst verantwortlich, erwarte ja nicht, dass ich eine Suppe auslöffele, die du dir selbst eingebrockt hast.

Mom sagt, du sollst nicht fluchen, häng nicht immer mit diesem Ted herum, pass auf, dass die Leute dich nicht für ein Flittchen halten, räum dein Zimmer auf, mach deine Hausaufgaben, such dir endlich eine Freundin.

Ich sage gar nichts und lass sie reden, weil das einfacher ist.

Ted wartet beim 7-Eleven auf mich. Er sitzt auf dem Bordstein und hat sein Skateboard auf den Knien. Als ich näher komme, schaut er auf und blinzelt, weil er seine Brille mal wieder nicht trägt.

Ich hab zwei Dollar, sagt er.

Zigaretten?, frage ich.

Ich weiß was Besseres.

Er steht auf und stößt sich mit dem Skateboard ab, fährt aber langsam, sodass ich mitkomme.

Und? Was geht?, fragt er.

Nichts.

Willst du zum Essen nach Hause?

Ich weiß nicht.

Du kannst zu mir kommen, wenn du willst.

Und was sagt deine Mutter dazu?, will ich wissen.

Er zuckt die Schultern. Die wird wahrscheinlich ihre eigene Party feiern, sagt er.

Teds Mom ist Alkoholikerin und jeder weiß es. Unter anderem deswegen will Mom nicht, dass ich so oft mit Ted rumhänge, aber vor allem stört es sie, dass ich die ganze Zeit mit einem Jungen unterwegs bin. Ted ist mein einziger Freund. Wir hatten beide schon auf der Junior High nur uns und da ich mir irgendwie nicht vorstellen kann, dass die Leute auf der High School netter sind, wird sich das im September wohl auch nicht ändern.

Ihn kann niemand leiden, weil er sehr still ist, irgendwie uncool, auch nicht besonders toll aussieht und vielleicht ein bisschen zu zerbrechlich wirkt. Mich kann niemand leiden, weil ich langweilig bin, nicht viel rede und mich immer noch anziehe, als ob ich zehn wäre.

Es ist superheiß und der Smog ist echt schlimm, aber im Juli ist eigentlich auch nichts anderes zu erwarten. Ich hasse es, in dieser Hitze draußen rumzulaufen, weil ich die ganze Zeit schwitze, und eigentlich möchte ich mich einfach nur hinlegen. Aber Ted und ich laufen immer weiter, bis wir bei Trader's Joe angekommen sind. Er meint, ich soll draußen warten, und geht rein.

Er kommt mit einer Tüte Schoko-Minz-UFOs zurück und wir setzen uns auf den Parkplatz und sagen kein einziges Wort, während wir essen und essen, bis die Dinger anfangen nach Kreide zu schmecken und wir schrecklichen Durst kriegen. Aber wir essen trotzdem immer weiter, bis endlich alle weg sind und wir kotzen könnten.

Als ich nach Hause komme, riecht es nach Zwiebeln und Fleisch und ich schließe daraus, dass Mom Steaks macht. Ich gehe ins Wohnzimmer, wo Dad sitzt, seinen Scotch trinkt und wissen will, wo ich gewesen bin.

Ich will ihm gerade sagen, dass ich mit Ted unterwegs war, als er plötzlich losbrüllt.

Tracey!

Tracey kommt aus ihrem Zimmer. Sie ist geschminkt und trägt ein winziges T-Shirt, auf dem »Hostess« steht und das ihre Titten riesig aussehen lässt. Ein Typ mit schwarzen Haaren und schwarzen Augen geht hinter ihr – *mit* ihr wahrscheinlich – und ich finde, dass er irgendwie gemein aussieht. Aber dann schaut er mich an und lächelt.

Was ist denn, Dad?, fragt Tracey, ganz die liebe Tochter, weil ihr Freund dabei ist.

Bleibt dein Freund zum Essen?, fragt Dad, ohne einen von beiden anzusehen.

Ja. Mom meint, das wär okay, sagt Tracey.

Dad nickt.

Oh, Dor!, sagt sie, als hätte sie mich ewig nicht mehr gesehen. Das ist Matthew. Matthew, das ist meine kleine Schwester Doreen.

Nett, dich kennen zu lernen, sagt Matthew. Er hält mir die Hand hin und lächelt. Seine Zähne erinnern mich an Kaugummi-Dragees.

Hi, sage ich.

Fällt dir nicht mehr ein?, fragt Tracey genervt.

Wie geht's?, frage ich.

Ganz gut, antwortet er und lacht ein bisschen.

Meine Familie ist nicht sehr gesprächig, meint meine Schwester. Dann lacht sie und klingt dabei ziemlich peinlich.

Beim Essen redet Tracey nonstop und wirft mir immer wieder Blicke zu, die wohl bedeuten, dass ich Fragen stellen und interessiert spielen soll, aber ich hab einfach nichts zu sagen. Dad erzählt mehr als sonst und Matthew sagt ein paar vermutlich witzige Dinge und Dad lacht, aber ansonsten wirkt er so müde wie immer. Außerdem bin ich mir ziemlich sicher, dass er schon bei seinem dritten Scotch ist.

Mom lächelt. Sie mag all die Typen, die Tracey mit nach Hause bringt, weil sie so höflich sind. Ich finde sie immer ziemlich schleimig.

Bist du schon aufgeregt, dass du bald auf die High School kommst, Doreen?, fragt Matthew und bringt mich damit ganz aus dem Konzept, weil mich sonst nie jemand irgendwas so direkt fragt.

Ich glaub schon, sage ich.

Lohnt sich nicht. Ist öde, sagt er. Und dann zwinkert er mir zu.

Ich spüre ein Ziehen in meinem Bauch.

Dann konzentriere ich mich aufs Essen, lass aber das Steak liegen, weil mir vom Fleischgeruch schlecht wird, und außerdem schwallt Tracey so rum, dass es einem allein davon übel werden könnte.

Ich hab also mit diesem Mädchen geredet, sagt sie, und ihr Freund geht nach Kalifornien, und der meint, dass es da eine ziemlich gute sprachwissenschaftliche …

Bla, bla, bla.

Ich gucke zu Matthew auf, weil ich denke, dass er mir vielleicht noch mal zuzwinkert, aber er sieht mich nicht an. Tracey sieht er allerdings auch nicht an. Stattdessen starrt er auf seinen Teller. Steak, Kartoffeln, Salat und Brot liegen fein säuberlich getrennt darauf. Das erinnert mich an etwas, das kleine Kinder machen: Das Essen darf sich nicht berühren.

Ich frage mich plötzlich, ob Henry jetzt wohl so aussieht wie Matthew. Allerdings bin ich beinahe sicher, dass Henry keine Kaugummi-Dragees im Mund hat.

Wie alt bist du?, frage ich Matthew, mitten in Traceys Satz hinein.

Doreen, red nicht dazwischen, sagt Mom.

Entschuldige dich, sagt Dad.

Entschuldigung. Wie alt bist du?, frage ich Matthew noch mal.

Er sieht mich direkt an.

Einundzwanzig.

Ich sage nichts darauf. Henry ist vierundzwanzig. Zehn Jahre älter als ich. Beinahe auf den Tag. Er ist am zweiten März geboren, ich am siebten.

Und wie alt bist du?, fragt Matthew, was mich ein bisschen überrascht.

Vierzehn, sage ich.

Das ist ein gutes Alter, sagt Matthew.

Du hast mir doch gerade erzählt, dass die High School öde ist, antworte ich.

Dor!, sagt Tracey, halb lachend, als hätte ich gerade etwas total Dämliches von mir gegeben.

Du hast Recht, das hab ich gerade gesagt, meint Matthew. Wahrscheinlich bringe ich dem Thema gemischte Gefühle entgegen.

Alle lachen.

Mir ist der Witz entgangen.

Es klopft.

Ja?, sage ich.

Hi, sagt Matthew. Kann ich reinkommen?

Klar, sage ich.

Ich liege auf dem Bett und lese mir die Titelliste der Kassette durch, die Ted mir letztes Jahr aufgenommen hat.

Er öffnet die Tür und lächelt, kommt rein und guckt sich an, was so an meinen Wänden hängt.

Du bist Pixies-Fan, sagt er.

Ja, sie sind ganz okay, sage ich, obwohl ich weiß, dass sie die beste Band der Welt sind.

Die hör ich auch gerne, sagt er.

Ich beobachtete, wie er sich alles ansieht, alles leicht berührt. Er redet die ganze Zeit, schaut mich aber nicht an. Er betrachtet meine Wände, meine CDs und das kleine Bild von Ted, das aufgenommen wurde, als wir in der Sieben waren, und das jetzt schon so alt ist, dass es sich an den Rändern aufrollt.

Ist das dein Freund?, fragt Matthew und zeigt auf das Foto.

Nein. Er ist nur *ein* Freund. Wir sind nicht zusammen oder so was, sage ich.

Weil ich nicht weiß, ob Matthew überhaupt zuhört, rede ich einfach weiter.

Obwohl jeder glaubt, dass wir es sind, sage ich.

Wer denn zum Beispiel?, fragt Matthew.

Er hört also doch zu.

Jeder, sage ich. Die in der Schule, meine Mom …

Sagst du denn keinem, was Sache ist?, unterbricht er mich und jetzt sieht er mich an, als ob das die wichtigste Frage ist, die er je jemandem gestellt hat.

Nein, sage ich.

Und warum nicht?, fragt er.

Weil es mir echt egal ist, was die anderen denken, sage ich.

Er lächelt und nickt.

Das ist gut, Doreen, sagt er. Es sollte dir auch egal sein, was andere denken.

Mir fällt nichts ein, was ich darauf sagen könnte, aber er sieht mich weiterhin an. Also starre ich einfach zurück und mache für mich ein Spiel daraus – wie lange kann ich ihn ansehen, ohne zu blinzeln? Dann höre ich Tracey im Flur.

Matthew?, ruft sie.

Ich bin hier, sagt er laut, ohne wegzusehen. Ich komme.

Dann dreht er sich um und geht, ohne sich zu verabschieden, und ich schließe die Augen und sie tränen, weil sie so trocken sind.

Tracey hat schon ein paar krasse Sachen gemacht. Sie ist die ganze Nacht weggeblieben, ohne anzurufen. Sie hat sich auf ihrer Junior-Abschlussfeier total besoffen. Sie sagt, sie wäre nie ein Raver geworden, weil alle Raver, die sie kennt, ziemlich dumm sind. Dumm ist sie allerdings auch. Wenn ich sie manchmal am Telefon höre, möchte ich ihr die ganzen Klein-Mädchen-Spangen aus ihrem Klein-Jungen-Haarschnitt reißen. Erst schleimt sie sich bei Mom und Dad ein und dann erzählt sie ihren Freunden, wie sie ihre Eltern im Griff hat. Sie hat eine Menge Freunde. Immer rufen Jungs für sie an. Immer. Sie kann es kaum erwarten, im Herbst aufs College zu gehen, weil sie dann endlich von zu Hause und von uns allen weg kann. Sie hasst mich, weil ich nicht rede. Sie hasst Mom, weil sie so gleichgültig ist. Sie hasst Dad, weil er nicht so nett zu ihr ist, wie er es ihrer Meinung nach sein sollte. Sie erinnert sich kaum noch an Henry, aber wenn er hier wäre, würde sie ihn sicher auch hassen.

Wir sollten eine Band gründen, sagt Ted. Er sitzt mit mir unten im Fernsehzimmer und trommelt auf dem Couchtisch rum.

Ich kann kein Instrument spielen, sage ich.

Macht nichts, sagt er. Das kann man lernen.

Und was soll ich spielen?, frage ich.

Bass. Die besten Bands der Welt haben Bassistinnen, meint er.

Ich bin für den Namen zuständig, sage ich.

Okay, und wie sollen wir heißen?, fragt er.

Weiß ich noch nicht, sage ich.

Wir fangen an, uns einen Song auszudenken, der »Crackbabies« heißen soll, aber eigentlich ist ja sowieso alles nur Spaß und wir lachen die ganze Zeit, bis uns die Gesichter wehtun.

Dann meldet sich seine Mutter über die Sprechanlage im Haus.

Ted, komm mal bitte rauf, sagt sie.

Ted wirkt plötzlich total angespannt. Bin gleich zurück, sagt er. Kannst ja MTV anmachen, wenn du willst.

Dann geht er.

Ich habe keine Lust, MTV anzumachen, denn wer immer über die Videos bei MTV entscheidet, kann nur ein Arschloch sein – alles, was sie senden, ist totaler Schrott. Ich sitze da mit den Füßen auf dem Couchtisch und starre auf die Wände mit der falschen Holztäfelung und den braunen Flickenteppich, der immer ein bisschen komisch riecht. Auf dem Tisch steht ein Aschenbecher in Gestalt einer Badewanne, in der eine Frau liegt. Teds Mom raucht. Es kommt mir immer irgendwie komisch vor – die Einzigen, die ich sonst rauchen sehe, sind Jugendliche.

Wir halten uns meistens im Fernsehzimmer auf, wenn wir bei Ted sind, weil man nie weiß, in was für einer Stimmung Teds Mom ist. Er will, dass ich möglichst wenig von seiner Mutter mitkriege. Ich weiß warum, denn sie hat in meiner Gegenwart schon ein paar ziemlich peinliche Sachen gebracht. Aber eigentlich ist mir das egal. Andererseits will ich auch nicht, dass jemand meine Familie sieht.

Wieder surrt die Sprechanlage.

Doreen?, sagt Teds Mom.

Ja?

Kannst du mal raufkommen?, fragt sie.

Klar, sage ich.

Als ich die Treppe hochsteige, höre ich Teds Mom hektisch reden. Ich kann mir Teds Gesichtsausdruck schon vorstellen, noch bevor ich die Küche betrete.

Er hängt auf einem der Stühle, sieht an seiner Mutter vorbei und guckt auch mich nicht an, als ich reinkomme.

Ich glaube nicht, dass das übertrieben ist, Schatz, sagt Teds Mom gerade. Doreen, ich muss dich was fragen, sagt sie. Sie trägt ein rosa Kleid mit lila Blumen drauf.

Mom, bitte, sagt Ted. Er ist knallrot im Gesicht und sieht alles andere als glücklich aus.

Ich will sie ja bloß fragen, sagt sie ein bisschen undeutlich. Doreen, Süße, ich möchte dir nur eine Frage stellen, ja? Ihr zwei seid noch ziemlich jung, obwohl ihr für euer Alter schon sehr reif seid ... Ich will ja nicht ... ähm ... ich meine ...

Sie bricht ab. Anscheinend hat sie Probleme mit der Wortfindung. Sie macht einen Moment die Augen zu und hält sich an der Arbeitsplatte fest.

Was ich sagen will, sagt sie. Was ich sagen will, ist ... ich bin froh, dass du Teds kleine Freundin bist ...

Mom, hör auf, sagt Ted und sieht erst sie an, dann mich.

Ted, jetzt wart doch mal eine Sekunde, sagt sie. Ich versuche mich zu konzentrieren ... Du bist ein wirklich nettes Mädchen und es ist okay, wenn du herkommst und fernsiehst, aber Ted kommt immer so spät nach Hause und es ist nicht richtig, wenn zwei Kinder in eurem Alter immer noch so spät draußen sind ...

Doreen, geh bitte, sagt Ted. Er steht auf und kommt auf mich zu.

Aber jetzt wird Teds Mom wütend.

Du hast doch keine Ahnung, Ted, sagt sie. Aber *ich*, sagt sie und wird lauter, aber ich weiß Bescheid.

Geh jetzt, sagt Ted zu mir, nimmt mich am Arm und zieht mich zur Hintertür.

Ted? Warte … Doreen, warte doch. Ihr wisst beide nichts, überhaupt nichts, aber *ich*, ich weiß Bescheid, sagt Teds Mom immer wieder.

Hier, sagt Ted und drückt mir sein Skateboard in die Hand. Ich ruf dich nachher an.

Ich nicke nicht einmal. Ich nehme einfach das Skateboard und verschwinde aus der Hintertür. Als ich durch den Garten renne, höre ich sie immer noch schreien: Ihr habt doch keine Ahnung, aber *ich* weiß Bescheid. Ich laufe herum zur Auffahrt, lasse das Skateboard auf den Boden fallen und fahr los, schneller und immer schneller.

Tut mir Leid, sagt Ted später am Telefon.

Vergiss es, sage ich.

Geht nicht, antwortet er.

Eine Weile sagen wir beide nichts, ich höre ihn nur in den Hörer atmen und dann sage ich: Ich hab's schon vergessen.

Ted glaubt nicht, dass man einfach etwas vergessen kann, wenn man es will. Es ist wie ein Spiel. Man muss einfach nur denken wie ein kleines Kind und sich etwas vorstellen. Tu so, als ob du gar nicht in einem bestimmten Zimmer warst, tu so, als ob du nicht du warst, oder tu so, als ob du der Tisch oder so warst. Frustrierend ist nur, wenn man sich an etwas erinnern will und es nicht kann. Ich würde mich so gerne an Henry erinnern, aber es geht nicht. Ich war erst vier, als Dad ihn rausgeschmissen hat. Manchmal erfinde ich Geschichten über ihn – meinen Bruder da draußen. Manchmal taucht er in meinen Tagträumen auf. Er sieht toll aus, sehr muskulös, und er nimmt mich in den Arm – wenn ich so darüber nachdenke, ist das immer irgendwie romantisch. Aber ich kann ihn nie richtig sehen; irgendwie steht er immer im Schatten oder so. Er riecht nach Zigaretten, aber nicht so, wie Ted oder andere Jungen nach Zigaretten riechen, sondern eher so wie glimmendes Holz. Ich wünschte, ich könnte mich daran erinnern, wie er wirklich ausgesehen hat, aber wir haben nicht mal Fotos von ihm zu Hause, weil Dad alle weggeworfen hat. Eigentlich überrascht es mich, dass ich überhaupt von seiner Existenz weiß. Ich hoffe, er ist weit weg oder tot und denkt nicht mehr an uns. Das würde ich nicht wollen.

Meine Mutter kommt mit Socken, Unterwäsche und Oberteilen rein. Sie öffnet und schließt Schubladen und Schränke und redet mit mir, aber ich schalte auf Durchzug.

Was?, sage ich.

Hör doch bitte zu, wenn ich mit dir rede, sagt sie. Dann richtet sie sich auf, hält eine grüne Bluse hoch und strahlt mich für einen kurzen Augenblick an.

Warum trägst du das eigentlich nie?, fragt sie mit verträumtem Blick.

Ich zucke die Schultern.

Na?, sagt sie.

Ich mag keine Blusen, sage ich.

Ich kann hören, wie sie innerlich von null auf hundertachtzig kommt.

Du kannst nicht bis in alle Ewigkeit Jungensachen tragen, sagt sie sehr beherrscht.

Ich zucke wieder die Schultern.

Hast du dir heute die Haare gewaschen, Doreen?, fragt sie.

Ich nicke.

Du musst dir täglich die Haare waschen. Du musst auch täglich duschen. Du bist jetzt wirklich kein Kind mehr, sagt sie.

Sie redet mit mir, als wäre ich eine Obdachlose oder so. Ich dusche jeden Tag, weil ich nicht mag, wie ich oder meine Sachen riechen, wenn ich es nicht tue.

Vielleicht kann Tracey dir ja zeigen, wie man deine Haare hübsch frisiert, sagt sie, wieder ruhiger, während sie immer noch Wäsche faltet.

Toll, denke ich. Ich wollte schon immer meine freie Zeit mit Tracey verbringen – wo sie doch immer so spannende Dinge zu erzählen hat.

Doreen, sagt Mom verärgert und hebt eine CD auf, die auf dem Boden liegt. Doreen, wenn du sie einfach so ohne Hülle rumliegen lässt, dann gehen sie kaputt.

Sie hält die CD hoch, als ob sie eine schmutzige Socke wäre, und fragt: Wo ist die Hülle davon?

Keine Ahnung, sage ich.

Du kannst die nicht einfach so rumliegen lassen, sagt sie.

Wenn man sie mit der bedruckten Seite nach unten legt, kann eigentlich nichts passieren, sage ich.

Okay, wie du meinst, sagt sie, als ob wir eine Ewigkeit gestritten hätten und sie schließlich einlenken würde.

Ich habe keine Ahnung, warum Mom CDs und andere Gegenstände wie kleine Leute behandeln muss.

Wenn sie am Ende einen Sprung hat, sagt sie, als sie hinausgeht, dann sag nicht, ich hätte es nicht versucht.

Dann ist sie weg. Als ich sicher bin, dass sie mich nicht mehr hören kann, sage ich: Keine Sorge.

Ich sitze mit Matthew im Wohnzimmer, weil Tracey sich noch fertig macht. Sie hat ihm eine Zeitschrift in die Hand gedrückt, wahrscheinlich weil sie denkt, dass ich mich sowieso nicht mit ihm unterhalten kann. Also fange ich an, auch eine durchzublättern, weil es sonst nichts zu tun gibt. Eine von den dumpfen Frauenzeitschriften, die Tracey überall rumliegen lässt. Artikel mit Überschriften wie »Was Männer mögen« und »Alles über den Orgasmus«. Klar, dass Tracey diesen Mist liest. Wahrscheinlich macht sie sich am Rand noch Notizen.

Ich schaue kurz auf und sehe, das Matthew seine Zeitschrift gar nicht liest. Er sieht mich nur an. Ich weiß nicht, welchen Film er fährt, aber er hat es scheinbar damit, Leute anzustarren. Obwohl er bestimmt nicht unhöflich sein will.

Willst du lieber eine Tageszeitung oder so?, frage ich ihn.

Er schüttelt den Kopf. Ich gucke wieder in meine Zeitschrift, aber ich weiß, dass er mich noch immer ansieht. Ich merke immer sofort, wenn mich jemand anguckt. Ich kann es anscheinend irgendwie fühlen. Ich schaue wieder auf.

Willst du vielleicht diese Zeitschrift hier?, frage ich und halte ihm meine hin. Vielleicht starrt er deswegen.

Nein, danke, sagt er.

Ich fange wieder an zu lesen, aber ich kann mich nicht konzentrieren, wenn ich weiß, dass mich jemand ansieht, und er macht es wirklich nicht gerade verstohlen.

Kann ich dir irgendwas bringen?, frage ich, weil ich denke, dass er vielleicht eine Limo oder so will.

Nein, danke, sagt er. Mach ich dich nervös, Doreen?

Nein, sage ich. Ich dachte bloß, du wolltest vielleicht eine Limo oder so.

Oder deine Zeitschrift, sagt er.

Willst du sie haben?, frage ich und halte sie ihm hin. Jetzt bin ich wirklich verwirrt.

Nein, nein, sagt er und lacht leise. Ich brauche nichts, sagt er, ich hab alles.

Ich nicke kurz und überlege, ob ich das mit dem Lesen nicht besser sein lassen sollte, da wir ja praktisch eine Art Gespräch angefangen haben. Normalerweise kümmert es mich einen Dreck, was die Spacken, die Tracey anschleppt, von mir denken. Aber Matthew scheint irgendwie ein feinfühliger Typ zu sein, auch wenn er ein bisschen seltsam ist. Plötzlich stelle ich fest, dass ich ihn nicht vor den Kopf stoßen will.

Wie geht's deinem Freund?, fragt Matthew.

Meinem Freund?

Dein Freund, der nur *ein* Freund ist, sagt er.

Oh, Ted. Gut, sage ich.

Ich find es irgendwie seltsam, dass er mich auf Ted anspricht. Ich meine, er kennt mich ja kaum und Ted hat er noch nie getroffen, und trotzdem fragt er, wie es ihm geht. Sogar Mom und Dad fragen nie, wie es ihm geht.

Es ist gut, dass du einen Freund hast, sagt er.

Dass er mir immer sagen muss, was ich richtig mache.

Ich hatte überhaupt keine Freunde, als ich so alt war wie du, sagt er.

Echt?, frage ich, weil ich es mir kaum vorstellen kann. Er sieht so sehr nach einem coolen Szenetyp aus – einem dieser Leute, die immer schon einen riesigen Bekanntenkreis gehabt haben.

Ehrlich, sagt er. Niemand mochte mich … alle fanden mich seltsam.

Na, wenn das mal keine Überraschung ist, will ich sagen, aber ich tu's nicht. Irgendwie tut es mir ja gut, dass er mir das sagt. Ich frage mich plötzlich, ob er es Tracey erzählt hat.

Hattest du dann mehr Freunde … ich meine, als du älter wurdest?, frage ich.

Nicht wirklich, sagt er. Erst als ich aufs College kam. Aber vorher, nein … abgesehen von meiner Freundin in der High School.

Also, das ist doch wohl was. Wieso sollte eine Freundin nicht zählen? Ich frage mich, ob er mich vielleicht anlügt, nur um mit mir ins Gespräch zu kommen. Tracey hat ihm wahrscheinlich erzählt, was für ein Loser ich bin, und jetzt denkt er, dass er mir was Gutes tut.

War deine Freundin kein Freund?, frage ich.

Oh, doch, so meinte ich das nicht, beeilt er sich, das klarzustellen. Sie war meine beste Freundin, mein einziger Freund sozusagen. Nur als wir dann siebzehn waren … Plötzlich hört er auf und der Satz hängt unvollendet im Raum.

Ich hasse es, wenn Leute ihre Sätze nicht zu Ende bringen. Das macht mich rasend.

Habt ihr euch getrennt?, frage ich.

Ja, wir haben uns getrennt, sagt er.

Mehr erklärt er nicht. Er sitzt nur da und lächelt mich an und mir fällt nichts mehr ein.

Tja, das tut mir Leid, sage ich.

Danke, Doreen, sagt er. Das bedeutet mir eine Menge.

Klar, erzähl weiter, denke ich. Schön, dass ich solchen Eindruck auf dich mache. Er lächelt mich immer noch an und ohne darüber nachzudenken, lächle ich zurück. Na ja, es war ja schon ziemlich nett von ihm, mir zu sagen, dass meine Antwort was bedeutet. Auch wenn es nicht der Wahrheit entspricht.

Manchmal, wenn ich Musik höre, wenn ich die Pixies höre, könnte ich schreien. Ich hab das Gefühl, als ob sich meine Haut abschält oder so. Ich fühle mich wie ein Bündel Knochen. Es ist, als ob bestimmte Musik eine direkte Verbindung zu meinem Inneren hat, und wenn ich sie höre, dann bin ich total aufgedreht und hysterisch und so total anders, als mich alle anderen sehen, dass ich mich kaum wieder erkenne, wenn ich in den Spiegel sehe. Vielleicht will ich Sex oder irgendjemanden umbringen, wenn ich so drauf bin, und dann fürchte ich, dass ich völlig durchgeknallt bin, und weiß, dass ich niemandem jemals von meinen Gefühlen erzählen kann. Ted nicht, niemandem.

Im Wohnzimmer treffe ich auf meinen Vater, der gerade von der Arbeit gekommen ist. Meine Mutter hat ihm einen Teller mit Crackern und Käse gemacht und er isst sie lautstark. Er sieht mich kaum an, als ich reinkomme, und ich fühle mich total blöd, weil ich nicht mehr weiß, was ich hier wollte.

Und was hast du vor, Doreen?, fragt er.

Ich weiß nicht, was ich dazu sagen soll.

Jetzt gerade?, frage ich.

Du tust ja gar nichts, diesen Sommer, sagt er.

Jetzt weiß ich, was auf mich zukommt. Ich schwöre, die nächsten Worte, die aus seinem Mund kommen werden, sind: Jugend ist keine Ausrede dafür, einfach nur rumzuhängen …

Für ein gesundes Mädchen wie dich gibt es keinen Grund, in den drei Ferienmonaten tatenlos rumzusitzen, sagt er.

Es sind nur noch zwei Monate übrig, sage ich.

Eine Menge Stunden also, sagt er. Stunden, die man konstruktiv verbringen kann, Dor.

Dad erwähnt die konstruktiv zu verbringenden Stunden immer wieder gerne. Er ist ganz schön arbeitssam, mein Dad. Er schuftet hart, obwohl ich glaube, dass er es im Grunde seines Herzens verabscheut. Ich habe den Verdacht, dass er mich nur deshalb ebenfalls zum Ackern bringen will, damit ich genauso müde und genervt werde wie er. Wahrscheinlich würde er daraus irgendeine tiefe Befriedigung ziehen. Dad verkauft Sportartikel. Nicht in einem Geschäft, sondern für eine Firma, die Sportartikel an die Geschäfte verkauft. Bis vor kurzem war es ganz nett, weil wir immer irgendwelches Zeug bei uns zu Hause hatten – Bälle, Badmintonschläger und so weiter. Wir sollten sie nicht anfassen, aber ich habe es natürlich trotzdem getan. Sie haben immer so gut gerochen, ganz neu und nach echtem Leder.

Vor ein paar Jahren hörte er dann auf herumzureisen und

brauchte auch nichts mehr mit nach Hause zu bringen. Vermutlich hat er seinem Chef gesagt, er wolle mehr Zeit mit seiner Familie verbringen, was ich persönlich für Schwachsinn halte, denn wenn er zu Hause ist, macht er immer den Eindruck, als wäre er gern alles andere, nur nicht bei uns. Nicht, dass mir das nahe geht. Schlaflose Nächte habe ich deswegen noch nicht verbracht.

Vermutlich versucht er, mir eine Arbeitsmoral oder so was beizubringen, aber man will eigentlich gar keine haben, wenn die einzige bekannte Person, die eine hat, ein komplettes Arschloch ist.

Der Hauptgrund, warum ich ihn hasse, ist, dass er Henry vertrieben hat. Ich weiß nichts Genaues darüber, weil ich damals erst vier war, aber ich glaube, dass Dad irgendwann zu viel gekriegt und Henry vor die Tür gesetzt hat. Ich weiß allerdings auch, dass Henry ziemlich verrückt gewesen ist; als er elf war, hat er Mom mal gebissen, weil sie ihn nicht mit seinen Freunden weggehen lassen wollte.

Ich glaube, meine Eltern betrachten ihn einfach als missratenen Prototyp. Sie vermeiden um jeden Preis, seinen Namen auszusprechen, so als bestünde allein durch die Aussprache seines Namens die Gefahr, dass er zurückkäme, und dann müssten sie vielleicht zugeben, dass sie ihn vermisst haben.

Ich weiß noch nicht mal, ob Dad ihn vermisst. Dad will, dass die Menschen geordnet hintereinander aufmarschieren. Er behandelt mich manchmal wie den Sohn, der Henry nicht war. Er sagt mir dauernd, ich soll Verantwortung für alles Mögliche übernehmen, ich soll mein Leben im Voraus planen, brillant sein und etwas absolut Unglaubliches vollbringen. Aber, lieber Vater, ich habe gerade erst die Junior High hinter mir – für den Chefarztposten bin ich noch nicht ganz bereit. Dad gefällt es, dass Tracey sich mädchenhaft benimmt, Freunde hat und wahrscheinlich reich heiraten wird.

Aus irgendeinem Grund sitzt sie in seiner Mädchenschublade, während ich das Anti-Mädchen bin.

Von Dads Lektionen fürs Leben erwarte ich jedenfalls nichts mehr und das fällt mir jetzt gerade wieder ein, als er mir sagt, dass ich die Garage aufräumen soll.

Am nächsten Morgen gehe ich in unsere Garage, die eigentlich eher ein Anbau hinter unserem Haus ist. Keine Ahnung, warum sie Garage dazu sagen, denn niemand parkt sein Auto da drin – bei uns stehen die Wagen in der Auffahrt. In der Garage herrscht ein totales Chaos, und Mom und Dad bitten sich von Zeit zu Zeit gegenseitig, dass der jeweils andere sie mal aufräumt, aber keiner tut es. Wahrscheinlich, weil es darin so fürchterlich aussieht.

Ich fange damit an, Müll in Kisten zu packen – Bücher und Zeitschriften und Lampen und diverses Zeug, das aussieht, als hätte es jemand aus einem Auto gerupft. Ich habe keine Ahnung, ob es das ist, was Dad mit »die Garage aufräumen« meint, aber es ist mir auch egal. Immerhin tue ich was. Bald schwitze ich, weil es so heiß hier drin ist; es scheint immer heißer zu werden und ich stelle mir vor, dass gleich der Boden aufbricht, weil die Erde darunter atmen muss.

Das meiste von dem Zeug, das ich entdecke, hab ich noch nie gesehen und wahrscheinlich gibt es keinen guten Grund dafür, es zu behalten – außer dem, dass es Mom und Dad zu stressig ist, es wegzuwerfen. Ich finde Bücher, immer mehr Bücher, und das macht mich stutzig. Mom liest nur, was auf den Ständern im Supermarkt irgendwie nach billiger Erotik aussieht und Titel wie *Flamme der Leidenschaft* oder *Glutroter Sonnenaufgang* hat. Dad liest nur Zeitungen und vielleicht mal eine Zeitschrift, wenn er was ganz Gewagtes tun will. Jedenfalls hab ich sie nie eins der Bücher lesen sehen, die ich jetzt abstaube und in die Kisten räume – *Moby*

Dick, Robinson Crusoe, Große Erwartungen. Außerdem finde ich einen gigantischen Straßenatlas und ein Lexikon. Ich bin keine Leseratte. Meine Gedanken springen immer zu viel herum. Ich gehe lieber auf Konzerte. Trotzdem würde ich mir wünschen, ein großer Leser zu sein. Man hört es doch immer wieder: Wie viele Filmstars, berühmte Schriftsteller oder Nobel-Pulitzer-Was-auch-immer-Preisträger erzählen, dass sie auf der Junior High die Außenseiter gewesen sind, die sich in eine Ecke verzogen und Bücher verschlungen haben, während die Coolen sie ausgelacht haben.

Ich weiß nicht. Ich hab *Der Fänger im Roggen* gelesen, aber ich kann nicht mal sagen, dass es mein Lieblingsbuch ist, weil jeder behauptet, dass es sein Lieblingsbuch ist. Es ist sogar *Traceys* Lieblingsbuch! Und ich hasse sie deswegen, denn sie sagt immer, dass sie total in Holden Caulfield verliebt ist, aber eins weiß ich ganz genau: Wenn sie Holden Caulfield jemals treffen sollte, wenn Holden Caulfield je den Mut haben sollte, sie auf einer ihrer dämlichen Partys anzusprechen, würde sie ihn noch nicht mal ansehen, weil er zu dürr oder zu komisch wäre oder sich zu durchgeknallt benehmen würde und bestimmt kein Calvin-Klein-Typ mit Piercing in der Augenbraue wäre.

Später stehe ich am Wohnzimmerfenster und sehe Ted zu Fuß unsere Auffahrt hochkommen. Ich laufe durch den Flur nach draußen, bevor mich jemand irgendwas fragen kann.

Hey, sagt Ted.

Hey, was geht?

Ach, das Übliche. Dies und das.

Das sagt Ted immer und ich weiß nie, wovon er eigentlich redet. Wir setzen uns in Bewegung und gehen eine Runde um den Block.

Ich hab Karen Percy im 7-Eleven gesehen, sagt er. Sie war mit einem Typen von der High School da, der irgendwie was Mädchenhaftes hatte. Nicht schwul – aber irgendwie hätte er auch ein Mädchen sein können.

Und woher weißt du, dass es kein Mädchen war?, frage ich.

Weil ich ihn reden gehört habe, antwortet er. Er hatte eine ganz tiefe Stimme, war aber total dünn – so wie Mädchen manchmal sind.

Hat er Titten gehabt?, frage ich.

Ich hab keine sehen können. Aber jedenfalls hab ich mich dabei ertappt, dass ich ihm auf den Hintern gestarrt habe, bevor ich ihn hab reden hören, weil ich dachte, dass es ein Mädchen-Arsch war.

Hey, das klingt geil, sage ich, und er boxt mich gegen die Schulter.

Ted erzählt mir oft solche Sachen. Er hat immer das Bedürfnis, sich mitzuteilen. Aber das würde mir wohl auch fehlen, wenn er irgendwann damit aufhört.

Ted zündet sich eine Zigarette an, bietet mir auch eine an und ich nehme sie. Ich bin eigentlich nicht so scharf aufs Rauchen, aber Ted schon, und irgendwie finde ich, dass es ihm steht. Trotzdem sieht es immer ein bisschen komisch aus, wenn Ted raucht, weil er noch so jung wirkt. Ted raucht, solange ich denken kann. Er hat früher immer die Zigaretten von seiner Mutter geklaut, aber damit aufgehört, als er feststellen musste, dass es ihr egal war. Damit war ihm wohl der Spaß verdorben. Ich weiß noch, wie Ted einmal seiner Mutter, die gerade ungefähr einen Liter Jack Daniels weggekippt hatte, gesagt hat, sie solle ins Bett gehen. Sie hat ihm ihre Packung Ultra Lights oder was auch immer zugeworfen und gesagt, er solle sich wieder abregen. Ich nehme an, dass es einem ziemlich egal ist, ob das eigene Kind raucht oder nicht, wenn man so fertig ist wie Teds Mom.

Gerade wollen wir in eine Querstraße abbiegen, als ich ein Auto vor unserem Haus halten sehe. Tracey und Matthew steigen aus, also nehme ich an, dass es Matthews Auto ist.

Was ist?, fragt Ted. Ist das Tracey?

Ich nicke, ducke mich hinter ein Auto und ziehe Ted neben mir runter.

Was soll denn das?, fragt er und blinzelt. Wer ist der Typ?

Matthew, sage ich und dann beobachte ich sie.

Ich beobachte, wie Tracey Matthew zum Haus zieht oder das zumindest versucht, aber er bewegt sich nicht von seinem Auto weg. Dann tritt sie vor ihn und küsst ihn, und in mir zieht sich etwas zusammen und ich blicke zu Boden. Als ich wieder aufschaue, fährt der Wagen rückwärts die Auffahrt runter und Tracey geht hinein.

Was ist los mit dir?, fragt Ted. Du guckst so komisch.

Nichts, sage ich. Ich richte mich auf und gehe.

Lüg mich doch nicht an, sagt Ted, als er mich eingeholt hat. Stehst du auf den Typ oder was?

Ach, halt den Mund, sage ich. Um Gottes willen, der Typ ist Traceys Freund.

Ja?, sagt Ted. Das heißt vielleicht, dass du das Gleiche in ihm siehst wie sie?

Das heißt vor allem, dass der Kerl nicht ganz dicht sein kann, weil er sich ausgerechnet Tracey ausgesucht hat, sage ich.

Würdest du denn auf ihn stehen, wenn er nicht mit Tracey zusammen wäre?, fragt er.

Darüber hab ich mir noch keine Gedanken gemacht, sage ich und weiß, dass Ted weiß, dass ich ihn schon wieder anlüge.

Ich gehe in Traceys Zimmer, als sie nicht da ist. Das habe ich noch nie getan und sie würde einen Anfall kriegen, wenn sie es erführe. Aber jetzt, aus welchem Grund auch immer, stöbere ich in ihrem Zimmer herum. Ich gucke mir die Poster an ihren Wänden an – all diese Brit-Pop-Bands wie Blur oder Pulp, die sie so gerne hört. Eigentlich find ich die ja auch nicht schlecht, aber wenn ich mir vorstelle, wie sie und all ihre Freunde im Lexus von irgendeinem Dad rumfahren und bei den Songs mitsingen, könnte ich kotzen.

Ihr Zimmer ist ziemlich sauber und aufgeräumt und ich fange an, die Schubladen mit ihren XS-T-Shirts aufzuziehen. Ihr Schrank ist voll mit Retro-Klamotten und ich zähle neun Paar mega-hippe Schuhe. Die ganze Tracey ist ja so was von hip.

Ich gehe zu ihrer Schreibtischschublade und ziehe sie auf. Ich weiß wirklich nicht, warum ich das mache. Es ist, als würde ich etwas Bestimmtes suchen, aber so ist es nicht, wirklich nicht. Ich entdecke ihren Vorrat an E's – drei oder vier kleine Pillen mit Herzchen darauf. Ich habe mir noch nie so was eingeworfen. Für mich ist das Leben im Normalzustand schon chaotisch genug; es ist mir ein Rätsel, warum manche Leute es noch chaotischer und in Technicolor haben wollen. Ich mache die Schublade gerade noch rechtzeitig zu, denn Tracey ist bereits im Anmarsch.

Was machst du denn hier?, fragt sie, die Wut in den Augen.

Ich suche meine Sonic Youth CD, sage ich.

Welche?, fragt sie etwas ruhiger. Sie traut mir wohl doch nicht zu, dass ich ihre persönlichen Sachen durchwühle.

Dirty, sage ich.

Wie kommst du darauf, dass *ich* die habe?, fragt sie, als ob ich verrückt wäre oder sie beschuldigt hätte, meinen Golfschläger genommen zu haben. Du weißt genau, dass ich die scheiße finde, sagt sie. Jeder weiß doch, dass die ein schlechter Witz war.

Du bist so ein Musik-Snob, sage ich ruhig.

Ach, halt den Mund, Doreen, sagt sie in einem erschöpften

Tonfall, der vermitteln soll, was für einen echt harten Tag sie hinter sich hat.

Wo bist du gewesen, frage ich.

Was geht dich das an?

Ich zucke die Schultern.

Ich meine, ich will bloß wissen, was du so gemacht hast, sage ich.

Was soll die Fragerei?, sagt sie, wendet sich ab und greift nach ihrem schnurlosen Telefon.

Könntest du jetzt bitte verschwinden?, sagt sie, während sie den Hörer ans Ohr hält. Dann fängt sie an zu reden: Hey, Matthew, ich bin's. Es ist jetzt etwa halb fünf, ruf mich doch zurück. Dann legt sie auf und sieht mich an. Ich stehe einfach nur da.

Was?, fragt sie.

Magst du den Typen wirklich?, frage ich.

Was geht dich das an?, faucht sie.

Ich frage ja bloß. Also?

Klar, sagt sie schulterzuckend. Auch wenn er irgendwie komisch ist.

Wie komisch?, frage ich.

Na ja, es sagt manchmal eben komische Dinge, antwortet sie, lehnt sich zurück und streckt sich, sodass ihr Rücken Geräusche macht wie Popcorn in der Pfanne.

Ganz plötzlich kotzt sie mich total an. Sie begreift wirklich überhaupt nichts.

Vielleicht ist er ja ein perverser Killer oder so was, sage ich.

Mein Gott, das ist er nicht, sagt sie und starrt mich an.

Man kann nie wissen, sage ich.

Würdest du bitte endlich gehen?, sagt sie und klingt jetzt etwas angespannt. Das gefällt mir eigentlich ganz gut.

Oder vielleicht ist er irgendwie gestört, sage ich.

Doreen, hau jetzt endlich ab, sagt sie.

Ich gehe. Ich kann mir auch nicht erklären, warum ich manchmal das Bedürfnis verspüre, ein kleines Arschloch zu sein. Vielleicht wird es langweilig, immer nur zu beobachten.

Einmal, als ich zwölf war, wäre ich fast verhaftet worden. Zusammen mit Ted. Wir waren noch spät draußen – zu spät für Kinder in unserem Alter. Ich war durch das Fenster in meinem Zimmer rausgeklettert, weil ich wusste, dass meinen Eltern die Halsschlagader geplatzt wäre, wenn sie gewusst hätten, dass ich zu dieser Zeit noch unterwegs war.

Ich verschwinde noch immer ab und zu durch das Fenster, wenn Mom und Dad wegen was auch immer sauer sind und mich nicht rauslassen wollen, aber früher kam es viel öfter vor. Ich habe mich meistens nur mit Ted getroffen, um mit ihm zum 7-Eleven zu gehen und uns was Süßes zu kaufen. Nicht gerade eine Mega-Party also, aber besser als nichts. Wir liefen einfach so durch die Gegend, redeten über nichts, und draußen war niemand außer den High-School-Kids und ab und zu sahen wir ihre Wagen die dunklen Straßen runterdüsen. Wir konnten sie johlen und mitsingen hören, welchen Young MC-Scheiß auch immer ihre Radios gerade plärrten, alle besoffen vom Kasten Budweiser, den irgendeiner mit seinem brandneuen gefälschten Pass besorgt hatte.

Eigentlich hatte ich immer ziemliche Angst. Nicht vor den High-School-Kids, sondern einfach, weil ich so spät noch draußen war. Es wirkt alles so unglaublich still und man hört jedes Geräusch, das man macht, überdeutlich. Die Füße auf dem Straßenpflaster, die Jeans, die sich am Bein reibt, jeden Atemzug. Ich glaube, Ted war genauso nervös. Inzwischen sind wir beide daran gewöhnt. Aber anfangs war es unheimlich. Wir waren ja noch Kinder. Wir hätten längst im Bett sein müssen.

Dieses eine Mal, das ich meine, gingen Ted und ich zum 7-Eleven und kauften uns was Süßes und was zu trinken, glaube ich, und Ted hatte Zigaretten von seiner Mom dabei. Und wir gingen hintenrum auf den geteerten Parkplatz, wo das Licht nur bis zu den Müllcontainern reicht und dort irgendwie versickert.

Wir hatten beschlossen, nach hinten zu gehen, weil der Verkäufer uns sonst immer so komisch anguckt – als wollten wir irgendwas klauen oder so. Wir waren also draußen und Ted zündete sich eine Zigarette an und hielt mir die Schachtel hin, aber ich wollte nicht. Ich nahm mir seine Streichhölzer und fing an sie anzureißen – eins nach dem anderen – und sah zu, wie der Kopf Funken sprühend Feuer fing, die Flamme sich beruhigte und schließlich immer kleiner wurde.

Es war faszinierend, dem Feuer zuzusehen. Ich weiß nicht, warum. Es war einfach cool anzugucken.

Dann nahm ich ein Stück Zeitung, das auf dem Parkplatz herumlag, und zündete es an.

Mann, Doreen, sagte Ted unruhig.

Ich lachte ihn aus. Ich weiß nicht mehr, was ich gedacht hab. Ich weiß nur noch, dass ich die Zeitung mit ausgestrecktem Arm festhielt und zusah, wie die Flammen nach meiner Hand leckten. Orange, dann schwarz – das Papier zerfiel in meinen Fingern zu Asche, die der Wind wegwehte. Ich sah, wie Wörter, Headlines, Bilder aufgefressen wurden, und fühlte mich einfach nur gut. Ich lachte wie eine Irre, während das Feuer nach meiner Jacke tastete. Ich konnte schon die Wärme spüren.

Dann riss Ted mir die Zeitung aus der Hand und warf sie zu Boden.

Bist du verrückt?, rief er, während er auf den brandheißen News herumtrampelte.

Aber das Feuer ging nicht aus. Orangefarbene Fetzen wurden

aufgewirbelt. Je mehr er auf der Zeitung herumtrampelte, desto größer schien das Feuer zu werden.

Ich nehme an, dass etwas davon in die Müllcontainer geflogen ist, denn plötzlich sahen wir aus einem eine dünne Rauchsäule aufsteigen.

Oh Scheiße, Doreen, sagte Ted.

Ich fing wieder an zu lachen. Irgendwie fand ich alles unheimlich komisch. Was dann kam, weiß ich nicht mehr so genau. Ted packte mich am Arm und wir rannten los. Wir dachten, wir hätten Sirenen gehört, aber es stand am nächsten Tag nicht mal irgendwas darüber in der Zeitung. Ich war eigentlich ein wenig enttäuscht. Irgendwie hätte ein bisschen mehr dabei herauskommen sollen. Aber das Feuer war wohl nicht über die Müllcontainer hinausgegangen.

So halb wollte ich sogar geschnappt werden, damit Mom und Dad zur Polizei in Pasadena hätten latschen und sich von den Bullen über Erziehungsmethoden belehren lassen müssen. So halb wollte ich eine Nacht im Knast verbringen, an der Zellentür stehen und meine Arme durch die Gitterstäbe baumeln lassen. Ich wollte ihnen einen Schrecken einjagen und Mom weinen sehen, weil ihr kleines Mädchen kriminell geworden war. Ich wollte Dad vor Scham den Kopf schütteln sehen, weil er in seiner Erziehung nicht nur bei Henry, sondern auch bei mir versagt hatte.

Ich wollte so gemeingefährlich sein, dass man sich kaum trauen würde, mich anzusehen. Aber ich bin es nicht. Ich bin bloß irgendein Mädchen aus der Gegend, das seine Eltern zum Kotzen findet und wenig redet. Wenn mich irgendwer im 7-Eleven oder mit Ted die Straße entlanggehen sieht, denkt er bloß, dass da irgendein Mädchen geht. Falls man überhaupt irgendwas denkt. Wahrscheinlich macht sich niemand Gedanken. Wahrscheinlich vergisst man mich sofort wieder.

Ich gehe in die Küche, um mir etwas zu trinken zu holen, und treffe auf Matthew. Das überrascht mich.

Hi, Doreen, sagt er mit einem breiten Lächeln.

Hi, sage ich und mache den Kühlschrank auf.

Wie geht's dir?, fragt er.

Gut, sage ich. Wo ist Tracey?

Telefoniert, sagt er.

Ich nicke und weiß nicht, was ich sonst noch sagen soll.

Schönes Hemd hast du an, sagt Matthew.

Oh ... danke, sage ich.

Ein schlichtes kariertes Flanellhemd.

Ist dir nicht warm?, fragt er.

Ich zucke die Schultern.

Obwohl ich ihn nicht ansehe, weiß ich, dass er *mich* ansieht.

Gefällt dir meins auch?, fragt er – sehr leise, als sei es ein Geheimnis.

Ich schaue auf. Er trägt ein weißes T-Shirt.

Ich glaub ja, sage ich.

Willst du es haben?, fragt er.

Du hast es doch an, sage ich.

Ich könnte deins anziehen, sagt er. Wir könnten tauschen.

Ich weiß nicht, was ich davon halten soll. Aber es sieht so aus, als würde der Tausch ihm wirklich was bedeuten. Er will unbedingt mein Hemd.

Okay, sage ich.

Er lächelt und dann zieht er sein Hemd aus – einfach so, mitten in unserer Küche. Ich kann seine Brust und die kleine Sonne, die auf seinen Bauch tätowiert ist, sehen, und ich spüre wieder dieses komische Ziehen in meinem Inneren, das ich auch gespürt habe, als ich gesehen habe, wie Tracey und Matthew sich küssten. Mein Gesicht wird ganz heiß. Schnell gucke ich weg, damit er nicht sieht, dass ich ihn so anstarre.

Hier, sagt er und hält mir sein T-Shirt hin.

Ich zögere einen Moment.

Ich dreh mich um, während du dich umziehst, sagt er.

Er dreht sich um und wendet mir seinen nackten Rücken zu, und ich ziehe mein Hemd über meinen Kopf und lege es auf die Arbeitsplatte. Dann ziehe ich Matthews T-Shirt über. Es spannt vorne, weil meine Titten mittlerweile ziemlich groß sind.

Hier, sage ich und halte ihm mein Flanellhemd hin. Matthew dreht sich um und starrt mich an.

Von oben bis unten. Ich kann ihm nicht ins Gesicht sehen, während er das tut – am liebsten würde ich mich in eine Decke einhüllen oder so was. Mir wird warm. Ich hab das Gefühl, als würde mir gleich der Schweiß in Strömen die Beine und den Rücken runterrinnen und auf dem Küchenboden Pfützen bilden.

Ich wusste, dass es dir stehen würde, sagt er.

Dann zieht er mein Hemd an, das an ihm etwas kurz aussieht, und hält sich den Kragen an die Nase.

Es riecht nach dir, sagt er. Lecker.

Ich hätte nicht gedacht, dass ich einen Geruch habe. Ich dusche jeden Tag und ziehe immer frische Sachen an – ich dürfte eigentlich nicht riechen. Und woher will er überhaupt wissen, wie ich rieche?

Dann höre ich Tracey durch den Flur kommen und verschwinde ganz schnell aus der Küche, ohne meine Limo mitzunehmen, und ich gehe in mein Zimmer und mache die Tür zu und dann drücke ich mir den Stoff meines engen neuen T-Shirts an die Nase und atme ein paar Minuten nur tief ein und aus.

Got me a movie I want you to know, slicin' up eyeballs I want you to know, girl you're so groovy I want you to know, singen Ted und ich. Wir sind bei ihm, rauchen Zigaretten und tanzen eine verrückte Polka quer durch den Raum.

Ted stolpert über den schäbigen Teppich, der an einigen Stellen abgeschabt ist, fällt und reißt mich mit sich. Wir müssen beide lachen.

Hey, bist du cool, sage ich.

Schnauze, Schlampe, sagt er.

Bitte sprich nicht so schmutzig, sage ich und stehe auf.

Wenn du so schmutzig sprichst, findest du niemanden zum Poppen, sagt Ted, zieht an seiner Kippe und versucht alt und weise zu wirken, aber er sieht immer noch wie zwölf aus.

Weißt du was?, fragt er.

Was?

Ist dir schon mal aufgefallen, dass Platz gespart wird, wenn zwei Leute Sex haben?

Wen hast du denn schon beim Sex beobachtet?, frage ich.

Nein, ich meine nur so allgemein.

Wen so allgemein hast du schon beim Sex beobachtet?

Nein, nein, sagt Ted. Okay, sagen wir, zwei Leute, also ein Mann und eine Frau, tun es und er hat, ich weiß auch nicht, sagen wir gut fünfzehn Zentimeter. Und für eine bestimmte Zeit – zwanzig Minuten, eine Stunde oder wie lange es dauert – sind fünfzehn Zentimeter ... Substanz verschwunden, eingespart.

Er nickt selbstzufrieden, setzt sich auf die Couch und zündet sich noch eine Zigarette an.

Wie kommst du denn auf so was?, frage ich.

Weiß auch nicht, sagt er. Ist mir einfach so eingefallen.

Ted, ich glaube, du brauchst ein Hobby, sage ich.

Alles, was ich brauche, ist Spaß, sagt er, schnippt mit den Fingern und zwinkert mir zu. Hey, sagt er, wie soll unsere Band denn jetzt heißen?

Welche Band?

Die, die wir gründen, sagt er.

Ich hab noch nicht wirklich drüber nachgedacht, sage ich.

Also, sagt Ted, steht auf und geht über den Teppich, der das Zimmer teilt. Soll es was wie »Die Soundsos« sein oder nur ein einziges Wort?

Nur ein Wort, sage ich. Auf jeden Fall.

Und was ist dein Lieblingswort?, fragt er. Dein Lieblingswort der englischen Sprache?, fragt er.

Keine Ahnung. Da hab ich noch nie drüber nachgedacht.

Du hast *noch nie* darüber nachgedacht?, fragt er, als wäre ich total verblödet.

Und was ist dein Lieblingswort, Klugscheißer?, frage ich.

Ted schaut auf, pafft seine Zigarette und sagt es, als ob er es von einer Neon-Reklame abliest.

Gänseblümchenkranz.

Dann sieht er mich an und lächelt stolz.

Das klingt total schwul.

Das war ja auch kein Vorschlag. Es war bloß mein Lieblingswort. *Du* gibst der Band den Namen … also tu es.

Mir fällt kein Lieblingswort ein – jetzt ist der Erwartungsdruck zu hoch.

Der Erwartungsdruck wird noch höher werden, Dor, sagt er. Wir haben viel zu tun. Ich sag dir bloß die Wahrheit. Zuerst mal das Cover von *Spin* …

Spin ist ein Scheißname, stelle ich fest.

Na ja, wie auch immer … Wir werden mit diesem Namen auf Tournee gehen. Man wird uns fotografieren, wie wir auf der Bühne stehen und rauchen und trinken …

Du trinkst doch gar nicht, sage ich.

Dann werd ich wohl damit anfangen müssen ... Wir werden Hotelzimmer zertrümmern und auf irgendwelchen Musikpreis-Verleihungen ordinäre Wörter brüllen. Wir werden die Schmuddelkinder der Musik-Welt sein, sagt er, total in Fahrt, wenn es auch nicht sein voller Ernst ist, was er da weiter zusammenspinnt, als ich irgendwann nicht mehr zuhöre, sondern meine Augen schließe, den Atem anhalte und an das denke, was vorhin mit Matthew gewesen ist.

Ted, unterbreche ich ihn.

Was ist?

Ich hab's.

Was?

Ich schaue ihn an, sage aber nichts.

Was?, fragt er wieder.

Crush.

Wir hatten mal einen Hund namens Spazz, und als er alt wurde, mochte er nicht mehr gestreichelt werden. Wenn man die Hand ausstreckte, um ihm den Kopf zu tätscheln, bewegte er sich zwar nicht, machte aber die Augen sehr fest zu und fing zu zittern an, als ob er Angst hätte, dass man ihn schlagen wollte. Ich könnte mir vorstellen, dass es sich für ihn so ähnlich angefühlt hat, wie wenn man eins auf die Nase gekriegt hat und dieser seltsame warme Schmerz sich über das ganze Gesicht ausbreitet. So in etwa fühle ich mich auch, wenn ich über diese Hemden-Geschichte nachdenke. Als würde mich eine Hand von oben zermalmen – es tut irgendwie weh, aber ist trotzdem ein gutes Gefühl.

Ich weiß, dass ich nicht so werden will wie Mom. Und das bestätigt sich in diesem Moment wieder, denn sie hängt gerade am Telefon und spricht mit ihrer Schwester, meiner Tante Shirley. Das heißt, sie spricht nicht, sie heult, weil sie ein Rezept nicht finden kann. Mom heult immer wegen solcher Sachen. Solche Sachen machen sie traurig, während sie Tobsuchtsanfälle kriegt, wenn ich die Milch nicht wieder in den Kühlschrank stelle oder wenn ich mich mal wieder weigere, was anderes anzuziehen als Jeans und Turnschuhe. Ich weiß nicht, ob sie wirklich von mir erwartet, dass ich weiße Handschuhe und Cocktailkleider trage, aber sie benimmt sich jedenfalls so.

Vor allem will es mir nicht in den Kopf, wie sie sich über Teds Mom und deren Gewohnheiten auslassen kann, wenn sie selbst einen Nervenzusammenbruch kriegt, nur weil sie zum Abendessen kein Gulasch oder was auch immer kochen kann. Ich meine, ich hab schon immer gewusst, dass sie etwas bescheuert ist, aber trotzdem. Na ja, sie ist mit Dad verheiratet – was kann man da schon erwarten?

Ich bin sicher, dass es auch schön sein kann, verheiratet zu sein – zumindest habe ich das so im Fernsehen gesehen –, aber ich glaube nicht, dass meine Eltern viel davon haben, Mom am wenigsten. Sie ist um einiges jünger als Dad. Als er im letzten High-School-Jahr war, war sie noch im Kindergarten, was eine ekelige Vorstellung ist, aber so war es nun mal. Und jetzt regt sie sich dauernd über Dinge auf, die völlig uninteressant sind, aber wenn ein Thema aufkommt, das wirklich wichtig ist – zum Beispiel, wie lange ich draußen bleiben kann oder auf welches College Tracey geht oder wie das damals mit Henry war –, dann macht sie alle Schotten dicht, fängt an Wäsche zu falten und überlässt es Dad, sich dazu zu äußern. Zwar glaube ich nicht, dass sie irgendwelche innovativen Vorschläge zu machen hätte, die vielleicht unser aller Leben verändern könnten, aber es macht mich schon ein bisschen traurig, wenn ich sehe, was aus ihr geworden ist. Früher hat sie mit

Sicherheit etwas zu sagen gehabt, aber ich denke, dass sie sich im Laufe der Jahre selbst gedrillt hat, den Mund zu halten, und heute denkt sie über die meisten Dinge wahrscheinlich nicht mal mehr nach.

Ich bin wieder in der Garage und es fällt mir immer schwerer zu begreifen, warum dieses ganze Zeug hier abgestellt worden ist. Ich wühle mich durch Stoffe – Stoffe, aus denen man Vorhänge oder so was macht. Mom näht keine Vorhänge. Sie näht überhaupt nicht. Diese Stoffbahnen sind völlig eingestaubt, sodass mir die Nase juckt und die Augen tränen. Dass die Sonne durch das kleine Fenster scheint, macht es nicht besser, und ich weiß jetzt, glaube ich, wie sich Käfer fühlen, wenn man sie mit einer Lupe grillt.

Die Luft in der Garage ist dick und staubig. Sie hinterlässt einen Film auf der Haut, den man erst nach tausendmal Duschen abkriegt. Im Moment fällt es mir schwer, nachts einzuschlafen. Ich habe nur ein T-Shirt und Unterwäsche an, mache das Fenster auf und decke mich nur mit einem Laken zu, aber es nützt nichts; ich wälze mich hin und her, bis mein Mund trocken ist und ich noch mal pinkeln muss, also steh ich wieder auf, geh aufs Klo, trink was und gehe wieder ins Bett, um die ganze Prozedur von vorne zu beginnen. Und wenn ich dann doch eingeschlafen bin und wieder aufwache, bin ich klatschnass geschwitzt, die Haare kleben an meiner Stirn und im Nacken und ich bin völlig ausgedörrt.

Die letzte Nacht war besonders schlimm, weil ich die ganze Zeit an Matthew denken musste. Immer wieder hab ich die Szene durchgespielt, wie wir die Hemden tauschen. Ted hab ich nichts davon erzählt. Das sind Sachen, die Ted nicht zu wissen braucht. Er würde mir sowieso nur erzählen, dass ich eine blöde Kuh bin und dass Matthew Traceys Freund ist. Und außerdem noch ein Perverser, der Mädchen dazu bringt, ihr Hemd auszuziehen.

Ich weiß nicht. Ich denke nicht allzu viel über Sex nach. Na ja, vielleicht stimmt das nicht ganz, aber meine einzige Erfahrung in diesem Bereich sind die komischen grunzenden Laute, die immer aus Traceys Zimmer kommen, wenn Mom und Dad nicht zu Hause sind und Traceys langweilige Typen bei uns übernachten. Aber sehr oft kommt das nicht vor ... Und es ist nicht so, dass ich das toll finde oder so.

Und dann sind da die Leute in meinem Alter. Ted und ich waren für etwa fünf Minuten auf der Abschlussparty der achten Klasse. Es war echt abstoßend. Ein paar Leute tanzten, jedenfalls in Ansätzen, andere zogen sich auf dem Klo die Pfeifen rein, aber da war vor allem eine Gruppe von Kids, die im Dunkeln standen, sich küssten und befummelten. Überall Hände, die Hintern abtasteten, und so wie sie sich küssten, mit weit aufgerissenen Mündern und so viel Druck, sahen sie aus wie eine Horde Eidechsen, eine Horde schuppiger Eidechsen oder Schlangen oder so was, die ihr Bestes taten, das Gesicht des anderen im Ganzen zu verschlingen.

Ich bin nicht wirklich neidisch darauf gewesen.

Ich falte die Stoffbahnen und in meiner Kehle fängt es an zu jucken, bis ich husten muss, und irgendwann bleibt mir nichts anderes übrig, als rauszugehen, mich auf den Bordstein zu setzen und frische Luft zu schnappen. Ich atme ein paar Mal tief ein und aus und blicke auf die Häuserreihe auf der anderen Straßenseite, die genauso aussieht wie die Häuserreihe auf dieser Straßenseite: nach vorne raus große Fenster, die zum Wohnzimmer gehören, winzige Fenster für alle anderen Räume. Hell gepflasterte Auffahrten und Rasenflächen mit Sonnenblumen und Plastik-Flamingos. Vereinzelt sieht man sogar Rasensprenger, aber in Kalifornien scheint ja immer Wasserknappheit zu herrschen.

Irgendwie meine ich mich auch an ein paar Kinder erinnern zu können, die die ganze Zeit durch diese Gegend rannten. Kleine

Kinder. Kleine, fette Kinder, glaube ich, aber ich habe sie schon länger nicht mehr gesehen. Niemand wagt sich im Juli auf die Straßen, weil es einem nicht besonders gut bekommt. Es ist zu heiß und der Smog dringt einem in die Kehle und die Lunge.

Ich hasse diese Gegend. Ich kann mich nicht erinnern, dass ich sie einmal nicht gehasst habe. Manchmal glaube ich, dass ich vielleicht verrückt bin, denn wenn es um mich herum ganz still ist und ich die Augen schließe und für eine Sekunde zu atmen aufhöre, kann ich, ich schwör's, die Worte deutlich in meinem Kopf hören: Du wirst abhauen, du wirst abhauen. Erst kraftvoll, dann ruhiger, wie Wellen, die auslaufen. Wenn ich die Worte höre, balle ich meine Fäuste so fest, dass meine Nägel halbmondförmige Abdrücke in meinen Handflächen hinterlassen.

Ich werde ins Wohnzimmer zitiert, weil Tante Shirley und Onkel Bill aus dem reizenden Commerce zum Abendessen gekommen sind. Tracey war schlauer als ich – sie ist gar nicht zu Hause, sodass sie sich den Lärm, den die beiden absondern, nicht anhören muss. Mir bleibt nichts anderes übrig, als die beiden zu begrüßen, und Onkel Bill und Tante Shirley drücken mich und geben mir feuchte Küsse.

Hey, Bohnenstange, sagt Onkel Bill zu mir. Bist du noch einen halben Meter geschossen?

Dann lacht er.

Nein, sage ich.

Onkel Bill ist ungefähr zehn Jahre jünger als Tante Shirley. Tante Shirley hat ihren ersten Mann, Onkel Jim, verlassen, weil sie eine Affäre mit Onkel Bill hatte. Obwohl er damals wohl nur »Bill« gewesen ist. Ich find es schwer vorstellbar, dass die beiden etwas so Gewagtes zu Stande gebracht haben. Onkel Bill trägt sein Haar im Proll-Look – vorne kurz, hinten lang – und er zieht meistens ärmellose Hemden an, sodass man sehen kann, wie behaart seine Arme sind. Und nicht nur die Arme. Ich habe mal gesehen, wie Onkel Bill sein Hemd auszog, und wirklich wahr, sein Rücken sieht aus wie ein Teppich. Wie auch immer, Onkel Bill ist nicht gerade unwiderstehlich und daher kann ich mir irgendwie nicht vorstellen, wie er Tante Shirley vom Hocker gerissen haben soll, was ohnehin schwierig sein dürfte, weil sie etwa vierhundert Kilo auf die Waage bringt. Man sollte meinen, dass ihr Gewicht sie zu einem fröhlichen Menschen macht, jedenfalls sind, glaube ich, viele Dicke so, aber sie macht meistens ein Gesicht, als hätte sie gerade einen dicken Klumpen Kaugummi verschluckt.

Hallo, Dorrie, sagt sie und wischt mir den Lippenstift von ihrem Kuss von der Backe. Genießt du den Sommer?

Ich glaub schon, sage ich.

Dad setzt sich mit Onkel Bill auf die Couch, um irgendein Spiel anzusehen, und sieht dabei nicht besonders begeistert aus. Ich glaube, Dad hält Onkel Bill für einen Vollidioten.

Wie läuft's denn so?, fragt Onkel Bill meinen Dad.

Och, ganz okay, sagt Dad, ohne den Blick vom Fernseher abzuwenden. Und bei dir?

Ich bin schwer beeindruckt, dass Dad sich bemüht, das Gespräch in Gang zu halten. Irgendwie tut er mir Leid – er muss so tun, als ob er Onkel Bill mag, nur weil Mom und Tante Shirley Schwestern sind.

Doreen, sagt Dad, warum hilfst du deiner Mutter nicht ein bisschen?

Okay, sage ich. Augenscheinlich will er mich aus irgendeinem Grund aus dem Wohnzimmer haben, obwohl ich nicht glaube, dass er vorhat, Onkel Bill irgendwelche großen Geheimnisse anzuvertrauen.

Ich gehe also in die Küche, wo Tante Shirley Gemüse schneidet und Mom braunen Zucker über den fleischig-rosafarbenen Schinken streut. Ich werfe dem Ding einen Seitenblick zu und sehe irgendeine glibberige Scheiße davon runtertropfen. Manchmal wird mir bei dem Gedanken an Essen richtig schlecht. Allein die Vorstellung, dass dieser radiergummifarbene Schinken in irgendeinem Mund zermatscht wird, verdirbt mir den Appetit auf Essen im Allgemeinen.

Hallo, hübsches Ding, sagt Tante Shirley, doch sie sagt es nicht besonders nett.

Aber es macht mich so oder so verlegen.

Dorrie wird langsam erwachsen, was, Kathy?, sagt sie zu Mom.

Ja, das stimmt, antwortet Mom, den Blick starr auf den Schinken gerichtet.

Warum steckst du deine Haare nicht mal hoch?, sagt Tante Shirley zu mir. Sie sind ziemlich lang geworden.

Mir gefällt es so, antworte ich ruhig.

Ich sage ihr dauernd, dass sie die Haare hochstecken und einen Rock tragen soll, erzählt Mom, als wäre ich gar nicht anwesend. Sie will aber nichts davon hören, sagt sie.

Wie es aussieht, wirst du groß und dünn, sagt Tante Shirley. Ganz wie dein Vater ... Wie findest du das?

Ich zucke bloß die Schultern.

Tante Shirley hat eine Art, mit mir zu reden, als wäre ich erst vier oder ein Hamster oder sonst was.

Möchtest du eine Möhre?, fragt Tante Shirley und ich muss lachen. Vielleicht sollte ich noch ein paar Runden in meinem Laufrad drehen.

Was gibt es denn zu lachen?, fragt Mom.

Nichts, sage ich.

Immer in einer anderen Welt, sagt Mom. Und dann fragt sie mich: Wolltest du was, Doreen?

Dad meint, ich soll euch helfen, antworte ich.

Ach so, sagt Mom, gut. Hier, schäl die, sagt sie und reicht mir eine Schüssel Kartoffeln. Ich nehme sie und stelle mich an das Spülbecken und höre zu, wie Mom und Tante Shirley sich unterhalten, während ich beobachte, wie die Kartoffelschalen wie welke Blätter in den Ausguss fallen.

Hat sie schon einen Freund?, fragt Tante Shirley und wird wohl mich damit meinen.

Nein, ich glaube, sie ist doch noch ein bisschen zu jung für Dates, sagt Mom. Was ich nicht begreife, weil ich weiß, dass sie glaubt, dass Ted und ich uns zumindest küssen. Außerdem hat Tracey mit ihren Jungsgeschichten praktisch schon angefangen, bevor sie überhaupt lesen konnte.

Du kannst von Glück sagen, dass du das Ganze schon bei Tracey durchgemacht hast, sagt Tante Shirley. Dann ist es nicht so ein Schock. Ich weiß noch, als Ellen vierzehn oder fünfzehn war und anfing, sich für Jungs zu interessieren. Jim und ich wussten überhaupt nicht, wie wir uns verhalten sollten. Am wenigsten Jim.

Ich kann es beinahe nicht glauben, und zwar aus mehreren Gründen. Zuerst mal, weil meine Cousine Ellen ebenfalls eine gute Tonne wiegt und auch noch schlimm allergisch gegen alles ist – immer schon war. Da ist es natürlich klar, dass die Jungs ihr mit einer Schachtel Kleenex in der einen und einem Big Mac in der anderen Hand die Tür eingerannt haben. Außerdem macht Onkel Jim nicht gerade den Eindruck, als würde er sich auch nur ansatzweise um Ellens gesellschaftliches Leben kümmern. Er hat ihr immer nur gesagt, dass sie unförmig und schwerfällig sei. Ziemlich gemein eigentlich, wenn ich jetzt so darüber nachdenke.

Je mehr Tante Shirley sich darüber auslässt, wie schockiert sie zunächst war, als Ellen ihre ganzen Verabredungen hatte, desto sicherer werde ich, dass sie lügt. Ich sehe sie einen Moment an, während sie spricht.

Es ist etwas, an das man sich erst gewöhnen muss ... ich habe den armen Jim immer wieder beruhigen müssen ... na ja, du kannst es dir ja vorstellen – sein kleines Mädchen wird erwachsen, sagt sie und wird dabei immer leiser und leiser.

Ich wende mich wieder meinen Kartoffeln zu. Ich frage mich, ob Mom ihr glaubt. Ich frage mich, ob Mom ihr überhaupt zuhört.

Hm-hm, macht Mom, ohne den Blick von ihrem Schinken zu lassen.

Und jetzt, wo sie in Santa Barbara ist, geht es natürlich weiter. Nur muss ich es da nicht mit ansehen, sagt Tante Shirley.

Sie ist ja auch schon eine junge Frau, sagt Mom.

Ich glaube nicht, dass sie Tante Shirley irgendwas davon abkauft. Ist schon klar, dass Ellen all die Jungs auf der Uni von Santa Barbara umhaut, wo alle in Bikini ihre Kurse besuchen. Ich stelle sie mir in einem Seminar vor, wie sie fett und schniefend allein an ihrem Tischchen sitzt. Ich hab keine Ahnung, wen Tante Shirley davon überzeugen will, dass Ellen ein gottverdammtes Super-Model ist.

Aber Mom sagt nicht, Hey, Shirley, ich glaube, du bist im falschen Film. Sie nickt nur und stimmt ihr zu und tut so, als würde sie Verständnis haben. Sie lügt einfach zurück, denn inzwischen bin ich mir sicher, dass sie das Gerede für totalen Schwachsinn hält.

Ich hoffe nur, dass ich später nicht wegen meiner fetten Tochter lügen muss. Ich meine, falls ich eine Tochter habe und falls sie fett ist, will ich den Mumm haben und sagen: Na und? Sie verabredet sich nicht mit Jungs? Und wenn schon! Das macht sie wohl noch nicht zu einer Aussätzigen, oder? Sie kann immer noch eine interessante Person sein. Vielleicht ist sie besonders klug, vielleicht kann sie singen, vielleicht ist sie auch der witzigste Mensch auf der Welt. Niemand traut sich, so was zu sagen. Aber ich glaube, dass ich es tun werde. Ich habe es fest vor.

Onkel Bill schaufelt das Essen in sich rein, als wäre er gerade von einer einsamen Insel gerettet worden. Ich finde, dass er irgendwie einem Bauernhoftier ähnelt – einer Kuh oder einem Schwein vielleicht. Dad nippt an seinem Getränk und sagt nichts und Mom hört Tante Shirley zu, die irgendeinen Müll labert. Ich esse die Kartoffeln, die nicht ganz gar und schlecht zu kauen sind.

Ich schaff den ganzen Haushalt nicht, sagt Tante Shirley gerade. Der Tag hat einfach nicht genug Stunden.

Tja, Bill, warum gehst du ihr nicht im Garten zur Hand?, fragt Mom und gibt sich Mühe, einen schelmischen Unterton mit einzubauen.

Oh nein, sagt Onkel Bill lachend. Er hört sogar für eine Sekunde auf zu kauen. Nein, nein, Kathy, sagt er zu Mom. Ich habe leider, was Gartenarbeit angeht, nur Daumen an der linken Hand und keiner davon ist grün.

Alle lachen und ich denke, lieber Gott, hol mich bitte, bitte hier raus. Aber statt zu flüchten, steche ich nur weiter auf meinen Schinken ein.

Doreen, jetzt komm schon, iss etwas, sagt Mom. Spiel nicht mit dem Essen rum.

Ich esse Kartoffeln, sage ich.

Das Kind isst wie ein Vögelchen, sagt Onkel Bill breit grinsend. Nicht wie ihr Tantchen, sagt er und patscht Tante Shirley auf den Oberschenkel. Die wird man nie an einer Mahlzeit rumpicken sehen, sagt er und dann lacht er mit offenem Mund.

Mir wird bewusst, dass Onkel Bill schon eine Menge Bier getrunken hat, seit er hier angekommen ist. Ich denke, es gibt dicke Menschen, die damit gut klarkommen und dauernd Witze über sich selbst machen, aber Tante Shirley gehört nicht dazu. Sie erwähnt es nicht einmal. Und wenn sie beim Essen ungefähr zwölfmal nachgeladen hat, redet sie sich immer wieder gerne damit raus, dass sie heute noch kein Mittagessen gehabt hat oder so. Ja, klar, Tante Shirley, liegt es mir dann auf der Zunge, du hattest kein Mittagessen und ich kann fließend Chinesisch.

Bill, sagt Tante Shirley. Ihr Blick ist nach unten gerichtet. Die Sache ist ihr ausgesprochen peinlich. Und Mom anscheinend auch, denn ich sehe, dass sie schon wieder im Arbeitsmodus läuft.

Wann immer Mom mit irgendwas nicht klarkommt, fängt sie an rumzurennen, Teppiche zu saugen, die in der Woche schon tausendmal gesaugt worden sind, oder Haushaltsgeräte abzustauben. Und nun kommt sie gerade wieder blitzartig auf die Füße.

Wir haben noch andere Dressings, sagt sie und jagt in die Küche.

Einen Moment später kommt sie zurück und stellt drei Flaschen mit Salatsauce auf den Tisch.

Hier, Bill, ich weiß doch, dass du die Thousand Island magst, sagt sie. Wir anderen sitzen da und wissen nicht so recht, was wir tun sollen. Nur Onkel Bill schaufelt sich weiterhin das Essen rein.

Danke, Kathy, sagt er und bedient sich aus der Flasche. Er kippt so viel von dem zähflüssigen Zeug auf seinen Salat, dass man das Grüne nicht mehr sehen kann.

Tante Shirley scheint solche Dinge recht schnell wegstecken zu können oder sie tut nur so, jedenfalls fängt sie schon wieder an, über irgendein ödes Thema zu lamentieren. Ich werfe Dad einen Blick zu. Der starrt strikt auf seinen Teller, schneidet sein Fleisch und isst es sehr langsam. Er schaut auf und begegnet meinem Blick, aber reagiert nicht weiter. Dann nickt er ganz leicht, sein Blick driftet zur Seite und bleibt irgendwo knapp neben meinem Kopf hängen.

Ich hab's überhaupt nicht verstanden, sagt Tante Shirley und ich habe keine Ahnung, worüber sie gerade spricht. Dann wendet sie sich Dad am anderen Ende des Tisches zu und fragt: Hast du so was schon mal gehört, Henry?

Und guter Gott, wie ist es plötzlich doch so stille.

Ich weiß, dass sie vermutlich Harry sagen wollte, weil Dad auf Harry oder Hal hört, aber rausgerutscht ist ihr Henry, was in diesem Haus in etwa dieselbe Qualität hat wie ›Jesus Christus kann mir den Schwanz lutschen‹ in einer Kirche.

Dad hebt den Kopf, während Mom gleichzeitig den Blick senkt. Sie sehen dabei immer aus wie zwei Teile einer Kuckucksuhr. Für einen Augenblick ist Henry hier. Hier bei uns am Tisch. Es ist echt krass, wie man so was nur durch die Nennung eines Namens bewirken kann. Wenn er wirklich hier wäre, würde er vermutlich neben mir und gegenüber von Onkel Bill und Tante Shirley sitzen. Er würde wahrscheinlich lachen. Was hältst du davon, alter Mann, würde er bestimmt zu Dad sagen. Und dann würde er anfangen, den Laden aufzuräumen. Er würde die Tischdecke vom Tisch reißen oder Onkel Bill den Rest des Bratens entgegenschleudern oder so was. Er würde sich wahrscheinlich hier am Tisch eine Zigarette anzünden und den anderen den Rauch ins Gesicht blasen.

Tut mir Leid … Harry, sagt Tante Shirley nervös.

Einen Moment lang spricht keiner, dann sagt Mom: Der Kuchen ist fast fertig, und schon düst sie los, um den Nachtisch zu holen, obwohl keiner von uns aufgegessen hat.

Schon gut, sagt Dad und sieht Tante Shirley an. Ist schon gut.

Dad wendet sich wieder seinem Essen zu, was auch Onkel Bill das Stichwort gibt, und dann kommt Mom zurück und stellt den Kuchen in die Mitte des Tisches, wo er neben dem Salat und dem Schinken ziemlich albern und fehl am Platz aussieht.

Die ganze Gesellschaft wirkt ziemlich abgekühlt. Na ja, Dad und Onkel Bill sowieso. Mom sieht ein bisschen angespannt aus und Tante Shirley reichlich merkwürdig und blass, als könnte sie jeden Moment das Zeitliche segnen. Ich muss daran denken, wie ich gelacht hätte, wenn Henry hier gewesen wäre – wir hätten richtige Lachkrämpfe gekriegt. Er hätte mir wahrscheinlich gegen die Schulter geboxt und mich mit einem Blick angesehen, der besagt: Komm, jetzt sollen sie auch denken, wir hätten völlig den Verstand verloren. Allein der Gedanke bringt mich zum Lachen.

Doreen, sagt Mom verwirrt.

Dadurch muss ich nur noch mehr lachen. Ich sehe Onkel Bills und Tante Shirleys dämliche Mienen und das stachelt mich erst recht an. Ich kann einfach nicht mehr aufhören. Ich versuche es nicht mal. Ich blicke auf die restlichen Kartoffeln und den Schinken auf meinem Teller und lache das Essen und Moms blöden Kuchen aus.

Das reicht jetzt, sagt Dad streng und ich kann die Warnung in seinen Augen sehen, aber selbst der Gedanke daran, dass er zu brüllen anfängt, was mir sonst eine Heidenangst einjagt, zeigt heute keine Wirkung.

Ich werde ohne Nachtisch in mein Zimmer geschickt, aber ich kann nicht behaupten, dass mich das tief trifft. Ich hatte sowieso schon das Gefühl, mindestens zehn Stunden an diesem Tisch zu sitzen, daher ist die Verbannung für mich eher eine vorzeitige Entlassung wegen guter Führung.

Ich liege auf meinem Bett, als Dad den Kopf hereinsteckt.

Shirley und Bill fahren, sagt er. Komm raus und entschuldige dich.

Ich sage nichts, stehe aber auf und folge Dad durch den Flur. Viele verschiedene Stimmen dringen aus dem Wohnzimmer und ich folgere, dass Tracey inzwischen eingetroffen ist.

Und? Bist du schon aufgeregt, dass es jetzt aufs College geht?, fragt Tante Shirley Tracey, als ich das Zimmer betrete.

Ja. Ich kann's kaum noch erwarten, antwortet Tracey. Sie grinst idiotisch und ich verdrehe die Augen, als Matthew mit zwei Gläsern Saft aus der Küche kommt.

Und was ist mit Ihnen, Matthew? Gehen Sie auch im Herbst aufs College?, fragt Tante Shirley.

Nein, Ma'am, ich habe gerade meinen Abschluss an der UCLA gemacht, sagt er und dann guckt er mich an und lächelt, bevor Tante Shirley ihm noch mehr dumme Fragen stellen kann.

Er steht da und antwortet höflich, und mir fällt auf, dass er sich in Gegenwart Erwachsener, ja sogar in Traceys Gegenwart, ganz anders benimmt als bei mir. Bei mir ist er irgendwie merkwürdig, starrt mich an, stellt Fragen und so. Ich beobachte, wie er sein Glas hält, das in seiner Hand irgendwie klein wirkt. Er lehnt sich zurück und schüttelt sich die Haare aus den Augen, und einen Moment lang möchte ich zu ihm hingehen und das Haar für ihn aus der Stirn streichen.

Wie geht's denn so, Doreen?, fragt er und alle starren mich an.

Plötzlich scheint alles in Zeitlupe zu laufen.

Doreen möchte ihrer Tante und ihrem Onkel etwas sagen, kündigt Dad an.

Ich finde es hammerpeinlich, hier in Gegenwart von Matthew und Tracey öffentlich diese beschissene Entschuldigung von mir geben zu müssen.

Was hat sie gemacht?, fragt Tracey mit einem gehässigen Lachen.

Tut mir Leid, dass ich euch das Essen verdorben habe, sage ich zu Onkel Bill und Tante Shirley und sie lächeln und nicken, und ich nehme an, dass es ihnen so oder so scheißegal ist. Es ist ja nicht so, als hätte ich sie niedergeschlagen oder ihnen ins Essen gespuckt.

Dann wende ich mich an Dad, der mich ansieht, als würde er erwarten, dass ich noch irgendwas tue.

Tja, dann, ähm, bis bald, sage ich und umarme sie. Onkel Bill riecht wie eine Brauerei.

Dann drehe ich mich um und geh zurück in mein Zimmer, denn ich fühle mich ganz schön gedemütigt. Ich hasse Tracey dafür, dass sie da steht und mich auslacht, und Matthew muss jetzt ja denken, dass ich ein totaler Kriecher bin.

Ich lege Velvet Underground auf, weil mir genau nach diesem ›Verregneter Tag in der Opiumhöhle‹-Gefühl ist. Ich lege mich aufs Bett und denke an Matthew. Ich schließe meine Augen und höre der Musik zu, und irgendwie kühlt sie mich ab, so komisch das auch klingt. Es ist plötzlich nicht mehr so heiß in meinem Zimmer und ich stelle mir Matthew vor, wie er einen Schirm aufspannt, weil es im Wohnzimmer regnet, und dann schlafe ich ein.

Ich schrecke total verwirrt hoch, als hätte mir jemand einen elektrischen Schock oder so verpasst. Ich setze mich auf und sehe Matthew auf meiner Bettkante sitzen. Er sieht mich an. Ich bin total verschwitzt, weil ich in meinen Sachen geschlafen habe, und ich habe keine Ahnung, ob es Nacht oder früher Morgen ist. Ich weiß einfach nicht, wie lange ich geschlafen habe.

Hi, Doreen, sagt Matthew. Tut mir Leid, ich wollte dich nicht erschrecken.

Schon okay, sage ich und frage mich, warum es im Haus so still ist.

Das war peinlich eben, sagt er. Keine Frage.

Ja, war's wohl, sage ich, ziehe die Beine an und schlinge die Arme um die Knie.

Deine Mutter sagt, du hättest zu lachen angefangen und konntest nicht mehr aufhören.

Ja, so war's, sage ich.

Und was war so lustig?

Ich zucke die Schultern. Ich weiß nicht, sage ich.

Komm, Doreen, mir kannst du es doch sagen, sagt Matthew und rückt ein bisschen vom Fußende in meine Richtung.

Ich weiß es wirklich nicht, sage ich.

Matthew nickt kurz, es ist fast wie ein Zucken, dann lacht er ebenso kurz und wird ganz plötzlich wieder sehr ernst.

Weißt du, manchmal erinnere ich mich an einen Witz von früher und egal, wo ich bin – ich fange an zu lachen. Und alle gucken mich an und denken, dass ich sie nicht mehr alle habe.

Er sieht mich an und ich nehme an, dass ich jetzt reden soll.

Na, das ist ja was, sage ich.

Wieder lacht er schnell und abrupt und hört im nächsten Moment wieder auf.

Du bringst mich immer wieder zum Lachen, Doreen, sagt er.

Ich denke, klar, Matthew, ich kann mich kaum zusammenreißen, wenn ich an die ganzen Brüller denke, die uns verbinden. Aber dann sehe ich ihn an und kann noch nicht einmal mehr was Gemeines über ihn *denken*. Er gibt sich die ganze Zeit Mühe, mich zu erreichen. Und seine Augen – man könnte glatt darin ertrinken.

Hast du mein T-Shirt noch?, fragt er.

Ja, es liegt in der Schublade ... Willst du es wiederhaben?

Nein, nein, du sollst es behalten, sagt er.

Danke, sage ich.

Wir beide sitzen da und ich frage mich langsam wirklich, wo die anderen sind. Nicht weil ich mit irgendjemandem reden will oder so. Aber jedes Mal, wenn ich mit Matthew zusammen bin oder ihn sehe, habe ich das Gefühl, als würden wir beide uns gegenseitig unsere Geheimnisse erzählen.

Was machst du heute Abend noch?, fragt er.

Ich weiß nicht, was ich darauf antworten soll. Ich habe das Gefühl, dass es etwa zwei Uhr morgens sein muss.

Ich weiß nicht, sage ich. Weißt du, wie spät es ist?

Kurz nach neun, sagt er, ohne auf seine Uhr zu sehen.

Wahrscheinlich mach ich nichts mehr, sage ich. Oder ich geh vielleicht noch mal mit Ted los.

Ein-Freund-nicht-dein-Freund-Ted?, fragt Matthew und lächelt, und es ist ganz komisch, Teds Namen aus seinem Mund zu hören.

Ja, antworte ich.

Na ja, dann werdet ihr zwei ja sicher Spaß haben, sagt er. Was macht ihr denn so?

Ich habe wirklich keine Lust, zu sagen: Also, Matthew, normalerweise beginnen wir unseren aufregenden Abend damit, bei Trader Joe's oder 7-Eleven Junkfood zu kaufen und es auf dem Parkplatz aufzuessen, und wenn es dann Zeit wird, richtig aufzudrehen, dann gehen wir zu Ted und hören CDs.

Also sage ich nur: Ach, mal dies, mal das.

Er lächelt und nickt. Ich verstehe, sagt er.

Und was macht ihr so? Du und Tracey, meine ich?

Nicht viel, sagt er und kämmt sich mit den Fingern durchs Haar. Wir fahren rum und bei verschiedenen Partys vorbei ... von Traceys Freunden.

Und wo sind deine Freunde ... von der UCLA?, frage ich.

Er schaut mich an und sagt: Ein paar wohnen noch hier in der Gegend, aber die meisten sind weg. Weggezogen. Matthew wirkt einen Moment lang ein bisschen angespannt, dann fügt er hinzu: Sie haben alle ganz tolle Jobs gekriegt, weißt du.

Willst du auch so einen Job?, frage ich.

Matthew lacht auf und es klingt wie ein Schnauben.

Nein, danke. Sie sind alle Unternehmensberater oder so was geworden.

Ich frage mich, was Matthew eigentlich macht. Ich kann ihn mir unmöglich bei Kentucky Fried Chicken oder in irgendeinem Kino als Kartenabreißer in Uniform vorstellen.

Ich will ihn gerade fragen, was er studiert hat, als es klopft.

Ja, sage ich, und eine aufgerüschte Tracey in einem glänzenden, geschlitzten blauen Kleid kommt rein.

Sie blickt ein wenig verwirrt auf Matthew und mich, wie wir auf meinem Bett sitzen und plaudern.

Hallo, ihr zwei, sagt sie nett und höflich, und wenn ich so darüber nachdenke, erstaunt es mich, dass sie überhaupt geklopft hat.

Hallo, sagt Matthew.

Ich bin jetzt fertig, wir können, sagt Tracey sowohl zu ihm als auch zu mir, als sei es wirklich wichtig, dass wir beide es wissen. Als ob sie will, dass ich sage, Scheiße, Tracey ist fertig – ruf einer die Presse an und lasst den Lincoln vorfahren!

Okay, dann los, sagt Matthew und steht auf. Tschüss, Doreen, sagt er und hält mir seine Hand hin.

Ich strecke meine Hand aus und er nimmt sie und umfasst sie, als wäre sie ein kleiner Vogel, der davonfliegen will, und dann hebt er sie an seine Lippen und küsst sie leicht. Ich schaffe es nicht mal, auf Traceys Gesichtsausdruck zu achten, denn alles, woran ich denken kann, sind seine Lippen auf meiner Hand, die ein Pulsieren meinen Arm hinabschicken.

Dann verlassen sie beide mein Zimmer und ich halte einen Moment lang meine Hand fest. Ich fühle mich plötzlich weiblich und dann fühle ich mich bescheuert, dass ich mich weiblich fühle, und dann vergrabe ich mein Gesicht in mein Kissen und schreie ein paar Minuten, weil das wirklich das Einzige zu sein scheint, was ich in diesem Moment tun kann.

Als ich Ted vor Tower Records sitzen sehe, weiß ich sofort, dass mit ihm irgendwas nicht stimmt. Er sieht aus, als hätte er extremen Druck auf der Blase oder so.

Was ist los?, frage ich.

Nichts, sagt er und starrt auf seine Schuhe, während er an der Gummisohle zupft.

Ich setze mich neben ihn.

Hast du eine Zigarette?, frage ich.

Er gibt mir eine und macht sich selbst eine an, und dabei ist er nicht gerade ausgesprochen gesprächig, was für ihn ziemlich untypisch ist.

Ich bin gestern Abend in mein Zimmer geschickt worden, sage ich. Es war echt schade, da ich doch wirklich noch länger zusehen wollte, wie Onkel Bill sich blöde spachtelt, sage ich und ich finde, dass es sich witzig anhört, aber Ted lächelt nur gezwungen.

Ich weiß, ich mache es ja selbst dauernd, aber ich hasse es, wenn man jemanden fragt, was los ist, und nur ein »Nichts« als Antwort bekommt. Wahrscheinlich sagen die Leute so was, wenn sie nicht sagen wollen, was los ist. Oder sie denken, dass man es wissen müsste – sie erwarten, dass man ihre Gedanken lesen kann oder so, und das finde ich noch dämlicher. Am liebsten würde ich darauf antworten: Hey, tut mir ja so Leid, dass meine übersinnliche Wahrnehmung heute so kacke ist.

Was ist los, Arschloch?, frage ich Ted.

Nichts, okay?, sagt er gereizt.

Können wir dann jetzt bitte reingehen?, frage ich.

Lass mich noch aufrauchen, sagt er.

Es ist zu heiß zum Rauchen, sage ich und drücke meine Zigarette an meinem Schuh aus.

Es ist wirklich zu heiß heute. Ich spüre die Hitze vom Bordstein durch meine Jeans dringen und wie immer schwitze ich, seit ich aufgestanden bin.

Was willst du überhaupt kaufen?, fragt er und klingt völlig angeekelt, als hätte ich die Absicht, Peter Ceteras Greatest Hits zu kaufen.

Ich will nichts kaufen. Ich will nur gucken, sage ich.

Aber Ted müsste das eigentlich wissen. Eigentlich kaufen wir so gut wie nie was. Ganz selten nur gibt einer von uns in dem Laden Geld aus und dann überspielt sich der andere die CD später auf Kassette. Wir haben beide selten Kohle.

Ich will auch nichts kaufen, sagt Ted. Lass uns zu mir gehen.

Ich will aber nicht zu dir gehen, sage ich, und es kommt böser raus, als ich es beabsichtigt habe.

Tja, und ich will nicht da reingehen, sagt er, immer noch schmollend.

Du spinnst doch total, sage ich. Hey, Dor, äffe ich ihn nach. Lass uns zu Tower gehen, damit ich wie ein Arschloch auf dem Bordstein sitzen kann –

Alex Matten ist da drin, verdammt. Verdammte Scheiße, sagt Ted durch zusammengebissene Zähne.

Wir schweigen einen Moment, dann sage ich: Das hättest du mir auch direkt sagen können.

Es ist mir aber irgendwie peinlich, verstehst du das nicht?

Alex Matten ist der Idiot, der Ted mal direkt vor der Schule in den Magen geboxt hat. Und ein Lehrer hat alles gesehen, was die ganze Sache noch schlimmer machte. Alex Matten hat allen möglichen Mist gebaut, ist aber trotzdem oder gerade deswegen zum Helden geworden – er hat jetzt den Ruf, so ein bescheuerter Rebell zu sein. Irgendwie verdrehen die Leute immer alles. Alex Matten ist alles andere als ein Rebell – er ist bloß eins von diesen Arschgesichtern, die immer ein saumäßiges Glück haben und am Ende total cool dastehen. Ich hasse Leute wie Alex Matten – Leute, die einfach alles kriegen. Übrigens ist er dumm wie Brot. Es ist ein Wunder, dass er es schafft, Malbuchfiguren auszumalen.

Du brauchst keine Angst vor ihm zu haben, sage ich, und Ted geht sofort in die Defensive.

Ich hab keine Angst, sagt er. Mein Gott, ich weiß, dass er nicht noch mal zuschlagen wird.

Und warum willst du dann nicht reingehen?, frage ich.

Ich hasse ihn, das ist alles, sagt Ted. Plötzlich wirkt er sehr traurig und irgendwie besiegt. Ich hasse seine blöde Visage, sagt er.

Ich auch, aber deswegen möchte ich mich trotzdem umsehen, sage ich und stehe auf.

Alexandra Stuart ist auch da drin, sagt Ted hastig.

Alexandra Stuart ist wohl die blödeste Kuh, die in unserem Jahrgang in der Junior High gewesen ist. Alex Matten ist quasi mit ihr zusammen. Es ist echt ekelhaft. Alexandra Stuart sieht wirklich gut aus und trägt immer kurze, karierte Röckchen, die bei jedem Schritt wippen, sodass ihr halber Hintern zu sehen ist. Außerdem ist sie total dünn – keine Hüften, keine Möpse – und die Jungs stehen alle auf sie. Darüber hinaus ist sie ein gemeines Miststück. Und ihre ganze Sippschaft von dämlichen, dürren Freundinnen benimmt sich überall so, als würde ihnen die Welt gehören.

Egal was andere sagen – Mädchen sind tausendmal schlimmer als Jungs. Ein Junge boxt einem in die Eingeweide und Schluss. Aber ein Mädchen behandelt einen, als wär man es nicht wert – als hätte man es nicht mal verdient, in die Eingeweide geboxt zu werden.

Die meiste Zeit ignorieren sie mich, aber manchmal sagen sie auch was. Es ist leichter, wenn sie was sagen, denn dann kann ich wenigstens sichtbar die Augen verdrehen oder so. Am schlimmsten ist es, wenn ich weiß, dass sie über mich reden – wenn sie in der Mensa an ihrem Tisch zusammenglucken und alle paar Sekunden zu Ted und mir rübersehen. Dann fühle ich mich immer wie als Angeklagte in einer Verhandlung. Ich meine, es ist mir zwar völlig egal, was sie von mir halten, aber es ist schlimm zu sehen, dass man schon in jungen Jahren so ein ausgemachtes Arschloch sein kann. Die Erwachsenen haben definitiv kein Monopol darauf.

Ist mir egal, sage ich und halte Ted eine Hand hin, um ihm aufzuhelfen. Gehen wir rein.

Also gehen wir rein. Zuerst sehe ich sie nicht, dann entdecke ich sie. Da steht Alex mit seinen Dreadlocks, für die er bestimmt irgendwem zweihundert Öcken hingelegt hat, und Alexandra trägt eine enge Kordsamthose und ein superknappes T-Shirt.

Ich hasse diese Dinger.

Sie stehen in der H-I-J-Ecke der Rock/Pop-Abteilung und palavern über weiß der Himmel was.

Ich schaue Ted an. Er sieht ein bisschen zu nervös aus und ich frage mich, ob ich auch nervös wirke. Dann fange ich an, ein paar Fächer vor mir durchzugehen, und gucke gar nicht mehr richtig rüber.

Ich hasse es, mich so bescheuert zu fühlen. Wieso muss es Leute geben, die dafür sorgen, dass man sich bescheuert fühlt? Ich stehe bei Tower, kümmere mich um meinen eigenen Mist und fühle mich total bescheuert, weil Alex und Alexandra in der anderen Ecke stehen. Aber ich will mich nicht so fühlen. Ich werfe Ted einen Blick zu und sehe ihm an, dass er in etwa dasselbe denkt wie ich, und das macht mich plötzlich sauer.

Kannst du nicht mal ein bisschen relaxen?, frage ich.

Ich steh doch bloß hier, sagt er.

Und dann kommt Alexandra auf uns zu.

Doreen Severna, sagt sie und lächelt, während Ted sich abwendet und konzentriert die CDs vor ihm durchgeht.

Hey, Alex, sage ich.

Hi, Ted, sagt sie und blickt über meine Schulter zu Ted, der sich hinter mir zu verstecken scheint.

Hi, sagt Ted und klingt irgendwie zittrig. Dann wendet er sich wieder den CDs zu, als wäre es wirklich wichtig, dass er sie sich jetzt ansieht.

Was macht ihr denn hier?, fragt sie.

Wir gucken nach CDs, sage ich.

Ach was, antwortet sie und verdreht die Augen.

War ja klar, dass sie das sagen musste, damit ich als Vollidiot dastehe. Ich weiß, dass ich ihr auch irgendwas an den Kopf schmeißen sollte, aber mir will einfach nichts einfallen. Ich starre sie also bloß einen Moment an und bemerke dabei, dass ihre Lippen nie richtig geschlossen sind. Ihr Mund ist zu, aber die Lippen bleiben ein winziges Stück offen.

Was habt ihr zwei denn am Wochenende vor?, fragt sie, und ich höre, wie Ted sich hinter mir wegschleicht.

Ich weiß noch nicht, sage ich. Ich werfe Ted einen Blick zu, aber er tut so, als würde er uns nicht hören, obwohl ich weiß, dass das nicht stimmt.

Nichts, denke ich, sage ich.

Am Freitagabend hängen wir bei mir ab, sagt Alex.

Abhängen. Das sagen sie alle. Tracey fragt am Telefon ihre Freunde immer, wo sie rumhängen. Und wenn jemand Bier kaufen geht, heißt das, der geht was zu trinken »organisieren«. Darum, und nur darum, geht es momentan – abhängen und Bier organisieren.

Ich weiß nicht, sage ich, weil ich es wirklich nicht weiß.

Ich kann mir nicht vorstellen, dass ich es spaßig finde, auf eine Party mit Alex und Alex und Karen Percy und Dave »Schleck meinen Sack« Campos zu gehen. Dave bringt diesen Spruch immer dann, wenn ihm sonst nichts mehr einfällt.

Hast du schon was anderes vor?, fragt sie leicht verwirrt. Wahrscheinlich ist es für sie unvorstellbar, dass Ted und ich irgendwas geplant haben könnten.

Ich weiß nicht, ob ich Hausarrest hab oder nicht, lüge ich.

Ach so, okay, sagt sie, immer noch verwirrt. Ich nehme an, dass sie mich jetzt für einen totalen Idioten hält – ich weiß ja noch nicht mal, ob ich Hausarrest habe oder nicht!

Gib mir mal deine Hand, sagt sie. Ich tu's und sie nimmt sie, und ich fühle ihre weiche Haut. Sie zieht einen Stift aus dem Nichts und fängt an, mir was auf meinen Handrücken zu schreiben.

Alex und ihre Freundinnen schreiben sich dauernd was auf die Handrücken. Ist das nicht niedlich?

Hier, meine Adresse, falls ihr zwei doch kommen wollt, sagt sie.

Okay, sage ich ruhig und schaue auf meine Hand.

Es wird nichts Großes, sagt sie, aber das kann ich irgendwie nicht glauben. Ich meine, sie hat Ted und mich vom ersten Tag an behandelt, als wären wir Abschaum, und jetzt will sie mich überreden, zu ihrer blöden Party zu kommen?

Also, bis dann, Ted, sagt sie und wirft noch einen letzten Blick über meine Schulter. Dann dreht sie sich um und geht zu ihrem Alex, der schon an der Tür steht. Sie hat ganz glattes Haar, das in einer exakten Linie auf ihrem Rücken liegt. Manchmal wünsche ich mir, dass ich auch Haare wie sie hätte und mich nicht mehr durch meinen wirren, lockigen Wust kämpfen müsste.

Ich drehe mich zu Ted um, der an meinem Hemd zupft, als wäre er mein Sohn oder so was. Er hat die Augen weit aufgerissen und sieht mich komisch, vielleicht ein bisschen aufgeregt an.

An welchem Abend soll das sein?, fragt er und versucht auf meine Hand zu sehen.

Am Freitag.

Ted nimmt meine Hand und starrt konzentriert auf meinen Handrücken, als sei er ein Sprachcomputer. Plötzlich wird mir klar, dass er tatsächlich auf eine Party gehen will, die vermutlich die nervtötendste Erfahrung meines Lebens werden wird.

Falls ich hinginge, würde ich vermutlich mit niemandem sprechen. Am wenigsten mit diesen Zicken. Es ist mir wirklich egal, was sie über mich denken, aber ich weiß, dass sie mich für dumm oder innerlich abgestorben halten, weil ich nie etwas sage. Und obwohl sie mehr als genug reden, spricht das nicht unbedingt für sie, denn ich bin sicher, dass sich ihre Diskussionen bloß um Lipgloss und Bulimie drehen.

Ich will mich nicht mit ihnen unterhalten, weil ich nicht so tun kann, als wäre dieser ganze Müll wichtig. Sicher, Ted und ich wälzen auch keine weltpolitischen Probleme, aber unsere Themen sind auf jeden Fall besser. Obwohl *sie* die wahrscheinlich auch für bescheuert halten würden. Tja, vermutlich ist es wirklich so, dass die Leute ihr ganzes Leben lang der Meinung sind, alle außer ihnen seien Idioten.

Warum willst du denn nicht hingehen?, quengelt Ted später am Telefon.

Weil es entsetzlich öde wird, sage ich.

Ach ja?, sagt Ted. Immerhin ist das mal was anderes als unser übliches Programm.

Was ist das denn für ein Argument?, sage ich. *Alles* ist was anderes als unser übliches Programm.

Ted atmet hörbar aus, damit ich weiß, dass er genervt ist.

Also willst du lieber zu Hause sitzen und nichts machen, oder was?, fragt er dann.

Plötzlich fällt mir ein, wie es wäre, noch einmal mit Matthew auf meinem Bett zu sitzen.

Und?, hakt Ted nach.

Und du willst also zu dieser Lahmarsch-Party gehen und Sambuca aus Papas Hausbar trinken, ja?, frage ich. Was anderes gibt das nämlich nicht, sage ich. Mit uns redet sowieso keiner. Es wird genauso sein wie in der Schule, nur dass da alle besoffen sind.

Warum hat sie uns dann eingeladen?, fragt Ted.

Weiß ich auch nicht, sage ich.

Können wir nicht wenigstens für ein paar Minuten hingehen? Nur, um es uns mal anzusehen?, fragt Ted. Er klingt so erbärmlich und jung.

Mein Gott, sage ich und denke, dass ich mich wie eine alte Frau anhören muss. Du kannst ja auch ohne mich hingehen.

Sobald die Worte raus sind, bereue ich sie, denn wenn ich mir Ted ganz allein auf dieser Party vorstelle, könnte ich sofort losheulen.

Doreen, komm schon, sagt Ted.

Ich weiß nicht, sage ich.

Zwanzig Minuten, sagt er. Wir gehen nur für zwanzig Minuten hin.

Ich weiß nicht.

Doreeeeeen. Doreeeeen Severrrrrna, sagt er mit tiefer »Friedhof der Kuscheltiere«-Stimme.

Jetzt sei nicht blöd, sage ich.

Ich kauf dir auch eine Einliedkassette, wenn du mitkommst.

Na klar, sage ich und muss lachen, weil Ted und ich finden, dass eine Einliedkassette so ziemlich das Dämlichste ist, das je erfunden worden ist.

Du kriegst einen ganzen Karton Tiger's Milk Bars, sagt er.

Einen ganzen Karton?, frage ich.

Na ja, vielleicht nicht einen ganzen. Vielleicht fünf oder sechs.

Ich gehe zu Dad, als ich mit der Garage fertig bin. Er kommt mit mir raus, um es nachzuprüfen, denn einfach glauben kann er mir wohl nicht. Er steht da und lässt seinen Blick prüfend durch den ganzen Raum wandern, als seien seine Augen Suchscheinwerfer. Dann nimmt er die Kartons und Müllsäcke in Augenschein, die er oder Mom durchsehen müssen, bevor ich den Kram wegschmeißen kann.

Was ist das dahinten?, fragt er und zeigt auf drei ramponierte Kisten, aus denen Papier quillt.

Das sind Moms, sage ich. Ihr Name steht drauf.

Dad sieht mich an, als wäre ich nicht ganz dicht. Ja, und?, fragt er.

Und, sage ich, ich dachte, sie wollte sie lieber selbst durchsehen.

Ich habe *dir* gesagt, dass du die Garage aufräumen sollst, sagt Dad, während er hinausgeht. Dir und nicht deiner Mutter. Leg es einfach zur Seite, wenn du etwas findest, mit dem du nichts anfangen kannst.

Dann ist er weg und ich bin wieder allein. Allein, verschwitzt und zu Tode gelangweilt. Ich öffne die oberste Kiste, auf der KATHY steht, und fühle mich dabei ziemlich unwohl. Wahrscheinlich weiß Mom nicht mal, dass ich hier ihre Sachen durchwühle. Ich meine, Dad will es ja so, weil er der Meinung ist, ich müsste unbedingt meine Zeit »sinnvoll« verbringen, und wahrscheinlich kommt er noch nicht mal auf die Idee, dass Mom vielleicht zuerst einen Blick reinwerfen möchte. Andererseits sehen die Kartons so alt aus, dass sie sie vermutlich völlig vergessen hat.

Abgesehen von der gewaltigen Asbest-Wolke, die aus dem Karton quillt, stoße ich auf einen Stapel Papiere. Auf einigen steht der Name meiner Großmutter und ich nehme an, dass es so was wie ein Testament oder ein Vertrag ist, den Mom und sie aufgesetzt haben, bevor Gram gestorben ist.

Gram, Moms Mutter, ist der einzige Großelternteil, an den ich mich erinnern kann. Die anderen sind gestorben, als ich noch sehr klein war, aber Gram blieb, bis ich zehn war. Sie war eine nette alte Dame, aber manchmal auch ziemlich beängstigend. Sie hatte einen Stock, mit dem sie immer auf alles und jeden einschlug. Einmal hat sie Dad damit auf den Hintern gehauen und ich hätte mich beinahe bepisst vor Lachen. Sie hat auch gelacht, aber irgendwie ein bisschen zu heftig für eine Erwachsene. Ich war damals acht oder so.

Außerdem sang sie immer Kirchenlieder – lautstark und total neben dem Ton. Religion war alles für sie. Sie hämmerte mit dem Stock im Takt zu dem Rhythmus in ihrem Kopf, wann immer sie Lust dazu hatte. Alte Leute können machen, was sie wollen. Gram redete mit Bildern und Vögeln oder mit wildfremden Babys auf der Straße. Eine ganze Weile nannte sie mich Clara und ich habe bis heute keine Ahnung, was es damit auf sich hatte, aber ich hab sie auch nie gefragt. Ich dachte, dass sie mich schon wieder Doreen nennen würde, wenn ihr danach wäre.

Irgendwie hat sie mir gefehlt, nachdem sie gestorben war; sie hat anständig Pep in unsere Familientreffen gebracht. Mom und Tante Shirley ließen sich immer ausgiebig darüber aus, wie verrückt sie war und wie mies sie die beiden als Kinder behandelt hat, aber ich fand ihr Gesinge und Gekreische immer ganz witzig. Es war irgendwie was, auf das man sich freuen konnte.

Ich gehe davon aus, dass Mom diese Papiere behalten will, weil sie ziemlich offiziell aussehen, also mache ich einen Stapel für »Behalten« und wühle mich weiter durch. Dann finde ich Bilder, die Tracey als Kind gemalt hat, und eine Geburtstagskarte, die offenbar ich ihr mal irgendwann gebastelt habe. Ich denke mir, dass sie die wohl auch behalten will.

Fotos von Mom als Kind, von ihr und Dad, von mir und Tracey. Alte Papiere, alte Sachen von Gram. Briefe an Mom und von Mom, an Dad und von Dad, auf Harry-Severna-Briefpapier geschrieben. Ich bin sicher, dass sie alles behalten will, weil solche Sachen sie immer ganz melancholisch machen, auch wenn es so aussieht, als hätte sie sie seit Jahren nicht mehr angefasst.

Ich will die letzte Kiste auf eine andere stellen, sodass ich mich nicht dauernd bücken muss und mir meinen Rücken versaue. Doch irgendwie packe ich den Karton wohl nicht richtig, denn der Boden gibt nach und das ganze Zeug ergießt sich auf die Erde.

Scheiße.

Ich hebe wahllos eine Postkarte auf. Das Bild zeigt einen Haufen Gebäude in CHICAGO, wie eine Kursiv-Schrift in Pink verrät. Ich drehe die Karte um und sehe, dass sie an MOM UND DAD SEVERNA adressiert ist. Dann lese ich den Text:

Liebe Mom, lieber Dad,
FUCK YOU!!!
Alles Liebe
Henry

Ich fange beinahe zu zittern an.

Ich lese die Karte ungefähr zehnmal und jedes Mal kann ich es nicht fassen, bis ich es noch einmal lese. Die Briefmarke ist in Chicago, Illinois abgestempelt, ein Jahr nachdem er gegangen ist.

Ich puste den Staub hinunter und denke einen Moment lang, dass ich vielleicht eine ganze Schicht abtragen kann, unter der dann noch mehr Worte von Henry zum Vorschein kommen, aber da ist natürlich nichts.

Mir ist klar, dass Mom einen Grund dafür hatte, die Karte zu behalten, und ich bin sicher, dass Dad nichts davon weiß. Schlagartig kommt mir in den Sinn, dass Henry noch irgendwo lebt. Sicher, es kann sein, dass er inzwischen gestorben ist, aber irgendwie kann ich mir das nicht vorstellen. Eigentlich wusste ich zwar schon immer, dass er noch irgendwo existiert, aber es ist mir meist nicht so bewusst. Ich bin immer zu beschäftigt damit, ihn mir als eine Art Geist vorzustellen.

Ich frage mich plötzlich, ob Mom geweint hat, als sie die Karte in der Post gefunden hat – oder könnte es sein, dass sie gelacht hat?

Ich finde die Karte eigentlich ziemlich lustig. Wahrscheinlich hat sie sie bekommen, als Dad arbeiten war. Wahrscheinlich hat sie sie vor ihm versteckt. Ich möchte am liebsten sofort zu ihr gehen und ihr damit die Fresse polieren. Ich möchte sie am liebsten anschreien, dass sie eine beschissene Lügnerin ist – Henry ist überhaupt nicht tot!

Ich glaube, der Grund, warum die Leute Bilder und Briefe von anderen behalten – insbesondere, wenn sie gestorben sind –, ist, dass die Menschen dadurch irgendwie präsent bleiben. Als würden sie in einer kleinen unsichtbaren Tüte in der Luft herumschweben. Nicht nur zu bestimmten Zeiten, sondern irgendwie immer. Und ewig.

Ich stehe auf und halte die Postkarte in meiner Hand, als wäre sie tausend Dollar wert. Ich bin total aufgedreht – als hätte ich ein Sixpack Energiedrinks intus. Ich möchte um den Block rennen. Ich möchte schreien. Ich merke, dass ich zittere, ich friere plötzlich und der Schweiß auf meiner Haut lässt mich noch mehr frieren. Ich frage mich einen Moment lang, ob ich krank werde, ob ich irgendwas ausbrüte. Ich weiß nicht, was ich mit mir anstellen soll – soll ich heulen, soll ich kotzen oder Hundescheiße in Brand setzen?

Ich stopfe die Karte in meine Hosentasche, wo sie sich ganz sperrig anfühlt.

Ich mache die Augen zu. Oh, stöhne ich, aber es kommt kein richtiger Laut heraus. Nur ein Atemstoß mit ein bisschen Ton.

Dann spüre ich mein Herz hämmern – ich kann es fühlen, wenn ich mich ruhig verhalte. Ich verlasse die Garage und kneife die Augen zusammen, weil es draußen so hell ist – die Sonne wird zusätzlich vom Pflaster reflektiert. Plötzlich kommt es mir vor, als sei ich mindestens eine Woche in dem Ding eingesperrt gewesen, und ich frage mich, wie sich Leute fühlen müssen, die im Büro arbeiten und erst am Nachmittag wieder rauskommen dürfen.

Dann fällt mir ein, dass ich in dem Karton noch mehr finden könnte – mehr von Henry. Ich will mich gerade umdrehen und zurückgehen, als Mom den Kopf durch die Tür steckt und brüllt, dass Ted am Telefon sei, also gehe ich rein. Bei jedem Schritt spüre ich Henrys Postkarte an meinem Bein, Henrys Postkarte, die mich kratzt und kneift. Ich greife in die Tasche und knicke die Karte noch mehr, sodass ich sie ganz sicher die ganze Zeit spüren kann.

Was?, frage ich, als ich den Hörer nehme.

Danke für die nette Begrüßung, sagt Ted.

Ach, sei still, mir ist heiß und ich habe zu tun, also, was willst du?

Tolle Laune, Dor.

Ted, ich bin im Moment nicht gerade gut drauf.

So?

Also sei so gut und geh mir nicht auf den Keks. Was willst du?

Meine Jungfräulichkeit verlieren.

Hör auf, Ted!

Reg dich ab, Tiger. Hast du deine Tage, oder was?

Nein, hab ich nicht ... hab ich nicht, sage ich, während ich immer noch zitternd im Wohnzimmer auf und ab gehe.

Manchmal, wenn Ted so ist wie jetzt, macht er mich unglaublich wütend. Dann tut er so, als sei es seine Hauptaufgabe, mir auf den Wecker zu gehen.

Haben wir heute unsere Beruhigungsmittel noch nicht genommen?, fragt er in einer zuckrigen Doktor-Stimme, die mich normalerweise zum Lachen bringt. Aber jetzt kann er sagen, was er will – ich bin höchstens noch abgefuckter.

Ted, ich lege jetzt auf, sage ich und schließe meine Augen. Ich habe Durst, bin nervös und mir ist kotzübel – alles gleichzeitig.

Aus irgendeinem Grund kann ich Ted jetzt noch nicht von der Postkarte erzählen. Es ist, als ob ich sie erst eine Weile in meiner

Hosentasche mit mir rumschleppen müsste. Bis ich mir sicher bin, dass sie nicht wieder verschwindet.

Oh, aber warum nur?, fragt Ted soap-mäßig. Liebst du mich nicht mehr?

Und dann platzt mir der Kragen.

Du kannst allein zu deiner Scheißparty gehen, *Schwuchtel*!!!

Ich lasse den Hörer heftig auf den Apparat krachen. Dann trete ich gegen den Tisch, auf dem das Telefon steht, kneife die Augen zusammen und atme tief ein und aus.

Als ich die Augen wieder aufmache, stehen Mom und Dad vor mir und starren mich reglos an. Mom hat ein Geschirrtuch in der Hand, Dad die Zeitung, und sie glotzen mich an, als sei ich gerade vom Jupiter gekommen. Eigentlich witzig.

Dann werde ich zum zweiten Mal innerhalb von drei Tagen wegen meiner Ausfälle in mein Zimmer geschickt, was mich nicht besonders stört, da ich gerade meinen einzigen Freund auf dieser Welt vergrätzt habe, also in absehbarer Zeit sowieso keinen Grund habe rauszugehen.

Ich liege ganz still auf meinem Bett und berühre wieder die Postkarte, dann hole ich sie hervor und lese sie wieder und wieder. Schließlich drücke ich sie an mich und das rührt mich total – fast als ob sie lebendig wäre. Ich bin immer noch ganz kaltschweißig, habe mich aber ein bisschen beruhigt, und ich starre an die Decke und sehe vor meinem inneren Auge Henry, ein gut aussehender dunkler Typ, wie er an einem heißen, sonnigen Tag durch Chicago geht. Plötzlich stelle ich mir vor, dass er vielleicht – nur diese eine Sekunde lang – an mich denkt. Warum zum Teufel auch immer.

Ich sitze in der Badewanne und mein Schädel schmerzt höllisch. Die Wanne ist nie voll genug und das Wasser ist immer zu heiß.

Schweiß rinnt mir übers Gesicht, sogar hier in der Wanne, und ich schmecke ihn, wenn er meine Lippen erreicht. Salzig.

Ich habe die Postkarte auf den Klodeckel gelegt, bevor ich in die Wanne gestiegen bin. Ich will nicht, dass sie einfach so herumliegt. Selbst wenn ich sie unter meinen Sachen oder der Matratze verstecken würde, hätte ich Angst, dass etwas damit passiert. Vielleicht würde Mom sie finden oder es bricht ein Feuer aus und ich kann sie nicht schnell genug holen.

Ich weiß, wie albern das ist, natürlich bricht kein Feuer aus, aber ich könnte einfach nicht in Ruhe baden, solange ich die Postkarte nicht sehen kann. Natürlich kommt mir das auch komisch vor. Ich meine, ich weiß ja, dass es sich nur um eine Postkarte handelt – so ganz durchgeknallt bin ich ja auch noch nicht.

Es klopft an der Tür und ich schrecke zusammen, und dann sagt Dad von draußen: Doreen, wenn du da drin fertig bist, muss ich mit dir reden.

Ich seufze.

Doreen?, fragt er.

Ja, okay, sage ich. Ich komme gleich raus.

Manchmal finde ich Dads Art zu reden wirklich seltsam. Zum Beispiel, dass er sagt: »Wenn du da drin fertig bist«. Was denkt er, was ich mache? Die Badewanne neu verfugen? Wenigstens hat er nicht gefragt, ob ich angezogen bin. Das gehört ja wohl zu den dämlichsten Fragen überhaupt. Die meisten Leute, die die Badezimmertür hinter sich zumachen, haben wahrscheinlich vor, sich wenigstens teilweise auszuziehen, oder? Natürlich bin ich froh, dass er nicht einfach reingeschneit gekommen ist, und ich bin doppelt so froh, dass ich in der Wanne liege und nicht auf dem Klo sitze. Das ist so ziemlich das schlimmste Szenario, das ich mir ausmalen kann. Wenn irgendjemand – wer auch immer – mich beim Kacken sehen würde – ich glaube, ich müsste sterben. Oder zumindest meinen Namen ändern und in ein anderes Land ziehen.

Ich steige aus der Wanne, trockne mich schnell ab, ziehe Jeans und T-Shirt an, greife nach der Postkarte, die nun vom Tragen in der Tasche und vom Dampf im Badezimmer total zerknüllt und aufgequollen ist, und schiebe sie wieder in meine Hosentasche.

Dann gehe ich ins Wohnzimmer, wo Dad sitzt und fernsieht. Er stellt den Apparat auf stumm und sieht mich an, als würde er darauf warten, dass ich etwas sage.

Setz dich, Doreen, sagt er schließlich und ich setze mich auf die Sofakante ihm gegenüber. Einen Moment lang kommt es mir fast so vor, als könnten wir beide ein normales Gespräch führen, fast wie zwischen zwei Erwachsenen, doch dann steht er auf und ich weiß, dass es jetzt losgeht.

Deine Mutter regt sich über schmutzige Wörter immer sehr auf, sagt er.

Ganz plötzlich fällt mir eine Sache aus meiner frühen Kindheit ein. Mom hat mir mein Gesicht abgewaschen und streng gesagt, dass sie keine Toilettengespräche hören wollte. Ich hab ziemlich lange gebraucht, um zu begreifen, dass sie mit ihren »Toilettengesprächen« Schimpfwörter und so was meinte. Allerdings habe ich keine Ahnung, was ich damals gesagt haben soll – ich meine, welche schlimmen Wörter kann ein kleines Kind schon kennen? Jedenfalls kann ich mich nicht erinnern, damals schon jemanden »Schwanzlutscher« genannt zu haben.

Ja, weiß ich, sage ich.

Wenn du das weißt, warum brüllst du dann solche Wörter rum?, fragt er.

Ich war einfach sauer auf Ted, antworte ich.

Du wirst in deinem Leben noch sehr viel öfter sauer werden, sagt er.

Wenn Dad mit der »In-deinem-Leben«-Nummer anfängt, weiß ich, dass er jetzt so schnell kein Ende finden wird.

Du kannst nicht einfach immer einen Tobsuchtsanfall kriegen, wenn du dich über jemanden ärgerst, sagt er, was ich etwas unpassend finde, weil Dad gelegentlich schon mal ein Fenster zerschmettert, weil Tracey und ich im Wohnzimmer Unordnung gemacht haben.

Du wirst lernen müssen, dich zu beherrschen, sagt er. Du darfst dich nicht von deiner Wut lenken lassen – du musst stärker sein. Ansonsten wirst du es nie zu etwas bringen.

Ich möchte am liebsten sagen: Okay, Dad, schon verstanden, wenn ich schlüpfrige Wörter sage, komme ich im Leben nicht weiter. Ist es nicht raffiniert, wie er mir einreden will, dass es nur zu meinem eigenen Nutzen ist, nicht zu fluchen, weil dadurch meine Karriere, mein Leben und die gesamte Menschheit in Mitleidenschaft gezogen wird? Warum kann er nicht einfach die Wahrheit sagen, die lautet, dass Mom furchtbar prüde ist und eine Herzattacke bekommt, wenn ich fluche?

Ja, ich weiß, sage ich.

Du kannst es dir nicht leisten, so dumm zu sein, sagt er.

Ich nicke, ohne ihn anzusehen.

Das ist alles, sagt er. Dann setzt er sich wieder vor den Fernseher und macht den Sound an.

Ich schlurfe zurück in mein Zimmer und schließe die Tür, dann lehne ich mich mit dem Rücken dagegen, lasse mich runterrutschen und denke, dass ich nicht jämmerlicher hätte rüberkommen können, selbst wenn ich es versucht hätte. Ich will nicht an die Postkarte in meiner Tasche denken. Ich will nicht daran denken, was Henry wohl gesagt hätte. Wie er in der Ecke gestanden und den Kopf geschüttelt hätte. Du Kriecher.

Wahrscheinlich ist Ted zum Square gegangen, denn dort geht er immer hin, wenn er mich nicht sehen will. Ziemlich blödsinnig, weil ich genau weiß, wo ich ihn finden kann, wenn er mir aus dem Weg gehen will. Der Square ist ziemlich gut zum Skaten, auch wenn er eigentlich out ist. Aber Ted ist nicht so sehr Skater, dass ihn das wirklich kümmern würde. Er steht mehr aufs Rauchen als aufs Skaten. Er zieht sich auch nicht an wie ein Skater – er trägt Hosen, die ihm passen. Sonst trägt doch heute keiner mehr Hosen, die passen.

Ted ist auch kein besonders guter Skater. Er beherrscht die Basics, kann aber kaum irgendwelche Tricks. Der Square ist ein ziemlich kleiner Platz hinter einer Eisdiele. Was ihn interessant macht, sind die Betonstufen vor der Hintertür der Eisdiele und der alte Brunnen oder das Vogelbad oder was immer es sein soll, das schon total schäbig und abgeblättert ist. Die Skater kommen gerne zu diesem Platz, weil er ein bisschen versteckt liegt und die Leute im Laden nichts von ihrem Lärm mitkriegen. Ich hoffe allerdings, dass heute keine Skater da sind, denn ich stelle mir den kleinen, dünnen Ted vor, wie er sich von den Typen provozieren lässt. Ich sehe ihn vor mir, wie er – total sauer auf mich – versucht, cool zu sein und sich beim Skaten abzureagieren, und schließlich doch nur auf den Arsch fällt.

Die Leute in der Eisdiele gucken mich komisch an. Viele Leute sehen jeden in meinem Alter so an, als würden wir gleich was klauen. Ich weiche ihren Blicken aus und gehe zum Hinterausgang und da ist Ted. Er versucht gerade, auf den Brunnenrand raufzukommen, aber es klappt nicht richtig. Er wirkt ziemlich verspannt und seine Lippen sind zusammengepresst.

Hey, sage ich.

Er schaut mich nicht an, sondern versucht sich wieder an dem Brunnen.

Hey, sagt er.

Tut mir Leid, dass ich dich Schwuchtel genannt habe, sage ich. Aber ich kann's nicht ausstehen, wenn du so bist.

Er lacht oder schnaubt und kreist weiter um seinen Brunnen.

Normalerweise fängst du an zu lachen, wenn ich so bin.

Ich war aber gerade nicht in der Stimmung zu lachen.

Trotzdem, Doreen.

Ted ist manchmal so eine Heulsuse. Ich hocke mich aufs Pflaster, um es mir ein bisschen bequemer zu machen, und zeige ihm damit, dass ich nicht gleich wieder verschwinden will. Ich *weiß*, dass er nicht will, dass ich gleich wieder verschwinde.

Meine Eltern sind mir total auf den Keks gegangen und dann rufst du an und schwallst mich mit diesem Mist zu, sage ich.

Ja, ja, okay, sagt er, sieht mich aber immer noch nicht an, sondern starrt blinzelnd auf die Treppe. Ich konnte ja nicht wissen, dass du genervt bist, fügt er hinzu.

Am liebsten würde ich sagen: Ich hab dich doch mehrmals vorgewarnt, aber ich lasse es. Ich sehe zu, wie er um den Platz herumfährt und sich alle Mühe gibt, mich nicht anzusehen, und plötzlich fühle ich mich ziemlich schlecht. Das ist das Problem, wenn man nur einen einzigen Freund hat – man muss verdammt vorsichtig sein, dass man ihn nicht vor den Kopf stößt.

Jetzt sei gefälligst nicht mehr sauer auf mich, Arschloch, brülle ich quer über den Platz.

Er wirft mir aus dem Augenwinkel einen Blick zu, dann kommt er ein paar Stufen hoch und versucht wieder auf seinem Board zu landen, aber verliert die Balance, *weil er ums Verrecken nicht skaten kann*, und fällt auf der Treppe auf seinen Hintern, während das Board an mir vorbeischießt und gegen den Brunnen knallt. Dann kippt es wie ein sterbendes Tier um, die Räder drehen sich in der Luft und es klingt wie eine sehr ruhig laufende Nähmaschine.

Ich gehe zu ihm und er setzt sich auf und krümmt sich zusammen.

Au au au, sagt er immer wieder und wiegt sich vor und zurück.

Alles okay?, frage ich.

Nein, sagt er, immer noch sauer auf mich und wahrscheinlich doppelt sauer, dass er gestürzt ist.

Brauchst du 'n Aspirin oder was?, frage ich, als ob ich ein Erste-Hilfe-Köfferchen mit mir rumschleppen würde.

Nein, geht schon.

Jetzt weißt du auch, warum hier keiner mehr fährt, sage ich. Auf diesen Treppen hat sich doch schon jeder mal den Hals gebrochen! Ich wette eintausend –

Halt die Klappe, sagt Ted.

Ich setze mich neben ihn.

Kannst du nicht mal einen Moment vergessen, dass du sauer auf mich bist?, frage ich.

Ted stößt laut den Atem aus.

Ich meine, ich gehe bestimmt nicht zu dieser dämlichen Party, wenn du nicht mal mit mir redest.

Ted sieht mich an.

Jetzt plötzlich willst du doch hingehen?, fragt er.

Nur kurz, sage ich.

Er lächelt, aber es ist nicht zu übersehen, dass er eigentlich lieber noch eine Zeit lang den Beleidigten gespielt hätte. Dann sagen wir beide eine Weile gar nichts.

Tut mir Leid, dass ich dich angeschrien habe, sage ich schließlich.

Er zuckt die Schultern und sieht zu Boden.

Nicht so wild, sagt er. Hab mir schon gedacht, dass du schlecht drauf warst.

Er ist dermaßen bescheuert. Erst rastet er total aus, wenn ich ihn anschreie, dann macht er einen auf supercool, als hätte er mich nie zuvor gesehen, und dann mimt er den Verständigen und spielt die ganze Sache runter. Ich sehe ihn an, wie er blinzelnd seine Hand betrachtet, die er sich beim Fallen aufgeschürft hat, und mir kommt in den Sinn, dass er weder kurz- noch weitsichtig sein kann – er blinzelt nämlich immer. Vermutlich sieht er grundsätzlich beschissen.

Ich lege meine Hand auf seine Schläfe und schubse ihn fest. Sein Kopf schnellt zur Seite und er grinst mich schief an.

Du Idiot, sage ich ruhig und Ted lächelt immer noch, wobei er ein bisschen rot wird, als hätte ich ihm ein Kompliment gemacht.

Vielleicht habe ich das ja.

Zu Hause sage ich Mom, dass es heute Abend wohl ein bisschen später wird als sonst. Ich sehe ihr an, dass sie jetzt anfangen wird, ihre Paranoia auszuleben, und sich vorstellt, wie Ted und ich in den gefährlichen Straßen von Pasadena ermordet werden.

Doreen, Ted und du seid mir sowieso schon immer viel zu lange unterwegs.

Was ist denn hier los?, fragt Dad, als er mit seinem leeren Glas in die Küche kommt.

Doreen will heute Abend länger Ausgang, sagt Mom mit geschlossenen Augen, als hätte ich ihr erzählt, dass ich mit Heroin deale.

Warum?, fragt Dad.

Heute Abend findet eine Party statt, sage ich und beide sehen mich an. Es wird nichts Großes …

Ted feiert eine Party?, fragt Mom.

Nein, nicht Ted.

Wer denn?, fragt Dad.

Ein Mädchen aus der Schule – Alexandra Stuart.

Mom reißt die Augen auf und ich sehe, wie plötzlich Hoffnung in ihr aufkeimt: Doreen freundet sich endlich mit hübschen Mädchen an!

Na, das wird sicher nett, sagt sie und strahlt mich an.

Wo wohnt sie?, fragt Dad.

Auf der Altamont.

Hat sie dir eine Einladung geschickt?, fragt Mom.

Nein, sage ich.

War klar, dass Mom so was fragen muss. Ja, Mom, sicher, sie hat mir eine hochoffizielle Einladungskarte geschickt. Hiermit laden wir Sie herzlichst in die Altamont Avenue 263 zu schalem Bier und schlechten Witzen ein. Gepflegte Kleidung erwünscht.

Hat sie angerufen und dich gefragt?, will Mom wissen.

Nein, Ted und ich haben sie bei Towers getroffen.

Und sie hat dich da gefragt – einfach so?, fragt Mom in ehrfurchtsvollem Staunen. Sie scheint gar nicht fassen zu können, dass ich zu etwas eingeladen bin, dass in ihren Augen das Event des Jahres ist.

Also wirklich, das ist aber nett, sagt sie. Wie nett von diesem Mädchen – sie muss wirklich ein nettes Mädchen sein. Und Altamont ist eine ganz reizende Gegend.

Ja, Mom, sie ist das Salz der Erde. Das ist das, was mich an Mom so ärgert – ich könnte ihr genau auflisten, was Alexandra Stuart täglich für fiese Stunts bringt, aber sie würde sie immer noch für ein Bilderbuchmädchen halten.

Sie hat allerdings Recht damit, dass Altamont einen nette Gegend ist. Ich meine, die Leute, die da wohnen, sind keine Millionäre oder so, aber sie sind doch ein bisschen besser gestellt. Mom hat auch ein paar merkwürdige Ansichten, was Geld betrifft. Manchmal glaube ich, sie meint, dass die Leute, die reicher sind als wir, es auch verdient haben, und dass es nur recht und billig ist, ihnen den Arsch küssen zu müssen. Wenn es nach ihr ginge, würden wir auch zur so genannten Gesellschaft gehören und auf Bälle gehen und zu Tee und Scheiße eingeladen werden.

Wie viel länger als üblich willst du denn wegbleiben?, fragt Dad.

So eine Stunde oder anderthalb, sage ich.

Mom sieht Dad hoffnungsvoll an, denn nun will sie unbedingt, dass ich hingehe. Sie glaubt, dass ich total verwandelt zurückkomme – dass ich mich von nun an anziehe, wie sich Mädchen anziehen, und jeden Morgen drei Stunden schminke.

Aber nicht später, sagt Dad und Mom strahlt über das ganze Gesicht. Offenbar hat sie eben einen großen Sieg errungen.

Bevor ich zu Ted gehe, laufe ich in die Garage, um den Straßenatlas auszugraben. Er ist groß und blau und glänzend und sieht aus, als wäre er nie benutzt worden. Als ich ihn aufschlage, knackt die Bindung, und die Seiten sind dünn wie Geld. Er scheint von ziemlich guter Qualität zu sein und ich überlege, ob Mom und Dad ihn wohl irgendwann mal geschenkt bekommen haben. Einen Moment lang frage ich mich, wieso sie ihn nicht im Haus liegen haben, aber dann muss ich lachen. Sie fahren nie irgendwohin – wozu brauchen sie schon einen Straßenatlas von den Vereinigten Staaten?

Ich blättere die Seiten um und schaue mir an, wie das Land in kleine Puzzlestücke geteilt worden ist. Jeder Staat ist zu zwei oder drei Seiten aufgeblasen. Ich finde die Seite, auf der sich Chicago in der Mitte befindet, und ich starre auf den kleinen schwarzen Fleck, durch den wie Adern blaue und rote Linien führen. Mindestens hundert kleine Orte und Dörfer liegen um Chicago herum, was mich ein bisschen an LA erinnert, und ich frage mich, ob Henry wohl in einem dieser kleinen Orte lebt. Oder vielleicht in einer Vorstadt wie wir. Wie er früher. Andererseits wäre das total dämlich. Wer ist schon so blöd, an einen Ort zu ziehen, der genau so ist wie der, aus dem er gekommen ist?

Ich berühre Chicago, den kleinen schwarzen Punkt, mit einem Finger und die Seite fühlt sich glatt an. Ich schließe die Augen und tippe darauf, während ich mir vorzustellen versuche, wie es wohl dort ist. Ich weiß so gut wie gar nichts über Chicago. Ich kann mich noch nicht mal daran erinnern, irgendeinen Film gesehen zu haben, der da spielt. Es gibt bestimmt mindestens fünftausend Filme über New York und LA, aber nie über eine Stadt dazwischen. Komisch eigentlich, denn immerhin leben ja Leute da.

Ich blättere ziellos durch den Atlas und denke dabei, wie groß das Land ist, wie viele Leute in jedem Staat, in jeder Stadt, auf jeder Seite leben, und das ist ganz schön überwältigend, wenn man darüber nachdenkt. Aber ich fühle mich plötzlich allem sehr nah. Besonders Henry. Ich meine, klar, es ist ein verdammt großes Land, aber trotzdem hat es irgendjemand geschafft, es komplett in einen Atlas zu stopfen, den ich mir auf dem Boden der Garage ansehen kann!

Ich mache das Buch zu und starre es an, dann drücke ich es an mich. Ich schließe meine Augen und sage laut:

Bist du da?

Und ich weiß, dass mir niemand antworten wird, aber wenn ich die Augen zumache und den Atem anhalte, kann ich Henry sehen. Er beugt sich über meine Schulter, sein Atem, der vielleicht nach Zigaretten riecht, an meinem Ohr, und er sagt etwas, das ich zuerst nicht verstehen kann. Es ist, als seien wir durch ein Fenster getrennt, aber ich kann ihn immer deutlicher sehen. Hände auf meinen Schultern, eine rauchige Stimme, ich kann seinen Körper spüren, seine Wärme, und höre ihn jetzt deutlicher.

Such weiter.

Ich lasse den Atlas fallen und öffne ein bisschen benebelt die Augen. Ich sehe das Zeug aus dem letzten Karton, das auf den Boden gefallen ist, und fange wieder an, es durchzusehen. Zuerst ganz langsam, aber ich verliere ziemlich schnell die Geduld und wühle schneller und schneller durch Fotos und Papiere, aber da ist nichts. Nichts, auf dem Henrys Name steht, nichts über ihn. Ich spüre ein Brennen in meiner Kehle und meinen Augen, als ob ich kotzen müsste, aber stattdessen schreie ich. Ich schreie und schleudere das Zeug herum und dann zerfetze ich alles, was mir zwischen die Finger kommt. Ich stoße Kartons um, die ich gestapelt habe. Stoffe rollen über den Boden und Bücher plumpsen mit dumpfem Laut auf den Beton. Ich zerreiße Papiere, die nichts bedeuten, die in Englisch geschrieben sind, aber genauso gut in Russisch sein könnten, weil ich nichts davon lesen kann. Tränen quellen aus meinen Augen und als ich einen Moment lang zu schreien aufhöre, erkenne ich, dass ich mich besser zusammenreißen sollte, solange ich noch nicht die komplette Garage in Schutt und Asche gelegt habe. Obwohl ich trotzdem praktisch wieder ganz von vorne anfangen kann.

Ich gehe zu Ted, als die Sonne untergeht, und es ist eigentlich total pervers – der Sonnenuntergang wäre nur halb so schön, wenn wir hier keinen Smog hätten. Die Sonne wirkt orange und von Dunst überzogen und der Horizont verläuft schnurgerade über den Häusern, als hätte ihn jemand mit einem Lineal gezogen.

Die Drahtgittertür von Teds Haus schwingt auf und knallt gegen den Türrahmen, denn aus irgendeinem Grund weht heute Abend ein heißer Wind. Er kühlt nicht wirklich, da die Erde so ausgedörrt ist, aber wahrscheinlich fühlt er sich nett auf der Haut an, wenn man gerade aus einem Pool steigt. Ich überlege, ob irgendwo gerade jemand aus einem Pool steigt, und wünsche mir, ich könnte diese Person sein.

Dann sehe ich, dass die Eingangstür hinter dem Fliegengitter ein Stück offen steht, was etwas mehr als seltsam ist. Ted vergewissert sich immer, dass sie wirklich zu ist, denn seine Mutter hat es nicht gerade mit solchen Kleinigkeiten.

Ich öffne die Gittertür, dann stoße ich die Eingangstür ein bisschen auf, trau mich aber noch nicht rein.

Ted?

Ich kriege keine Antwort, aber ich höre was in der Küche – ein Stuhl, der über den Boden scharrt – und für einen Moment gerate ich beinahe in Panik. Aber dann denke ich mir, dass es wohl nur Teds Mom ist, die mich wahrscheinlich nicht gehört hat – sie bittet mich am Telefon immer, lauter und lauter zu sprechen, bis ich fast schon brülle.

Ich mache die Tür hinter mir zu, gehe durch den Flur in die Küche und entdecke Ted. Er steht hinter dem Küchentisch, raucht eine Zigarette und blickt auf den Boden.

Warum sagst du denn nichts?, frage ich.

Er dreht sich zu mir um und ich sehe, dass seine Augen total rot sind.

Weil mir, verdammt noch mal, nicht danach ist, sagt er und schnieft laut.

Ich habe das Gefühl, dass er weint, und dann erkenne ich, dass er nicht nur einfach so zu Boden blickt, sondern dass er auf etwas starrt, das ich nicht sehen kann. Also gehe ich um den Tisch herum und sehe es auch.

Es ist seine Mutter im Bademantel, in diesem blau geblümten – sie trägt ja nur geblümte Sachen –, die total weggetreten auf dem Boden liegt. Man könnte fast meinen, dass sie tot wäre. Doch jetzt höre ich plötzlich auch ihr traktormäßiges Geschnarche.

Ist sie okay?, frage ich, weil ich wirklich nicht weiß, was ich sonst sagen soll.

Oh, ihr geht's verdammt prima, sagt er durch zusammengebissene Zähne. Sie hat so was schon ewig nicht mehr gemacht, sagt er, verschränkt die Arme und setzt ein gespielt fröhliches Gesicht auf. Und es ist einfach genial, dass sie sich ausgerechnet diesen Abend ausgesucht hat, um es noch mal zu machen!!! Den letzten Satz schreit er ihr ins Gesicht, obwohl wir beide wissen, dass sie in solchen Momenten noch nicht mal eine voll aufgedrehte Drum & Bass-Nummer aufwecken könnte.

Dann legt Ted seine Hand über das Gesicht und fängt an, schwer zu atmen. Ich befürchte, dass er in Tränen ausbrechen wird, hoffe aber gleichzeitig, dass er es um unser aller willen nicht tut. Manchmal macht Weinen alles nur noch schlimmer.

Ted, ist schon gut, wirklich, sage ich.

Er nimmt die Hand vom Gesicht.

Es ist ja nur … ausgerechnet heute, weißt du?, sagt er ruhig. Sie wusste, dass ich heute Abend wegwollte. Wahrscheinlich hat sie das mit Absicht gemacht.

Er kniet sich hin.

Ich helf dir, sie zu tragen, sage ich.

Wir können sie nicht tragen, sagt er wütend. Er zieht sie ein bisschen hoch, sodass sie in eine halb sitzende Position kommt, und sagt: Allein ihre Haare sind zu schwer für uns.

Unwillkürlich entfährt mir ein kleines Lachen, aber dann werfe ich Ted einen Blick zu und sehe, dass auch er grinst.

Wir sollten es wenigstens versuchen, sage ich.

Ted blickt auf seine Mom und denkt einen Moment lang nach.

Okay, nimm du ihre Füße.

Ich packe sie an den Knöcheln, die übrigens ziemlich fett sind, und Ted schlingt seine Arme unter ihren Achseln durch. Dann hieven wir sie gleichzeitig hoch, doch ihr Hintern bewegt sich einfach nicht von der Stelle. Sie sieht aus wie eine Hängematte.

Komm hier rüber, sagt Ted und ich stelle mich neben ihn.

Ich schaue in ihr Gesicht mit dem verschmierten Lippenstift in Pink und der zerlaufenen Wimperntusche. Ihr rot gefärbtes Haar klebt schlapp und stumpf auf ihrem Kopf.

Nimm du einen Arm, sagt Ted.

Ich packe ihren rechten Arm, Ted ihren linken. Dann ziehen wir und es klappt ganz gut. Sie ist zwar immer noch tierisch schwer und es wird anstrengender, sie zu ziehen, als wir den Teppich im Flur erreichen, aber irgendwie kriegen wir sie ins Schlafzimmer. Die ganze Zeit hängt eine Zigarette an Teds Unterlippe und Asche fällt auf den Boden und ins Haar seiner Mutter, und wir beide müssen aus irgendeinem Grund lachen. Ich meine, ich weiß, dass die Sache schlimm genug ist und dass Ted sich scheiße fühlen muss, aber irgendwie ist es in diesem Moment wirklich urkomisch, Teds Mom durch die Wohnung zu schleifen.

Wir haben sie also im Schlafzimmer und mit einiger Anstrengung gelingt es uns, sie ins Bett zu hieven. Ihr Mund steht offen und an ihren Haaren klebt Make-up. Sie schnauft immer noch wie ein Traktor und scheint noch mehr zu schwitzen als Ted und ich.

Müssen wir noch irgendwas tun?, frage ich Ted, weil ich wirklich keine Ahnung habe, was man in so einem Fall macht.

Nur wenn du darauf bestehst, ihr ein Nachthemd anzuziehen, sagt Ted.

Ich schüttle den Kopf. Teds Mom nackt zu sehen – das muss ich im Moment wirklich nicht haben. Nicht jetzt. Niemals.

Es ist schon okay so, sagt Ted und drückt seine Zigarette im Aschenbecher aus, der auf dem Nachttisch steht.

Dann gehen wir zurück in die Küche, in der überall Fliegen herumschwirren, weil die Gittertür offen gestanden hat. Ich hasse Fliegen. Sie fliegen mir ständig ins Gesicht, und immer wenn eine auf mir landet, muss ich daran denken, dass sie wahrscheinlich gerade von irgendeinem riesigen Scheißhaufen gekommen ist.

Willst du was trinken?, fragt Ted.

Wir trinken unsere Limo und das tut gut. Tracey sagt, man soll bei solcher Hitze keine Limo trinken, weil das dehydriert, und dass man lieber Wasser trinken soll. Limo ist super – so prickelnd und so süß, dass die Spucke noch eine Stunde später nach Zucker schmeckt.

Ted zündet sich noch eine Zigarette an und ich mir auch, und ich könnte jetzt anfangen, über irgendwas zu lamentieren – über die bevorstehende Party zum Beispiel, über Dad, der mich angeschnauzt hat, weil ich böse Wörter benutzt habe, oder über die Band, die wir beide nie gründen werden. Aber ich tue es nicht, weil es manchmal besser ist, nicht zu reden, nur um sich reden zu hören. Ted scheint das ähnlich zu sehen und sagt auch nichts. Wir trinken beide einfach nur unsere Limo, rauchen und schwitzen und bewegen uns nur, wenn wir die Fliegen um uns herum verscheuchen müssen.

Auf dem Weg zur Party sehen wir einen alten Burschen, der einer alten Dame – seiner Frau, nehme ich an – aus dem Auto helfen will. Daneben steht ein klappriger, alter Rollstuhl, der aussieht, als würde er nicht mal ein Kissen tragen können, ohne zusammenzubrechen. Und der Mann, der wirklich schon sehr alt ist – er hat das ganze Gesicht voller Flecken und die typischen riesigen Greisenohren, die wie Flügel von seinem Kopf abstehen – versucht seine Frau aus dem Wagen zu heben. Sie ist nicht gerade klein und er ist wirklich zu alt, um sie durch die Gegend zu schleppen, aber er hievt sie trotzdem hoch. Sie steht am Auto und hält sich an der Tür fest und er schlingt seine Arme um sie und verschränkt die Hände an ihrem Rücken, wobei ihr Hemd ein Stück hochrutscht. Dann hebt er sie an und lässt sie in ihren Rollstuhl fallen, der ihr Gewicht tatsächlich hält, was mich, ehrlich gesagt, überrascht. Und dann macht er die Autotür zu und wischt sich die Stirn mit einem Papiertaschentuch ab, das er danach in der Hand zusammenknüllt. Er schiebt sie zu ihrem Häuschen, einer schäbigen Baracke. Ich starre auf das rechteckige Wohnzimmerfenster, an dem die typischen Alte-Leute-Vorhänge hängen – weiß, lang, dünn, fließend und halb durchsichtig. Als das Licht drinnen angeht, schaue ich allerdings weg, denn es wäre, glaube ich, falsch, noch länger hinzugucken.

Und dann ist da die Party.

Ted und ich reden auf dem Weg dorthin nicht viel. Wir hängen beide unseren eigenen Gedanken nach, glaube ich, weil wir beide merken, wie komisch es ist, das wir zu dieser Party unterwegs sind. Aus irgendeinem dämlichen Grund bin ich ein bisschen nervös und ich schließe meine Faust um die zusammengeknüllte Postkarte von Henry, die ich noch immer in meiner Tasche habe.

Wir brauchen elende fünfundvierzig Minuten, um dorthin zu kommen, denn Alexandra Stuart wohnt nicht gerade in unserer Nachbarschaft. Allerdings bin ich insofern ganz froh darüber, dass wir letztendlich erst um zehn ankommen, denn ich will wahrhaftig nicht als Erste auf der Matte stehen.

Zu Alexandra Stuarts Haus führt ein kleiner Weg und auf der Treppe zur Eingangstür sitzen ein paar Skater.

Wer ist das?, fragt Ted blinzelnd.

Ich zucke die Schultern und wir gehen den Weg hoch. Die Skater gucken uns komisch an. Ich kenne alle von der Schule, weiß aber nicht, wie sie heißen, außer Mark Mohr, der immer Shorts trägt und sich benimmt wie ein verhinderter Dr. Dre-Video-Statist.

Er schaut zu uns auf und rülpst. Dann grinst er. Die Skater brechen in irres Gelächter aus und kippen ihre Bierdosen. Sie haben wirklich Klasse.

Ich vermeide es, Ted anzusehen, weil ich mich irgendwie nicht traue. Ich habe Angst festzustellen, dass er sich nicht absolut prächtig amüsiert, obwohl ich von vornherein wusste, dass diese Party eine Katastrophe werden würde. Wir gehen um die Skater herum, als sie wieder zu reden anfangen. Bei denen ist alles megaphatkrass. Ich möchte mich am liebsten umdrehen, ihnen in ihre verfickten Schädel treten und sagen: Oh, Verzeihung, ich bin einfach nicht so cool wie ihr, ich trage keine Klamotten, die zehn Nummern zu groß sind, und ich hab auch keinen ständigen Vorrat an Dosenbier in meinem Blutkreislauf.

Ted öffnet die Tür und wir gehen rein. Das Licht ist schummrig, der Techno-Sound scheppert, weil zu viele Höhen, und überall sind Arschlöcher aus meiner Schule. Die Leute sitzen in kleinen Gruppen herum und ein paar Kinder tanzen vermutlich auf E in der Mitte des Raumes rum. Wahrscheinlich halten sie sich für Janis Joplin, weil sie am Wochenende Pillen schmeißen und im Kreis ficken.

Und dann die Raver. Die Szenemädchen, die alle aussehen wie kleine Traceys: enge Klamotten, Glitzer im Gesicht und grellweißer Nagellack.

Irgendwie kann ich mich plötzlich nicht mehr bewegen. Ich fühle mich, als ob ich hier mitten in diesem Raum erstarrt bin, als ob Ted und ich auf einer Seite einer gläsernen Wand stehen und uns diese Freakshow ansehen, während die dort drüben herüberstarren und *uns* für die Freakshow halten. Und vielleicht sind wir das ja auch.

Man ist entweder ein gepiercter kleiner Raver mit winzigen T-Shirts, ein HipHop-blunt-Skater, ein Acidhead-Hippie, ein Brit-Pop-Mod, ein philosophisch-pessimistischer Indie-Rocker, ein armes reiches Kind, das irgendwas losmachen will, oder eine Kreuzung aus zweien oder dreien. »Man«, aber nicht ich. Und dafür bin ich unendlich dankbar, denn ich bin lieber tot als ein Zombie. Wenn du dir eine Kategorie ausgesucht hast, musst du dir keine Gedanken darüber machen, wer deine Freunde sind oder was du am Wochenende machst, denn es ist alles schon vorgefertigt. Buch dir pauschal deinen ganz persönlichen Abenteuer-Lifestyle. Blätter zur Seite 52 – du gehst auf eine blöde Party und redest mit niemandem. Blätter zur Seite 64 – du machst eine Tür auf und ertrinkst in einer Flutwelle Blubberwasser.

Die Helden in solchen Büchern überleben nie sehr lange.

Oh, hey, sagt der Typ auf E und sieht Ted und mich an, als ob wir Feuermelder im Gesicht hätten. Wie, ähm, geht's denn so?

Das Mädel bei ihm klammert sich an seine Schultern und lacht aufdringlich. Jedes Mal, wenn sie Ted und mich ansieht, fängt sie an zu lachen.

Ich kenne die beiden vom Sehen. Das genau ist es – ich kenne alle vom Sehen. Jeder kennt jeden hier vom Sehen, aber keiner weiß wirklich irgendwas über irgendwen. Nach dem Gespräch mit den beiden wüsste ich allerdings auch nicht, warum das erstrebenswert sein sollte.

Das Mädchen flüstert dem Jungen etwas ins Ohr und er fängt wieder an zu lachen. Dann küsst sie seinen Hals und hält ihm einen Ring wie einen Lolli vors Gesicht. Er leckt daran und schließt die Augen.

Das ist gut, sagt er.

Dann fangen sie an, sich zu küssen, und ich winde mich innerlich und werfe Ted einen Blick zu, während ich mir Mühe gebe, mich nicht völlig unwohl zu fühlen.

Komm, sage ich zu ihm, und zerre ihn von den Echsen weg.

Ich hasse Leute auf Drogen, sage ich zu Ted. Sie sind wie fette Leute vor einem Büfett. Probier mal dies, probier mal das …

Ted und ich gehen in irgendein Zimmer, Alexandras vermutlich. Alles ist in Schwarz, Weiß und Grau gehalten und überall hängen Lichterketten. Außerdem entdecke ich eine Lava-Lampe, die das Hauptlicht in dem Zimmer zu sein scheint, aber das Ding ist wohl kaputt, denn das Zeug da drin sieht eher nach einem Alien-Baby als nach Lava aus.

Ein paar Szenegänger sitzen auf dem Bett und lassen einen Joint rumgehen. Sie schauen nicht auf, als wir reinkommen.

Ist das ihr Zimmer?, fragt Ted.

Ich nehm's an, sage ich und Ted geht zu den CDs, um sie sich anzusehen, während ich ihre Kommode begutachte, die so weiß und glatt ist, als wäre sie aus Elfenbein gemacht.

Obendrauf stehen gerahmte Fotos – von ihr und ihren Zicken-Freundinnen und Alex Matten, dem Schwachmaten. Ich hätte ganz schön Lust, die Schubladen aufzuziehen. Ich weiß, es ist keine besonders tolle Angewohnheit, sich immer gleich am liebsten auf die privaten Sachen einer Person zu stürzen, aber dann denke ich, was soll schon so privat an Alexandra Stuarts Sachen sein? Ich meine, sie wird wohl kaum irgendwelche Geheimpläne oder Mikrofilme rumfliegen haben.

Ich gucke zu den Szenegängern hinüber, die alle ziemlich bedröhnt sind und sich über Karnickel unterhalten.

Ihr könnt's mir glauben, sagt ein Mädchen, ich hatte dieses Häschen viele Jahre ... es war wie ein Hund ... und ist das nicht der Hammer? – wir hatten sogar eine Leine dafür.

Warum habt ihr euch nicht gleich 'n Hund geholt?, fragt irgendein Typ und als das Mädchen nicht sofort antwortet, sagt er: Deine Familie ist echt verdammt oberflächlich.

Ich versuche, nicht mehr zuzuhören, denn ich kann pro Stunde nur ein gewisses Quantum an intellektueller Unterhaltung verarbeiten und die Skater draußen haben das Soll schon erfüllt.

Stattdessen ziehe ich die oberste Schublade ein Stück auf und blicke auf einen Haufen Spitzenslips und BHs. Einer sieht sogar nach Samt aus. Ich traue mich allerdings nicht, die Schublade weiter aufzumachen, weil ich mir vorstellen kann, was für Gerüchte umgehen würden, wenn man mich dabei erwischt, wie ich Alexandra Stuarts Unterwäsche durchwühle.

Ich entdecke ein kleines weißes Säckchen, das die ganze Schublade nach Babypuder riechen lässt, und ich muss daran denken, wie entzückt meine Mom darüber wäre. Ich höre schon, wie sie mich fragt: Doreen, warum hast *du* denn kein Duftsäckchen in deiner Wäscheschublade? Weil ich noch nicht völlig verblödet bin, Mom.

Ich fahre mit der Hand an der Innenseite der Schublade entlang und ertaste ein kleines Stück Papier. Ich ziehe es raus und sehe, dass es ein aufgeschlitzter Umschlag ist, auf dem in krakeliger Schrift Alexandra steht. Ein Brief an Alexandra. Ich möchte ihn unbedingt lesen, obwohl ich keine Ahnung habe, wieso. Mich interessiert es eigentlich einen Scheiß, wer was an Prinzessin Alexandra zu schreiben hat, aber aus irgendeinem unerfindlichen Grund möchte ich wissen, was in ihrem Kopf vorgeht.

Hey, Dor, sagt Ted und ich fahre blitzschnell herum, weil ich nicht will, dass er sieht, was ich mache.

Was?, frage ich. Ich halte den Brief hinter meinem Rücken und lehne mich gegen die Kommode, sodass die Schublade sich schließt.

Sehen wir uns ein bisschen um, sagt er.

Okay, meinetwegen, antwortete ich und stecke den Brief in die hintere Hosentasche.

Ich denke eigentlich nicht mal darüber nach. Ich denke nicht: Oh, Shit, das macht man nicht, das ist ihre Privatsphäre. Es kümmert mich eigentlich viel zu wenig, als dass es mich kümmern könnte.

Als wir das Zimmer verlassen, stößt einer der Typen auf dem Bett seine Flasche um, sodass das Bier auf Teds und meinen Schuhen landet.

Sorry, sagt er mit falschem Bedauern und alle lachen. Ted und ich sagen nichts, sondern gehen, weil das einfacher ist.

Hi, Doreen, hi, Ted, sagt Alexandra Stuart ziemlich knapp.

Alle in der Küche drehen sich um und starren uns an. Die ganze Clique ist da. Alex Matten, Karen Percy, Dave Campos, Josie Authwell, Peter Waitman. Alexandra sitzt auf der Arbeitsplatte, der Rest schart sich um sie. Dave hat eine Bong in der Hand und ein adretter Typ in Khakis, der viel zu alt aussieht, um hier zu sein, nimmt sie.

Hi, sage ich und Ted grüßt mit einer knappen Handbewegung. Die anderen deuten ein Lächeln an. Alex Matten wirft Ted einen kurzen Blick zu und dreht sich wieder zu Peter Waitman um.

Dann setzen sie wieder das fort, was vermutlich eine Diskussion über die Bosnien-Krise oder eine hochbrisante physikalische Theorie ist. Ted und ich sind, wie es scheint, wieder allein. Wir stehen einfach nur in Alexandra Stuarts Küche rum und sehen zu, wie sie ihre Blubber rauchen. Es ist ein bisschen wie ein Traum. Besonders wegen des schwachen Neonlichts über der Spüle, das alle gelblich und grobkörnig aussehen lässt.

Dave Campos nimmt einen Zug und bläst den Rauch über Josie Authwells Kopf direkt in unsere Gesichter. Ich huste ein bisschen.

Sorry, Miss Severna, sagt Dave unaufrichtig und gibt das Ding an Mr. J. Crew zurück.

Schon gut, sage ich.

Hör mal, Ted, sagt Dave, löst sich von seiner Clique und kommt zu uns. Lust auf 'n Drink?

Ja, klar, sagt Ted, ohne zu zögern, und ich starre ihn an.

Er verdreht die Augen, als wollte er sagen: Mann, Dor, sei nicht so blöd.

Sobald er ja gesagt hat, kommen Alex Matten und Peter Waitman ebenfalls dazu und gehen mit Dave und Ted ins Wohnzimmer und ich habe kein gutes Gefühl dabei. Ich weiß noch, wie wir einmal bei so einer Art Familienurlaub in Nordkalifornien an einer Herde Kühe vorbeikamen, die sich auf ein Feld gewagt hatten. Sie zuckten mit ihren markierten Ohren und glotzten voller Unbehagen und irgendwie resigniert zu uns herüber. Ich glaube, ich kann mir in etwa vorstellen, was sie in dem Moment durchgemacht haben.

Doreen, komm her, sagt Alexandra, und ich gehe hinüber.

Sie trägt einen grauen Faltenrock und ein gerafftes T-Shirt, das den gepiercten Bauchnabel freilässt – ihr Bauch ist perfekt flach und gebräunt. Ich starre darauf und wünsche mir einen Moment lang, das meiner auch so aussehen würde.

Das ist mein Cousin Brad, sagt sie und zeigt auf J. Crew. Er kommt aus San Francisco.

Ich lächele J. Crew an und er schaut einen Moment auf, aber ich bin ganz offensichtlich seiner Aufmerksamkeit nicht wert. Und mein Herz bricht deswegen augenblicklich entzwei.

Josie und Karen kennst du ja, sagt Alexandra, und Josie und Karen sagen hastig »Hi«, als würden sie sich in einen Kürbis zurückverwandeln oder sich das ersehnte Date mit den New Kids entgehen lassen, wenn sie zu viel Energie darauf verwenden, mich zu begrüßen.

Willst du mal?, fragt Alexandra und hält mir die Bong hin.

Vielleicht einmal.

Ich weiß wirklich nicht, wie viel Zeit vergangen ist.

Ich weiß nur, dass mein Kopf sich viel zu schwer für meinen Hals anfühlt und ich mich hinlegen will. Jedes Mal, wenn ich denke, dass wir alle genug haben, macht J. Crew wieder ein neues Köpfchen. Alexandra und Josie und Karen schwallen aufeinander ein; sie reden in so kurzen, hastigen und abgehackten Sätzen, dass es sich in meinen Ohren wie eine seltene afrikanische Sprache anhört.

J. Crew redet gar nicht. Er kümmert sich ausschließlich um die Mischung und zieht immer als Erster. Ich schätze, er hat's nötig.

Doreen hätte fast nicht kommen können, sagt Alexandra zu den anderen beiden. Komischerweise hört sie sich vorwurfsvoll an.

Warum denn nicht, Doreen?, fragt Josie und lacht beinahe. Wahrscheinlich denkt sie, ich könnte ja wohl kaum hip genug sein, um Krach mit meinen Eltern zu haben.

Ich huste ein bisschen und sage: Ich bin in den letzten Wochen ein paar Mal zu lange unterwegs gewesen.

Krass abgefeiert, was?, fragt Karen Percy sarkastisch.

Vor meinem inneren Auge sehe ich Ted und mich bei ihm zu Hause sitzen, rauchen und über unsere dämliche Band reden, und ich spüre, wie meine Wangen heiß werden. Jetzt bin ich froh über das gelbliche Licht, in dem man das nicht sehen kann.

Hat sie bestimmt, sagt Alexandra und bläst Ringe in die Luft. Ich wette, du und Ted dreht immer tierisch auf.

Ich blicke auf meine Hände, die in diesem Licht ganz knochig aussehen, und höre die anderen lachen. Aus irgendeinem dämlichen Grund lache ich mit. Als ob wir gemeinsame Sache machen würden.

Als J. Crew eine neue Pfeife packt und ich mich an die Arbeitsplatte lehnen muss, weil mir schwindelig ist, macht Alexandra eine Packung Parliaments auf.

Scheiße, sagt sie, es kotzt mich an, dass da immer so viel loser Tabak drin ist.

Und sie pustet ein paar Tabakkrümel in meine Richtung, sodass ich welche in die Augen kriege. Es tut weh und brennt, und mir treten Tränen in die Augen. Ich greife in meine Tasche, weil ich hoffe, irgendwo noch ein Taschentuch zu finden. Doch da ist nichts außer Henrys Postkarte.

Sag doch mal, Doreen, sagt Karen, was läuft denn nun zwischen dir und Ted?

Ted?, sage ich und mein Mund ist so trocken, dass ich sterben könnte. Ich brauche dringend eine Limo.

Die drei Mädels brechen in Gelächter aus, als ob ich einen tollen Witz gemacht hätte, und ich wünsche mir, ich hätte Streichhölzer dabei, mit denen ich meine Augen offen halten könnte.

Ja, Ted, sagt sie.

Er ist echt niedlich, Doreen, sagt Josie sarkastisch. Ihr zwei seid ein echt süßes Paar.

Ich spüre, wie meine Ohren heiß werden und mir ein Kloß in die Kehle steigt, so verlegen bin ich. Und sie wissen das. Was immer das für ein Gen ist, das sie dazu bringt, andere Menschen fertig zu machen, es arbeitet gerade auf Hochtouren.

Vögelt ihr eigentlich miteinander?, fragt Alexandra mich. Sie guckt mich völlig breit und gemein an.

Alle drei sehen aus wie Joker – breit grinsende Gesichter und spitze Zähne. Ich warte fast darauf, dass sie ihre Mistgabeln hervorholen und anfangen, auf mich einzustechen.

Ich sehe zuerst die drei und dann J. Crew an. Der scheint einzudösen, doch plötzlich geht er weg, ohne irgendein Wort zu sagen, aber keiner scheint Notiz davon zu nehmen, und dann frage ich mich, wo Ted wohl sein mag, und dann wünsche ich mir, dass Matthew hier wäre und dann denke ich, wie blöd die hier alle sind und wie blöd Tracey ist, und dann denke ich, dass mich alle nur noch mehr auslachen würden, wenn sie meine prolligen Verwandten kennen lernen würden, und dann möchte ich ihnen Henrys Postkarte unter die Nase halten, als wäre sie ein strahlend helles Licht, das sie alle blenden würde. Aber ich tue es nicht.

Und? Macht ihr's?, fragt Alexandra und lacht.

Was?, frage ich.

Du und Ted – ob ihr wohl fickt?, sagt sie und ich kann einfach nicht aufhören, auf ihren Mund zu starren, der nie ganz zugeht.

Nein, sage ich und alle grinsen, als hätten sie irgendwas gewonnen. Und dann sehe ich Alexandra direkt an und sage:

Ob du wohl mongoloid bist oder ob dein Mund einfach deswegen immer offen steht, weil du so eine verfickte Schlampe bist?

Ich glaube, es ist Zeit zu gehen.

Ich torkele aus der Küche, werfe noch einen Blick zurück über die Schulter und sehe, dass alle drei ziemlich verdattert aussehen. Josie und Karen sagen irgendwas zueinander und Alexandra starrt mich an, wobei ihr Mund sich bewegt, aber ich kann nicht erkennen, was sie sagt. Bestimmt nichts Nettes.

Ich gehe ins Wohnzimmer zurück, dränge mich an Leuten vorbei und steige über andere, und irgendwer zieht mich am Hosenbein und sagt:

Pass auf, wo du hintrittst, Fotze.

Halt die Klappe, du Wichser, schnauze ich ihn an, während ich weitergehe. Ich höre noch, wie er seine Freunde fragt: Scheißewashatdiezumirgesagt?

Ich weiß, dass ich unbedingt Ted finden muss, denn mein Bedarf an Party-Spaß ist gedeckt. Und so schnell, wie ich neue Freundschaften schließe, kann ich wahrscheinlich froh sein, wenn ich hier rauskomme, ohne dass mir einer in den Arsch tritt. Oder besser Ted, weil die meisten Typen ja keine Frauen schlagen.

Ich gehe einmal durchs ganze Wohnzimmer, kann Ted aber nirgends entdecken und sehe auch keinen der Jungs, mit denen er eben verschwunden ist. Dann kommt Dave Campos mit einer Stange Zigaretten von draußen rein.

Ich gehe zu ihm und frage: Dave, wo ist Ted?

Was?, fragt Dave und legt seine Hand hinters Ohr.

Wo ist Ted?, frage ich lauter.

Ich versteh dich nicht, Madame Severna, die Musik ist so laut, sagt er grinsend.

Das Arschloch kann mich sehr gut hören. Das weiß ich.

Wo ist Ted, verdammt noch mal?, brülle ich ihn an.

Schleck meinen Sack, Süße, sagt er und steckt sich drei Zigaretten gleichzeitig in den Mund.

Dazu müsstest du erst mal einen haben!, schreie ich.

Sein Gesicht wirkt plötzlich verspannt. Ich vermute, er hat mich verstanden.

Fick dich!, brüllt er plötzlich, aber ich drücke mich an ihm vorbei und gehe durch die Eingangstür hinaus, wo ich beinahe über die Skater falle.

Sie schmeißen mir alle möglichen Komplimente an den Kopf, aber ich kann sie nicht richtig verstehen, weil die Musik mich halb taub gemacht hat und ich noch ziemlich breit bin. Ich betrete den Weg vor dem Haus und will vor lauter Verzweiflung gerade laut Teds Namen brüllen, als ich sehe, wie Alex Matten und Peter Waitman den Rasensprenger so ausrichten, dass Ted, der mit dem Gesicht nach unten und anscheinend bewusstlos im Gras liegt, bis auf die Haut durchnässt wird.

Oh, Scheiße, sage ich laut und renne los, doch dann stolpere ich über einen dicken Stein und falle hin, und ich höre die Skater lachen. Mark Mohr brüllt: Geiler Stunt, Herzchen.

Ach, fick dich doch, sage ich leise. Wahrscheinlich hat es niemand gehört, aber das ist mir auch egal.

Ich komme hoch und laufe endlich zu Ted.

Ich weiß auch nicht, Doreen, sagt Peter Waitman, aber unser Ted hier hat ein bisschen zu viel getrunken.

Was habt ihr ihm gegeben?, schreie ich sie an.

Hey, reg dich ab, Mädel, sagt Alex Matten. Ist ja nicht unsere Schuld, wenn deine kleine Schwuchtel nichts bei sich behalten kann.

Ich drehe Ted um und sehe verschiedenfarbige Kotze um seinen Kopf herum im Gras. Außerdem ist er klatschnass – Hemd und Jeans sind total durchweicht.

Weißt du was?, sagt Alex Matten. Du bringst ihn besser mal weg. Alex wird stinksauer sein, wenn die Nachbarn die Cops rufen, weil hier ein Besoffener im Vorgarten liegt.

Ja, meint Peter Waitman. Räum den Dreck mal weg.

Fickt euch, fickt euch doch, sage ich immer wieder, aber ich schaue nicht auf. Ich kann nicht.

Ich kann nichts tun und ich glaube, Ted ist dem Tode näher als jeder andere, den ich bisher gesehen habe. Er sieht total zerbrechlich und fertig aus. Am liebsten würde ich losheulen, weil ich sie alle so hasse und weil ich ihnen am liebsten ins Gesicht brüllen würde, was Ted für einen beschissenen Abend hinter sich hat, wie beschissen es ihm geht, wie es mir geht. Aber das wäre ihnen ja doch egal. Denen ist doch alles egal.

Ich versuche Ted aufzuwecken und er macht die Augen einen Spalt auf, sagt aber nichts – er sieht mich bloß total verwirrt an, als wäre ich jemand, den er zum letzten Mal im Kindergarten gesehen hätte.

Ted, komm schon, sage ich und ziehe ihn hoch. Er kommt tatsächlich auf die Füße, lehnt sich aber schwer an mich.

Sein Atem riecht nach Kotze, ganz toll, und er schlingt seinen Arm um mich, während ich versuche, ihn zum Gehen zu bewegen. Die Rasensprenger sind noch immer in Betrieb, was die Sache nicht besser macht, und innerhalb kürzester Zeit bin auch ich klatschnass, und das und die ganze Situation ernüchtert mich sofort.

Jetzt komm, Ted, sage ich.

Was?, nuschelt Ted; er ist wohl noch am anderen Ende des Tunnels.

Wir müssen jetzt gehen, sage ich, aber weniger zu ihm als zu mir selbst.

Gehen ist im Moment nicht gerade Teds Stärke. Es muss wirklich nervig sein, Kleinkindern das Laufen beizubringen, aber vermutlich ist es von Vorteil, dass Babys sich normalerweise nicht den Southern Comfort reinkippen, als ob es kein Morgen gäbe.

Ted ist nicht besonders groß, aber er ist immer noch zu groß, als dass ich ihn tragen könnte. Ich meine, ich bin zwar nicht gerade schwach, aber doch kein American Gladiator. Ich könnte wahrscheinlich einen mittelgroßen Hund mit mir herumschleppen, aber keinen Menschen.

Ich schleife ihn erst mal ein paar Häuser weiter, sodass die Leute von der Party uns weder sehen noch hören können. Oder sagen wir besser, ich nehme einfach an, dass sie uns nicht mehr hören können, weil ich auch niemanden mehr hören kann.

Dann lasse ich uns gegen einen Busch sinken und fange fast zu heulen an, weil ich ihn einfach nicht tragen kann und ich weiß, dass ich ihn nach Hause bringen muss, dass ich auch unbedingt nach Hause muss. Ich bin klatschnass und stinke nach Kotze und Ted sowieso.

Jetzt wünsche ich mir innig, jemanden zu kennen, den ich anrufen könnte – jemand, der fahren kann. Tracey kann ich nicht anrufen, das kommt überhaupt nicht in Frage, das würde sie mir ewig vorhalten und wahrscheinlich ist sie eh nicht zu Hause. Matthew würde ich vielleicht sogar anrufen, aber ich hab seine Nummer nicht dabei. Ich kenn seine Nummer nicht mal. Ich hab kein Geld, um uns ein Taxi zu nehmen. Ich überlege kurz, ob ich trotzdem ein Taxi rufen und dann Ted im Wagen lassen soll, während ich zu ihm ins

Haus gehe und die Taschen seiner Mutter nach Geld durchsuche. Aber ich kann nicht garantieren, dass ich was finde, weil sie wohl den ganzen Tag durch die Kneipen gezogen ist.

Ich fange an, davon zu träumen, dass Matthew vielleicht durch Zufall vorbeifährt oder weil er spürt, dass ich Hilfe brauche.

Ich bin so eine blöde Kuh.

Henry. Henry, bitte, komm vorbei. Ich stelle ihn mir vor, wie er, coole Sonnenbrille im Gesicht, in einem ramponierten Auto ranfährt und die Beifahrertür aufmacht. Komm, Kleines, sagt er.

Könnte das nicht sein? Vielleicht – nur vielleicht?

Quatsch. Kein Matthew, kein Henry. Keine verdammte Chance. Ich sitze so komplett in der Scheiße, es ist nicht zu glauben. Ich setze mich auf die Straße und lehne Ted an mich und er verdreht die Augen. Grausig, ich bin froh, dass ich ihn atmen hören kann.

Ich denke ernsthaft darüber nach, ein Gebet zu sprechen, aber mir will ums Verrecken nicht mal die zweite Zeile vom Vaterunser einfallen, was nicht weiter erstaunlich ist, da ich in meinem ganzen Leben vielleicht zweimal in der Kirche gewesen bin.

Also rappel ich mich wieder hoch und zerre Ted ein paar Schritte mit mir, aber das geht einfach nicht. Plötzlich höre ich ganz deutlich Musik – sie ist zu laut, um aus Alexandras Haus zu kommen. Außerdem ist es dieser alte Pavement-Song. Summer Babe. Summer Baby. Irgend so was.

Ich schau mich um und mache mir klar, das die Musik wohl kaum aus dem Gebüsch kommen wird, also gucke ich mir die Autos an, die am Bürgersteig geparkt sind. Wahrscheinlich hat irgendwer seine Anlage ziemlich laut aufgedreht.

Komm schon, sage ich zu mir, und plötzlich ist mir eiskalt.

Ich gehe ein paar Schritte bis zur nächsten Ecke, wo ein Riesenschiff von Mercedes steht – einer von denen, die eine ganze Straße einnehmen – und ich sehe, dass jemand auf der Fahrerseite sitzt. Als ich näher komme, erkenne ich J. Crew. Er hat den Kopf zurückgelegt und die Augen zu und raucht eine Zigarette.

Ich klopfe ans Fenster. Sein Kopf fährt hoch und er starrt mich total verwirrt an. Er wirkt bedröhnt und besoffen und ich glaube nicht, dass er weiß, wo er mich schon mal gesehen hat.

Ich klopfe noch mal. Er drückt einen Knopf und die Scheibe an der Beifahrerseite fährt mit einem Surren herunter. Ich lehne mich ein Stück hinein.

Hi, sage ich.

Er sagt nichts. Er sitzt nur da und starrt mich verwirrt an.

Hör mal, sage ich, ich kenn dich zwar überhaupt nicht –

Er hält seine Hand hoch und ich verstumme. Er beugt sich vor und dreht die Musik ab, bevor er sich wieder mir zuwendet.

Ich weiß, ich kenn dich gar nicht, wiederhole ich, aber ich war eben auch auf der Party von deiner Cousine.

Er glotzt mich immer noch an, als hätte er nicht die geringste Ahnung, wovon ich überhaupt rede. Ich könnte ebenso gut Rauchzeichen senden.

Deine Cousine – Alexandra, sage ich und er lässt immer noch nicht erkennen, ob er mich verstanden hat. Also rede ich einfach weiter und zeige auf Ted und erkläre ihm, dass ich nicht weiß, wie ich nach Hause kommen soll und dass es meinem Freund schlecht geht und ich ihn nicht tragen kann.

Das alles sage ich sehr schnell und J. Crew guckt sich Ted an, der wie ein nasser Klumpen auf dem Gehweg liegt, und meine Hoffnungen schwinden. Ich meine, *ich* würde uns vermutlich nicht mitnehmen.

J. Crew sagt einen Moment lang nichts, dann lehnt er sich herüber und öffnet mir die Beifahrertür und ich sehe, dass er eine Flasche Schnaps zwischen seinen Beinen stehen hat. Das macht mich ein bisschen nervös, aber ich kann es mir in meiner Lage nicht gerade leisten, wählerisch zu sein.

Hol deinen Freund, sagt J. Crew ganz ruhig, ohne mich anzusehen, und ich bin so erleichtert, dass ich am liebsten schreien würde.

Aber ich tu's nicht. Ich laufe zu Ted und ziehe ihn auf die Füße. Er ist gewissermaßen wach, aber nur so, wie ein Schlafwandler wach ist, denn er murmelt irgendwas, was ich nicht verstehe. Allerdings gebe ich mir auch nicht gerade größte Mühe. Ich mache die Tür zum Rücksitz auf und hieve Ted so gut es geht hinein.

Ted, beweg deinen blöden Arsch, sage ich.

Ted schaut auf und grinst und sagt: You try to molest me in the parkin' lot.

Ich lache und würde ihn am liebsten an mich drücken oder irgendwas anderes Blödsinniges tun, aber stattdessen ziehe ich ihn noch ein bisschen hoch, und er stemmt sich gegen den Boden und schafft es, seinen Hintern auf den Rücksitz zu verfrachten. Ich hebe seine Beine an und schiebe ihn ins Auto, und er legt sich hin und wälzt sich auf dem Leder herum, dass es quietscht. Ich schlage die Tür zu, die sich wie eine Safetür anhört, und gehe, immer noch grinsend, nach vorne. Ich bin froh, dass wenigstens noch gewisse Teile von Teds Hirn funktionieren – nämlich die, die dafür verantwortlich sind, dass er seinen Arsch hochkriegt, und die, in denen die Texte von den Pixies gespeichert sind.

Ich setze mich auf den Beifahrersitz und ziehe die Tür zu. Sie macht dasselbe schwere Geräusch wie die hintere. Ich muss an ein U-Boot denken. J. Crew nimmt einen Schluck aus der Flasche, in der sich, glaube ich, Whiskey befindet, dann schließt er einen Moment die Augen, bevor er mich wieder ansieht.

Ich hoffe bloß, dass dein Freund das Auto nicht voll kotzt. Das gehört nämlich meiner Mutter, sagt er.

Bestimmt nicht, sage ich, obwohl Ted hinten komische gurgelnde Laute von sich gibt.

Ihr könnt unter einer Bedingung mit, sagt J. Crew.

Wenn er jetzt irgendwas mit Sex verlangt, weiß ich nicht, was ich tun werde.

Was?, frage ich ruhig und starre stur geradeaus. Ich traue mich nicht, ihm auch nur einen kurzen Blick zuzuwerfen, weil ich Angst habe, dass er jetzt anfängt, sich einen runterzuholen oder irgendwas anderes Krankes macht.

Er tippt mir auf die Schulter und ich sehe ihn vorsichtig von der Seite an. Er hat seine Hand ausgestreckt und an seinem Finger baumelt ein Schlüssel.

Du fährst, sagt er.

Hey, ich kann nicht fahren, sage ich und muss fast lachen.

Klar kannst du, sagt J. Crew langsam. Wir sind hier in Amerika. Hier geht alles.

Nein. Ich hab keinen Führerschein.

Das ist total leicht. Du musst noch nicht mal schalten – das ist ein Automatik.

Hör mal, beginne ich, weil ich denke, dass ich es ihm besser ganz langsam erkläre, er scheint ja im Moment nicht besonders helle. Ich habe keinen Führerschein. Ich darf weder Schaltung noch Automatik fahren. Ich darf gar nichts fahren.

Mach dir keine Sorgen. Es geht wirklich leicht, sagt J. Crew.

Ich kann das nicht, sage ich.

Okay, sagt er und nimmt seine Schlüssel wieder. Wie's aussieht, musst du wohl zu Fuß gehen.

Er lehnt sich wieder zurück. Ich drehe mich um und werfe einen Blick auf Ted, der hinten alle viere von sich gestreckt hat und wie eine gepresste Blüte aussieht. Dann drehe ich mich wieder zu J. Crew, der einen Schluck aus seiner Flasche nimmt.

Okay, sage ich dann.

J. Crew rührt sich nicht und ich will es gerade noch mal sagen, als er die Tür öffnet und aussteigt, und ich beobachte, wie er vorne um das Auto herumgeht, auf den Gehweg spuckt und zu meiner Seite kommt. Ich rutschte auf den Fahrersitz und lege meine Hände aufs Lenkrad, das riesig und kalt ist.

J. Crew setzt sich auf den Beifahrersitz, zieht die Tür zu und sieht mich an.

Wann immer du bereit bist, sagt er.

Ich nicke und starre aufs Armaturenbrett, das verdammt hoch angebracht ist, und stelle die Füße auf die Pedalen, um sie überhaupt erst mal zu fühlen. Ich muss mich strecken, um sie zu erreichen.

Hier, sagt J. Crew und drückt einen Knopf in der Insel zwischen uns, und mein Sitz bewegt sich nach vorne.

Ich halte das Lenkrad jetzt etwas fester und denke, dass ich mich in Anbetracht der Tatsache, dass ich noch nie Auto gefahren und nun im Begriff bin, Selbstmord zu begehen, wohl besser anschnalle. Ich wünsche mir, ich hätte Ted angeschnallt, aber ich möchte ihn lieber nicht hinsetzen, weil er dann bestimmt noch mal kotzen muss.

J. Crew scheint sich überhaupt keine Sorgen zu machen.

Mach den Motor an, sagt er und hält mir den Schlüsselbund am betreffenden Schlüssel hin.

Ich nicke, stecke den Schlüssel ins Zündschloss und drehe ihn. Der Wagen springt an wie eine Kettensäge, die ich unter meinen Füßen und meinem Hintern spüren kann. Als der Pavement-Song anfängt, wieder aus den Lautsprechern zu dröhnen, erschrecke ich mich.

J. Crew streckt die Hand aus und schaltet das Tape ab, sodass wieder Ruhe herrscht.

Die Handbremse lösen, sagt er mir. Neben dir. Drück den Knopf am Ende rein und lass sie runter.

Okay, okay, sage ich, aber eher zu mir als zu ihm.

Es muss an diesem Abend liegen. Ich stehe total neben mir.

Fahr los, sagt er.

Fahr, denke ich. Okay, fahr. Ich gucke in die Gegend, in der sich auch die Handbremse befindet, und bin einen Moment lang total verwirrt.

Du musst den Hebel auf D schieben, sagt er genervt, und ich würde ihm am liebsten sagen: Hey, tut mir Leid, aber ich habe von nichts 'ne Ahnung, und außerdem war das *deine* bescheuerte Idee.

Ich weiß, ich weiß, sage ich.

Schalt die Scheinwerfer an.

Ich sehe mich suchend am Lenkrad um, und er beugt sich herüber und macht das Licht an.

Danke, sage ich und fühle mich immer noch, als wäre ich winzig im Vergleich zu diesem riesigen Auto.

Rechts ist Gas, links die Bremse.

Ja, ich weiß, sage ich und werfe einen Blick über die Schulter.

Ausnahmsweise bin ich froh, in diesem Kaff zu wohnen, denn hier gibt es um diese Zeit keine Spinner mehr, die mit ihren Autos durch die Nacht rasen. Wir leben nicht gerade in einer boomenden Metropole.

Worauf wartest du?, fragt er ziemlich genervt.

Ich hab so was einfach noch nie gemacht, sage ich. Lass mich.

Ich schaue geradeaus auf die Straße. Sie sieht sehr breit und sehr grau aus, und ich zwinge mich daran zu denken, dass ich in fünfzehn Minuten bei Ted sein werde und alles wieder in Ordnung ist. Okay, okay.

Ich tippe mit dem Fuß aufs Gas und der Wagen macht einen Satz nach vorne. Danach trete ich etwas sanfter drauf.

Schlag das Steuer ein, sagt J. Crew.

Ja, antworte ich und drehe ein bisschen, und wieder macht der Wagen einen Satz, aber dann kriege ich ihn irgendwie auf die Straße und wir rollen tatsächlich die Altamont hinunter. So panisch, wie ich bin – es ist trotzdem ein ziemlich cooles Gefühl und ganz anders, als wenn man Bus oder Bahn fährt. Irgendwie als ob man schwebt oder dahingleitet oder so.

Du kennst meine Cousine, sagt J. Crew.

Ähm, ja, sage ich und versuche mich darauf zu konzentrieren, was ich gerade tue.

Bist du 'ne Freundin von ihr?, fragt er.

Ich weiß nicht so recht, was ich sagen soll. Ich meine, ich kann ihm schlecht die Wahrheit sagen – dass sie eine Zicke ist und ich sie eben noch mongoloid genannt habe –, aber ich komme wahrscheinlich auch nicht damit durch, wenn ich behaupte, dass ich ihre beste Freundin bin. Ja, sie und ich sind ganz dicke miteinander, deswegen schleife ich meinen Freund auch von der Party weg und quatsche Fremde an, ob sie mich nach Hause bringen können.

Sozusagen, antworte ich.

Sie versucht jeden scharf zu machen, sagt J. Crew und spuckt aus dem Fenster, und ich will mir nicht einmal vorstellen, warum Alexandras *Cousin* meint, dass sie alle scharf zu machen versucht. Ich will wirklich nicht wissen, was in anderer Leutes Familien abgeht.

Ach, ähm, echt?, sage ich und dann bemerke ich, dass ich bei der nächsten Kreuzung abbiegen muss.

Ja, echt, sagt J. Crew.

Ich muss abbiegen, sage ich und fürchte mich ein bisschen davor.

Dann bieg doch ab.

Muss ich blinken oder so was?

Du musst nicht, wenn niemand in der Nähe ist, sagt er.

Mir kommt in den Sinn, dass J. Crew sein eigenes kalifornisches Fahrschüler-Handbuch schreiben sollte. Er lässt sich augenscheinlich immer neue Verkehrsregeln einfallen, wenn ihm danach ist.

Also lenke ich den Wagen in die Mitte der verdammten Straße, da ich keine Lust habe, den parkenden Autos am Straßenrand zu nahe zu kommen. Ich blicke in den Rückspiegel, aber da ist nur graue Straße.

Dann fängt J. Crew an zu lachen. Ich werfe ihm einen Blick zu und er hält den Kopf gesenkt und lacht. Er scheint richtig Spaß zu haben.

Hat dir die Party gefallen?, fragt er.

Klar, es war der Oberhammer, sage ich sarkastisch, weil ich mir denke, dass er sich wohl auch nicht so prächtig amüsiert haben kann, wenn er schon so früh abgehauen ist.

Dann kommen wir an die nächste Einmündung. Ein Wagen steht am Stoppschild auf der kreuzenden Straße.

Oh, Scheiße, sage ich.

Lass ihn einfach zuerst fahren, sagt J. Crew. Ich tu's und dann nehme ich den Fuß von der Bremse und fahre wieder an.

Schneller, sagt J. Crew.

Hey, ich weiß nicht, was ich tue, sage ich.

Hier ist doch weit und breit niemand – du kannst schneller fahren.

Die Geschwindigkeit ist doch gut, sage ich. Ich sehe aufs Tachometer und stelle fest, dass ich zwanzig fahre.

Entweder du fährst schneller oder du steigst sofort aus, sagt er genervt.

Ich stehe kurz davor, alles hinzuschmeißen und ihm zu sagen, dass er sich seine Großzügigkeit in den Arsch stecken kann, als mir wieder Ted auf dem Rücksitz einfällt. Also trete ich das Gaspedal ein bisschen weiter runter.

Noch mehr, sagt J. Crew.

Ich trete also noch was fester drauf. Der Wagen rasselt ein bisschen, vielleicht, weil er schon ziemlich alt ist. Trotzdem gebe ich noch mehr Gas und dann verschwimmen die Laternen und Häuser am Straßenrand und die Straße entrollt sich vor uns weiter und weiter. Wir sind jetzt verdammt schnell und plötzlich habe ich gar nicht mehr so viel Angst, sondern finde das alles ziemlich aufregend und stelle mir vor, dass der Wagen vielleicht wirklich abhebt, wenn ich nur genug Gas gebe. Ich halte das Steuer fest in meinen Händen und vermeide es, in irgendwelche Spiegel zu schauen, was vermutlich keine besonders tolle Idee ist, aber irgendwie habe ich das Gefühl, als hätte J. Crew jetzt alles im Griff. Irgendwie denke ich, dass er schon dafür sorgen wird, dass nichts passiert. In Anbetracht der Tatsache, dass er nur ein besoffener Teenie ist, dürfte das wahrscheinlich mehr als dämlich sein.

Ich muss abbiegen, sage ich.

Fahr langsamer. Brems ein bisschen ab, sagt J. Crew.

Ich tu's und der Wagen biegt mit quietschenden Reifen ab. Ich rutsche über den Ledersitz und in der Mitte der Kurve höre ich, wie Ted hinten wie ein Sack Backsteine vom Sitz auf den Boden plumpst. Der Wagen bewegt sich wie auf Schienen – ich muss an Thunder Mountain in Disney Land denken – und als ich wieder richtig sitze, gebe ich erneut Gas.

Plötzlich möchte ich lachen und kann es kaum noch erwarten, bis ich einen Führerschein habe und die Pixies im Auto hören kann. Ich fühle mich leicht und irgendwie komisch, als hätte ich Helium aus einem Ballon geatmet. J. Crew wirkt völlig entspannt, als würde er ständig irgendwelche Kinder fahren lassen. Obwohl – ich weiß rein gar nichts über ihn – vielleicht tut er das ja.

Dann biegen wir in Teds Straße ein und ich fahre etwas langsamer. Schließlich nehme ich den Fuß vom Gas und lasse das Auto einfach rollen, während ich das Lenkrad gerade halte. Vor Teds Haus trete ich viel zu fest auf die Bremse und J. Crew und ich werden nach vorne geschleudert, aber Ted liegt ohnehin schon im Fußraum und kann nicht weiter fallen, also habe ich deswegen auch kein besonders schlechtes Gewissen.

Zieh die Handbremse an, sagt J. Crew, und das tu ich. Dann sagt er mir, ich soll den Hebel auf N stellen, was ich auch tue, und dann sitze ich einen Moment lang einfach da.

Danke fürs Mitnehmen, sage ich schließlich, als mir nichts Besseres einfällt.

J. Crew nickt und scheint darauf zu warten, dass ich gehe, also steige ich aus, mache die Tür hinten auf und stoße Ted, der immer noch mit dem Gesicht nach unten auf dem Boden liegt, ein paar Mal an.

Ted, du musst jetzt ein Stück gehen, sage ich.

Ich schlafe hier, sagt er, das Gesicht in die Fußmatte gepresst.

Nein, tust du nicht, sage ich. Komm jetzt.

Ich versuche ihn anzuheben und er bewegt sich ein wenig. Schließlich stolpert er aus dem Auto und obwohl ich ihn noch festhalten muss, steht er wenigstens. Ich mache die Tür mit dem Fuß zu und J. Crew rutscht auf den Fahrersitz. Er setzt die Flasche an, macht sie leer und winkt mir aufgesetzt mädchenhaft zu.

Der Pavement-Song setzt wieder ein und J. Crew fährt los, als wär nichts gewesen. Ich sehe, wie er die Whiskey-Flasche aus dem Fenster schmeißt und sie klirrend in tausend Scherben zerspringt, und beobachte, wie der Mercedes davonfährt und quietschend und schleudernd in die nächste Straße einbiegt. Und dann bin ich wieder allein mit Ted und frage mich, ob das alles wirklich passiert ist.

Ich meine, ich *weiß* natürlich, dass es passiert ist, ich bin ja nicht völlig durchgeknallt, aber ich muss mich doch irgendwie immer wieder daran erinnern, dass ich J. Crew und den Mercedes seiner Mutter und den Pavement-Song nicht einfach erfunden habe. Ich wünschte, Ted wäre wach und ausreichend bei sich, damit ich mich mit ihm darüber unterhalten könnte. Wahrscheinlich wird er sich morgen an nichts mehr erinnern. Ich sollte mich vielleicht freuen, dass ich mein ganz privates Abenteuer hatte, dass ich gefahren bin und so, aber es wäre trotzdem irgendwie schöner, wenn Ted es mitgekriegt hätte. Dann könnte er mich immer daran erinnern, wie cool die ganze Sache gewesen ist.

Ich stecke den Schlüssel in die Eingangstür. Im Haus ist es still und dunkel. Ich glaube eigentlich nicht, dass ich zu spät bin, wir sind ja nicht lange auf der Party geblieben.

Ich ziehe im Wohnzimmer meine Schuhe aus, damit ich möglichst wenig Geräusche mache, aber dann kommt Dad im Bademantel aus der Küche. Er wirkt irgendwie komisch – angespannt und mit zu viel Alkohol intus.

Es ist spät, Doreen, sagt er.

Ich werfe einen Blick auf die Uhr an der Wand und sage: Es ist nicht später, als wir vereinbart hatten.

Ich habe keine Lust, mit dir zu streiten, sagt er und macht die Augen zu. Du bist erst vierzehn und du bist viel zu spät nach Hause gekommen.

Ich würde ihm gerne erzählen, was an diesem Abend alles passiert ist. Ich würde ihm auch gerne noch mal sagen, dass ich überhaupt nicht zu spät bin und dass er mir erlaubt hat, so lange wegzubleiben, aber wenn Dad sagt, er hat »keine Lust zu streiten«, heißt das, dass er keine Lust hat, Unrecht zu haben.

Okay, Dad, sage ich. Tut mir Leid.

Dann drehe ich mich um und will in mein Zimmer gehen, aber er packt mein Handgelenk, sodass ich nicht weg kann.

Tu das nie wieder, sagt er sehr leise und hält mir den Zeigefinger vors Gesicht.

Ich nicke und er lässt mich los. Ich gehe schnell in mein Zimmer und mache die Tür hinter mir zu. Dann verhalte ich mich einen Moment lang ganz still und höre zu, wie er durch den Flur geht, während ich mir das Handgelenk halte, das ein bisschen gerötet ist. Dann höre ich, wie seine Tür auf- und wieder zugeht.

Mein Herz hämmert laut und ich hole Henrys Postkarte aus meiner Hosentasche, fühle sie kurz zwischen meinen Fingern und schiebe sie dann in meine Wäscheschublade. Dann ziehe ich Jeans, Socken und BH aus und krieche ins Bett. Plötzlich bin ich gar nicht mehr so erschlagen wie eben noch, ganz komisch, aber das kommt wahrscheinlich daher, dass mir die ganzen Sachen, die heute Abend passiert sind, im Kopf rumgehen. Ich könnte platzen vor Wut, wenn ich an diese Arschlöcher denke, die Ted zum Saufen gedrängt haben. Wahrscheinlich haben sie ihm gesagt, dass er voll die Pussy ist, wenn er das Zeug nicht ganz schnell runterkippt. Jungs sind so doof.

Dann höre ich Schritte im Flur und schließe automatisch meine Augen, denn wenn Dad noch mal reinschaut, soll er denken, dass ich schlafe. Ich höre ein leises Klopfen an der Tür, aber ich liege nur da wie eine Socke und tue nichts. Allerdings finde ich die Leute im Film, die sich schlafend stellen, nie besonders überzeugend.

Ich höre, wie sich die Tür öffnet und leise wieder schließt, dann höre ich Schritte in meinem Zimmer. Ich mime noch immer die Schlafende, aber vermutlich nicht sehr gut, so schnell, wie ich atme und so. Mein Rücken ist nass geschwitzt und ich würde zu gerne die Decke wegstrampeln, aber Dad soll nicht wissen, dass ich noch wach bin. Ich frage mich sowieso, was er hier will.

Doreen, wach auf.

Ich mache die Augen auf und es ist Matthew, der da steht, und ich zucke vor Überraschung zusammen und dann setze ich mich auf.

Hi, sage ich.

Hi, sagt er. Seine Augen sehen groß und tiefschwarz aus und so, wie er da neben meinem Bett aufragt, wirkt er riesig auf mich.

Schon gut, sagt er. Du kannst dich ruhig wieder hinlegen.

Ich finde es ein bisschen stark, dass er mir sagt, ich soll mich wieder hinlegen, aber ich tu's trotzdem. Ohne BH fühle ich mich ziemlich nackt, und obwohl ich mir immer noch wünsche, die Decke loszuwerden, geht es jetzt erst recht nicht, wo er vor dem Bett steht.

Dann legt er sich neben mich, auf die Decke, und es ist so still, nur meine Matratze knarrt, und mein Mund fühlt sich plötzlich furchtbar trocken an.

Wie war der Abend?, fragt er.

Ganz okay, sage ich.

Nur ganz okay?

Na ja ... ja.

Was hast du gemacht?

Ich war auf 'ner Party.

Und wie war die?, fragt er. Er wendet den Kopf und ist jetzt so nah, dass ich seinen Atem riechen kann, und der riecht nach Rauch. Ich sehe ihm aber nicht in die Augen. Ich kann nicht.

Blöd, sage ich.

Das sind Partys meistens, sagt er.

Ich möchte ihm gerne von dem Abend erzählen – wie ich Alexandra mongoloid genannt habe, wie uns alle ausgelacht haben, von den doofen Skatern, von Teds Mom und Teds Kotzerei und von J. Crew und meiner Autofahrt. Irgendwie habe ich das Gefühl, dass er verstehen würde, was ich meine.

Magst du mich, Doreen?

Klar, sage ich.

Sag nicht »klar«. Entweder ja oder nein, sagt er.

Ja.

Ich mag dich auch.

Magst du Tracey?, frage ich.

Tracey ist ein nettes Mädchen, sagt er.

Ein nettes Mädchen? Er redet mit mir, als wäre ich dreißig oder so.

Dann nimmt er mein Kinn in die Hand und dreht meinen Kopf zu ihm und ich weiß überhaupt nicht, was ich machen soll. Ich spüre, wie ich schwitze, und er legt seinen Kopf neben meinen, sodass er mir was ins Ohr flüstern kann, und ich fühle seine warme Wange und kann plötzlich nicht mehr denken – mein Kopf ist total leer, wie eine unbedruckte Zeitung, freier Raum. Es kommt mir vor, als würde ich neben uns stehen und alles beobachten, und alles, was ich spüre, sind seine Hand an meinem Kinn und sein Gesicht an meinem.

Aber ich glaube, du gefällst mir besser, sagt er.

Dann rollt er sich auf die Seite und sein Hemd rutscht ein Stück hoch. Ich kann sein Sonnen-Tattoo sehen. Spitze schwarze Strahlen und das runde Innere. Ich traue mich fast nicht, mich zu bewegen, als würde sonst alles zerspringen wie Glas.

Gefällt dir meine Sonne?, fragt er.

Ich glaub schon, sage ich.

Willst du sie anfassen?, fragt er.

Ich weiß nicht, was ich sagen soll. Ich weiß nicht, was ich tun soll. Ich weiß überhaupt nichts mehr. Ich sehe ihn an, sehe seine schwarzen Augen und seine Lippen und muss mich zum Atmen zwingen.

Hier, sagt er und greift nach meiner Hand, und ich tue nichts, als er sie nimmt.

Meine Hand liegt reglos und locker in seiner, die riesig und warm ist und sich ein bisschen rau anfühlt, und dann zieht er meine Hand zu seinem Bauch und legt sie flach auf die Sonne. Sein Bauch ist glatt und warm und die Sonne fühlt sich nicht anders an als die Haut drumherum, was mich irgendwie überrascht. Ich habe ja auch noch nie eine Tätowierung angefasst.

Er macht die Augen zu, als würde meine Hand ihm gut tun, und ich traue mich nicht, mich zu bewegen, weil ich jetzt einfach nichts Falsches machen will.

Ich hab dich so gern, Doreen, sagt er. Du bist einfach wunderbar.

Ich spüre, wie ich feuerrot werde. Vielleicht sind Mädchen, die immer einen Freund haben, an solche Sachen gewöhnt, aber ich nicht.

Er macht die Augen auf und flüstert: Komm her. Dann legt er die Hand in meinen Nacken und zieht mich zu ihm.

Und dann küsst er mich in meinen Mund, seine Zunge bewegt sich ganz langsam – ich fühle sie an meinen Zähnen und es ist wie ein kleiner Schock. Ich atme überhaupt nicht mehr und ich will mich nicht bewegen, weil seine Hände an meinem Gesicht liegen, meine Wangen streicheln, meine Haare anfassen. Es fühlt sich an, als ob mir der Magen rausfällt, als ob Wind durch mich durchweht, und ich fühle, wie ich feucht werde, wie peinlich, ich hoffe, er merkt das nicht.

Dann hört er auf und rückt ein Stück ab, lässt aber seine Hand in meinem Nacken. Er starrt mich an und hebt seine andere Hand, um sie mir auf den Mund zu legen.

Schsch, sagt er.

Plötzlich steht er auf und verschwindet. Ich lege meinen Kopf auf die Stelle, wo er gelegen hat, und suche nach seinem Geruch, aber alles, was ich rieche, ist mein eigener Schweiß. Ich fange an, mich herumzuwälzen, ich friere und schwitze und es hat überhaupt keinen Sinn, einschlafen zu wollen, denn ich bin viel zu aufgedreht und viel zu verängstigt. Irgendwann bilde ich mir ein, die Lichter eines Ufos durch mein Fenster zu sehen, dann bin ich sicher, dass ich ein Gespenst im Zimmer habe, und ich frage mich immer wieder, wie die Leute sich dauernd küssen und so tun können, als wäre das eine ganz normale Angelegenheit – Tracey und Alex Matten und Alexandra Stuart und alle anderen. Ich kann nicht mal mehr wie ein normaler Mensch denken, aber vielleicht ist es ja auch nicht immer so wie jetzt, aber eigentlich ist ja auch total egal, ob oder ob nicht, jedenfalls bin ich sicher, dass niemand nach so einer Sache aufstehen kann, ohne dass die ganze Welt sich verändert hat. Und als die ersten Sonnenstrahlen in mein Zimmer kommen und wie Spots meine Wand beleuchten, schlafe ich endlich ein.

Teil 2

Ted sieht aus wie ein Krebspatient, dürr und krank und bleich wie jemand, den man gerade vom Beatmungsgerät abgemacht hat. Wir sitzen unten, weil Teds Mom seit ungefähr anderthalb Stunden die Spülmaschine ausräumt. Ted trinkt ganz langsam seine Sprite und raucht.

Ich hab heute Morgen in die Dusche gekotzt, erzählt er mir.

Mein Gott, wie viel hast du eigentlich getrunken?

Ich weiß nicht, ich weiß nicht, sagt er, während er sich die Augen reibt. Die haben einfach immer weiter nachgeladen.

Haben die denn mitgetrunken?

Ja, sagt er. Wir haben das Zeug immer gleichzeitig runtergekippt.

Ich kann mir Alex Matten, Peter Waitman und Schleck meinen Sack richtig gut dabei vorstellen, wie sie Ted einreden, dass er eine Schwuchtel ist, wenn er sich nicht mindestens einen Liter Hochprozentigen zischt.

Tja, dann haben sie aber wohl Eistee oder so was getrunken, denn sie wirkten nicht besonders abgefüllt, während du auf dem Rasen abgelegt wurdest, sage ich, plötzlich total genervt.

Scheiße, das wusste ich doch nicht, wimmert Ted. Sie haben mir einfach immer weiter von dem Zeug nachgegossen. Was sollte ich denn machen, Mann?

Wie wär's mit nicht trinken?

Aber natürlich weiß ich, wie es war. Als Ted in die Gesichter all dieser Typen gestarrt hat, die so nett tun, als wäre man ihr allerbester Kumpel.

Vielleicht haben sie nicht gewusst, dass ich schon blau war, sagt Ted leise.

Sag mal, hast du es immer noch nicht gerafft?, frage ich und stehe auf. Sie haben uns doch nur zu dieser Party eingeladen, damit du kotzt, ich total breit bin und sie sich über uns kaputtlachen können wie immer!

Sei doch nicht sauer auf mich, Dor, sagt Ted jämmerlich. Aber ich bin es. Manchmal will ich gar nicht mehr daran denken, wie Ted und ich zusammen lachen, bis uns der Bauch wehtut und wir uns beinahe in die Hose machen und wie wir uns allen möglichen Scheiß erzählen, weil wir sicher sein können, dass der andere zuhört. Ich will nicht mehr daran denken, weil, wenn ich darüber nachdenke, wie diese ganze Scheißwelt auf uns heruntergucks, alles Schöne mit Ted irgendwie kaputtgemacht wird. Alles wird in den Dreck gezogen, weil sie sich über uns totlachen.

Du hättest es dir doch denken können, sage ich, vielleicht ein bisschen zu laut.

Tut mir Leid, sagt Ted. Tut mir Leid, dass ich nicht so clever bin wie du. Er klingt ziemlich am Boden und plötzlich habe ich ein schlechtes Gewissen.

Ich setze mich neben ihn, nehme mir eine Zigarette und zünde sie an.

So meinte ich das nicht, sage ich.

Wie *denn*?

Ich meinte …, fange ich an, aber ich beende den Satz nicht, weil ich nicht weiß, was ich meinte.

Was macht ein Mensch schon in diesem beschissenen Leben, hab ich gemeint, aber das sage ich Ted nicht. Was macht ein

Mensch? Du machst den Mund auf, kniest dich nieder und lässt dich von anderen bepissen und anscheißen. Du lässt alles über dich ergehen. Du sitzt einfach da und lässt zu, dass sie dir Schnaps einflößen, bis du ins Koma fällst.

Ich weiß auch nicht, sage ich schließlich.

Ich gucke Ted an und bin sauer auf ihn. Weil er so klein und so schwach ist, weil er alles glaubt, was man ihm erzählt, und weil er blöd genug ist, mein Freund zu sein.

Ich gehe nach Hause, weil Ted und ich uns irgendwie nichts zu sagen haben, was natürlich komisch ist, wenn man bedenkt, was gestern Abend alles passiert ist. Ich habe ihm von meinen Fahrkünsten erzählt, aber er wirkte nicht besonders interessiert – wahrscheinlich war er noch zu verkatert. Und ein bisschen traurig, weil ich dafür gesorgt hab, dass er sich schlecht fühlt. Ich weiß auch nicht, warum ich so sauer auf ihn geworden bin. Es ist ja nicht seine Schuld, dass Alex Matten ein Arschloch ist.

Von Matthew habe ich ihm nichts erzählt. Heute Morgen habe ich in den Spiegel gesehen, mein Gesicht, meine Lippen und meine Zähne angefasst und an Matthew gedacht. Genau genommen tue ich das jetzt schon den ganzen Tag. Und jedes Mal, wenn ich ihn mir vorstelle, wird mir flau im Magen.

Als ich nach Hause komme, ist es still. Mom ist wahrscheinlich einkaufen, Tracey unterwegs und Dad bei der Arbeit. Es tut ganz gut, ein bisschen allein zu sein. Und weil niemand da ist, mit dem ich reden kann, denke ich einfach wieder an Matthew.

Ich hole mir eine Limo aus der Küche, gehe in mein Zimmer und mache das Fenster auf, obwohl die Klimaanlage auf Hochtouren läuft. Dann sehe ich, dass Mom mein Bett gemacht hat, als ich nicht da war, und bin plötzlich total genervt, weil ich mich gerne einfach reingelegt und nachgedacht hätte.

Klar weiß ich, dass es blöd ist. Klar weiß ich, dass Matthew nicht einfach wieder auftaucht. Aber ich hätte mich trotzdem gerne da hingelegt, wo er gelegen hat, wo wir gelegen haben.

Ich gehe ins Bad, um zu pinkeln, und als ich fertig bin, stelle ich die Limo aufs Waschbecken und starre mich in dem großen Spiegel an. Ich gehe ganz nah ran und hauche gegen das Glas, dann trete ich zurück und sehe mich von oben bis unten an und dann ziehe ich mein Hemd aus.

Du kannst es haben, sage ich und halte das Hemd meinem Spiegelbild hin.

Ich gucke meine Brüste an, umfasse sie einen Moment, dann lasse ich meine Hände bis zu meinem Bauch gleiten. Ich drehe mich und betrachte mich von der Seite, dann streiche ich meine Haare zurück und fahre mit den Fingern mein Gesicht entlang. Immer noch vor dem Spiegel ziehe ich meine Jeans aus und lege meine Hände auf meine Oberschenkel. Meine Haut fühlt sich glatt und fest an, aber ich weiß nicht, ob das daran liegt, dass es meine ist und ich daran gewöhnt bin und einfach keine Pockennarben oder Geschwüre oder so 'n Scheiß habe, oder ob sie wirklich glatt ist. Tracey hat ungefähr hundert verschiedene Cremes und wahrscheinlich ist ihre Haut auch superglatt, aber ich schmiere mir nichts drauf und finde es okay so. Ich denke, dass ich mich für jemanden, der mich anfasst, ganz gut anfühlen muss.

Ich setze mich auf die Kacheln, bin immer noch in Unterwäsche, und die Kacheln sind kühl und angenehm zum darauf Sitzen. Ich umfasse meine Füße und ich spüre diese hässlichen gelben Schwielen, die ich schon mein ganzes Leben habe. Als Kind habe ich angeblich so gut wie nie Schuhe angehabt. Tante Shirley hat mir mal erzählt, dass ich immer allen Leuten gesagt habe, mein Dad wäre zu arm, um mir Schuhe zu kaufen, und das ich deswegen barfuß laufen müsste. Dad war wahrscheinlich nicht besonders entzückt darüber.

Ich gucke wieder in den Spiegel, beiße mir auf die Unterlippe und reibe mir die Augen, bis sie ganz rot sind, und meine Lippen sind ein bisschen geschwollen, dann mache ich den Mund auf und schaue mir wieder meine Zähne an und mit geschlossenen Augen fahre ich mit der Zunge über meine Zähne, doch dann höre ich die Haustür klappen und Mom irgendwas sagen, und ich stehe auf, ziehe mich hastig wieder an und nehme im Gehen mein Glas mit, damit niemand merkt, dass ich jemals hier war.

Mom fragt mich irgendwas.

Was?, sage ich.

Wie war die Party?, fragt sie und lächelt mich breit an, während sie die Einkäufe auf der Küchentheke ausbreitet.

Du warst auf'ner Party?, fragt Tracey ungläubig. Sie holt gerade Apfelsaft aus einer Tasche.

Es war ganz nett, sage ich.

Wessen Party denn?, will Tracey wissen. Sie grinst mich spöttisch an.

Alexandra Stuarts, sage ich.

Mom holt sich irgendein Putzmittel aus dem Schrank und verlässt die Küche.

Hast du auch was getrunken?, fragt Tracey total interessiert, als ob sie denkt, dass das mit der Party gelogen ist und sie mich mit dieser Frage überführen kann.

Nein.

Wieso nicht?

Weil mir nicht danach war.

Hast du was geraucht?, fragt sie.

Nein.

Warum nicht?

Wenn Tracey Fragen stellt, sieht sie aus wie eine kleine Ratte –

sie kräuselt ihre Nase immer so. Sie ist übrigens sowieso ziemlich klein. Ich bin jetzt schon größer als sie. Ich hasse kleine, niedliche Mädels, die mit ihrem Arsch durch die Gegend wackeln.

Warum hast du denn nichts geraucht, Dor?, wiederholt Tracey.

Weil mir verdammt noch mal nicht danach war.

Traceys Gesicht entkräuselt sich. Ihre Augen verengen sich und sie presst die Lippen zusammen.

Ey, wieso bist du so feindselig?, fragt sie.

Ich antworte nicht.

Du bist echt so verdammt bescheuert, sagt sie. Und dann geht sie.

Ich sollte ihr hinterherrufen: Wenn ich so verdammt bescheuert bin, wieso knutscht dein bescheuerter Freund mich dann ab? Aber stattdessen stehe ich nur da und grinse aus irgendeinem Grund wie ein Vollidiot.

Ich setze mich schließlich vor die Glotze, weil ich nicht weiß, was ich sonst machen soll. Ich könnte rausgehen und die Garage wieder aufräumen, aber irgendwie reizt mich das heute nicht übermäßig.

Dabei guck ich mir noch nicht mal irgendwas an. Ich sitze bloß da und zappe durch die Programme, aber überall scheint Werbung zu laufen. Wer auch immer die Ideen für die Spots hat, muss unglaublich blöd sein. Und diese Typen müssen einfach nur rumsitzen, Donuts fressen und sich blöde Sachen überlegen, über die andere blöde Leute lachen werden.

Aus irgendeinem Grund scheinen die Werbemacher zu glauben, dass alles, was mit Zwillingen zu tun hat, zum Brüllen komisch ist. Denen scheint echt einer abzugehen, wenn sie irgendwo Zwillinge einbauen, besonders blöd zum Beispiel hier: Zwilling A fährt mit dem Fahrrad an einem Obststand vorbei, danach Zwilling B, und der Obsthändler steht nur da und kratzt sich fassungslos am

Kopf. Ist ja klar, dass erwachsene Zwillinge ganz heiß darauf sind, im Partnerlook durch die Gegend zu laufen, um alte Männer an Obstständen zu verwirren. Wenn ich jemals eineiige Zwillinge in den gleichen Klamotten sehen würde, würde ich wahrscheinlich in die entgegengesetzte Richtung flüchten. Die müssen doch eine Hormonstörung haben.

Ich wette, diese Werbetypen nehmen den Scheiß auch noch total ernst. Speziell wenn es um die Spots zu besonderen Gelegenheiten wie Superbowl oder die Grammys oder sonst was geht. Für die Werbefritzen muss der Superbowl das Ereignis des Jahres sein. Ich weiß noch, wie sich Dad und Onkel Bill letztes Jahr die Spiele angesehen und wie die Irren über irgendwelche Auto- oder Bierwerbung gelacht haben. Einmal kam Mom rein und kicherte, als hätte sie jemand gerade zum Abschlussball eingeladen, und sagte dann irgendwas völlig Debiles wie »Was für süße Fröschchen«. Das war der Moment, in dem ich schnellstens das Wohnzimmer verlassen musste, weil ich es einfach nicht mehr ertragen konnte. Es ist zum Brechen, wenn sich Leute freiwillig so eine Scheiße angucken.

Ich bleibe bei einem Spot hängen, in dem ein paar Schwachmaten Typ Surfer mit Mädels in Bikini am Strand herum*tollen.* Es ist wirklich zu süß zu beobachten, wie sie sich mit Wasser bespritzen, sich gegenseitig Huckepack nehmen und Volleyball spielen. Und dann erscheint eine riesige Schrift auf dem Bildschirm: *SO MACHEN WIR DEN KALIFORNISCHEN SOMMER … NOCH FRAGEN?* Als Letztes wird gezeigt, wie ein Mädchen von all ihren ach so guten Freunden ins Wasser geschmissen wird, und alle lachen sich total tot, als wäre das unglaublich lustig, und als auf ihr Gesicht gezoomt wird, lacht auch sie so heftig, dass es wie eine Gesichtslähmung aussieht. Und der Blick, mit dem sie ihre tollen Freunde ansieht, soll besagen: Ihr seid ja soooo verrückt. Und, oh,

Mann, genau deswegen liebe ich euch ja – immer schmeißt ihr mich in den eiskalten Pazifik! Ich glaube, dass ist es, was mich am meisten ankotzt – es wird immer und überall gelogen! Ich habe mein ganzes Leben lang in Kalifornien verbracht, aber ich habe noch nie jemanden gesehen, der sich am Strand so benimmt. Die einzigen Surfer, die man sieht, sind Kiffer und auch sonst drogenmäßig so krass unterwegs, dass sie schon ganz ausgemergelt und bleich aussehen, und wenn die Sonne untergeht, spielen sie Gitarre, bis sie umkippen.

Allerdings häng ich auch nicht oft am Strand rum. Die Strände, die ich kenne, sind total verdreckt und voller Scherben und Fixernadeln. Man kann sich schon was einfangen, wenn man nur spazieren geht.

Kurz – ich habe keine Ahnung, wer den Sommer auf diese Art und Weise *macht*. Machen tut ihn sowieso niemand. Wahrscheinlich soll die Werbung Leute aus anderen Staaten nach Kalifornien locken. Und genau das ist es, was mich an Werbung und vielen anderen Dingen so nervt – sie scheinen alle immer für andere Leute gedacht zu sein.

Ich liege auf meinem Bett und höre Musik, als Mom mit sauberen, gefalteten Klamotten reinkommt. Sie geht direkt zur Anlage und dreht den Sound runter, und das hasse ich, weil ich ihn erstens aus einem bestimmten Grund so laut aufgedreht habe und es zweitens bedeutet, dass sie mir was sagen will.

Das war ein wenig zu laut, Doreen, sagt sie, während sie anfängt, meine Hemden und Unterwäsche in den Schubladen zu verstauen.

Sorry, sage ich, obwohl ich eigentlich am liebsten sagen würde: Es war dir aber noch nicht zu laut, bevor du in mein Zimmer gekommen bist.

Plötzlich bin ich total sauer auf Mom, einfach nur weil sie hier ist, und ich mache die Augen fest zu und balle meine Hände zu Fäusten.

Die Party war also schön?, fragt sie aufgesetzt fröhlich.

Es war nett, sage ich mit fast schon zusammengebissenen Zähnen, aber natürlich begreift Mom nicht, dass ich keine Lust habe, darüber zu reden, keine Chance.

Und was habt ihr so gemacht?

Flaschendrehen und Blinde Kuh, würde ich gerne sagen, aber ich tu's nicht.

Nicht viel.

Es war ja so nett von Alexandra, dich einzuladen, zwitschert sie wie ein Kanarienvogel. Mir wird speiübel.

Ja, sage ich.

Es wäre doch nett, wenn du mal was mit ihr unternehmen könntest, sagt Mom. Jedes Mädchen braucht eine beste Freundin.

Ja, sage ich und denke an Alexandra, die mir die Tabakkrümel ins Gesicht bläst.

Jemand, mit dem man ins Kino gehen und stundenlang telefonieren kann, sagt Mom.

Ich mache die Augen auf und sehe, dass sie dasteht und verträumt ins Leere blickt. Vielleicht sollte ich ihr vorschlagen, sich doch selbst mal mit Alexandra Stuart zu verabreden.

Dann hebt sie meine Jeans vom Boden auf und sagt: Doreen, was ist denn damit passiert? Da sind ja überall Flecken drauf!

Ich bin gestern auf dem Rasen ausgerutscht, sage ich.

Mom sieht mich an. Tja, die kannst du draußen nicht mehr anziehen. Nimm die fürs Haus.

Und was soll ich dann bitteschön zur großen Opernpremiere anziehen?, möchte ich sie am liebsten fragen.

Ja, okay, sage ich.

Und was ist das hier?, fragt Mom plötzlich. Ich schaue auf.

Sie hat den Brief in der Hand, den ich aus Alexandras Schublade hab mitgehen lassen, und dreht und wendet ihn in ihrer Hand.

Das, ähm, das ist meiner, sage ich.

Du hast Alexandra einen Brief geschrieben?, fragt sie überglücklich.

Ja, sage ich. Ich wollte … ihr bloß danken und so, sage ich.

Oh, sagt Mom und strahlt plötzlich. Das ist aber nett von dir.

Dann gibt sie mir den Brief zurück, klopft mir zaghaft auf die Schulter und geht. Zum Glück. Mom, Alexandra ist ja so nett, ich bin ja so nett – wir sind alle so furchtbar nett, dass wir gar nicht mehr wissen, wohin damit.

Ich starre auf den Brief und kann kaum fassen, dass ich ihn vergessen habe. Aber wahrscheinlich ist gestern Abend einfach zu viel passiert.

Ich mache den Umschlag ganz vorsichtig auf und ziehe den Brief heraus. Es ist bloß ein Stück Papier, dass aus einem Ringbuch gerissen worden ist, und das Erste, was ich sehe, ist die letzte Zeile. »I ♥ U 4ever, Alexandra. In Liebe, Alex«.

Ich lese den ganzen Brief zweimal und kichere und dann lasse ich mich aufs Bett zurückfallen und lache so doll, dass mir die Tränen kommen, weil das einfach zu gut ist. Es ist doch immer wieder erstaunlich, wie manchmal alles so beschissen sein kann und dann, von einer Sekunde auf die andere, perfekt.

Scheiße, Doreen, du bist doch total bescheuert, sagt Ted, als wir aus dem Copyshop rauskommen.

Ich denke nicht mal darüber nach. Ich gehe einfach wortlos weiter, in meiner Hand den Stapel Zettel.

Ted kichert aufgeregt, als wären wir sechs Jahre alt und zum ersten Mal auf dem Weg zum Space Mountain. Immer wieder sieht er sich um, als ob uns tausend Leute belauschen könnten. Mir ist es echt egal. Mir wäre es sogar egal, wenn wir uns auf der Bühne in der Hollywood Bowl befinden würden.

Ich glaub's einfach nicht, flüstert Ted und muss wieder lachen.

Ich sage kein einziges Wort. Ich möchte nicht mal grinsen, bis wir es hinter uns haben.

Wie bist du bloß auf so was gekommen?, fragt Ted und macht so ein ehrfuchtsvolles Gesicht, als hätte ich ihm gerade ein Heilmittel gegen Krebs präsentiert.

Wie kann man bloß nicht darauf kommen?, frage ich zurück.

Mir ist noch nie was so klar gewesen.

Dann bleibe ich stehen. Wir sollten anfangen, sage ich.

Hier?, fragt Ted.

Irgendwo müssen wir ja anfangen, sage ich und ziehe einen Zettel aus dem Stapel.

Ted zuckt die Schultern. Er nimmt seinen Rucksack ab und holt den Tacker raus, den seine Mutter aus Gott weiß welchem Grund unten in ihrem Haus rumliegen hatte. Er hält das Ding hoch wie eine Trophäe und grinst stolz.

Hier, sagt er und gibt mir das Ding, dann fischt er einen alten Fotoapparat aus dem Rucksack.

Was soll das denn?

Ich möchte mich ewig an diesen Tag erinnern, sagt er. Fang an.

Du bist so blöd, murmel ich, aber dann muss ich doch ein bisschen lachen, weil ich es eigentlich ganz gut finde, dass er die Kamera dabeihat.

Es ist doch so: Ich weiß, dass Fotos verblassen und nie wirklich das abbilden, was gewesen ist, aber es ist irgendwie doch immer nett, sie zu haben. Denn wenn man die Fotos ansieht, kann man sich erinnern, und selbst wenn man sich sagt, dass es so und so an diesem Tag gar nicht gewesen ist, denkt man doch immerhin an diesen Tag.

Mom hat ja auch all die Bilder von Tracey und mir behalten, und dann schickt sie auch jedes Jahr zu Weihnachten an jeden Depp, den sie je getroffen hat, unsere unerträglichen Familienporträts, auf denen Tracey, ich, Dad und Mom wie bescheuert im Wohnzimmer sitzen, was wir schließlich normal nie machen. Ich gehe davon aus, dass jeder diese ätzenden Fotos wegschmeißt, bis auf Tante Shirley und Onkel Bill vielleicht, die die Karte an ihren Kühlschrank pappen, bis sie sie dann eine Woche später mitsamt dem Weihnachtsbaum entsorgen.

Andererseits würde ich alles geben – meinen Daumen, meine CDs, Dave Campos' Sack –, wenn ich bloß ein einziges zerknittertes Bild von Henry in die Finger kriegen könnte. Nur ein einziges.

Los, sagt Ted, hält sich die Kamera vors Auge und drückt das andere zu.

Ich halte den Zettel an den Telefonmast vor uns, drücke den Tacker drauf und leg los. Das Ding tackert und klackt und springt in meine Hand zurück.

Stell dich mal daneben, sagt Ted.

Häh?

Häh?, macht Ted und imitiert mich mit einer dösigen Grimasse. Ich will ein Foto von dir mit dem ersten Zettel machen, sagt er und winkt mich zur Seite.

Ich stelle mich neben den Mast und den Zettel, den ich gerade eben angetackert habe, und Ted macht circa zehn Fotos von diesem Motiv. Ich fange gerade an, mich darüber zu ärgern, als ich erkenne, wie viel Spaß es ihm macht. Dann blicke ich auf den Stapel

Zettel in meiner Hand und muss plötzlich lachen. Ich will mich ja nicht loben oder so, aber ich glaube, dass ist das Coolste, was wir je gemacht haben. Vielleicht ist es das Coolste, was je irgendwer gemacht hat.

Jetzt bist du dran, sage ich und gebe ihm den Tacker und er mir den Fotoapparat.

Dann stellt er sich neben den Mast und ich mache ein paar Fotos von Ted und seinem dümmlichen Grinsen. Er ist wirklich stolz auf diese Sache und das bin ich wohl auch. Ich nehme die Kamera runter und blicke auf den kopierten Zettel, auf den ich oben »Bettgeflüster« gekritzelt habe und einen Pfeil, der auf den Brief darunter verweist.

Liebe Alexandra,

tut mir Leid, dass ich dich gestern Abend so angeschrien habe. Das war total scheiße von mir. Ich war einfach voll sauer, aber eigentlich nicht auf dich. Ich glaub, ich war sauer auf mich selbst, weil ich so scheiße frustriert war. Es war echt nicht deine Schuld, das weiß ich. Ich wollte einfach nur so krass mit dir schlafen und der 1. für dich sein, und da hab ich gedacht, die ist voll frigide und voll angepisst wegen mir, weil du nicht auch mit mir schlafen wolltest. Nachher hab ich Dave alles erzählt und bin wieder runtergekommen. Ich hab kapiert, dass ich doof war. Tut mir echt Leid. Ich kann's nicht oft genug sagen.

I ♥ U 4ever, Alexandra.

In Liebe, Alex

Los, der Nächste, sagt Ted und pfeift vor sich hin.

Ich nicke und wir marschieren weiter. Keiner von uns sagt was, aber immer, wenn sich unsere Blicke treffen, prusten wir los. Wir gehen schneller und immer schneller, gucken uns an und lachen uns kaputt, obwohl wir bald kaum noch Luft kriegen und die Hitze uns austrocknet.

Und dann fangen wir an zu rennen. Wir rennen von Ecke zu Ecke, von Mast zu Mast. Wir tackern überall Kopien des Briefes an: bei Tower, am Square, beim 7-Eleven, bei Trader Joe's, in unserem Viertel, auf der Altamont und in der ganzen Altstadt.

Die ganze Zeit über summe ich »Oh My Golly« und singe den Teil, bei dem ich den Text kenne. Ted singt mit und es klingt total schräg.

Ro-sa ... Ro-oh-oh-oh-oh-SA ...

Heute ist das Teds und meine Hymne, obwohl der Text zum größten Teil auf Spanisch ist und wir keine Ahnung haben, was er bedeutet, aber das macht nichts. Es ist völlig egal.

Ich bin so aufgedreht, als ich nach Hause komme, dass ich Matthews Wagen in der Auffahrt zuerst gar nicht wahrnehme. Das heißt, ich sehe ihn natürlich schon, aber mir ist irgendwie nicht klar, dass Matthew wahrscheinlich im Haus ist. Und dann denke ich darüber nach – und sofort kriege ich wieder die Gänsehaut und kann einen Moment lang nicht atmen – und dann kann ich gar nicht schnell genug reinkommen.

Ich gehe rein und da steht er neben Tracey, die mit Mom redet. Er guckt mich an, als ich reinkomme, guckt dann aber wieder weg, und ich denke mir, dass er sich wohl nicht verraten will. Tracey redet flehend auf Mom ein, um sie zu irgendeinem Mist zu überreden, aber Mom sagt immer nur: Da musst du deinen Vater fragen, Da musst du deinen Vater fragen.

Ich stehe einfach nur da und starre Matthew an, weil ich denke, dass er bestimmt jeden Moment herüberschaut und mir zublinzelt, aber er tut es nicht. Er hält den Kopf gesenkt und sieht seine Schuhe an. Mein Herz fängt an zu rasen, als ich an seine Hände auf meinem Gesicht denke, und plötzlich bricht mir der Schweiß aus, obwohl ich direkt unter der Klimaanlage stehe.

Doreen, du siehst ja ganz erhitzt aus, sagt Mom.

Ja, ich, äh, bin den ganzen Weg von Ted aus hergerannt, sage ich, bevor ich merke, wie bescheuert sich das anhört.

Tracey sieht mich verärgert an – wie unverschämt von mir zu unterbrechen, während sie Mom die unfassbar wichtige Frage stellt, ob sie heute Abend den Wagen haben kann.

Mom, ihr braucht den Wagen doch gar nicht, winselt sie. Ich würde ja gar nicht fragen, aber Matthew hat seinen Wagen für heute Abend einem Freund versprochen.

Matthew steht nur da und sieht mich nicht an. Er gibt noch nicht mal zu erkennen, dass er meine Anwesenheit bemerkt.

Das ist echt komisch.

Und warum kann Susan euch nicht abholen?, fragt Mom.

Mom, wir sind doch keine Kleinkinder mehr, sagt Tracey wütend. Ich hab echt keine Lust darauf, abgeholt zu werden.

Mom wird sofort wieder total hektisch. Sie dreht sich um und fängt an, die Arbeitsplatte mit einem Lappen zu polieren.

Und wozu braucht ihr den Wagen überhaupt?, fragt sie schließlich.

Tracey atmet hörbar aus. Wir wollen zum Haus von Sams Mom in Brentwood, sagt sie.

Ich denke, diese Antwort ist auf jeden Fall besser als: Tja, Mom eigentlich wollen meine dämlichen Freunde und ich bloß ein paar Pillen einwerfen, ein bisschen durch die Gegend cruisen und immer wieder dasselbe Lied hören, während wir versuchen, durch das Schiebedach mit Jesus zu plaudern.

Da musst du deinen Vater fragen, sagt Mom zum ungefähr tausendsten Mal. Dann holt sie den Müll unter der Spüle hervor und knotet die Tüte zu, obwohl vermutlich nichts weiter drin ist als ein zerknülltes Stück Küchenpapier.

Dann ist sie weg. Ich und Tracey gucken uns an. Was willst du?, faucht sie mich an.

Ich sehe Matthew an, weil ich mir so schrecklich dringend wünsche, dass er endlich zurückguckt, aber er tut es nicht – es ist, als wäre ich überhaupt nicht da. Ich wende mich wieder Tracey zu, das macht mich hier alles total rasend, aber sie lässt mich einfach stehen und Matthew folgt ihr, ohne sich noch einmal nach mir umzudrehen.

Ich habe einen steinharten Klumpen in meinem Bauch, als ob ich einen Felsbrocken verschluckt hätte, und einen Moment lang fällt mir das Atmen total schwer und dann will ich in mein Zimmer. Ich höre Matthews Stimme in Traceys Zimmer und knalle die Tür so laut ich kann zu, und in meinem Zimmer lege ich *Bossanova* auf, drehe total laut und kaue meine Nägel ab.

Eigentlich hab ich diese schlechte Angewohnheit nicht. Ich mache das wirklich nur ganz selten, am wenigsten, wenn ich mit Ted rauche, aber im Augenblick kaue ich auf meinem verdammten Daumennagel rum, als würde ich es bezahlt kriegen. Ich nage mich einmal am Nagel entlang, reiße mit den Zähnen kleine Stücke ab, fast wie ein Raubtier seine Beute reißt, und dann nage ich sogar an der Haut meines Daumens, bis sich Fetzen ablösen und es sich weich und gummiartig und salzig anfühlt, und vielleicht habe ich ein bisschen zu fest gebissen, denn plötzlich fängt der Daumen an zu bluten, und dann sitze ich schließlich auf dem Boden mit dem Rücken an meiner Tür, nuckel an meinem lädierten Daumen und höre der lauten Musik zu.

Ich schwitze ständig in den Kniekehlen, Armbeugen und Achselhöhlen – das sind die Stellen, wo ich so gut wie immer nass bin.

Sobald ich nach draußen gehe oder mich in meinem Bett rumwälze, fange ich an, auch noch auf der Stirn und am Rücken zu schwitzen – und dann ist alles aus. Dann schwitze ich sogar auf den Augenlidern. Ich bin pitschnass, egal was ich tue.

Ich versuche einzuschlafen, weil ich weiß, dass Ted mich bald anrufen wird, um den Tag heute noch mal durchzuhecheln, aber mir ist nicht danach. Er wird die Sache wieder und wieder durchkauen wollen; ich kann jetzt schon seine blödsinnig aufgeregte Stimme hören: Weißt du noch dies, Weißt du noch das, und ich habe überhaupt keinen Nerv, so zu tun, als wäre ich noch genauso aufgeregt wie er. Ich meine, wir hatten ja wirklich Spaß und alles – es war sogar mehr als das. Es war, als hätten wir einen wichtigen Wettbewerb oder so gewonnen, aber jetzt ist alles vorbei.

Jetzt liege ich einfach nur rum und spreize meine Arme und Beine vom Körper, damit ich nicht schon wieder so schwitze und ganz klebrig werde, aber das ist eigentlich totaler Quatsch – in dieser Gegend lässt es sich nicht vermeiden, pro Tag ungefähr zehn Liter auszuschwitzen. Und die Sache mit Matthew kapier ich einfach nicht. Ich meine, ich versteh einfach nicht, wie man jemandem so viel Aufmerksamkeit entgegenbringen kann – wie man jemandem das Gefühl geben kann, er sei der Tollste überhaupt – und ihn dann am nächsten Tag nicht mal mehr anguckt. Er findet mich bestimmt zum Kotzen. Er hält mich bestimmt für kindisch, blöd und hässlich.

Ich rolle mich auf die Seite und starre auf das Bild von Kim Deal. Es ist das aus dem Booklet von *Bossanova*, auf dem sie breit grinst und diesen verschleierten Blick hat. Mir fällt ein, dass Matthew vielleicht bloß behauptet hat, er würde die Pixies mögen. Vielleicht hat er gelogen. Vielleicht hat er das alles mit Tracey geplant. Vielleicht lachen sie sich gerade deswegen tot. Wahrscheinlich haben sie noch nie jemandem einen so gelungenen Streich gespielt.

Ich schwöre, ich kann Traceys genervtes Lachen und ihre Stimme hören:

Sag mal, du hast doch nicht wirklich geglaubt, dass er auf dich steht, oder?

Ich vergrabe mein Gesicht in meinem Kissen, sodass ich kaum noch atmen kann. Und dann sage ich: Scheiß auf Tracey, Scheiß auf Tracey, Scheiß auf Tracey, solange, bis die Wörter keinen Sinn mehr ergeben. Ich spüre, wie die Tränen hochsteigen, und huste und sage mir: Scheiß auf mich. Ich hasse es, wenn irgendwer in Tränen ausbricht.

Scheiß auf Tracey. Scheiß auf Matthew. Scheiß auf Mom und Dad. Scheiß auf die Familie. Scheiß auf dieses Haus. Scheiß auf die Coolen. Scheiß auf reiche Arschlöcher. Scheiß auf Stars. Scheiß auf Werbung. Scheiß auf Heulsusen. Scheiß auf jeden, der in irgendeiner beschissenen Band ist. Scheiß auf die Szene. Scheiß auf Kiffer. Scheiß auf hübsche Mädchen. Scheiß auf die Top Forty. Scheiß auf Models. Scheiß auf Idioten. Scheiß auf Schule. Scheiß auf Parfüm. Scheiß auf Lippenstift. Scheiß auf Pasadena. Scheiß auf die Zeit. Scheiß auf hippe alternative Soundtracks. Scheiß auf jeden, der nur Scheiße im Kopf hat. Scheiß auf konstruktiv zu verbringende Stunden. Scheiß auf verheiratete Leute und verliebte Leute und Leute, die zusammen sind. Und scheiß auf Leute, die dauernd jammern, dass sie keinen abkriegen. Scheiß auf den Sommer. Scheiß auf die Hitze. Scheiß auf Schwitzen. Scheiß auf jeden beschissenen Ladenbesitzer, der Jugendliche anglotzt, als ob sie was klauen wollen. Scheiß auf M-Scheiß-TV. Scheiß auf easy listening. Scheiß auf Club-Gänger und Raver und Skater und Hippies. Scheiß auf all die Leute, die immer alles kriegen und immer alles gekriegt haben. Scheiß auf Lügner und Leute, die behaupten, nie zu lügen. Scheiß auf Leute, die abhauen. Auf Brettspiele. Scheiß auf Langeweile. Scheiß auf glückliche Leute. Scheiß auf Disney Hello Kitty Sonnenschein glückliche Leute. Scheiß auf Typen, die Mädels wie Scheiße behandeln, und scheiß auf Mädels, die das toll finden. Scheiß auf diese beschissene Stadt und diesen beschissenen Block und scheiß auf diese beschissene Welt und scheiß auf alles, was dazu gehört.

Und auf dich sowieso.

Ich träume, dass ich in irgendeiner Bar bin und Kakao bestelle. Der Typ hinter der Theke sagt: Auf Eis?, und ich sage ja. Um mich herum sitzen Leute, unter anderem eine alte Chinesin ohne Zähne, die irgendwas von mir will. Aus irgendeinem Grund gerate ich total in Panik. Die Chinesin ist echt unheimlich und ich versuche abzuhauen, aber sie packt mich am Arm und hält ihn fest. Dann schrecke ich plötzlich hoch und bin hellwach, als ob man mich eben in einen Pool mit eiskaltem Wasser geworfen hat.

Ich weiß nicht mal, wie's angefangen hat. Wenn man auf diese Art aufwacht, weiß man nie, wie es wirklich gewesen ist.

Ich weiß nicht mal, wie es angefangen hat. Nicht mal jetzt. Selbst wenn ich mich wirklich konzentriere. Selbst wenn ich die Augen zumache und den Atem anhalte und ins Schwarze starre. Selbst wenn ich mich auf den Bauch drehe und mein Gesicht im Kissen vergrabe. Selbst wenn ich das Fenster zumache, sodass ich die Autos, die ab und zu vorbeifahren, nicht mehr höre. Selbst dann kann ich mich nicht erinnern.

Ich weiß nicht genau, wie es angefangen hat. Alles, was ich weiß, ist. Alles, was ich weiß, ist nichts. Alles, was ich weiß, ist, dass ich Geräusche gehört habe. Alles, was ich weiß, ist, dass ich meine Augen nicht aufmachen wollte. Alles, was ich weiß, ist, dass ich mich nicht bewegen konnte. Alles, was ich weiß, ist, dass ich mich immer noch nicht bewegen kann. Alles, was ich weiß, ist, dass jetzt eine große Träne im Augenwinkel hängt, und immer, wenn ich die Augen zumache, höre ich, wie es passiert – wie tausend Zettel, die entzweigerissen werden.

Ich habe die Schatten angestarrt, die die vorbeifahrenden Autos an die Decke geworfen haben. Entweder habe ich da drauf gestarrt oder ich hatte die Augen geschlossen. Oder mit irgendwas bedeckt. Ich weiß nicht. Ich kann mich nicht mehr erinnern.

Die ganze Zeit war es furchtbar heiß. Glühend heiß. Der Schweiß in meinem Rücken ist in das Laken gesickert. Mein Mund war trocken und ich hatte das Gefühl, dass meine Knochen knarzten wie ein rostiges Fahrrad, jedes Mal, wenn ich mich bewegt habe. Allerdings hab ich mich nicht viel bewegt. Ich wusste nicht, was ich machen sollte. Ich glaube, es war leichter, etwas über die Augen zu decken. Ich glaube, es war leichter, einfach ins Dunkel zu starren. Es gab mir das Gefühl, im All zu schweben oder so. Es hat geholfen, weil ich von nichts eine Ahnung hatte. Manchmal ist es hilfreich, sich etwas über die Augen zu decken, weil man dann nicht sehen kann, ob man irgendwas falsch macht.

Ich hatte keine Angst oder so was. Ich hab nur gar nicht gewusst, was ich da gemacht hab. Es ist immer schwer, irgendwas zu begreifen, wenn man schlagartig aus dem Tiefschlaf geholt wird. Wenn man so geweckt wird, weiß man buchstäblich nicht mal seinen eigenen Namen.

Doreen Doreen Doreen. Eigentlich war es das, was mir die ganze Zeit im Kopf rumging. Es ist irgendwie komisch, immer und immer wieder den eigenen Namen zu hören. Du bist so ein süßes Mädchen, Doreen. Er war sozusagen in meinem Ohr. Und als es so schrecklich wehtat, als würde jemand auf mich einstechen, hab ich den Mund aufgerissen, um Scheiße oder so was zu sagen, und er hat mir die Hand auf den Mund gelegt. Sch. Du bist einfach perfekt, Doreen. Then the devil is sex, Then the devil is sex, dachte ich wieder und wieder. Das ist eine Textzeile aus einem Song, die ich so verstanden hatte, bis ich mir die CD gekauft und festgestellt hab, dass es »Then the devil is six« heißt. Und da wusste ich dann überhaupt nicht mehr, was das bedeuten sollte.

Komischerweise dachte ich an Tracey. Ich weiß nicht, was ich hätte denken sollen, aber dass ich an Tracey dachte, kam mir selbst komisch vor. Ich dachte daran, dass sie das auch manchmal macht. Sie hat mir zwar nichts davon erzählt, aber irgendwann muss auch sie so dumm wie ich gewesen sein, hat auch sie von nichts eine Ahnung gehabt. Irgendwann hat ihr irgendein Typ die Hände über die Augen und den Mund gelegt und sie hat sich gefühlt, als würde sie im All schweben und aufgerissen werden. Aber dann fiel mir ein, dass sie wahrscheinlich besoffen oder zugedröhnt gewesen ist. Wahrscheinlich hat sie irgendeinen Scheiß von sich gegeben, irgendwas wie: Ey, was soll das? Ey, was soll der Typ da auf mir drauf?

Darüber muss ich lachen.

Hey. Been trying to meet you. Hey. Must be a devil between us.

Auch das ging mir die ganze Zeit im Kopf rum. Hey. I feel small. Short. Like a midget almost. Und dann hab ich überlegt, wie es wohl wäre, ein Zwerg zu sein. Und ich musste lachen, weil es einfach zu blöd war, über so was nachzudenken. Und ich musste noch mehr lachen, weil Matthew mich wahrscheinlich nicht ficken würde, wenn ich ein Zwerg wäre. Wenn ich ein Zwerg wäre, läge er nicht auf mir drauf und das hier würde nicht passieren. Ich weiß, es klingt verrückt, aber das war es, was ich gedacht habe. Ich schwör's.

Ich gucke meine Hände an. Beinahe alle Fingernägel sind abgebrochen und ich frage mich, wie das passiert sein kann. Außerdem habe ich Dreck unter den Nägeln. Ich weiß wirklich nicht, woher der kommt, aber es sieht aus, als ob ich eine Klippe raufgeklettert bin oder so was.

Wenn ich jetzt darüber nachdenke, dann war es wahrscheinlich gar nicht mal so schlecht. Wahrscheinlich hab ich es irgendwie schlimmer gemacht, als es hätte sein müssen, weil es typisch für mich ist, alles zu verbocken. Das liegt daran, dass ich mich nie lange auf irgendwas konzentrieren kann. Mom behauptet, dass ich total in meiner eigenen Welt lebe, und sie hat Recht damit. Ich möchte jetzt schlafen, aber ich erlaube es mir nicht, bis ich mir selbst das Versprechen gegeben habe, mich von jetzt an besser zu konzentrieren. Also tu ich es. Ich verspreche es.

Ich kann aber immer noch nicht schlafen.

Am nächsten Morgen stopfe ich das Betttuch in den Müllcontainer hinter dem 7-Eleven. Ich habe keine Ahnung, was ich Mom sagen soll, wenn sie fragt, was mit dem Laken passiert ist, aber das ist mir eigentlich ziemlich egal. Es ist ja bloß ein Laken. Ich meine, es hat ja keine tausend Dollar gekostet oder so. Trotzdem wird sie sich wohl wundern. Ich tät's jedenfalls.

Ich ziehe den Deckel vom Müllcontainer zu und es klickt, als er einrastet. Ich zucke heftig zusammen. Ich bin überhaupt heute ziemlich schreckhaft. Auf dem Weg hierher hatte ich das Gefühl, als ob alle Autofahrer, die an mir vorbeikamen, genau wussten, was ich da zusammengeknüllt in meinem Rucksack mit mir rumschleppe. Ich weiß, wie blöd das ist. Ich weiß, dass sie mich vermutlich nicht mal angesehen haben, aber das fällt auch unter »schreckhaft«. Ich meine, normalerweise gehe ich ja auch davon aus, dass sich niemand um meinen Kram kümmert – warum sollte es ausgerechnet heute anders sein?

Ich sehe mich auf dem Parkplatz um, aber da ist niemand. Trotzdem habe ich das Gefühl, als würden direkt aus dem Boden Augen kommen, die mich anstarren, bevor ich auf sie trete. Bevor ich sie unter meinen Füßen zerquetsche. Irgendwie weiß ich nicht, was ich tun soll.

Ich sollte wohl besser nach Hause gehen und duschen, aber allein der Gedanke macht mich krank. Dann überlege ich, ob ich zu Ted gehen soll, aber er weiß ja von nichts und wird immer noch über die Aktion von gestern reden wollen, und dazu hab ich echt keine Lust. Irgendwie macht mich auch der Gedanke an Ted ganz krank und ich muss mich einen Moment lang hinsetzen.

Mein Hinterkopf fühlt sich total heiß an, und plötzlich kann ich nicht mehr atmen und in meinem Mund sammelt sich ganz viel Spucke und ich mache schon den Mund auf, um sie auf den Boden zu spucken, aber stattdessen kotze ich. Ich kotze so krass und so lange, dass mir alles aus der Nase quillt. Dann schlägt mir der Gestank entgegen, der mich gleich noch mal zum Kotzen bringt, und dann ist es plötzlich vorbei, nur mein Hals tut weh. Und ich lehne mich zurück, die Kotze ist ganz gelb und scheint auf der Straße zu schmelzen und Fliegen fangen an, darum zu kreisen.

Hey, ruft jemand.

Ich schaue auf und sehe den Typen, dem das 7-Eleven gehört und der mich immer so komisch anstarrt.

Hey, du nicht hier tun, sagt er in gebrochenem Englisch und zeigt mit seinem dürren Finger auf mich.

Ich ... ähm, ist alles, was ich rauskriege. Ich fühle mich ziemlich benebelt und habe einen ekeligen Geschmack im Mund.

Du saufen woanders, sagt er wütend und fixiert mich, als ob ich ein Verbrecher bei einer Gegenüberstellung bin. Allerdings kann ich ihn nicht so genau erkennen. Seine Haare sind mit irgendeinem öligen Wachszeug so zugespachtelt, dass der Glanz mich quasi blendet.

Tut mir Leid. Ich wollte mich nicht auf ihrem Parkplatz übergeben, Mister, sage ich.

Du schon hier warst, sagt er, als er mich erkennt.

Klar, ich bin die Kleinkriminelle, die bei Ihnen immer Tiger Milk Bars und Cola kauft – ich bin eine echte Bedrohung für die Gesellschaft.

Warum du nicht verschwinden?, sagt er und verschränkt die Arme.

Warum du nicht waschen *dein beschissenes Haar*????, schreie ich.

Plötzlich brüllt er mich in einer fremden Sprache an und ich springe auf und laufe los.

Dummerweise habe ich nicht mehr viel Energie. Ich kann mich nicht erinnern, wann ich das letzte Mal was gegessen habe, und egal, was es gewesen ist – ich hab's ja sowieso gerade wieder ausgekotzt. Ich laufe, ohne zu wissen, wohin, laufe, bis mir die Beine wehtun und ich mich auf den Bordstein setzen muss. Ich mache die Augen zu und lasse mich zurückfallen. Ich höre Millionen Fliegen um meinen Kopf surren und rieche noch immer die Kotze, die an mir klebt. Vielleicht bin ich für einen Moment eingeschlafen – ich weiß nicht. Ich weiß nur, dass ich die Augen wieder aufmache und ein alter Typ vor mir steht.

Er sagt etwas, aber ich verstehe nichts, also frage ich: Was? Mein Mund ist furchtbar trocken.

Geht's dir gut?, fragt er mit kratziger Greisenstimme.

Ich zucke die Schultern, will einen auf cool machen, was mir aber in Anbetracht der Tatsache, dass ich gerade auf dem blöden Bürgersteig zusammengeklappt bin, selbst total bescheuert vorkommt.

Willst du einen Schluck Wasser?, fragt er.

Ich zucke wieder die Schultern und sage: Mir geht's gut.

So siehst du aber nicht aus, Frollein, sagt er.

Frollein. Ein echtes Alte-Leute-Wort. Gram hat Mom und Tante Shirley immer so genannt. Aber abgesehen davon – was glaubt der Typ eigentlich, wer er ist? Lehrer, Mütter, jeder bläut kleinen Mädchen ein, bloß nicht mit Fremden zu reden – am wenigsten mit komischen alten Knackern mit geflecktem Schädel –, und der Typ fängt an, mich zuzutexten!

Stimmt aber, sage ich.

Dann steh auf und verschwinde von meinem Grundstück, sagt er.

Ach, Ihnen gehört also der Bürgersteig?, sage ich pampig.

Nein, aber der Rasen hier, und wie's aussieht, liegt dein Rucksack da drauf, sagt er, übrigens genauso pampig wie ich – ich bin fast stolz auf den alten Kerl.

Ich drehe den Kopf und sehe meinen Rucksack in einem traurigen Häufchen auf seinem Rasen liegen. Wahrscheinlich ist er mir von der Schulter gerutscht, als ich mich hingelegt habe.

Na gut, sage ich und versuche ein Stück hochzukommen, wobei ich in der Hocke auf meinen Fersen balanciere wie ein Karnickel, aber plötzlich explodieren in meinen Augenwinkeln die Blitze, als ob jemand tausend Fotos von mir macht, und ich spüre meine Beine nicht mehr. Ich falle zurück auf den Hintern und mein Oberkörper schlägt nach hinten über.

Mein Schädel steuert geradewegs auf den Beton zu, als ich die Hand des Alten an meiner Schulter spüre. Seine Hände sind groß und kräftig und er schafft es, mich festzuhalten.

Komm schon, sagt er. Ich helfe dir hoch.

Ich brauche keine Hilfe, will ich sagen, aber die Wörter hören sich total komisch an.

Komm, sagt er. Er zieht mich auf die Füße und schiebt mir die Hände unter die Arme. Ich fühle mich wie eine Marionette. Dann legen die Blitze wieder los und das Letzte, was ich sehe, ist der Himmel, der so klar und blau ist wie gefärbtes Glas.

Als ich die Augen öffne, glaube ich zuerst, dass ich träume, ich schwör's. Ich liege auf einer Couch, die quietscht, wenn man sich bewegt, und als ich mich umdrehe, sehe ich eine bräunlich-gelbliche Blumentapete und einen Formica-Beistelltisch mit falscher Goldeinfassung an den Kanten. Ich schaue auf die komische goldene Uhr an der Wand und überlege einen Moment, ob ich in den Fünfzigern gelandet bin. Ich meine, ich weiß natürlich, dass ich keine Zeitreise gemacht habe, aber im ersten Moment könnte man das glauben.

Dann fällt es mir wieder ein: der Parkplatz hinterm 7-Eleven, die Kotzerei, mein Nickerchen auf dem Gehweg und der alte Typ. Und dann kommt der Kerl auch schon mit einem Tablett rein.

Wie geht's dir?, fragt er, ohne mich anzusehen, und stellt das Tablett auf den Tisch.

Gut, sage ich. Ich liege steif wie ein Brett da und denke: Bitte, sei kein Perverser, bitte sei kein Perverser, bitte, bitte, bitte.

Du bist glatt umgekippt da draußen, sagt er. Ich sehe, dass er mir ein Brot gemacht hat. Die Kruste ist abgeschnitten. Ein Glas Wasser steht auch da.

Sieht so aus.

Das sah nicht nur so aus. Hier, trink mal was.

Ich starre auf das Glas und bin plötzlich ziemlich nervös. Ich habe schon wilde Storys gehört von Typen, die Mädchen irgendeinen Scheiß ins Wasser getan haben, damit sie bewusstlos werden. Aber dann denke ich, dass der Alte ja schon längst irgendwas hätte machen können, wenn er denn was hätte machen wollen, aber es ist ja nichts passiert. Zumindest gehe ich davon aus. Und ich habe so einen gigantischen Durst, dass es mir scheißegal ist, ob das Wasser vergiftet ist oder nicht.

Ich nehme das Glas und trinke es ganz aus. Ich spüre, wie mir was das Kinn runtertropft, wische es ab und denke dabei, dass der Alte mich jetzt vermutlich für eine totale Schlampe hält.

Es würde dir gut tun, wenn du ein bisschen isst, sagt er und schiebt mir das Butterbrot hin.

Nein, nicht nötig, sage ich. Meine Stimme klingt total heiser.

Wann hast du das letzte Mal was gegessen?, fragt er.

Ich zucke die Achseln. Er muss mich für eine Obdachlose halten. Für eine obdachlose Schlampe.

Erdnussbutter und Gelee, sagt er und hält mir den Teller hin. Ich möchte am liebsten lachen, weil das alles so völlig schräg ist.

Mir läuft tatsächlich das Wasser im Mund zusammen, also nicke ich schnell, bevor ich zu sabbern anfange und er mich auch noch für eine Geisteskranke hält.

Ich nehme mir die eine Hälfte des Sandwiches und beiße rein, und es ist so lecker, dass ich heulen könnte. Die Erdnussbutter ist ganz weich und cremig, nicht so wie das gesunde Crunchy-Zeug, das meine Mutter immer kauft. Ich hab noch nie verstanden, warum alle Welt will, dass Erdnussbutter sich im Mund anfühlt, als ob man eine Schaufel Sand futtert. Und auch das Gelee ist einfach perfekt. Nicht diese pseudo-gesunde Marmelade mit Stückchen drin, die einem immer in den Zähnen hängen bleiben, sondern echtes Gelee.

Ich weiß auch nicht, aber ich inhaliere das Brot quasi und muss plötzlich würgen.

Langsam, sagt der Alte. Jetzt sehe ich, dass seine Augen blutunterlaufen sind, vielleicht ist er ja drogenabhängig.

Ich hab einmal einen Film gesehen, in dem ein alter Arzt in seinem Kühlschrank verschiedene Drogen lagert und die meiste Zeit total dicht ist.

Sind Sie Arzt?, frage ich den Alten mit vollem Mund.

Nein, Madame, sagt er. Man braucht kein Arzt zu sein, um zu sehen, dass du essen und trinken musst.

Ich sag ihm nicht, dass ich aus einem anderen Grund gefragt habe. Glaub mir, Alterchen, ich halte dich nicht für ein Genie, nur weil du mir Brot und Wasser gegeben hast. Ich dachte nur, dass du vielleicht ein Junkie bist, das ist alles.

Wie heißt du, Frollein?, fragt er.

Auf jeden Fall nicht Frollein, will ich sagen, aber der Alte ist bisher so lieb gewesen. Ich muss nicht unbedingt doof zu ihm sein, nur weil mir gerade danach ist.

Doreen, sage ich.

Ich bin Frank, sagt er und hält mir die Hand hin. Ich nehme sie und sie fühlt sich ledrig und verschwitzt an.

Am besten rufst du mal zu Hause an, damit dich jemand abholt, sagt er.

Nein, antworte ich ein bisschen zu heftig.

Und warum nicht? Sie sollten schon wissen, dass du auf meinem Grundstück ohnmächtig geworden bist.

Ich habe keine Eltern mehr, sage ich.

Er zieht seine Stirn in Falten und starrt mich prüfend mit seinen Bluthund-Augen an.

Sie sind tot.

Er senkt den Kopf und wirkt plötzlich ganz traurig, obwohl ich mir nicht vorstellen kann, wieso. Ich meine, er hat mich ja gerade erst kennen gelernt.

Das tut mir wirklich Leid, sagt er. Und ich habe Gewissensbisse, weil er sich solche Gedanken deswegen macht.

Und wer kümmert sich dann um dich?, fragt er.

Mein Bruder Henry.

Dann sollten wir ihn anrufen. Sag ihm, dass er herkommen soll.

Er ist nicht zu Hause. Er arbeitet.

Kannst du ihn nicht da anrufen?

Ich hätte am liebsten gelacht, weil der Alte mir glaubt. Klar, eigentlich hat er ja auch keinen Grund, es nicht zu tun. Aber normalerweise habe ich immer das Gefühl, dass es jeder merkt, wenn ich lüge. Jedenfalls finde ich es klasse, dass dieser Typ mir meine Geschichte abnimmt. Ich bin Waise, Mann – jeder glaubt einer Waisen.

Wo arbeitet er denn?

In, ähm, einem Lager.

Gibt es da kein Telefon?, fragt er und runzelt wieder die Stirn. Vielleicht glaubt er mir doch nicht so vorbehaltlos, wie ich dachte.

Doch, aber sein Chef kriegt die Krise, wenn ich anrufe, sage ich hastig.

Der Alte nickt und steht auf.

Tja, Doreen, ich fühl mich nicht so wohl dabei, wenn ich dich zu Fuß nach Hause gehen lasse. Du bist zweimal umgekippt und wenn ich dich nicht festgehalten hätte, hättest du dich böse verletzt.

Ich zucke innerlich zusammen, als er meinen Namen ausspricht. Manchmal ist mir irgendwie ganz komisch zu Mute, wenn ich meinen Namen höre. Keine Ahnung, wieso.

Mir wäre es lieber, wenn ich dich nach Hause bringe, sagt er. Er steckt die Hand in die Tasche und klimpert mit seinem Schlüssel. Oder vielleicht mit Kleingeld. Er scheint einer dieser alten Männer zu sein, die immer einen Haufen Zeugs in den Hosentaschen mit sich rumschleppen.

Nein, das geht schon. Ich meine, danke für alles und so, aber ich fühle mich jetzt schon viel besser. Ich kann bestimmt laufen, sage ich. Ich möchte mir nicht vorstellen, was Mom sagt, wenn sie mich aus dem Auto von diesem fremden Kerl hier steigen sieht.

Tut mir Leid, aber das geht nicht.

Ich fange langsam an in Panik zu geraten. Vielleicht ist er irgendein durchgeknallter Junkie, der Mädchen gegen Drogen eintauscht. Oder vielleicht lockt er Kinder in sein Haus, um sie mit Erdnussbutter und Gelee abzufüttern, bevor er sie in Stücke hackt.

Ich muss wohl ziemlich nervös aussehen, denn plötzlich meint er: Ich sag dir was, Doreen. Wie wär's, wenn ich dir Geld gebe und ein Taxi rufe?

Ich sage zuerst nichts, aber als ich es dann doch tue, kippt meine Stimme, sodass ich mich total dämlich anhöre.

Aber wie soll ich es Ihnen zurückzahlen?

Ach, mach dir darüber keine Sorgen, sagt er und zieht ein uraltes Telefonbuch aus der Schublade. Ohne aufzusehen, sagt er: Du kannst es mir ja schicken, wenn du dich dann besser fühlst.

Danke, sage ich leise, so leise, dass ich mich selbst kaum hören kann.

Als das Taxi kommt, steige ich ein und sage dem Fahrer nach etwa zwei Blocks, dass er mich rauslassen soll. Ich gehe zu Trader Joe's und kaufe mir mit dem Rest von den fünfzehn Dollar, die der alte Bursche mir gegeben hat, zwei Tüten Schoko-Minz-UFOs. In einem anderen Laden kaufe ich vier Tiger Milk Bars, eine Cola und eine Tüte Barbecue-Chips und setze mich dann vor dem Laden auf den Bordstein. Ich esse alle Tiger Milk Bars, die Hälfte der Chips und will mich gerade über die eine Tüte Schoko-Minz-UFOs hermachen, als mir wieder flau im Magen wird. Obwohl ich mich danach fühle, kotze ich diesmal nicht, sondern latsche nur ein bisschen im Kreis herum, trinke meine Cola und rülpse in die Gegend, bis mir auffällt, dass es langsam dunkel wird und ich nach Hause gehen sollte.

Als ich das Haus betrete, ist es ziemlich still. Oder zumindest wirkt es so, weil der Fernseher nicht läuft. Im Wohnzimmer ist das

Licht aus, was auch komisch ist. Ich verstehe nicht, wo sie alle sein können. Mom sollte gerade Essen machen und Dad schweigend im Wohnzimmer rumsitzen.

Auf dem Weg in mein Zimmer werfe ich einen Blick in die Küche. Und da sind sie. Mom und Dad starren mich an wie zwei Zombies. Moms Augen sind rot, als ob sie geheult hat. Ich überlege, ob es wohl einen Unfall gegeben hat, ob vielleicht irgendwer gestorben ist, und spüre sofort, wie mein Adrenalinspiegel steigt. Ich weiß, es ist irgendwie krank, aber ich kann's manchmal gar nicht erwarten, schlechte Nachrichten in allen Einzelheiten zu hören. Ich frage mich, ob Tracey wohl irgendwas passiert ist und ob wir jetzt ins Krankenhaus fahren und die ganze Nacht dort bleiben müssen; ich male mir schon aus, wie ich Ted aus der Notaufnahme anrufe. Aber dann werfe ich Dad einen Blick zu und zucke innerlich zusammen.

Dad sieht aus, als ob ihm gleich der Schädel explodiert. Er ist feuerrot vor Wut und umklammert die Lehne des Stuhls, auf dem Mom sitzt, und ich weiß, dass es hier um mich geht.

Wo bist du gewesen?, sagt er sehr langsam und leise und scheint vor jedem Wort Luft zu holen.

Ich war bei Ted, sage ich und klinge ziemlich kleinlaut.

Ted hat hier fünfmal angerufen, weil er dich gesucht hat, sagt Mom mit erstickter Stimme, als die Tränen auch schon wieder zu fließen anfangen. Ich hasse so was. Ich hasse es, wenn andere weinen.

Lüg uns nicht an, sagt Dad. Wo bist du gewesen?

Unterwegs.

Wo unterwegs?

Einfach nur so irgendwo rumgelaufen, sage ich und mache mich auf den Weg zu meinem Zimmer, weil ich kaum glauben kann, dass sie so einen Aufstand wegen der Sache machen.

Mit wem?, fragt Dad und ich höre, dass er mir nachkommt. Mit meinem neuen Crack-Dealer und seinen Freunden und sie haben mich alle nacheinander gevögelt, und sie sind schwarz und ich fand es geil, Daddy, will ich sagen.

Mit niemandem.

Dad greift nach meinem Arm und reißt mich herum, sodass ich einen Moment lang glaube, er will mir meinen Arm auskugeln. Dann kommt er ganz nah an mein Gesicht und sagt: Du hast Hausarrest.

Ich kann ihn nicht ansehen, wenn er so drauf ist – sein Blick ist total irre. Er geht den Flur zurück, als Mom aus der Küche kommt und irgendwas zu ihm sagt. Der ganze süße Kram ist mir nicht gut bekommen, ich habe hämmernde Kopfschmerzen und plötzlich werde ich so sauer, dass ich ihm am liebsten *Leck mich doch am Arsch!* zubrüllen möchte. Doch stattdessen schreie ich:

Das ist aber *wirklich fair*, Dad!!!

Beide starren mich an. Und dann stürmt Dad den Flur entlang und greift wieder nach meinem Arm.

Sieh dich vor, sagt er sehr leise. Seine Stimme klingt total komisch – wie eine Roboterstimme. Dann reißt er meine Zimmertür auf und stösst mich rein.

Obwohl ich größer als Mom und Tracey bin, ist Dad immer noch ein gutes Stück größer und stärker als ich, und als er mich ins Zimmer schubst, falle ich aufs Bett und stoße mir das Schienbein am Rahmen. Es tut richtig weh, aber ich sitze bloß auf dem Bett und starre ihn an. Meine Haare hängen mir wirr ins Gesicht und vor Wut und Schmerz fange ich an zu zittern.

Du bleibst da drin, bis ich dir sage, dass du wieder rauskommen kannst, sagt er mit seiner Roboterstimme.

Mom taucht im Türrahmen auf und greift nach Dads Arm, aber er schüttelt sie ab wie eine lästige Fliege. Sie wirkt total zittrig, ist leichenblass und in Tränen aufgelöst, und ich hasse sie so sehr. Sie ist so verdammt blöd. Ich hasse es, wenn Leute die ganze Zeit heulen. Als ob das was helfen würde. Als ob das irgendwas bewirken würde.

Jetzt merke ich, dass Mom mich gar nicht ansieht. Sie starrt an mir vorbei. Ich drehe mich um und sehe mein abgezogenes Bett. Dann wende ich mich wieder ihnen zu und stelle fest, dass Mom jetzt am ganzen Körper zittert. So sehr, dass sie vielleicht zerspringt wie ein Ei, wenn ich Glück habe. Wenn ich Glück habe, brechen sie vielleicht beide auseinander, sodass ich sie auf dem Flurteppich zusammenfegen kann. Mom beißt sich auf die Lippe und ich glaube zuerst, dass sie wieder zu heulen anfangen will, aber sie wimmert nur leise.

Wo ist dein Bettzeug?

Dann lässt sie sich schluchzend gegen die Wand sinken, als ob das Bettzeug wertvoller wäre als das ganze Haus oder so.

Ich fand es scheußlich, sage ich. Ich hab's weggeworfen.

Mom sieht mich nicht an und ich sie auch nicht. Mein Blick ist auf Dad fixiert, der zurückstarrt. Keiner von uns blinzelt und bald fühlen sich meine Augäpfel so vertrocknet an, dass ich schon befürchte, sie könnten rausfallen, und ich frage mich, ob es Dad nicht genauso geht wie mir. Er ist total rot im Gesicht, und als er den Mund aufmacht, denke ich einen Moment lang, dass er Feuer spuckt oder dass es jetzt ein Erdbeben gibt. Aber er starrt mich bloß weiterhin an, während er sich an Mom wendet.

Dann soll sie eben auf der Matratze schlafen.

Dann macht er die Tür zu und ich höre, wie sie weggehen. Mir steigt ein Kichern aus dem Bauch hoch. Dann soll sie eben auf der Matratze schlafen. Vielleicht muss ich gleich noch den Kamin sauber machen oder auf der Straße Zündhölzer verkaufen, und ich kann nur hoffen, dass ich nach Hause komme, bevor ich mich wieder in einen Scheiß-*Kürbis* verwandele. Lieber. Gott. Im. Himmel.

Ich zittere immer noch, aber ich weiß nicht, ob es an der ganzen Schokolade liegt oder daran, dass ich so abgefuckt von denen bin. Mein Schienbein tut höllisch weh und ich will gerade die Jeans ein Stück hochziehen, als ich diesen komischen verkrusteten Dreck auf meinen Socken sehe. Ich ziehe meine Schuhe aus und stelle fest, dass der Dreck überall auf meinem Fuß ist – nicht nur an der Sohle, die ja immer so aussieht. Ich kratze an der Socke und der Dreck rieselt auf den Teppich. Scheint getrockneter Schlamm oder so was zu sein.

Dann sehe ich das Zeug auch auf meinen Waden und kratze ein bisschen daran herum, doch ich muss feststellen, dass es bis zu den Knien hochgeht. Ich ziehe meine Jeans aus, um nachzusehen. Ich bin bis an die Unterhose mit dem bräunlichen Zeug verschmiert. Also ziehe ich auch meine Unterhose aus und stecke mir kurz die Finger rein, um vorsichtig nachzufühlen. Es brennt immer noch höllisch und als ich die Finger rausziehe, ist Blut dran. Anderes Blut. Es ist nicht so dickflüssig und ekelig wie wenn ich meine Tage habe. Ich hasse es, meine Tage zu haben und ständig vor mich hin zu tropfen. Aber dieses Blut ist anders – dünn und so wie das, wenn ich mich beim Rasieren geschnitten habe. Nicht, dass ich mich oft rasiere, denn ich kann das nicht besonders gut – ich schabe mir dauernd die Beine auf. Jedenfalls sieht das Blut genauso aus. Ich würde mich furchtbar gerne waschen, aber es ist wohl nicht besonders klug, wenn ich mein Zimmer jetzt verlasse.

Also bleibe ich so wie ich bin – blutverkrustet und verschmiert. Besonders wohl fühle ich mich nicht dabei, aber da ich immer noch blute, hat es wohl sowieso keinen Sinn, jetzt zu duschen. Außerdem bin ich ja doch in kürzester Zeit wieder verschwitzt.

Ich kann nicht einschlafen und das wundert mich, weil ich in letzter Zeit ziemlich wenig Schlaf gekriegt habe. Ich meine, ich bin zwar ohnmächtig gewesen und so, aber das kann man ja wohl kaum mitrechnen. Und es kommt mir so vor, als ob in Ohnmacht Fallen einen erst recht müde macht. In dem Haus von dem Alten hätte ich sofort schlafen können, so groggy und erledigt wie ich war, aber jetzt nicht mehr. Aber vielleicht will ich ja bloß müde sein, damit ich was zu tun habe, damit ich die Zeit totschlagen kann – und sei es nur mit einem Nickerchen. Im Zimmer eingesperrt zu sein ist nicht gerade prickelnd. Obwohl mir nichts einfällt, was ich jetzt stattdessen tun möchte. Vielleicht bei Ted sein. Er hat fünfmal angerufen. Er hat wohl gedacht, ich liege irgendwo tot in der Gosse. Oder bin weggelaufen. Wer weiß, was er gedacht hat. Vielleicht hat er sich ja auch keine Sorgen gemacht, sondern sich nur total gelangweilt. Typisch Ted, fünfmal anzurufen. Er weiß ganz genau, dass ich ihn schon zurückrufen werde, also habe ich wirklich keine Ahnung, was das Ganze soll.

Es kotzt mich an, wenn die Leute so was tun, wenn die Leute immer wieder anrufen. Einer von Traceys dämlichen Typen war auch so und ist mir damit extrem auf den Keks gegangen. Am liebsten hätte ich ihm gesagt: Tut mir Leid, Dumpfbacke, Tracey ist in den letzten fünf Sekunden nicht nach Hause gekommen – warum suchst du dir nicht ein Hobby?

Ich stehe auf, lege *Come On Pilgrim* auf und lege mich wieder hin, aber ich habe keine Chance einzuschlafen, wenn die Pixies mir ins Ohr schreien. Ich mag die Stimme von Black Francis. Wahrscheinlich, weil er immer total ausrastet und rumschreit. Alles klingt schön harmonisch zusammen, Kim spielt ihren Bass glatt und locker, und dann knallt er einfach durch und fängt an zu kreischen. Ich liebe diese Stellen. Ich mache die Augen zu und höre »The Holiday Song«. Meine Lieblingszeile heißt: They kissed till they were dead. Dabei muss ich immer an zwei Leute denken, die sich so wild küssen, dass sie sich fast die Lippen abkauen. Zwei Leute, die sich beißen und an dem anderen rumnagen, während sie ihre Nägel in die Haut des anderen graben.

Ich denke an Matthew. Ich denke daran, wie er auf meine Unterlippe gebissen und daran gezerrt hat. Ich denke an die Hand über meinen Augen. Jedes Mal, wenn ich die Augen zumache, sehe ich ihn auf mir, über mir. Ich sehe sein Gesicht dabei. Er war wie ein Fremder für mich, den ich noch nie gesehen habe. Ich meine, klar, merkwürdig war er ja schon immer, aber dieser Kerl hat auch nicht gesprochen wie er. Er hat mich nicht angegrinst, mir nicht zugezwinkert – er hat mich praktisch gar nicht angesehen. Allerdings hatte ich die Augen fast die ganze Zeit zu, also weiß ich es auch nicht genau. Auf jeden Fall war er anders. Als ob ich nicht gewusst hätte, wer der richtige Matthew war und wer nicht und dann den falschen erwischt hätte, und zwar diesen notgeilen Psychopaten.

Je länger ich über all das nachdenke, desto übler wird mir, aber vielleicht liegt es auch an dem ganzen Mist, den ich gegessen habe. Also drehe ich die Musik noch lauter, sodass ich nicht mehr nachdenken muss. Das ist es übrigens, was ich an Musik so unglaublich finde. Normalerweise habe ich den Kopf total voll, aber wenn ich Musik auflege, muss ich über gar nichts mehr nachdenken. Es ist herrlich. Im Moment klingt es, als ob die Musik von überall herkommt, und ich träume für einen Moment, dass die Pixies in meinem Zimmer sind, wenn ich die Augen aufmache. Das wär geil, obwohl ich nicht wüsste, was ich sagen sollte, und mich wahrscheinlich wie ein Volldepp benehmen würde. Rock'n'Roll forever.

Ich wache auf, weil es sich so anhört, als ob es regnet, aber es hat hier in dieser Gegend so lange nicht mehr geregnet, dass das eigentlich nicht sein kann. Meine Anlage brummt, weil die CD zu Ende ist –

ich habe keine Ahnung, wie lange schon. Ich versuche das Regengeräusch zu ignorieren, aber es ist hartnäckig. Tap Tap Tap. Vielleicht träume ich ja auch noch. Jetzt hört es sich eher so an, als ob ein Wasserhahn tropft. Klar, Doreen, der Wasserhahn, der da mitten in der Luft hängt! Ich richte mich auf, knie auf meinem Bett und sehe eine kleine Hand, die an mein Fenster klopft.

Ich mache das Fenster auf und stecke meinen Kopf raus.

Was machst du denn da, verdammt?, frage ich Ted.

Ich kann ihn nicht gut sehen, weil das Licht aus meinem Zimmer nicht nach draußen reicht und er sich unten duckt, aber ich weiß trotzdem, dass er es ist. Ich wüsste nicht, wer es sonst sein sollte.

Deine Mom wusste nicht, wo du warst, als ich dich angerufen hab, flüstert er.

Wie spät ist es?, frage ich, blinzele und versuche seine Augen zu erkennen, aber es geht nicht. Es ist blöd, mit jemandem zu reden, den man kaum sehen kann.

Ungefähr elf, sagt er noch leiser.

Du brauchst nicht zu flüstern. Meine Eltern können dich auf dieser Seite nicht hören.

Ach so, na gut, sagt er, aber immer noch leise.

Wir müssen reden, sagt er total ernst, als ob er was wüsste, das ich nicht weiß. Ich hasse es, wenn Leute sich so benehmen. Am liebsten würde ich ihn auslachen, aber ich lasse es, weil er sonst komplett angepisst ist.

Was ist denn los mit dir?

Kannst du bitte einen Moment runterkommen?

Meinetwegen, sage ich muffelig.

Ich gehe zurück ins Zimmer, um mich anzuziehen, und frage mich, warum ich plötzlich so sauer bin. Eigentlich müsste ich mich freuen – es kotzt mich an, in mein Zimmer eingesperrt zu sein, und ich bin auch überhaupt nicht mehr müde.

Ich stecke den Kopf nach draußen und sage Ted, dass er aus dem Weg gehen soll. Ich bin schon lange nicht mehr aus dem Fenster geklettert und bin wohl inzwischen größer geworden, denn es ist gar nicht so leicht. Ich halte mich oben am Rahmen fest und will die Beine durch das Fenster schieben, aber ich ecke überall an und mein Schienbein tut wieder höllisch weh. Es kommt mir vor, als hätte ich plötzlich zu viele Glieder, als würde eine riesige Krake oder so was versuchen, durchs Fenster zu steigen.

Soll ich dich auffangen?, flüstert Ted von unten.

Geh aus dem Weg, sage ich und quetsche meine Hüften durchs Fenster, was auch nicht gerade leicht ist.

Ich fange an zu rutschen, wobei sich mein Hemd hochschiebt, sodass mein Rücken am Fensterbrett entlangschrammt. Ted guckt erwartungsvoll zu mir hoch, als ob er mich wirklich fangen wollte, und übersieht dabei völlig, dass ich etwa fünfzehn Kilo schwerer sein dürfte als er. Ich stoße einen kurzen Schrei aus und lasse mich fallen, sodass ich auf Ted draufplumpse, der wie ein Idiot mit ausgebreiteten Armen dasteht, und wir beide landen übereinandergestapelt auf dem Rasen neben unserem Haus.

Au au au, stöhnt Ted unter mir, zusammengestaucht wie ein Akkordeon.

Ich hab dir mehrmals gesagt, dass du aus dem Weg gehen sollst, sage ich und stoße ihn gegen die Schläfe.

Au au au, stöhnt er und fasst sich an den Kopf.

Stell dich nicht so an, sage ich. So hart hab ich gar nicht zugeschlagen.

Ted sagt nichts, steht auf und zieht mich hoch. Er hält sich immer noch den Kopf und fängt plötzlich an zu laufen. Wir rennen vom Haus weg und die Straße runter und einfach nur ziellos drauflos.

Was ist denn mit dir los?, frage ich.

Er bleibt plötzlich wie angewurzelt stehen, dreht sich aber immer noch nicht zu mir um.

Mein Gott, sage ich außer Atem und setze mich auf den Bordstein unter eine Laterne.

Dann endlich dreht Ted sich zu mir um und mir fällt die Kinnlade runter. Ein kalter Schauer läuft mir den ganzen Körper runter, während ich ihn fassungslos angucke. Während ich mir sein zerbeultes und verquollenes Gesicht angucke, das grün und blau geschlagen ist.

Was, was ..., ist alles, was ich rausbringe.

Ich hab gestern Abend ein Geräusch im Garten gehört, also bin ich rausgegangen, sagt er und blickt zu Boden. Ich dachte, dass du es wärst.

Als er das sagt, spüre ich, wie ein riesiger Kloß meinen Hals verstopft.

Sie waren alle völlig blau, sagt er und lehnt sich an die Laterne.

Wer?, frage ich. Ich stehe auf und balle die Fäuste. *Wer*?, schreie ich.

Wer wohl?, schreit Ted zurück und fängt ganz plötzlich an zu weinen. Alex und Dave und Peter ... und Alex, das Mädchen, stand da und hat zugeguckt.

Jetzt heult er immer doller und zittert am ganzen Körper. Ich fange auch an zu zittern und drehe mich um und gucke weg, weil ich es, glaube ich, nicht ertragen kann, ihn anzugucken.

So eine verfickte Scheiße, sage ich und stampfe mit den Füßen auf, als würde ich gleich explodieren. Dann hocke ich mich auf den Gehweg und umfasse meine Knie mit den Armen.

Ted setzt sich neben mir auf den Bordstein und schnieft. Und ich hab nichts gemacht, sagt er.

Du hast dich nicht gewehrt?, frage ich durch zusammengebissene Zähne. Ich kann ihn immer noch nicht ansehen.

Ach, leck mich doch, Doreen, winselt er. Du hättest auch nichts getan.

Das stimmt nicht, verdammt noch mal!, schreie ich und packe ihn am Arm. Ich hätte um mich getreten und geschlagen und ihnen ihre Scheißhaare mit Wurzeln ausgerissen.

Ist doch nicht meine Schuld, brüllt Ted mich an.

Aber manchmal ist es das doch. Manchmal denke ich, dass Ted einer von den Menschen ist, die anderen Leuten einfach erlauben, sie platt zu treten. Es macht mich so wütend – wütend auf diese bescheuerten Typen, aber noch wütender auf Ted. Was dumm und ungerecht ist, ich weiß, aber ich kann es nicht ändern.

Du kannst nicht ewig hier sitzen bleiben, sage ich zu ihm.

Dor, es ist nicht meine Schuld, wimmert er.

Doch, ist es, du dämliche Schwuchtel, schreie ich und packe ihn wieder. Solange du dich nicht gegen sie wehrst, lieferst du ihnen mit jedem Mal ein Stückchen mehr von dir aus. Die müssen lernen … die müssen …

Ich kann nicht weiterreden, weil ich auch kurz vorm Heulen bin. Ich atme so schwer, dass ich kaum sprechen kann.

Die müssen lernen, dass man so was nicht machen kann.

Oh, klar, toll, sagt Ted mit erstickter Stimme. Danke, Dor. Probier doch mal aus, wie es ist, wenn alle auf dich einschlagen. Vielleicht bist du dann ja nicht mehr so cool.

Dann hört er auf zu reden, weil er wieder losheult, und wir beide sitzen da, als ob wir sie nicht mehr alle hätten, heulen, ringen nach Luft und starren auf den Boden. Schließlich beruhigen wir uns, unser Atem geht wieder ruhiger, und Ted holt die Zigaretten raus und zündet sich eine an, ohne mir auch eine anzubieten.

Kann ich *bitte* auch eine haben?, sage ich.

Er wirft mir das Päckchen in den Schoß.

Du bist manchmal so ein Arschloch, sagt Ted nach ein paar Minuten.

Hi, kennen wir uns nicht von irgendwoher?, sage ich. Ja, kann sein, dass ich ein Arschloch bin – aber anders hörst du mir ja nicht zu.

Ich höre dir immer zu.

Dann ist es eben die einzige Chance, dass du mich ernst nimmst.

Wie du meinst.

Er wirkt nicht mehr besonders wütend oder weinerlich, aber er guckt mich immer noch nicht an und es macht fast den Eindruck, dass es ihm egal ist, ob ich überhaupt da bin. Ich weiß nicht, warum ich ihn manchmal so ankacken muss. Ich sollte ab und zu wohl besser die Klappe halten. Ich kann mich jedenfalls nicht erinnern, dass mir Ted je zuvor einmal *keine* Zigarette angeboten hat.

Was sollen wir machen?, fragt Ted, während er durch die Programme zappt.

Irgendwas.

Doreen, vergiss es, sagt er.

Vergiss es? Hast *du* das vergessen?, frage ich ihn säuerlich. Du bist echt unglaublich. Ich meine, Kompliment, Ted, wenn du in den beschissenen Spiegel gucken und die ganze Sache vergessen kannst.

Wir haben sie mit dem Brief schon genug abgezogen, sagt er. Wir können sonst nichts tun.

Ich stehe auf und wandere herum, weil ich unmöglich länger stillhalten kann. Ted ist manchmal so verdammt frustrierend. Er sitzt da mit seiner verbeulten Visage und glotzt Nick at Nite, als ob er sich jeden Tag zusammenschlagen lässt.

Kannst du die Kiste mal ausmachen?, sage ich.

Ted macht sie aus.

Was?, fragt er genervt.

Wir müssen uns was ausdenken.

Dor, sagt er im belehrenden Erwachsenen-Tonfall und richtet den Blick nach unten, als ob jetzt eine Standpauke folgen soll. Dor, wir können nichts tun. Game over.

Ach, leck mich, sage ich. Das ist scheiße! Merkst du eigentlich nicht, dass jeder dich wie Scheiße behandelt und du sie auch noch aufleckst?

Na fein, was willst du denn dann tun?, fragt er spöttisch. Wir zwei können es nicht unbedingt mit denen aufnehmen. Ich meine, wie viele Schlägereien hast du denn schon mitgemacht, Dor? Führst du vielleicht ein Doppelleben, von dem ich nichts weiß?

Ehrlich gesagt habe ich keine Ahnung, was wir machen sollen. Ich wünschte, ich wäre größer. Und stärker. Und vielleicht ein Junge. Aber nur so lange, wie es dauert, bis ich Alex und Dave und Peter die Zähne ausgeschlagen habe. Und Alex, dem Mädchen, auch. Ich weiß nicht, warum Jungs so 'n Schiss davor haben, ein Mädchen zu schlagen. Sie haben sich wahrscheinlich ausgerechnet, dass der Brief und all das meine Idee gewesen ist, aber sie haben Ted vermöbelt, weil er ein Junge ist. Aber vielleicht haben sie auch überhaupt nicht nachgedacht. Wer weiß, was in deren Köpfen vorgeht.

Vergiss es einfach, sagt Ted.

Geht nicht.

Ich hab's schon vergessen.

Bullshit, sage ich.

Wie du willst, Dor. Können wir uns nicht einfach *Zeit der Vergeltung* ausleihen und zur Tagesordnung übergehen?

Ich kann es trotzdem nicht vergessen. Ted und ich drehen uns im Kreis. Das ist alles, was wir tun. Ich wünschte, ich wäre stark genug, um jedem, der es verdient, eins in die Fresse zu geben. Die

Leute sind so widerlich – sie verprügeln jemanden, nur weil sie gerade Lust dazu haben.

Ich denke auf dem ganzen Nachhauseweg darüber nach. Denen ist jede Ausrede recht, um jemanden zusammenzuschlagen oder zu behandeln wie der letzte Dreck. Dann überlege ich, ob Ted nicht vielleicht doch Recht hat. Aber das fände ich zum Kotzen. Mir ist es scheißegal, dass alle mich hassen, aber sie dürften sich einfach nicht rausnehmen, einen so zu behandeln – sie latschen geradewegs über einen hinweg als würde man zum Bordstein gehören.

Ich wünschte, Henry wäre da, damit er für mich in kleine, vierzehnjährige Ärsche treten könnte. Das würde er bestimmt machen. Klar, Dor, würde er sagen, grinsen und mir zuzwinkern, während ihm der Zigarettenrauch aus dem Mundwinkel tropft wie Wasser. Bestimmt würde er ein paar von seinen Freunden zusammentrommeln und die Leute aufmischen. Du darfst dich nicht so behandeln lassen, würde er zu Ted sagen und ihm die Hand auf die Schulter legen wie ein Superheld, der gerade die Welt gerettet hat.

Durch das Fenster hineinzuklettern ist noch schwieriger als das Rausklettern vorhin. Ich muss mich hochstemmen, aber meine Arme sind nicht kräftig genug, und als ich endlich über dem Fensterbrett hänge, zittern sie wie verrückt. Ich quetsche meine Hüften rein und als ich schon halb drin bin, merke ich, dass ich besser mit den Füßen zuerst hätte einsteigen sollen. Zu spät. Ich plumpse kopfüber auf mein Bett, rutsche runter, kullere auf den Boden und stoße mir schon wieder mein Schienbein an.

Scheiße.

Ich ziehe das Hosenbein hoch und betrachte den blauen Fleck und die Schrammen und das getrocknete Blut. Ich sehe verboten aus. Wie eine geschlagene Ehefrau. Ich setze mich auf den Boden, streiche mit der Hand über den Bluterguss und stelle mir vor, dass ich in ein Bad steige, das so brüllend heiß ist, dass meine Haut rot wird und mir der Schweiß in Strömen runterläuft.

Und dann höre ich im Flur Schritte und seine Stimme, leise, fast geflüstert, und ich zucke zusammen. Ich hoppel wie ein Karnickel zur Tür und lege mein Ohr daran, um zu lauschen. Er und Tracey, aber ich kann nicht verstehen, was sie sagen. Sie kann ich im Grunde überhaupt nicht hören. Wahrscheinlich ist sie besoffen. Er flüstert. Du bist so schön, Doreen. Du bist so perfekt, Doreen. Ich lege mich neben die Tür auf den Rücken, ziehe mein Hemd hoch, lege meine Hand auf den Bauch und umkreise mit den Fingern meinen Bauchnabel. Dann mache ich die Augen zu. Doreen, du hast doch schon darauf gewartet … Meine Finger ziehen immer wieder kleine Kreise auf meinem Bauch.

Dann wird Traceys Tür auf- und wieder zugemacht und es ist still. Ich komme hastig wieder hoch und drücke mein Ohr an die Tür, aber da ist nichts. Nichts.

Fuck, sage ich laut, wahrscheinlich zu laut, und am liebsten würde ich noch mehr Schimpfwörter rausbrüllen, nur um ihren Klang zu hören, aber ich tu's nicht, weil ich Dad nicht aufwecken will.

Stattdessen ramme ich meine Faust mit den Knöcheln auf den Boden. Es tut verdammt weh. Ich gehe zur Anlage und schalte sie ein, damit es nicht mehr so still ist.

Warum müssen sie auch in ihr Zimmer gehen? Warum hat Matthew nicht mal hier angeklopft? Weil er dich zum Brechen findet, du blöde Kuh. Wahrscheinlich erzählt er Tracey gerade dieselben Scheiß-Sprüche. Du bist so schön, Tracey. Du bist so perfekt. Schön wie ein Supermodel. Wie die Natur. Du bist wie eine bescheuerte Porzellanfigur.

Er küsst sie, streichelt ihren Bauch, fickt sie. Er hasst mich bestimmt. Er hatte bestimmt nur einen Samenstau. Yeah, yeah, yeah.

Ich ramme meine Faust auf die Kommode und Henrys zerknüllte Postkarte fällt auf den Boden. Ich nehme sie und glätte sie, aber ich lese sie nicht – ich sehe mir nur das Foto an: Chicago.

Ich könnte vielleicht anrufen. Ich könnte versuchen rauszufinden, ob es einen Henry Severna in Chicago gibt. Ich meine, mir ist schon klar, dass er wahrscheinlich nicht mehr da ist. Er hat die Postkarte vor langer Zeit geschrieben. Inzwischen kann er umgezogen sein. Wahrscheinlich war er sowieso nur auf der Durchreise. Vielleicht hat er auch seinen Namen geändert. Und was soll ich ihm überhaupt sagen? Wie geht's denn so, Henry? Kennst du mich noch? Ich war mal viel kleiner. Würdest du bitte kommen und mich abholen? Hier hält mich nichts. Komm bitte und nimm mich mit. Vielleicht hat er seinen Namen geändert und wir könnten heiraten. Wir müssen ja nichts Ekeliges tun – einfach nur zusammenleben und so. Ich fühle mich plötzlich, als hätte ich eine Rolle Elektrokabel in meinen Eingeweiden, heiß und sirrend. Vielleicht würden wir uns ja mal zufällig ein bisschen zu lange küssen. Und er würde jedem, der mir blöd kommt, eins in die Fresse schlagen. Henry ist gütig und gefährlich, ich weiß es einfach. Wahrscheinlich würde er mir ein bisschen Angst machen. Was zum Teufel willst du eigentlich?, würde er mich am Telefon fragen. Ich möchte zu dir kommen … ich kann sie auch nicht ausstehen. *Ich hasse sie alle.* Hoffentlich sind sie bald alle tot. Und er würde sagen: Ich komm und hol dich ab. Ich fahr noch heute Abend los. Pack ein, was du mitnehmen kannst.

Ich liebe dich, Henry.

Ich liebe dich, Doreen.

Ich stecke meinen Kopf durch die Tür, aber draußen ist alles ruhig. Dann mache ich sie ganz auf, aber nicht wieder ganz zu, und gehe ins Wohnzimmer. Ich nehme den Hörer und wähle 411.

Hier spricht Maude. Welche Stadt, bitte?

Ähm, Chicago, bitte.

Vorwahl ist 312.

Ähm, danke. Könnten Sie mich verbinden oder so was?, flüstere ich.

Da müssen Sie die Chicagoer Auskunft anrufen, sagt sie verärgert.

Okay, ähm, wie mache ich das?

Sie wählen 1-312-555-1212, sagt sie ganz langsam, als wäre ich irgendwie minderbemittelt.

Danke.

Entschuldigung, dass ich noch nie zuvor in Chicago angerufen habe, Zicke. Ist nicht meine Schuld, dass du Maude heißt und eine fantastische Karriere als Telefonauskunfts-Tussi vor dir hast.

Ich wähle die Nummer.

Welche Stadt?, fragt ein Typ laut und hastig.

In Chicago sind sie offensichtlich noch unhöflicher.

Chicago?

Henry Severna, flüstere ich.

Segerna?

Nein, Severna, sage ich etwas lauter. S-E-V-E-R-N-A.

Ich höre sein Keyboard klicken und stelle ihn mir vor, wie er an einem gigantischen Bildschirm sitzt, auf dem plötzlich in riesigen Lettern Henrys Name blinkt.

Hier ist keine Eintragung, sagt er.

Was?

Keine Eintragung für Henry Severna, Ma'am.

Okay, sage ich und lege auf. Ich möchte am liebsten laut rumkreischen, aber ich tu's nicht. Ich lege meine Stirn auf das Telefon und fange an zu heulen.

Dann fühle ich eine Hand auf meiner Schulter. Ich will schreien, aber die Hand legt sich auf meinen Mund. Und ich weiß Bescheid.

Ich bin's nur, Doreen, flüstert Matthew mir ins Ohr.

Ich schüttel seine Hand ab, die übrigens total schwitzig ist, drehe mich zu ihm um und schlucke Rotz runter. Er steht da und ist so nass, als ob er gerade unter der Dusche war.

Warum weinst du?, fragt er.

Ich sollte besser in meinem Zimmer sein, sage ich heiser. Ich hab Hausarrest.

Und deshalb heulst du?, fragt er und lacht.

Er sieht merkwürdig aus, gar nicht wie sonst. Total verschwitzt, bleich und irgendwie auf Entzug.

Wen hast du angerufen?, fragt er.

Seine Frage klingt wie ein Befehl, ganz komisch. Irgendwas an seiner Art stimmt nicht. Mein Mund ist noch warm und feucht von seiner Hand, und einen Moment lang bin ich ein bisschen nervös. Auf angenehme Art nervös. Aber dann schaue ich ihm wieder ins Gesicht und nichts ist mehr angenehm. Er sieht aus wie ein Irrer, wie einer von den Durchgeknallten, die man im Fernsehen sieht. Oder besser – er sieht aus wie ein schlechter Schauspieler, der einen Durchgeknallten spielt – zu gut aussehend, um wirklich irre zu sein.

Niemanden.

Jetzt lacht er mich aus.

Hey, sei still, sage ich leise. Ich muss in meinem Zimmer sein.

Na und?, fragt er, plötzlich total grob.

Ich krieg Ärger, wenn uns jemand hört.

Ich dachte, du stehst auf Ärger, sagt er und stellt sich dicht vor mich. Anscheinend gehört er zu den Leuten, die meinen, dass man ihnen nur zuhört, wenn sie einem fast ins Gesicht kriechen.

Er steht so dicht vor mir, dass ich zurückweiche und den Beistelltisch an meinen Waden spüre. Ich beuge mich weiter und weiter zurück und befürchte schon, gleich das Gleichgewicht zu verlieren und auf den Tisch zu krachen.

Oder?, fragt er und atmet mir ins Gesicht.

Dann macht er die Augen zu und saugt einen Moment lang die Luft ein.

Du riechst gut, Doreen.

Das ist wieder Matthew, der mir sagt, wie gut ich rieche. Ich weiß allerdings ziemlich genau, dass ich nicht gut rieche, weil ich zwei Tage lang nicht geduscht habe.

Stimmt doch gar nicht, sage ich.

Doch.

Ich muss jetzt verschwinden, sage ich und drücke mich an ihm vorbei.

Du willst nicht mit mir reden?, fragt er. Magst du mich nicht mehr, Doreen?

Doch, klar, sage ich, aber ich hab im Moment eine Menge Ärger und brauch nicht noch mehr davon.

Ich schaue auf meine Füße. Und fange an nachzudenken. Das ist das erste Mal seit gestern Nacht, dass wir uns sehen. Seit dem, was gestern Nacht passiert ist. Und irgendwie kann ich ihn nicht mehr so sehen wie vorher. Ich meine, er sieht heute zwar aus wie ein Junkie, aber das ist nicht der Grund, warum jetzt irgendwas anders ist. Es gibt jetzt eine Verbindung zwischen uns, wie an einem Strick zieht es mich zu ihm hin. Mein Herz fängt so heftig an zu schlagen, dass ich es bis in den Kopf spüre.

Was ist los, Doreen?, fragt er. Warum bist du so nervös?

Bin ich nicht, sage ich, eher unglaubwürdig, weil er wahrscheinlich mein Herz hämmern hören kann.

Du bist wirklich etwas Besonderes, Doreen, sagt er. Und dann wendet er sich ab, als ob er fertig mit mir ist, als ob es ihm völlig egal ist, ob ich noch da stehe oder nicht.

Also drehe ich mich um und will in mein Zimmer gehen, aber er greift nach meinem Arm. Erschreckt wirbel ich herum.

Du bist wirklich ein ganz besonderes Mädchen, sagt er und wirkt wie ein Zombie auf mich. Die Nacht der lebenden Matthews.

Ähm, danke, sage ich und zappel wie ein Fisch.

Okay, dann geh, sagt er. Grob lässt er meinen Arm los. Geh ins Bett, Doreen, du hast Hausarrest. Du willst ja keinen Ärger kriegen.

Ohne mich noch mal anzusehen, geht er aus dem Wohnzimmer. Ich renne buchstäblich in mein Zimmer, mach die Tür zu und schiebe meinen Schreibtischstuhl unter den Türknauf. Dann bin ich noch lange wach und lausche auf Geräusche von draußen.

Am nächsten Morgen, es ist wohl schon relativ spät, klopft es laut an meine Tür.

Doreen, sagt Dad, Doreen, du musst aufstehen.

Ich wälze mich auf meiner nackten Matratze herum. Eigentlich finde ich, dass es sich ziemlich gut anfühlt – die dicke Polsterung durchzogen von den Steppnähten. Es ist bequemer, als man meinen sollte.

Doreen, mach die Tür auf.

Ich komm ja, sage ich genervt.

Dad hat immer Angst, Traceys oder meine Tür einfach so aufzumachen, weil er befürchtet, wir könnten nackt sein. Manchmal denke ich, dass er sich die Augen zugehalten haben muss, als wir geboren wurden, weil er uns nicht nackt sehen wollte. Deswegen denke ich auch, dass meine Eltern wohl nie miteinander schlafen. Ich meine, ganz abgesehen davon, dass beide ziemlich unappetitlich aussehen und Mom total prüde ist – ich wette, Dad guckt sie überhaupt nie an. Ich wette, er guckt sich selbst nicht mal im Spiegel an, wenn er nicht unbedingt muss. Wenn er sich nicht gerade rasiert oder so was.

Ich mache die Tür auf. Dad steht draußen und sieht an mir vorbei.

Doreen, in der Garage herrscht ein einziges Chaos. Du hättest sie längst aufräumen und sauber machen sollen. Aber jetzt hast du ja viel Zeit dazu. Hörst du mir zu?

Ja.

Geh duschen, zieh dich an und kümmer dich dann um die Garage. Du wirst das Haus nicht verlassen, sagt er.

Jetzt sieht er mich an.

Und du wirst auch nicht telefonieren.

Aber Ted …, fange ich an.

Nicht mal mit Ted. Du hast Hausarrest.

Ich würde ihm gerne sagen, dass Ted zusammengeschlagen worden ist und ich irgendwas unternehmen muss. Jemand muss doch was tun. Das ist es, was Erwachsene einfach nicht kapieren. Wenn man älter wird, dann lässt man andere die schlimmsten Sachen machen und es ist einem egal. Oder schlimmer noch – es ist einem nicht egal, man tut aber trotzdem nichts dagegen. Man schleimt sich einfach so durch. Wahrscheinlich mach ich das ja auch, aber ich kämpfe wenigstens noch dagegen an. Und ich bin erst vierzehn und nicht fünfzig.

Dad, hör mal, ich muss wirklich mit Ted reden, sage ich und weiß sofort, dass das eine Dummheit war. Jetzt, wo Dad weiß, dass ich unbedingt etwas will, wird er total geil darauf sein, es mir zu verbieten.

Daran hättest du vorher denken müssen, sagt er selbstgerecht.

Dann wendet er sich zum Gehen, aber vorher sagt er noch: Ich hätte nie gedacht, dass du so unverantwortlich sein kannst. Dann ist er weg.

Tja, Hal, denke ich, daran hättest du denken sollen, bevor du Kinder in die Welt gesetzt hast. Aber ich tue trotzdem, was er gesagt hat.

Nur das Duschen lass ich aus.

Ich sitze in der Garage und lasse Spielkarten über den Boden segeln.

Jedes Mal, wenn ich die Augen zumache, sehe ich Matthew vor mir. Auf mir drauf, wie er sich vor und zurück bewegt. Ich fühle seinen Bauch an meinem. Ich sehe seine geschlossenen Augen. Seine aufgeworfenen Lippen, die aussehen wie bei einem Fisch. Ich habe mich überhaupt nicht bewegt. Doreen Doreen Doreen. Du bist so schön.

Mein ganzer Körper schüttelt sich, als ob ich gleich wieder kotzen müsste. Aber ich tu's nicht. Und dann der gestrige Abend. Vielleicht ist er auf Drogen. Das würde einiges erklären. Ich bin immer noch ganz wund. Es tut bestimmt schrecklich weh, wenn ich dusche.

Ich weiß nicht, warum Dad unbedingt will, dass ich dusche. Ich verpeste schließlich nicht das Haus oder so, und da ich in absehbarer Zeit wohl nicht unter Menschen kommen werde, besteht auch nicht die Gefahr, dass ich jemanden belästigen könnte. Dad ist zum Kotzen.

Meinetwegen soll er Scheiße fressen. Meine früheste Kindheitserinnerung ist, glaube ich, die, wo ich in der Badewanne sitze – ich muss drei oder vier gewesen sein – und aus irgendeinem Grund heule. Wahrscheinlich schreien Kinder in dem Alter öfter mal einfach so. Ich weiß noch, wie Dad supergenervt ins Bad gekommen ist und mich unter den Achseln aus der Wanne gehoben hat, als wäre ich ein Hund oder so. Ich habe geschrien und gebrüllt und bestimmt war überall Rotz von mir. Ich schwöre, ich will niemals Kinder haben, damit ich nicht immer diesen ekeligen Rotz ertragen muss. Das ist echt zu widerlich. Jedenfalls hat Dad mich nicht mal abgetrocknet, sondern mir nur das dünne Nachhemd übergezogen, das überall an mir geklebt hat. Anschließend hat er mich am Handgelenk in mein Zimmer gezerrt, mich da ins Bett gepackt, das Licht ausgemacht und ist gegangen. Ich weiß noch genau, wie ich zitternd und heulend im Bett gelegen habe, meine Haare haben das Kopfkissen durchnässt und ich lag da, klatschnass. Vermutlich war Schlafenszeit.

Prima Erziehungsstil, Dad. Bill Cosby ist nichts gegen dich. Ein Kind hast du rausgeworfen, weil du mit ihm nicht klarkamst, das zweite ist eine blödes schlampiges Flittchen und das dritte ist eine Außenseiterin, die nicht duscht und von allen verabscheut wird.

Letztere bin ich.

Wieder die Bücher. Die Stoffe. Dieselben blöden Briefe und Papiere und der ganze Staub. Säuberlich aufgehäufte Stapel. Ich finde den Karton, in dem Henrys Postkarte war, aber ich mag nicht mal mehr an dieses blöde Ding denken. Es war ziemlich bescheuert von mir zu glauben, dass ich ihn in Chicago finden würde. Aus welchem Grund sollte er da bleiben? Er kann doch machen, was er will. Er kann irgendwo auf Berge steigen. Er könnte ja ebenso gut in Afrika sein. Oder in Burma oder sonstwo.

Ich hebe die Spielkarten vom Boden auf, wobei meine abgebrochenen Nägel über den Beton kratzen. Einer reißt ein, aber es blutet nicht. Und selbst wenn.

As loud as hell a ringing bell,
behind my smile it shakes my teeth.

Scheiße, das hab ich jetzt für den Rest des Tages im Ohr. Aber ich meine, lieber Pixies im Kopf als irgendeine Grunge-Scheiße. Es ist total widersinnig – mir gehen ständig Texte von Liedern im Kopf rum, die ich nicht ausstehen kann. Ich meine, ich könnte doch stattdessen viel bessere Sachen im Kopf haben. Ein Heilmittel für Krebs zum Beispiel. Na ja, das vielleicht nicht gerade, aber irgendwas Cooles könnte es doch sein. Etwas Cooleres als »Oh What A Night«. Die Übersetzung von »Oh My Golly« zum Beispiel. Oder einen Plan, wie man Alex Matten und seine ach-so-prüde Prinzessin und ihre dämlichen Echsen-Freunde umbringt.

Ich schichte die Spielkarten zu einem Stapel in meiner Hand und hole dann das Streichholzbriefchen heraus, das Ted mir irgendwann gestern Abend gegeben und nicht zurückgefordert hat. 7-Eleven-Streichhölzer. Ich mache eins ab und zünde es an und lasse es auf meine Finger runterbrennen, bis es so wehtut, dass ich es nicht mehr aushalte. Dann mache ich noch eins an. Und noch eins. Ich finde Streichhölzer einfach verdammt faszinierend. Keine Ahnung, wieso. Ich finde Streichhölzer eigentlich auch besser als Zigaretten. Ist das nicht total blödsinnig? Ich bin manchmal wirklich saublöd.

Ich hebe die oberste Karte vom Stapel ab – eine Herzsieben. Plötzlich fällt mir wieder ein, wie ich einmal in Traceys Zimmer gekommen bin und sie und ihre Freundinnen sich gerade mit den Karten die Zukunft gelesen haben. Von wegen irgendwas mit Sieben bedeutet Distanz, Acht bedeutet Zeit oder so was. Wenn man also eine Sieben aufdeckt, heißt das, dass man an einen Typen nicht rankommt, weil er gerade nicht da ist. Wie auch immer. In meinen Augen kamen sie vor allem deswegen nicht an irgendwelche Typen ran, weil sie einfach zu dämlich waren. Zeigt einfach ein bisschen Schenkel, Mädels. Packt aus und vergesst die Siebenen und Achten.

Ich halte die Herzsieben an den Kanten fest, nehme ein Streichholz und zünde die Karte damit an. Sie fängt nur zögernd Feuer, wahrscheinlich, weil die Oberfläche behandelt ist, aber schließlich brennt sie. Erst rollen sich die Ecken auf und es stinkt ziemlich übel, dann rollt sich die Karte immer weiter auf und ich beobachte, wie all die kleinen Herzen verkohlen. Hurtig, Kinder, kommt zu Tisch. Es gibt gegrillte Herzen.

Plötzlich tröpfelt irgendein zähflüssiges Zeug an einer Seite runter und mir in die Hand und ich schreie auf und lasse die Karte in einen Karton fallen. Eine dünne Rauchsäule steigt auf, als die Karte sofort die Briefe darin in Brand setzt. Das ist wirklich eine seltsame Sache bei mir – ich weiß, dass es falsch ist, dass es hier kein Feuer geben darf und dass ich bei einem Brand sterben könnte, aber Feuer fasziniert mich einfach immer wieder. Ich starre also wie betäubt auf die Flammen und stelle mir dabei vor, dass jedes kleine Herz jemand anderes ist – Alex Matten, Alexandra Stuart, Dave, Peter, Tracey, Mom, Dad. Tut mir Leid, Leute, tut mir wirklich Leid, dass ich euch alle bis zur Unkenntlichkeit verbrannt hab.

Ich komme wieder runter, als mir der beißende Qualm in die Nase steigt und ich husten muss. Ich steige in den Karton und stampfe auf den kokelnden Briefen herum, bis ich ziemlich sicher bin, dass das Feuer wieder aus ist. Dann schiebe ich die verkohlten Papiere ganz nach unten in die Kiste. Obwohl ich nicht zu befürchten brauche, dass sie irgendjemand entdecken könnte. Seit mindestens zwanzig Jahren ist ja außer mir keiner mehr hier drin gewesen.

Ich mache das kleine Fenster und die Tür auf, um zu lüften, und atme ein paar Mal tief ein und aus. Plötzlich habe ich richtig Lust auf eine Zigarette.

Ich bin in meinem Zimmer. Es ist spät am Abend und ich war bloß einmal raus, um ins Badezimmer zu gehen. Es wundert mich, dass meine Eltern noch keine Luke in meine Tür gesägt haben, durch die sie mir Wasser und Brot reinschieben können. Mom und Dad waren den ganzen Tag lang »Besorgungen machen«. Ich frage mich immer, wie viele Besorgungen ein Mensch wohl zu machen hat. Mom geht jeden Tag los und macht ihre »Besorgungen«, und es ist keineswegs so, dass sie immer mit dollen Sachen zurückkäme. Meistens kommt sie mit gar nichts oder einer einzigen kleinen Tüte wieder. Und am nächsten Tag geht sie wieder los, um ihre mysteriösen Besorgungen zu machen.

Wahrscheinlich sind inzwischen wieder alle zu Hause, aber ich habe keine Lust, sie zu sehen. Ich habe circa zwanzigmal versucht, bei Ted anzurufen, als Mom und Dad unterwegs waren, aber er war den ganzen Tag nicht zu erreichen. Ich weiß, dass ich das Telefon nicht benutzen soll, aber sie können das Ding zum Glück nicht abschließen. Ich wäre besser direkt zu Ted rübergelaufen, als ich die Chance dazu gehabt hab, aber ich wusste nicht, wann Mom und Dad wiederkommen wollten, und wenn ich dann nicht hier gewesen wäre, dann hätte ich nur noch beten können.

Vielleicht sollte ich mich heute Nacht rausschleichen.

Ich höre das Telefon klingeln und renne los, aber natürlich sind Mom und Dad schon da. Dad sieht mich nicht an, als er den Hörer aufnimmt.

Doreen darf das Telefon nicht benutzen, Ted, tut mir sehr Leid.

Wer's glaubt, wird selig.

Sie ruft dich an, wenn sie keinen Hausarrest mehr hat.

So wie Dad es sagt, klingt es, als würde ich nur gerade ein Nickerchen machen. Tut mir Leid, Ted, sie ruft dich an, wenn sie aufgewacht ist. Ich kann mir vorstellen, wie Ted am anderen Ende der Leitung so tut, als ob er von nichts wüsste. Ach so, Mr. Severna, ja, okay, dann ruf ich ein andermal wieder an.

Dad legt auf und guckt mich an.

Bist du fertig mit der Garage?

Ich bin dabei, sage ich.

Er nickt, setzt sich und fängt an, die Zeitung zu lesen.

Ich gehe in die Küche zu Mom, die gelbe Gummihandschuhe anhat und den Minigrill schrubbt, was ein fürchterliches kratzendes Geräusch macht. Sie fährt total auf diesen Minigrill ab. Sie verschwindet beinahe drin und scheuert und scheuert, als würde ihr Leben davon abhängen, dass sie das Ding blitzsauber kriegt. Ab und zu hört sie auf und begutachtet blinzelnd ihr Werk, fast so wie

Ted blinzelt, wenn er nichts sieht. Sie reinigt das Gerät, als ob sie ihm das Leben retten will. Sie liebt den Grill. Sie braucht diesen Grill.

Ich spreche sie nicht an, sondern gehe wieder in mein Zimmer, um Musik zu hören. Ich bete zu Gott und Jesus Christus und zum Teufel, dass ich bitte, bitte, bitte nicht hier versacken muss.

Ich brauche nicht drum herum zu reden – dieser Anne-Frank-Scheiß nervt mich zu Tode. Wenn ich nicht bald hier rauskomme und zu Ted gehen kann, dann platze ich. Ich habe mindestens sechstausendmal *Bossanova, Doolittle, Surfer Rosa, Come On Pilgrim* und dieses Lied, »Manta Ray«, gehört.

My Manta Ray's alright,
My Manta Ray's alright ...

Ich weiß, dass es deinem Mantarochen gut geht. Schön, dass er sich wohl fühlt. Ich bin sicher, dass bei ihm alles im grünen Bereich ist. Ich weiß noch nicht mal, was ein Mantarochen ist, also schlage ich in dem Lexikon nach, das ich aus der Garage mit reingenommen habe. Da steht nur: *Manta – ein riesiger Rochen mit flügelartigen Brustflossen.* Tolle Hilfe. Also schlage ich unter Rochen nach. *Rochen – Knorpelfisch mit meist dorsoventral stark abgeplattetem Körper.*

Toll, danke. Wozu soll ich ein Wort nachschlagen, wenn ich daraufhin noch zehntausend andere nachschlagen muss? Ich denke nicht daran, bei dorsoventral nachzusehen!

Und was soll dieses Lied überhaupt? Meinem Knorpelfisch mit abgeplattetem Körper geht's gut? Okay, wenn du meinst, Mann!

Gott, ich muss wirklich hier raus. Ich dreh sonst durch.

Mon und Dad sind ins Bett gegangen und ich beschließe, Ted anzurufen, also schleiche ich mich ins Wohnzimmer und nehme den Hörer auf. Aber irgendwie ist mir plötzlich nicht mehr nach Ted. Ich stehe einfach einen Moment lang nur mit dem Hörer in der Hand da und höre dem Tuten zu.

Autos fahren auf der Straße vorbei und das Licht der Scheinwerfer jagt über die Wände in unserem dunklen Wohnzimmer. Und ich stehe einfach da und lausche dem Tuten aus dem Hörer. Und dann fange ich an, mir Gedanken darüber zu machen, in welche Richtung die Autos fahren – nach Norden oder Süden oder sonstwohin – und stelle fest, dass ich überhaupt keine Ahnung von Richtungen hab. Ich meine, klar, ich weiß, dass San Francisco im Norden liegt, Chicago im Osten und New York sogar noch weiter östlich, aber das war's auch schon.

Dann fällt mir ein, dass es New York sein könnte.

Ich wähle 411 und frage nach der New Yorker Auskunft und die Frau gibt mir die Vorwahl durch. Ich schreibe 1-212-555-1212 auf den kleinen Block neben dem Telefon, und obwohl mir die Nummer wie ausgedacht vorkommt, wähle ich sie trotzdem. Als die Frau von der Auskunft nach der Stadt fragt, weiß ich erst nicht, was ich sagen soll. Ich weiß ja noch nicht mal, was ich hier eigentlich mache.

Ähm, New York City, flüster ich.

Der Eintrag?, fragt sie und klingt dabei ziemlich genervt.

Diese Leute von der Vermittlung sind alle ziemlich kurz angebunden. Wahrscheinlich gehört das zum Beruf dazu, aber sie würden sich keinen abbrechen, wenn sie ein bisschen freundlicher wären, zumal es ja wohl nicht zu überhören ist, dass ich noch jung bin und nicht gewohnt, Ferngespräche zu führen. Und diese Frau ist sogar noch schlimmer als die anderen vorher. Maude hat mir wenigstens ihren Namen gesagt.

Der Nachname ist Severna, sage ich und spreche es langsam aus.

Ich höre sie tippen und sage: Vorname Henry.

Klack Klack Klack.

Kein Severna, sagt sie.

Ich fange an, am Rand des Telefons rumzukratzen, und hab plötzlich eine Idee.

Gibt es denn, ähm, irgendeinen Namen, der sich so ähnlich anhört?

Sie seufzt, als hätte ich gerade sonst was von ihr verlangt.

Ma'am, sagt sie ungeduldig. Davon gibt es hier viel zu viele – Severa, Severns, Severo, Severso –

Sie rattert weitere Namen runter, während ich mit den Zähnen knirsche und mein Herz plötzlich heftig zu schlagen anfängt. Dann höre ich, wie ein Wagen auf unsere Auffahrt kommt, und sehe das Scheinwerferlicht im Wohnzimmer.

Okay, danke, sage ich und lege hastig auf.

Wahrscheinlich sind Tracey und Matthew gerade gekommen.

Ich gehe in die Küche und tue so, als wollte ich mir was zu trinken holen, und höre, wie sie reinkommen.

Es ist total unfair, sagt Tracey.

Aus irgendeinem Grund kann ich mir nicht vorstellen, dass sie über das Welthungerproblem diskutieren. Wahrscheinlich kriegt sie ihren Lieblings-Lipgloss vom Body Shop nicht mehr oder sie regt sich darüber auf, dass sie keine mehr von den bescheuerten Buffalos kaufen kann, weil sie schon alle hat.

Dann kommen sie in die Küche und Matthew sieht total müde und grau im Gesicht aus, so als müsste er jeden Moment kotzen, und auch Tracey wirkt nicht mehr ganz frisch. Ich meine, ein bisschen dumpf sieht sie ja immer aus, aber heute auch echt müde und ausgemergelt. Ich schätze, ich habe sie erschreckt, denn sie macht einen Satz nach hinten, als sie mich schließlich sieht.

Mein Gott, Dor, sagt sie. Schleich doch hier nicht so rum.

Matthew guckt mich nicht an.

Ey, wie siehst du denn aus?, fragt sie mich. Wann hast du dir denn zum letzten Mal die Haare gewaschen?

Ich zucke die Achseln.

Ich stehe Matthew gegenüber und endlich sieht er mich an. Er hat einen komischen, intensiven Blick drauf und plötzlich fühle ich mich so, wie er aussieht. Grau und müde und kurz vor dem Zusammenbruch. Jetzt starrt er mich an. Es kommt mir vor, als würde *er* mich müde machen. Geht er eigentlich nie nach Hause?

Und die ganze Zeit über wühlt Tracey im Kühlschrank wie ein Trüffelschwein.

Wo ist der beschissene Traubensaft?, fragt sie mich.

Ich weiß nicht, wo dein beschissener Traubensaft ist, sage ich.

Gott, musst du so ätzend sein?, fragt Tracey, den Kopf immer noch im Kühlschrank.

Limo ist noch da, sage ich mit einer Stimme, die überhaupt nicht nach meiner klingt. Ich weiß, dass es an Matthews Blick liegt. Matthews Blick ist es, der mich fertig macht.

Tracey wirft die Kühlschranktür zu und sagt: Ich trinke keine Limo.

Oh, nein, natürlich trinkt sie keine Limo. Sie trinkt keine Limo und isst keine Schokolade, weil das dick macht, und sie isst kein Fleisch, weil sie Tiere retten muss, obwohl sie Menschen wie Scheiße behandelt und nur nach Parfüm und Make-up riechen will. Tracey mag überhaupt nichts Körperliches und hasst es, auch nur ansatzweise in Schweiß auszubrechen.

Wahrscheinlich legt sie sich ein kühles Handtuch über den Kopf, wenn sie und Matthew es tun.

Ich wollte dir nur helfen, sage ich.

Tracey atmet genervt aus.

Hast du nicht Hausarrest? Solltest du nicht in deinem Zimmer sein und an dir rumspielen?, fragt sie.

Ich spüre, wie ich rot werde, und wende den Blick ab. Als Tracey lacht, packe ich mein Glas so fest, dass ich befürchte, es könnte zerbrechen.

Tracey?, sage ich sehr leise.

Sie schaut mich mit ihrem Rattenblick an, bereit, die Augen zu verdrehen, bereit zu denken, Doreen ist so eine blöde Tussi, so ein Kleinkind, so eine naive Zicke.

Du bist so eine *verfickte Kuh*!, schreie ich und schleudere ihr meine Limo entgegen.

Schweigend stehen wir einander gegenüber, während die Limo ihr aus dem Haar, vom Gesicht und von ihrem T-Shirt tropft. Tracey starrt mich mit offenem Mund an. Sie ist total schockiert und das bin ich auch.

Ich werfe Matthew einen Blick zu und er fängt an zu lachen.

Tracey streckt die Arme aus und betrachtet sich wie Carrie, nachdem sie den Eimer mit Schweineblut über den Kopf gekriegt hat. Du kleine Schlampe!, kreischt sie und stürzt sich auf mich, um mich zu packen oder zu schlagen, aber ich renne schon zu meinem Zimmer und höre noch, wie sie Matthew anschreit:

Das ist nicht lustig, du Arschloch!

Ich knalle die Tür zu, schließe sie ab und hocke mich dagegen. Dann höre ich, wie Mom und Dad aus ihrem Zimmer kommen und sofort ein aufgeregtes Geschnatter einsetzt.

Was ist passiert?, fragt Mom.

Sie hat mir ihre Limo ins Gesicht geschüttet!, greint Tracey. Sie heult beinahe und das Ganze kommt mir plötzlich so verdammt komisch vor, dass ich einfach lachen muss.

Doreen, komm sofort raus und entschuldige dich bei deiner

Schwester, sagt Dad, während er mit der Faust gegen meine Tür einhämmert.

Bestimmt nicht, rufe ich.

Ich höre wie Tracey heult und jammert und Dad weiterhin gegen die Tür haut.

Doreen Jane Severna, du hast es einmal zu viel auf die Spitze getrieben – *komm jetzt sofort raus*!

Dads Gebrüll jagt mir einen Schauder über den Rücken. Ich mache die Tür auf und sehe sie alle vor mir stehen. Tracey tropfnass, Mom in ihrem komischen Nachthemd, Dad in Jogginghose und T-Shirt und mit knallrotem Kopf. Matthew ist nicht da. Wahrscheinlich ist er schon in Traceys Zimmer gegangen.

Entschuldige dich bei deiner Schwester, sagt Dad langsam und mechanisch.

Tut mir wirklich Leid, sage ich total sarkastisch. Ich weiß, dass ich damit bei Dad nicht durchkomme, aber ich kann nicht anders.

In einem anderen Ton. Sofort, sagt Dad.

Wenn Eltern so was verlangen, dann muss man nur leiser sprechen und schon glauben sie, dass du es ernst meinst. Aber tut mir Leid – wie kann man etwas unaufrichtig sagen und es im nächsten Moment absolut ernst meinen? Na ja, Dad würde es sowieso nicht raffen. Er besitzt nicht gerade das, was man Menschenkenntnis nennt.

Es tut mir wirklich Leid, Tracey, sage ich, während ich zu Boden sehe.

Und dann drehe ich mich einfach um und gehe wieder in mein Zimmer, wo ich so heftig kichern muss, dass ich vorsichtshalber mein Gesicht im Kissen vergrabe.

Ich beschließe, Ted anzurufen, weil ich davon ausgehe, dass Mom und Dad und wohl auch Tracey und Matthew jetzt schlafen. Ich mache die Tür fast lautlos auf und schleiche ins Wohnzimmer. Ich fühle mich hellwach und ein bisschen paranoid – jedenfalls total aufgekratzt. Ich nehme den Hörer, setze mich auf den Boden und wähle Teds Nummer.

Hallo.

Ich bin's, flüster ich.

Was zum Teufel hast du gemacht?, fragt er und ich muss grinsen, als ich seine Stimme höre – keine Ahnung, warum.

Hast du jetzt Hausarrest, bis du stirbst?, fragt er.

Oder bis sie sterben, antworte ich.

Meine Güte, das ist ja wie in *Blumen der Nacht*, sagt er. Und dann imitiert er die schrille Stimme von dem Mädchen aus dem Film und sagt immer wieder: Iss den Keks, Mutter, iss den Keks!, und ich muss so lachen, dass ich mir fast in die Hose mache.

Mensch, hör auf, sage ich. Es kostet mich so viel Anstrengung, nicht laut loszuprusten, dass ich bestimmt gleich pupse oder kotze.

Kannst du rauskommen?

Ich denk schon. Ich muss nur noch ein bisschen warten, damit ich sicher sein kann, dass sie auch wirklich schlafen.

Okay, sagt er. Sieh nur zu …

Er spricht den Satz nicht zu Ende.

Sieh nur was zu?, frage ich.

Ich höre, wie er tief Luft holt und dann sagt: Sieh nur zu, dass … du den Keks isst, Mutter!

Ich ersticke fast daran, nicht lachen zu dürfen, und als ich endlich wieder sprechen kann, sage ich: Du bist so bescheuert!, und lege auf.

Ich werfe einen Blick zur Haustür und überlege, ob ich da rausgehen soll, aber ich bin sicher, dass Dad meinen Schlüssel hört, wenn ich zurückkomme. Außerdem ist es ja auch kein Akt, noch mal durchs Fenster zu steigen. Jetzt weiß ich ja in etwa, wie's am besten geht.

Ich mache mich wieder auf den Weg in mein Zimmer, wobei ich mir den Mund zuhalten muss, um nicht laut loszulachen. Seit wann bin ich nur so albern drauf? Manchmal versetzt Ted mich in so eine Stimmung und ich kann gar nicht genau sagen, warum.

Es ist echt komisch – ich hab Ted nur vierundzwanzig Stunden nicht gesehen, aber ich hab das Gefühl, als wären es mindestens zehn Jahre gewesen. Und irgendwie ist es, als ob ich ihn sehen *muss*. Als ob ich zusammenklappe, wenn ich ihn nicht sehe. Vielleicht liegt es daran, dass er mich so zum Lachen bringen kann. Obwohl ich ja in letzter Zeit eher sauer geworden bin, wenn ich mit ihm zusammen war, weil er so ein Warmduscher ist. Ich bin einfach total durcheinander.

Ich will gerade zurück in mein Zimmer gehen, als ich im Flur Geräusche aus Traceys Zimmer höre. Ich bleibe stehen. Sex-Geräusche. Tracey grunzt wie ein Ferkel, aber Matthew gibt, glaube ich, keine Laute von sich. Ich höre allerdings das Bett. Ich zwinge mich, die Augen aufzulassen, weil ich befürchte, dass ich sofort wieder Matthew sehe, wie er sich auf mir vor und zurück bewegt, wenn ich sie zumache. Also stehe ich einfach nur vor Traceys Tür und merke gar nicht richtig, wie ich zittere und mir ein kalter Schauer nach dem anderen über den Rücken jagt.

Er liegt auf ihr. Jetzt gerade.

Ich starre auf die Tür und überlege, was wohl passiert, wenn ich sie aufmache. Ich könnte reingehen und sie beobachten. Könnte Traceys blödes Gesicht unter ihm beobachten. Könnte ihn beobachten, wie er sich vor und zurück bewegt, wie er ihr eine Hand über die Augen legt. Ich könnte mich einfach neben sie stellen. Oder mich runterbeugen und ganz dicht rangehen, bis sie mich bemerken. Tracey würde wahrscheinlich kreischen und dann würden Mom und Dad reinkommen und sie ertappen. Das wäre eigentlich ganz cool, aber ich glaube nicht, dass ich die beiden dabei sehen will.

Ich schaue auf meine Hände runter und plötzlich fällt mir wieder ein, wie Mom mal – so ganz lang ist es noch nicht her, ein paar Jahre vielleicht – meine Hände genommen und gesagt hat: Deine Hände sind so glatt und jung. Guck dir meine an.

Also hab ich mir ihre angeguckt – sie waren ganz faltig und irgendwie knochig, und ich weiß noch, wie komisch ich es fand, dass sie mich darauf hingewiesen hat, aber andererseits sagt sie ja ständig komische Sachen. Und auf eine Art fand ich es dann auch wieder gut.

Irgendwie fange ich an zu heulen, und aus Traceys Zimmer kommen immer noch diese ekelhaften Geräusche. Ich ziehe meine Schuhe an und gehe zum Fenster.

Wow, sagt Ted, du siehst beschissen aus.

Musst du gerade sagen, sage ich, während wir bei ihm in den Keller gehen. Die Prellungen sind noch nicht wieder abgeheilt und er sieht krank und klapperdürr aus.

Wo warst du den ganzen Tag?, frage ich. Ich hab bestimmt tausendmal angerufen.

Ich war mit meiner Mutter Besorgungen machen.

Hier scheint jeder irgendwelche Besorgungen machen zu müssen.

Wie hast du ihr das mit deinem Gesicht erklärt?

Ich hab ihr gesagt, du hättest mich verprügelt.

Ernsthaft?

Quatsch, du Affenarsch, sagt er. Ich hab ihr gesagt, dass ich in eine Schlägerei geraten bin.

Und ist sie ausgerastet?

Zuerst ja. Dann hat sie eine Therapiestunde bei Jack Daniels genommen und sich wieder beruhigt.

Und dann ward ihr Besorgungen machen?, frage ich.

Ja. Es ist echt lustig, mit ihr zu fahren, wenn sie so zu ist. In der Altstadt hat sie eine rote Ampel mitgenommen.

Scheiße. Hat das jemand gesehen?

Klar, irgendwer wird's wohl gesehen haben, aber Cops waren keine da. Ich hab nur zu ihr gesagt, Mom, das war sehr rot.

Wir lachen beide. Ich kann mir Teds Mom richtig gut vorstellen, wie sie mit ihrer Großkotzsonnenbrille, mir der sie wie eine Stubenfliege aussieht, im Auto sitzt. Eine Hand hat sie am Steuer, die andere mit der Benson & Hedges baumelt lässig aus dem Fenster. Sie hält sie gerade weit genug von ihrer Frisur weg, dass der Haarspraypanzer kein Feuer fängt.

Scheiße, ich muss dir noch was erzählen, sage ich, und Ted schaut mich erwartungsvoll an.

Ich weiß nicht, wieso wir beide im Moment so aufgedreht und gut gelaunt sind. Ich meine, in Anbetracht der Tatsache, wie beschissen das Leben uns zur Zeit behandelt, kommt es mir total pervers vor, dass wir hier sitzen und über all den Scheiß, der in letzter Zeit so passiert ist, tratschen und lachen. Aber was sollen wir auch sonst machen?

Ich erzähle ihm, wie ich Tracey die Limo über den Kopf gegossen habe. Ted verschlingt begeistert jedes Wort und sitzt am Ende mit offenem Mund da.

Meine Fresse, Dor, du bist echt cool, sagt er und beugt sich rüber, um mich zu drücken oder so, aber weil wir beide wissen, dass das ein bisschen komisch ist, lehnt er sich schnell wieder zurück.

Ich kann's einfach nicht glauben, sagt er kopfschüttelnd. Und was hat ihr Freund gemacht?

Hm?, frage ich, weil ich im ersten Moment wirklich nicht weiß, von wem er redet.

Du weißt schon, dieser Typ – Michael?, fragt Ted.

Matthew, sage ich.

Ja. Was er denn gemacht?

Beinahe sage ich: Wir haben gepoppt, Ted, und ich hatte eigentlich überhaupt nichts damit zu tun, und obwohl ich dachte, dass ich es gewollt habe, tat es höllisch weh, und außerdem hat er mich nicht gefragt, sondern es einfach gemacht, während ich nur da gelegen und ihn habe machen lassen, aber ich möchte trotzdem, dass er mich noch anguckt, obwohl ich, glaube ich, nicht mehr mit ihm poppen will, aber er hat gesagt, ich sei schön und perfekt und so, und Ted, warum willst du es einfach nicht verstehen, Ted, denn ich weiß, dass du es verstehen würdest, wenn du Bescheid wüsstest, wenn du wirklich Bescheid wüsstest.

Er hat gelacht, sage ich.

Im Ernst?, fragt Ted total aufgeregt. Echt cool. Vielleicht ist er ja doch nicht so 'n Depp.

Ted?

Was?

Nichts, sage ich.

Ich stand echt kurz davor, es ihm zu sagen, ich schwör's.

Später kommt ein Moment, in dem Ted und ich uns plötzlich nichts mehr zu sagen haben, und ich beschließe, nach Hause zu gehen.

Meinst du, dass du morgen Abend rauskannst?, fragt er.

Weiß nicht. Wahrscheinlich, sage ich und stoße mit meinem Zeh gegen den Teppich.

Draußen kommt plötzlich ein ziemlich starker Wind auf und mir kommt es einen Moment so vor, als ob das ganze Haus schwankt.

Ted setzt sich auf und zuckt zusammen. Er hat die Augen ängstlich aufgerissen und schaut sich um, obwohl hier unten keine Fenster sind.

Du glaubst, dass sie wieder da sind, oder?, frage ich.

Quatsch, sagt Ted ablehnend.

Aber ich weiß, dass ich Recht habe. Wahrscheinlich kann er es einfach nicht loswerden. Wenn einem so eine Sache passiert, dann steckt sie einem im Kopf, bis man irgendwas unternimmt. Das war's, was ich Ted zu erklären versucht habe. Das ist es, was ich immer allen zu erklären versuche.

Wir kriegen die schon, Ted, sage ich. Ich weiß nur noch nicht genau, wie.

Ja, klar, sagt Ted. Wir »kriegen« die, Dor, und dann kriegen sie uns und wir wieder sie und wir kriegen uns alle gegenseitig immer weiter, bis wir verrecken. Tolle Sache, sagt er sarkastisch.

Weißt du, wenn du so denkst, verbaust du dir von vornherein alle Chancen, sage ich.

Dor, sagt Ted, genervt und betont erwachsen. Ich will nichts unternehmen. Es ist mir nicht wichtig genug.

Das glaub ich dir nicht.

Er lacht.

Also was? Was für einen tollen Plan hast du denn, Chef? Was fällt dir denn Großartiges ein, damit sie uns für immer in Ruhe lassen?

Ehrlich gesagt weiß ich das auch nicht. Ich trete weiter gegen den Teppich, der so abgeschabt ist, dass er eigentlich gar kein Teppich mehr ist. Der Flor ist so durch, dass er viel mehr nach aneinander geknüpften Haarteilen aussieht.

Wir könnten ihre blöden Häuser in Brand stecken, sage ich.

Ted lacht und sagt: Okay, Dor, wir gehen also in den Knast, weil ein paar Arschlöcher uns nicht mögen.

Es geht doch nicht nur um die.

Um wen denn sonst?

Um alle. Einfach um … alle, sage ich langsam. Die ganze Welt.

Was willst du denn tun?, fragt Ted. Die ganze Welt in Brand stecken?

Während ich weiter auf den Teppich eintrete, sage ich leise, ohne ihn anzusehen: Ja.

Der nächste Morgen fängt übel an. Ich wache auf, weil Dad wieder gegen meine Tür klopft.

Doreen, aufstehen, sagt er.

Ich bin noch nicht gerade fit, weil ich erst gegen vier nach Hause gekommen bin. Also stehe ich auf, reibe mir den Schlaf aus den Augen, torkel zur Tür und mache sie auf. Dad guckt weg, wahrscheinlich weil ich nur in T-Shirt und Unterhose dastehe.

Wie spät ist es?, frage ich.

Neun.

Dad, ich bin echt müde, sage ich. Ich brauch noch ein bisschen Schlaf.

Du hast gut zehn Stunden geschlafen, sagt er. Das reicht.

Ich streite mich nicht mit ihm, sondern ziehe meine Jeans an, obwohl ich sterbensmüde bin. Dann gehe ich in die Küche, wo Mom den Tisch abwischt, obwohl noch niemand gefrühstückt hat.

Hi, sage ich.

Mom schaut auf, als ob sie Felsbrocken im Nacken hat, und sagt: Guten Morgen, Doreen.

Doreen, du kommst mit, sagt Dad. Wir gehen raus zur Garage. Er macht die Tür auf und steht einfach nur da.

Und?, fragt er.

Was?, frage ich, weil ich nicht weiß, was er von mir will.

Er sieht mich an, als ob ich nicht ganz dicht wäre, und sagt: Hier sieht es aus wie auf einer Müllhalde. Was hast du die ganze Zeit gemacht?

Ich zucke die Schultern.

Ich versuche, das Zeug ... zu sortieren, sage ich.

Jetzt hör mal zu, Doreen, sagt er. Du reißt dich jetzt zusammen. Keine Widerworte.

Er quatscht weiter, aber ich blende mich geistig aus, denn ich weiß genau, dass jetzt die »Solange-du-deine-Füße-unter-meinen-Tisch-stellst«-Nummer kommt.

Du machst deiner Mutter ständig Kummer und ich hab es satt. Ich bin dein Verhalten gründlich leid. Das ist das Letzte, was ich gebrauchen kann. Du machst mir ein bisschen zu viel Ärger und solange du noch in meinem Haus lebst, wirst du tun, was ich dir sage.

Weiter so, Dad, denke ich. Jetzt bist du kein Mensch mehr, sondern ein totaler Stereotyp. Aber voll funktionsfähig. Diese Woche toppt echt alle vorher.

Hast du mich verstanden?

Ich sage nichts.

Antworte mir.

Schön, sagt er und wendet sich zum Gehen. Aber dann dreht er sich noch einmal um und sagt: Du siehst besser zu, dass die Garage heute Abend aufgeräumt ist.

Dann ist er weg.

Und wenn nicht? Doppelter Hausarrest? Oder entziehst du mir meine Badezimmer-Privilegien?

Das ist auch so eine Sache, ohne die es nicht geht – er muss immer das letzte Wort haben, bevor er seinen großen Abgang macht. Richtig dramatisch. Wenigstens hat er nichts von dem Feuer bemerkt. Obwohl Mom und Dad und alle anderen mich wahrscheinlich inzwischen sowieso schon so sehr hassen, dass es gar keinen Unterschied mehr machen würde. Doreen ist unverschämt, dreckig, blöd, wirft mit schmutzigen Wörtern um sich und, oh, ja, in ihrer Freizeit legt sie gern hier und da einen kleinen Brand. Das ist dann wohl auch schon egal.

Also wieder mal allein mit Büchern, Papieren und Stoffen. Ich glaube, ich werde alles so zusammenpacken, dass es aufgeräumt aussieht. Ich hab echt keine Lust, das ganze Zeug noch mal durchzugehen. Ich werde einfach alles aufstapeln. Eins aufs andere. Saubere kleine Häufchen.

Ich muss wieder an Matthew denken, aber das tut mir überhaupt nicht gut, also versuche ich, den Gedanken an ihn zu verdrängen. Einen Moment lang überlege ich, ob ich es Ted nicht doch erzählen sollte. Gestern Abend hätte ich es fast getan. Aber dann werde ich wieder sauer, weil Ted keine Lust hat, es den beiden Alexes heimzuzahlen. Manchmal verstehe ich ihn einfach nicht.

Sie verprügeln ihn, drehen ihn richtig durch die Mangel, weil sie es sich leisten können, weil sie gerade nichts Besseres zu tun haben, und er steckt es einfach ein. Er liegt nur da und steckt ein.

Er liegt einfach nur da. Er liegt einfach nur da.

Ich höre mit dem Stapeln auf.

Ich höre mit dem Stapeln auf, weil mir plötzlich aufgeht, dass ich vielleicht auch nichts tun kann. Und ich fange schon wieder an zu heulen. In letzter Zeit heule ich verdammt viel. Was ist nur los mit mir? Außerdem bin ich dauernd verschwitzt und dreckig. Ich wische mir mit der Hand über die Stirn und betrachte den Schweiß, der sich mit Tränen vermischt. Salz und Wasser. Das ist im Grunde alles, woraus ich bestehe. Ich kann nicht aufhören zu weinen, also rolle ich mich zu einer Kugel zusammen und schluchze und wimmere und möchte am liebsten sterben. Und dann überlege ich, wie es wohl wäre, wenn ich jetzt und ausgerechnet hier sterben würde. Ich fühle mich, als wäre ich seit tausend Stunden wach, und bevor ich merke, was passiert, schlafe ich auf dem Zementboden ein. Und ich bin so müde, dass mir der Boden verdammt bequem vorkommt.

Ich träume, dass ich in Teds Haus bin, das aber nicht wirklich wie Teds Haus aussieht, sondern eher wie eine verzerrte Version davon. Ted und ich sitzen im verzerrten Keller und er erzählt mir, dass wir nicht raufgehen können, weil oben überall Eis auf dem Boden ist wie in einem Hockey-Stadion. Aber aus irgendeinem Grund müssen wir raus aus dem Haus. Wenn wir nicht gehen, wird uns irgendwas passieren. Ich sage Ted, dass wir raufmüssen, um aus dem Haus zu kommen, aber er sagt, dass das nicht geht. Doreen, das geht nicht, sagt er immer wieder. Und dann fängt er wie verrückt an zu schreien und zu weinen und klammert sich an mir fest, wobei er immer wieder sagt: Du kannst da nicht rauf, Doreen. Ich schüttel ihn ab und gehe trotzdem rauf. Oben komme ich in eine Art Labyrinth und Teds Mutter liegt bewusstlos und sabbernd auf dem Eis. Ich betrete das Eis und es brennt ganz übel unter den Füßen, also fange ich an zu rennen, bis mir irgendwann auffällt, dass es kein Eis, sondern Glas ist, und in meinen Füßen stecken Splitter und es tut höllisch weh. Ich bleibe stehen und ziehe die Splitter einem nach dem anderen aus meinem Fuß. Als ich fertig bin, sieht mein Fuß aus wie ein Steak. Roh und blutig wie ein Steak – wie irgendwas, das an einem Haken in einem Fenster hängen sollte.

Als ich aufwache, zittere ich und es ist so still, dass ich beinahe Angst kriege. Ich gucke auf meine Füße, was natürlich albern ist. Ich meine, ich weiß, dass ich keine echten Splitter in den Füßen habe – woher sollten die schon kommen? Aber es hat sich so verdammt echt angefühlt. Ich schwöre, ich konnte sie fühlen, und ich konnte auch fühlen, wie sie mich aufgeschnitten haben, als ich sie rausgepult hab.

Und dann stehe ich auf, gehe aus der Garage und laufe einfach drauflos.

Schließlich stehe ich vor Teds Haus und klopfe an die Hintertür, aber niemand macht auf. Ich gehe sogar nach vorne zur Haustür und drücke auf die Klingel, aber auch da macht niemand auf, also stehe ich einfach bloß vor Teds Haus und warte.

Mein Gesicht ist so ölig, dass ich es schmecken kann, wenn mir der Schweiß runterläuft. Man könnte Hähnchen auf meinem Gesicht braten. Aber irgendwie gefällt es mir. Ted hat mal gesagt, dass niemand einen ficken will, wenn man dreckig ist. Das war zwar nur so dahergeblödelt, er wollte nur den coolen Typen spielen, aber vielleicht ist was dran.

Ich dürfte nicht hier sein. Ich habe Hausarrest. Ich sollte nirgendwo sein. Ich sollte nicht zu Hause sein und nicht bei Ted und ich sollte nicht mit Matthew zusammen sein und ich sollte wirklich nicht die ganze Zeit diesen Scheiß denken.

Einen Moment lang sage ich mir, dass ich mich einfach mal richtig anstrengen sollte, normal zu sein und mit jemand anderem außer Ted auszukommen, aber ich hab's schon probiert und irgendwann gibt man es auf. Irgendwann kotzt es einen einfach an. Teds Haus ist leer und auf der Straße ist niemand zu sehen. Es ist heiß. Ich komme mir vor wie in einer Wüste. Ich warte eine Weile darauf, dass Ted nach Hause kommt, aber es passiert nichts und bald komme ich mir wie ein Idiot vor, wie ich da mitten auf der Straße vor seinem Haus rumstehe, aber ich habe wirklich keine Lust, mich auf die Treppe oder auf den Bordstein zu setzen.

Irgendwann drehe ich mich um und gehe nach Hause. Ich weiß, dass Dad mich vermutlich auf irgendein Militär-Internat schickt, wenn er inzwischen in die Garage gekommen ist und gesehen hat, dass ich nicht mehr da bin, aber ich schaffe es noch nicht mal mehr, mich deswegen aufzuregen. Es ist mir alles zu anstrengend, sogar Sorgen machen. Sogar die Tatsache, dass ich so ein abgewrackter Loser bin, macht mich einfach nur müde.

Es ist so still auf der Straße, dass ich einen Moment lang glaube, es muss irgendwo einen Atomkrieg gegeben haben, der alle außer mir erledigt hat. Das wäre wohl gar nicht mal so schlecht. Ich gehe wieder zu unserem Haus und sehe Moms und Dads Wagen davor. Und Matthews auch. Die Garagentür steht offen. Na ja. Sieht aus, als wär ich schon wieder erwischt worden.

Ich gehe durch den Vordereingang und Matthew und Tracey sind im Wohnzimmer. Matthew liest Zeitung und schaut nicht mal auf, als ich reinkomme. Tracey hängt am Telefon und wirft mir einen kurzen Blick zu.

Mom, Dad, Doreen ist wieder da!, schreit sie, während sie die Hand über den Hörer hält.

Ja, so ist es richtig, Süße, denke ich. Sag's ihnen. Verpetz mich – denn es gibt eigentlich nichts Neues mehr, womit sie mich dafür bestrafen können, dass ich den Severna-Besitz trotz Hausarrest verlassen habe. Vielleicht verklagen sie mich ja. Oder sie ketten mich in der Garage an. Oder sie zwingen mich einfach, noch vier Jahre hier wohnen zu bleiben.

Mom und Dad kommen rein – ich nehme an, sie waren im Schlafzimmer – und starren mich an. In letzter Zeit wird hier verdammt viel gestarrt. Dad kocht vor Wut, Mom ist in Tränen aufgelöst. Ruft sofort die Presse an.

Mom, kannst du ihr mal sagen, dass sie duschen soll? Sie riecht wie Scheiße, sagt Tracey.

Pass auf, was du sagst, Tracey, sagt Dad sehr leise und wütend.

Wir starren weiter. Das heißt, eigentlich starren nur Dad und ich. Ich sehe Mom gar nicht erst an. Ich hab es satt, Mom anzugucken und mir Sorgen machen zu müssen, dass sie wegen mir einen Nervenzusammenbruch kriegt. Sie bricht ja schon wegen abgelaufener Gutscheine zusammen.

Ich war bei Ted, sage ich, überhaupt nicht schuldbewusst, und warte darauf, dass sie sich jetzt auf mich stürzen und mir sagen, dass ich endgültig zu weit gegangen bin. Es wird sich bestimmt so anhören, als sei ich mit zusammengeknoteten Betttüchern geflohen und auf dem Weg nach Mexiko geschnappt worden.

Aber es kommt nichts. Sie sagen gar nichts und dann höre ich, wie Mom laut den Atem ausstößt. Schließlich sagt sie sehr leise und mit zittriger Stimme:

Doreen, es war nicht nötig, das Betttuch wegzuwerfen, nur weil du deine Periode hast. Sie sagt das, als ob sie von einem Zettel abliest, als ob das ein Satz ist, für den sie lange geprobt hat.

Oh, Gott, sagt Tracey, total verlegen, weil Mom in Matthews Gegenwart Periode gesagt hat.

Ich antworte total abgefuckt, ohne nachzudenken.

Ich hab gar nicht meine beschissene Periode!

Und dann wird mir klar, was ich gesagt habe.

Tracey legt den Hörer auf.

Ich spüre Matthews Blick auf mir, sehe ihn aber nicht an, und mein Herz beginnt zu hämmern.

Es hämmert in meinen Ohren und überall in meinem Körper. Ich fühle das Blut in meinem Kopf. Mir wird schlecht. Ich will mich nur hinlegen und mir geht immer wieder der eine Satz im Kopf rum: Was passiert jetzt was passiert jetzt was passiert jetzt.

Mom und Dad starren noch ein bisschen. Ich höre, wie Mom zu heulen anfängt. Dads Gesicht sieht aus wie aus Metall – ganz kantig.

Warte mal, warte Mal, sagt Tracey, als ob sie es nicht fassen könnte. Du und Ted, ihr habt's in deinem Bett gemacht?

Tracey!, brüllt Dad. Halt den Mund!

Ich schüttel den Kopf und mache den Mund auf, weil ich etwas sagen will, aber es geht nicht. Ich sehe nur Dad, wie er mich wütend und auch irgendwie traurig anguckt. Fast schüttelt er mit mir im Takt den Kopf. Er guckt mich an, als wollte er sagen: Wie konntest du nur, Doreen. Wie konntest du uns das antun!

Ich ... ich, sagt Mom schluchzend, ich muss ... ich muss ... Wie eine verwirrte Pennerin stammelt sie immer wieder dieselben Wörter. Ich muss ...

Und dann geht sie in die Küche und guckt sich nach etwas um, was sie tun kann. Sie murmelt irgendwas vor sich hin und ich kann hören, wie Tracey hämisch kichert, aber es ist, als wäre zwischen Dad und mir ein Tunnel – ich kann niemand anders ansehen außer ihn. Nicht mal Matthew.

Sie hat wohl geglaubt, dass sie es vertuschen könnte, wenn sie das Laken wegschmeißt, höre ich Tracey zu Matthew sagen.

Auf der Matratze war Blut, sagt Dad. Deine Mutter hat sich Sorgen gemacht.

Mein Herz hämmert laut und mir ist furchtbar heiß und ich denke nur: Was haben sie in meinem Zimmer gemacht? Aber dann fällt mir ein, dass sie mich wahrscheinlich in der Garage gesucht haben und dann in mein Zimmer gegangen sind, wo sie gesehen haben, dass ... Mein Verstand setzt aus. Ich glaube, ich werde verrückt. Und sie glauben, dass es Ted war!

Ich glaube, ich sollte wohl Teds Mutter anrufen, sagt Dad. Und du wirst dich nicht mehr mit ihm treffen.

Ich denke an den armen, kleinen Ted mit seinem malträtierten Gesicht, denke daran, wie schlecht er skatet und dass alle immer auf ihn draufhauen. Und ich denke daran, dass ich ihn jetzt für eine lange Zeit nicht mehr – vielleicht nie wieder – zu sehen kriege.

Tracey steht auf und sagt leise zu Matthew: Tut mir schrecklich Leid, dass du das alles mitgekriegt hast. Das ist wirklich total peinlich blah, blah, blah. Matthew nickt und beide bewegen sich auf die Tür zu.

Ist das wahr, Doreen?, fragt Dad, als ob er es nicht schon längst glauben würde, als ob irgendwas, das ich sage, seine Meinung ändern könnte, als ob irgendwas, das ich sage, irgendetwas ändern könnte.

Ich gucke zu Matthew hinüber. Unsere Blicke treffen sich einen Moment und er lächelt, als ob er sagen will: Tja, Doreen, da hast du wohl Mist gebaut. Du bist wohl doch nicht so perfekt. Er sieht mich an, als ob er sagen will: Tut mir Leid, aber das ist bestimmt nicht meine Schuld. Ich kann nichts dafür.

Es ist ein »Neues-Spiel-neues-Glück«-Lächeln.

Es ..., fange ich an. Mein Mund ist trocken, als wäre er mit Watte gefüllt. Ich sehe, wie Tracey und Matthew auf die Tür zugehen, und ganz plötzlich denke ich, dass sich vielleicht doch etwas ändern wird, nur ein winziges kleines bisschen, wenn ich jetzt sofort diesen einen Satz sage. Vielleicht wird wenigstens etwas in Ordnung kommen. Wenigstens ein winziges bisschen.

Es war nicht Ted, sage ich.

Und ich habe die allgemeine Aufmerksamkeit auf meiner Seite. Mom dreht sich um und vergisst die Arbeitsplatte, die sie gerade poliert hat, und Tracey dreht sich an der Tür um, weil sie sich das nicht entgehen lassen will. Natürlich hat sie keine Ahnung, was jetzt kommt.

Matthew bleibt wie angewurzelt stehen, macht aber keine Anstalten, sich umzudrehen. Er zeigt mir einfach den Rücken und weigert sich, mich anzusehen. Ich werde dich schon dazu bringen, mich anzugucken.

Ich schaue sie alle nacheinander noch mal an, weil ich das Gefühl habe, dass wir entweder gleich alle explodieren oder uns in

Nichts auflösen werden oder dass vielleicht das Haus über uns zusammenbricht.

Es war Matthew.

Alles bleibt für eine Sekunde lang stehen. Ich mache die Augen zu und spüre, wie mir die Kotze hochkommt, und ich erwarte wirklich, dass das Haus gleich in die Luft geht oder Feuer fängt oder so was, aber als ich die Augen aufmache, ist alles noch genauso wie vorher.

Ja, klar, sagt Tracey und lacht. Dad, jetzt ist sie wirklich zu weit gegangen. Die ist doch nicht mehr ganz dicht, sagt sie.

Hör doch auf zu lügen, schluchzt Mom und bricht über der Arbeitsplatte zusammen.

Und ich kann überhaupt nichts machen. Ich weiß nicht mal, was ich zu irgendjemandem noch sagen könnte. Ich wüsste nicht mal, was ich jetzt Ted sagen sollte. Oder Henry. Ich sinke einfach nur auf die Knie und fange zum millionstenmal heute an zu heulen. Aber ich kann's nicht ändern. Ich kann überhaupt nichts ändern.

Dad, sie denkt sich irgendwas aus, um Matthew schlecht zu machen, sagt Tracey. Ey, was soll das? Wieso machst du das, Doreen?

Als ich aufblicke, kommt Dad auf mich zu. Er bleibt direkt vor mir stehen und ich glaube einen Moment lang, dass er mich an den Haaren hochreißen will, aber das wäre mir auch egal. Er könnte mich im Moment kahl rasieren, ohne dass es mir was ausmachen würde.

Matthew?, höre ich Dad sagen, als ob er ihn fragt – als ob er mir glauben würde.

Aber er stellt die Frage nicht zu Ende.

Ich werfe Matthew, der an der Tür steht, einen Blick zu. Er wirkt nervös, aber nicht so nervös, wie er sollte. Er sieht eher aus wie irgendein Nachbar, der zufällig in einen Familienkrach reingeraten ist.

Tut mir Leid, Mr. Severna, sagt Matthew und räuspert sich. Aber ich fürchte, Doreen ist vielleicht ein bisschen verliebt in mich.

Er redet weiter, findet Erklärungen, warum ich mir so verrückte Lügen über ihn ausgedacht habe, und erzählt, dass es ja ganz normal ist, wenn Mädchen in meinem Alter auf ältere Jungs stehen, dass er aber so was nie, nie, niemals tun würde. Und die ganze Zeit hocke ich heulend auf dem Boden, wiege mich vor und zurück und umklammere meine Knie mit den Armen.

Matthew, sagt Dad wieder. Er hockt sich neben mich und sagt sehr, sehr leise, beinahe sanft:

Steh doch bitte auf, Doreen.

Er zerrt mich nicht hoch. Er legt einen Arm um mich, richtet mich auf und zieht mich dann auf die Füße. Ich zittere und weine immer noch. Dad steht hinter mir und hält mich noch einen Moment fest, dann lässt er mich ganz behutsam los und geht auf Tracey und Matthew zu.

Matthew, sagt Dad und stellt sich dicht vor ihn. Matthew, haben Sie meinem kleinen Mädchen das angetan? Er spricht wieder mit seiner Roboterstimme, und obwohl ich durch meinen Tränenschleier nicht viel erkennen kann, sehe ich wohl, dass Matthew wirkt, als ob er sich gleich in die Hose macht.

Nein, Sir, sagt Matthew.

Dad, hör doch auf. Ihr spinnt doch alle, heult Tracey.

Dad hält nur einen Finger hoch und ich schwöre, er muss damit wohl Strom oder Feuer schleudern können, denn Tracey hört tatsächlich abrupt zu jammern auf.

Ich werde Sie jetzt noch mal fragen, sagt Dad. Haben Sie meinem kleinen Mädchen das angetan?

Ich höre einen Moment lang zu schniefen und schluchzen auf. Ich kann Dads Gesicht nicht sehen, aber Matthew steht mir gegenüber und er wirkt ganz und gar nicht glücklich. Dad kann einem ganz schön Angst einjagen, wenn er will. Und er glaubt mir. Er glaubt mir.

Matthew macht den Mund auf, um was zu sagen, aber er tut's nicht. Stattdessen guckt er an Dad vorbei zu mir. Und plötzlich hab ich das Gefühl, als könnte ich endlich eine Revanche kriegen. Ich starre ihn an! Von all den Leuten, die ich bisher in meinem Leben angestarrt habe, habe ich gegen zwei verloren – Matthew und Dad sind die beiden Personen, bei denen immer ich zuerst weggucken musste. Wahrscheinlich hat Matthew überhaupt noch niemanden getroffen, der seinem Blick standgehalten hat, aber jetzt gibt es jemanden und das macht ihn nervös.

Matthew sagt immer noch nichts.

Matthew, was soll das?, fragt Tracey, die so blöd ist, dass sie es immer noch nicht rafft.

Eine Sekunde lang herrscht totales Schweigen. Oder vielleicht auch nicht. Meine Beine fühlen sich wie zerbrechliche dünne Stöcke an oder als wären sie aus Sand und könnten jeden Moment zerrieseln. Ich schlucke Rotz und Salz, beiße mir auf die Unterlippe und sehe zu.

Dad, das ist doch total bescheuert, sagt Tracey. Matthew hat Doreen nichts getan.

Aber Dad sieht Tracey nicht mal an. Dad will es nicht von Tracey hören. Er starrt weiterhin Matthew an, an dessen Arm Tracey hängt, die wiederum förmlich versucht, ihn aus dem Haus zu zerren. Matthew wirkt immer noch ziemlich nervös und irgendwie genieße ich das.

Warum sind Sie denn so nervös?, fragt Dad total sarkastisch. Am liebsten würde ich jetzt applaudieren und jubeln und eine Welle machen, irgendwas.

Sir, krächzt Matthew. Sir, ich würde Doreen niemals anrühren.

Dad dreht sich um und sieht mich an.

Doreen, fragt er ruhig. Er hat die Stirn gerunzelt und ich begreife, dass er meine Meinung hören will.

Er fragt mich, was er tun soll.

Dad, sage ich und spüre, wie meine Stimme bricht – wie immer, wenn ich gleich zu heulen anfange. Guck mich doch an, flüstere ich.

Dad tut es und ich kann nicht besonders toll aussehen. Meine Haare sind so fettig und verfilzt, dass sie wie eine Kunststoffimitation wirken. Meine Fingernägel sind bis auf die Knochen abgekaut und ich bin dreckig und ölig und stinke. Ich sehe aus wie ein Haufen Scheiße und er muss es begreifen. Er muss einfach.

Tracey fängt wieder an zu jammern. Dad, wir gehen jetzt, das ist doch wirklich eine Riesenscheiße, du solltest dieser kleinen miesen Zicke für immer Hausarrest erteilen. Sie hat's mit Ted getrieben und will jetzt Matthew die Schuld in die Schuhe schieben. Sie … sie …

Sie dreht sich wieder zu Matthew um und ich sehe, wie er nickt, und Dad sagt, Tracey, halt den Mund und hol deiner Mutter ein Glas Wasser.

Aber, Dad –

Tracey!, schreit er. Hol deiner Mutter das verdammte Wasser!

Tracey blickt sich verwirrt um und weicht langsam zurück. Matthew presst sich gegen die Tür. Und dann schlägt Dad zu und alles passiert gleichzeitig.

Soweit ich mich erinnere, hat Mom geheult und gejammert, während Tracey kreischend versuchte, Dad von Matthew wegzuziehen, bevor er ihn noch mal schlagen konnte. Matthew lag auf dem Boden und krümmte sich zusammen, und ich glaube, dass er versucht hat, zurückzuhauen, aber ich konnte nicht viel sehen, weil ich Dad unbedingt von Tracey befreien wollte. Ich hab mich auf sie gestürzt und sie mit aller Kraft von ihm weggerissen und wir sind auf den Boden gefallen, während Mom die ganze Zeit hysterisch gekreischt und geschrien hat: Hört auf!, Hört auf! Und ich hab Traceys Handgelenke zu fassen bekommen und mich auf ihre Brust geschwungen, aber dann hat sie es geschafft, eine Hand loszumachen, um mir mit ihren Rattennägeln eine Schramme von meinem Kinn bis fast zur Brust runter zu verpassen. Dann erinnere ich mich noch, wie ich voll fasziniert in ihre dämliche Fresse gestarrt hab, während sie sich unter mir gewunden und immer wieder geschrien hat: Du beschissene Lügnerin! Du beschissene Lügnerin! Und dann hab ich zugeschlagen – nicht mit der flachen Hand, sondern mit der Faust – und es war ein saugeiles Gefühl, wie sie da so schreiend und blutend unter mir lag. Du bist eine so unglaublich blöde Kuh!, hab ich gebrüllt und weiter auf sie eingeschlagen und ihr an den Haaren gerissen und sie an meinen auch, bis Dad plötzlich hinter mir war und mich von ihr weggezerrt hat. Er hat mich festgehalten und ich hab wild um mich geschlagen und getreten, als bestünde ich nur noch aus Armen und Beinen wie eine riesige Spinne. Matthew lag immer noch am Boden und Mom ist zu Tracey gestürzt und wir alle haben rumgeschrien, bis Dad mich einfach hochgehoben und die Eingangstür aufgemacht hat und mit mir rausgegangen ist.

Steig ins Auto, Doreen, sagt er.

Wo fahren wir hin?

Steig ins Auto.

Also tue ich das und zitter und heule immer noch und kann auch Mom und Tracey noch jammern hören.

Als wir im Wagen sitzen, holt Dad den Schlüssel raus und startet den Motor. Mom und Tracey, beide total demoliert, kommen rausgerannt. Harry, was hast du vor?, schreit Mom.

Aber Dad ignoriert sie völlig. Er legt einfach den Rückwärtsgang ein und düst los. Ich beobachte durch den Tränenschleier vor meinen Augen, wie Tracey ihre blutende Nase hält, mir irgendwas von wegen Schlampe hinterherschreit, und Mom weint, aber Dad wirft ihnen nicht mal einen Blick zu. Es scheint ihn einen Dreck zu kümmern.

Wir fahren eine Weile, ohne dass einer von uns etwas sagt. Ich heule immer noch, weil ich irgendwie nicht aufhören kann, und mein ganzer Hals ist total widerlich blutverschmiert. Ich werfe Dad einen Blick zu und stelle fest, dass auch er Blut an der Lippe hat. Wahrscheinlich hat Matthew sich doch gewehrt.

An einer Ampel lehnt Dad sich auf meine Seite rüber, holt Taschentücher aus dem Handschuhfach und gibt sie mir. Ich halte ihm auch eins hin, aber er hält nur abwehrend die Hand hoch.

Dad, du blutest, bringe ich zwischen erstickten Schuchzern heraus.

Er wirkt einen Moment verwirrt, dann streckt er sich, um in den Rückspiegel zu sehen. Schließlich nimmt er mir das Taschentuch aus der Hand und wischt sich das Blut ab. So sitzen wir beide da, schweigen und wischen uns dunkles Blut ab, und ich höre auf zu heulen und gucke einfach aus dem Fenster, als die Ampel auf Grün umspringt und Dad auf den Freeway fährt.

Alles in allem muss ich sagen, dass ich mich ganz gut gehalten habe. Und Dad auch. Ich meine, Tracey hat mir diesen hammermäßigen Kratzer verpasst und auch ein paar Mal zugeschlagen, und Matthew ist kein zarter Typ und er muss Dad auch einige Male getroffen haben. Aber Dad hat nur ein bisschen Blut an der Lippe davongetragen. Abgesehen davon sind wir einfach nur verschwitzt und unsere Haare stehen in alle Richtungen ab. Ich meine, es könnte echt schlimmer sein.

Ich und Dad: zwei Punkte. Tracey und Matthew: null. Und Mom auch null, weil sie so hysterisch ist. Oder vielleicht doch lieber einen Punkt, weil sie in jedem Fall einen mehr als Matthew und Tracey kriegen sollte.

Ich muss lachen, weil ich keine Ahnung habe, warum ich so einen Mist denke. Es ist schon komisch, wenn man so müde ist wie ich jetzt – die blödesten Sachen hören sich so gut an; sie hören sich an wie was, was man ständig sagt.

Dad wirft mir einen Blick zu, während ich lache, und starrt dann wieder auf die Straße vor ihm, und weil er mir nicht sagt, dass ich damit aufhören soll, tue ich es auch nicht. Und selbst wenn er es mir verbieten würde – ich würde wohl trotzdem nicht aufhören. Aber ich sage ihm ja auch nicht, dass er ranfahren und aussteigen soll.

Dad fährt in Hollywood vom Freeway runter und wir biegen auf den Hollywood Boulevard ab. Er ist protzig und geschmacklos, aber irgendwie gefällt er mir trotzdem. Obwohl ich noch nie in Las Vegas war, stelle ich mir immer vor, dass es da so aussehen muss wie auf dem Hollywood Boulevard. Wir kurven eine Weile einfach in Hollywood rum und es macht mir langsam Spaß, einfach nur dazusitzen und durchs Autofenster die Leute zu beobachten.

Wir fahren am Virgin Megastore auf dem Sunset vorbei und ich würde am liebsten aus dem Auto springen und reingehen. Ich war bisher nur einmal drin; Tower Records sieht daneben aus wie eine Würstchenbude. Es gibt ungefähr tausend Reihen CDs und Hörstationen und wenn man auf der Treppe hoch zur Videoabteilung steht und runterguckt, wirkt der Laden wie ein total irres, wunderschönes Labyrinth. Es kommt dem Himmel verdammt nah, wenn man von den Arschlöchern absieht, die da einkaufen.

Aber wir fahren dran vorbei und kommen schließlich zum nächsten Freeway, und ich denke, wir fahren vielleicht im Kreis. Dad macht keine Anstalten, irgendwo anzuhalten.

Dad, wohin fahren wir?
Er schüttelt den Kopf, als er antwortet.
Ich weiß nicht, Doreen.

Aber irgendwann halten wir dann doch an. In Pacific Palisades. Auf irgendeiner abgelegenen Straße. Die Leute, die hier wohnen, sind richtig reich. Die Häuser sind riesig und sehen alle sehr neu aus, als wären sie erst letzte Woche gebaut worden, aber das kann nicht sein, weil es Pacific Palisades schon eine ganze Weile gibt.

Wir sind ziemlich nah am Wasser. Ich kann es von der Stelle, an der wir parken, sehen. Erst kommt eine kleine Rasenfläche mit Bänken drauf, dann geht's steil runter und dann kommt das Meer. Es sieht ziemlich verlockend aus, obwohl ich Angst habe, im Meer zu schwimmen. Haie, Strömungen – zu viel, mit dem man sich rumschlagen muss.

Ich kurbel das Fenster runter und stecke den Kopf raus, weil ich das Wasser riechen will, aber es geht nicht. Dafür atme ich einen Haufen Pollen und Blütenstaub von der Rasenfläche ein und muss niesen. Ich putze mir die Nase mit einem der Taschentücher, die ich noch in der Hand habe.

Gesundheit, sagt Dad.

Danke.

Wenn ich niese, weiß ich normalerweise nie, ob ich jetzt warten soll, bis jemand »Gesundheit« sagt, oder ob ich sofort mit »Entschuldigung« rausplatzen soll. Das ist eine von den Sachen, die mir nie einer richtig erklärt hat.

Ich gucke Dad an und er starrt nach draußen, wahrscheinlich noch nicht mal aufs Wasser, sondern einfach raus, ohne irgendwas zu sehen. Ich hab nie wirklich darüber nachgedacht, aber mein Vater ist schon ziemlich alt. Er ist achtundfünzig. Mom ist viel jünger als er. Er hat graue Haare, die langsam weiß werden, und sein Gesicht ist ganz faltig. Trotzdem ist er noch ganz schön stark. Er hat es Matthew echt gegeben und mich einfach mal eben so hochgehoben, als ob ich eine Puppe wäre. Matthew hatte eigentlich überhaupt keine Chance gegen ihn. Ich könnte mir vorstellen, dass er früher mal ganz gut ausgesehen hat.

Wie geht's deinem Hals, fragt er mich plötzlich.

Ich strecke mich zum Spiegel und stelle fest, dass ich nicht mehr blute. Da, wo Tracey mich gekratzt hat, sind fette Schrammen zu sehen. Ich berühre sie vorsichtig und es brennt ganz schön. Sie sind ganz dick und geschwollen, als hätte ich irgendwas unter meine Haut gestopft.

Ganz okay, sage ich. Und was macht deine Lippe?

Dad nickt nur und ich weiß, dass er »okay« meint. Dad zieht es immer vor, nur zu nicken, wenn es irgendwie geht.

Ich musste da raus, sagt er.

Am liebsten würde ich ihm antworten, dass er gerade mir das bestimmt nicht erklären muss.

Wenn ich geblieben wäre, hätte ich den Jungen umgebracht, sagt er und starrt stur geradeaus.

Ich versuche zu schlucken, aber mein Mund ist so trocken, dass ich sozusagen Luft schlucke.

Du hast das Richtige getan, sagt Dad.

Was meinst du?, frage ich ihn, denn ich kann mir nicht denken, dass er mir gratuliert, weil Matthew mich gefickt hat.

Dass du es mir gesagt hast.

Dad, sage ich und bin plötzlich total nervös, weil ich mir denke, dass er mich bestimmt hassen wird, wenn ich ihm sage, dass ich mich nicht gewehrt habe, dass ich vorher bestimmt tausendmal daran gedacht habe, wie es mit Matthew wäre.

Dad, ich hab ihn aber gelassen.

Dad schüttelt den Kopf und sagt: Doreen, wenn du dich auch

für ziemlich alt hältst – so reif bist du dann auch wieder nicht, und genau da liegt der Unterschied zwischen ihn lassen und wirklich einwilligen und es auch wollen.

Ich schaue zu Boden.

Ich weiß, dass das vielleicht schwierig zu verstehen ist –

Nein, sage ich. Nein, ich glaube, ich weiß, was du meinst.

Dad nickt.

Es gibt noch was, über das ich gerne mit dir reden wollte, sagt er.

Ich schaue zu ihm auf, weil ich wirklich nicht weiß, was noch so ernst sein kann wie das, was eben passiert ist, und dann greift er in seine Tasche und holt Henrys Postkarte heraus. Dad und Mom müssen sie gefunden haben, als sie in meinem Zimmer waren.

Plötzlich fühle ich mich ertappt.

Dad legt die Karte auf das Armaturenbrett. Hast du die in der Garage gefunden?, fragt er.

Ich nicke.

Ich hab sie lange nicht mehr gesehen, sagt er.

Du wusstest von der Karte?, frage ich überrascht.

Tja. Ich weiß noch, wie es war, als wir sie bekommen haben.

Ich schaue ihn an. Seine Stimme und sein Gesicht verändern sich überhaupt nicht, er starrt einfach nur geradeaus und redet, als würde er sich mit mir jeden Tag über solche Dinge unterhalten.

Henry war ein sehr wütender Junge, sagt er, obwohl ich ihn nicht danach gefragt habe. Dann schließt er die Augen und legt den Kopf zurück, als würde er einschlafen wollen.

Er war sehr grausam zu deiner Mutter und mir, sagt er. Er war unkontrollierbar.

Warum?, frage ich. Ich halte die Spannung kaum noch aus.

Das weiß ich auch nicht, sagt Dad und macht die Augen wieder auf. Wir wussten nicht, was wir machen sollten. Wir haben versucht, ihm zu helfen – wir haben ihn zu einem Arzt geschickt.

Ich stelle mir Henry vor, wie er im Ledersessel von irgendeinem dämlichen Psycho-Heini sitzt, der ihn fragt, was er letzte Nacht geträumt hat.

Sie wollten ihn dann in ein Heim stecken, in dem man ihm hätte helfen können und wo er niemandem etwas hätte tun können, aber deine Mutter wollte sich selbst um ihn kümmern. Und wir haben auch wirklich geglaubt, dass wir das könnten, sagt er.

Wieso hast du ihn vor die Tür gesetzt?, frage ich sehr leise.

Dad wendet sich mir zu.

Ich habe ihn nicht vor die Tür gesetzt, Doreen, sagt er. Er ist gegangen. Er hat uns alle bedroht und das … das konnte ich ihm nicht durchgehen lassen.

Was hat er denn gesagt?, frage ich und fange wieder an zu weinen.

Er hat damit gedroht, das Haus in Brand zu stecken, er hat gedroht, deine Mutter und mich umzubringen. Er hat gedroht, dir und Tracey etwas anzutun.

Meine Kehle ist wie zugeschnürt.

Eines Abends habe ich ihn in sein Zimmer gesperrt, weil ich mir nicht mehr zu helfen wusste. Und am nächsten Morgen war er weg.

Ich senke den Kopf und fühle, wie mir die Tränen das Gesicht runterlaufen, und sehe sie in meinen Schoß tropfen. Ganz plötzlich verschwimmt Henrys Bild in meinem Kopf. Ganz plötzlich ist er kein dunkler, cooler Typ mehr, der Rauchkringel in die Luft bläst. Er ist ein dürrer kleiner Punk, der alles zum Kotzen findet, sogar mich. Und ich meine, was kann ich schon getan haben, dass er auf mich sauer war? Ich war erst vier.

Denkst du noch an ihn?, frage ich Dad.

Dad lächelt beinahe.

Jeden Tag, Doreen. Jeden einzelnen Tag.

Ich schaue aufs Wasser und reibe mir die Augen mit den Handrücken. Ich will mit dem Weinen aufhören, aber es geht nicht. Wahrscheinlich werde ich für den Rest meines Lebens heulen.

Er sieht mich an.

Warum hast du mich hergebracht?, frage ich und mache eine Kopfbewegung in Richtung Meer.

Dad zuckt die Schultern und sagt: Manchmal muss man Dinge tun, bevor man weiß, warum man sie tut.

Ich weiß, wie abgedroschen das klingt, aber es gefällt mir trotzdem irgendwie. Wir sitzen noch eine Weile da und schauen aufs Meer raus, dann startet Dad den Wagen. Wir tanken kurz, dann fahren wir über die Freeways wieder zurück nach Hause.

Ich muss wohl im Auto eingeschlafen sein, denn es ist dunkel, als wir zu Hause ankommen, aber ich kann mich nicht daran erinnern, wie es dunkel geworden ist. Mir kommt es vor, als ob eben noch heller Tag war. Dad fährt auf die Auffahrt, schaltet den Motor ab, und als das Brummen aufhört, wache ich auf. So was passiert mir manchmal. Manchmal schlafe ich über Musik ein und wenn die CD dann zu Ende ist, weckt mich die Stille auf.

Ich wache also auf und fühle mich ziemlich matschig. Ich gähne und frage mich, wie spät es wohl ist.

Komm, Doreen, gehen wir rein, sagt Dad.

Wir steigen aus. Im Haus sind alle Lichter aus und Matthews Wagen steht auch nicht mehr auf der Auffahrt. Vielleicht lauert er ja noch irgendwo hier draußen und springt gleich aus den Büschen, um Dad niederzustechen oder so.

Dad macht die Tür auf und wir gehen rein. Drinnen ist alles dunkel. Wahrscheinlich ist es schon ziemlich spät. Ich spähe in den Flur, aber Moms und Traceys Türen sind zu und es scheint auch kein Lichtstreifen darunter hervor. Ich will in mein Zimmer gehen, aber Dad sagt, dass ich warten soll.

Er geht zum Schrank im Flur, zieht ein frisches Betttuch raus und gibt es mir. Er wirkt dabei ganz verlegen.

Es gibt keinen Grund, warum du auf der nackten Matratze schlafen solltest, sagt er und guckt auf den Boden.

Danke.

Gute Nacht, Doreen, sagt er.

Gute Nacht, Dad.

Dann dreht er sich einfach um und geht in sein Zimmer und ich stehe mit dem Laken über meinem Arm im Flur herum. Sobald seine Tür zufällt, möchte ich hinstürmen, dagegenhämmern und mindestens tausend Fragen stellen. Am dringendsten aber möchte ich fragen: Wie geht es jetzt weiter?

Ich beziehe meine Matratze und gehe dann duschen. Ich drehe das Wasser so heiß auf, dass meine Haut brennt, aber das tut gut. Ich habe meinen Körper lange nicht mehr angesehen. Ich habe überall blaue Flecken und Schrammen und mir tut alles weh. Ich lege den Kopf in den Nacken, sodass ich das ganze Wasser ins Gesicht kriege, und dann setze ich mich auf den Boden der Dusche und lasse das Wasser einfach auf mich runterprasseln, und das fühlt sich super an, auch wenn es ein bisschen wehtut. Ich spüre die Kratzer auf meinem Hals und ich spüre, wie meine Gesichtshaut spannt und trocken wird, und habe keine Ahnung, wie lange ich dort sitze, mich einseife und shampooniere und das Wasser über mich laufen lasse.

Schließlich steige ich aus der Dusche, tupfe mich ein bisschen ab und mache mir nicht die Mühe, mir die Haare zu kämmen. Ich ziehe mir einfach ein T-Shirt und eine Unterhose an, noch ganz nass von der Dusche, und schlüpfe in das frisch bezogene Bett und sofort kommen mir die vielen Fragen, die ich Dad noch stellen muss, wie zum Beispiel: Willst du Matthew wirklich umbringen? Und: Wie hat Henry ausgesehen? Aber am dringendsten will ich wissen, wie es jetzt weitergehen soll, was jetzt passieren wird. Dann schlafe ich ein und ich schlafe so tief und fest, dass ich noch nicht mal träume.

Ein paar Tage später bin ich mit Ted bei Tower. Ich habe ihm die ganze Story erzählt, das mit Henry allerdings für mich behalten. Ich glaube nicht, dass ich das überhaupt jemandem erzählen will. Ted benimmt sich mir gegenüber irgendwie seltsam, seit ich ihm das mit Matthew gesagt habe. Eine Sekunde lang war er sprachlos und konnte mich gar nicht angucken.

Hast du was geahnt?, frage ich.

Na ja, ich meine, ich wusste ja, dass du ihn irgendwie gut fandest, aber ... Den Satz hat er dann offen gelassen.

Seit dem Tag, an dem dieser ganze Scheiß passiert ist, habe ich keinen Hausarrest mehr. Mom hat noch eine Menge geheult, aber ich denke, Dad hat sie ganz gut beruhigen können. Tracey benimmt sich total biestig und spricht kein Wort mit mir – sie weigert sich, sich mit ihren Freunden zu treffen, bis das blaue Auge, das ich ihr geschlagen habe, weg ist. Sie läuft also nur im Haus rum, hält sich ein Eispack ins Gesicht und zickt rum. Ich bin sogar von der Garagensache entbunden. Ich habe Dad gesagt, dass es keinen Sinn hat, da aufzuräumen, bis er und Mom nicht durch die Kartons geguckt und raussortiert haben, was sie behalten wollen. Meistens war ich also einfach wieder mit Ted zusammen wie vorher auch, nur dass er jetzt, da er von der Geschichte mit Matthew weiß, irgendwie Angst zu haben scheint.

Wovor, weiß ich nicht.

Am Tag, nachdem das alles passiert ist, hat Dad sich einen Tag freigenommen, was er noch *nie* getan hat. Er hing einfach nur rum und hat sich mit Mom und mir unterhalten. Zuerst war er noch total sauer und wollte Matthew die Polizei auf den Hals hetzen, aber ich habe ihn angefleht, das nicht zu machen. Ich meine, es ist mir schon schwer genug gefallen, Ted von der Sache zu erzählen – ich hab echt keine Lust, alles vor einem Anwalt und der Polizei breitzutreten, und womöglich stochert noch irgendein Arzt in mit rum. Ich gucke fern, ich weiß, wie so was läuft. Vielleicht macht Dad aber doch noch irgendwas. Wer weiß. Tracey hat ein paar Mal versucht Matthew anzurufen, aber da nimmt nie jemand ab. Ehrlich gesagt weiß ich auch nicht, was das noch soll. Ich meine, Dad glaubt mir, Ted glaubt mir. Mom glaubt mir wahrscheinlich auch, aber irgendwie ist mir das relativ unwichtig. Ob Tracey mir glaubt oder nicht, weiß ich nicht, aber es ist sowieso uninteressant, was sie denkt. Also echt.

Ted und ich geben im Moment ein echt tolles Paar ab. Er mit seinem blauen Auge und den verschorften Schrammen und ich mit dem zerkratzten Hals. Ted trägt eine Sonnenbrille und guckt nach unten, wenn wir draußen sind. Er hat das Gefühl, als würde jeder ihn anglotzen – uns anglotzen – und sich das Maul darüber zerreißen, was für Spinner wir sind. Vielleicht ist das ja auch so. Ich finde, wir sehen ziemlich cool aus. Cool und gefährlich, als ob wir dauernd in Prügeleien geraten würden.

Wir gehen zu Tower, weil wir gehört haben, dass ein Pixies-Import eingetroffen ist, der immer sofort vergriffen ist. Wahrscheinlich kostet die CD mindestens tausend Dollar, aber Ted und ich haben beschlossen, zusammenzulegen und uns dann mit der CD abzuwechseln. Ich meine, wir sind ja sowieso ständig zusammen, also ist das wohl kein Problem.

Wir wühlen uns durch die Abteilung, in der wir sie finden müssten, und da ist sie – einfach ein Traum. Pixies, Live in France. Darauf haben wir ewig gewartet. Ich drehe die CD um und lese mir die Titelliste durch und es ist unfassbar. So viele Titel live. Ich könnte schreien vor Glück.

Lass mich mal sehen, sagt Ted, und ich gebe ihm die CD. Wow, sagt er, das sieht ja geil aus.

Er lässt sich begeistert darüber aus, wie toll sie schon aussieht und dass er am liebsten sofort die Plastikfolie drumherum abreißen würde, aber ich bin plötzlich nicht mehr ganz bei der Sache, weil ich ein bestimmtes Mädchen entdeckt habe. Langes, perfektes Haar, superknappes Oberteil, Jeans-Shorts.

Ich lasse Ted stehen und weiterreden, weil er zuerst gar nicht merkt, dass ich nicht mehr da bin, höre dann, wie er nach mir ruft, aber ich gehe weiter auf das Mädchen zu. Ich habe keine Ahnung, was ich sagen soll, aber ich weiß, dass ich etwas sagen muss.

Ich bin jetzt dicht bei ihr, direkt hinter ihr, und kann ihr Shampoo, ihre Creme, ihr Make-up riechen. Sie riecht nach Blumen.

Hey, Liebelein, sage ich und lehne mich an ein CD-Regal wie in einem schlechten Film.

Alexandra Stuart dreht sich um und starrt mich überrascht und verwirrt an, dann verlagert sich ihr Blick und ich weiß, dass sie die Kratzer an meinem Hals entdeckt hat.

Doreen, sagt sie. Oh, Gott, was ist denn mit deinem Hals passiert? Halbwegs angewidert fasst sie sich an ihren eigenen Hals.

Ich bin in eine Schlägerei geraten, sage ich und betrachte sie, schaue mir ihren blöden, offen stehenden Mund an.

Zuerst scheint sie mir nicht zu glauben, aber dann wandert ihr Blick wieder zu meinem Hals und sie schaudert.

Wie geht's dir denn so?, frage ich fröhlich.

Gut, sagt sie. Sie wirkt total verwirrt, aber nicht ängstlich.

Ja? Und amüsierst du dich gut diesen Sommer?

Ja, sagt sie leise, und es ist nicht zu übersehen, dass sie keine Ahnung hat, was sie von der Sache halten soll. Na ja, ich ja auch nicht.

Ach, das ist super … das ist echt eine tolle Nachricht, sage ich und höre mich total blödsinnig dabei an.

Hey, Ted, brülle ich quer durch den Laden zu Ted hinüber, der sich hinter der Abteilung mit den Pixies duckt.

Total panisch schaut er auf und würde wahrscheinlich am liebsten im Erdboden versinken. Komm, Ted, denke ich, zieh das mit mir durch.

Guck mal, wer hier ist!, schreie ich und zeige auf Alexandra. Alle Leute im Laden starren uns jetzt an. Ich könnte ebenso gut ein Neonschild in der Hand haben.

Komm. Komm rüber und sag hallo!

Hey, kannst du den Sound 'n bisschen runterdrehen?, sagt der ätzende Typ an der Kasse. Er ist so alternativ, dass ich ganz überrascht bin, dass er auf dem gleichen Planeten wie wir anderen lebt.

Oh, tut mir Leid, sage ich. Ich wollte keinen Aufstand machen.

Der Typ verdreht die Augen und ich mache eine wegwerfende Handbewegung, ohne ihn anzusehen. Inzwischen ist auch Ted mit seinem von der riesigen Sonnenbrille halb bedeckten Gesicht angekommen.

Doreen, hör auf so zu brüllen, okay?, sagt Alexandra, der das total peinlich ist.

Ja, natürlich. Ist das besser?, flüster ich. Du erinnerst dich noch an Ted, ja?

Hi, Ted, sagt sie, ohne ihn anzusehen.

Hi, Alex, sagt Ted und starrt auf den Boden.

Komm schon, Ted, sage ich total penetrant. Sie kann dich doch gar nicht sehen, wenn du dieses Monster aufhast. Ich nehme ihm seine Sonnenbrille ab und halte sein Gesicht mit einer Hand am Kinn fest und ich kann fühlen, wie er rot wird, während ich mich wieder an Alexandra wende.

Kommt dir das irgendwie bekannt vor?, frage ich.

Jetzt sieht Alexandra wirklich abgefuckt aus. Deswegen, weil ich sie in eine peinliche Situation gebracht habe. Deswegen, weil ich den Nerv gehabt hab, sie überhaupt anzusprechen.

Doreen, was willst du?, fragt sie angepisst, und Ted verschwindet, um die CD zu bezahlen.

Was ich will, Prinzessin?, sage ich und komme ihr so nah, dass sich unsere Gesichter fast berühren. Sie sieht auf einmal gar nicht mehr so gelassen aus wie eben gerade noch. Ich wollte dir nur sagen, dass deine Lover gerne das nächste Mal zu mir kommen können, wenn sie irgendein Problem haben, klar?

Du bist so scheiße durch, sagt Alexandra, die es kaum schafft, mich anzusehen.

Und du bist so scheiße prüde, wie ich gehört habe, sage ich sehr laut. Sie wird peinlich rot, der Typ an der Kasse guckt rüber und Ted will gehen, aber ich drehe mich noch einmal zu Alexandra, die zu mir hochguckt und knallrot im Gesicht ist und sage zu ihr: Das hat mir jedenfalls dein Cousin erzählt.

Dann verschwinden Ted und ich aus dem Laden, ohne uns noch einmal umzusehen, und gehen schnell die Straße runter.

Du bist total bescheuert, sagt Ted und setzt die Sonnenbrille wieder auf.

Ich lache bloß. Wieso? Hat dir das etwa nicht gefallen? Fandest du das nicht cool?, frage ich.

Ja, ja, klar, sagt er. Aber jetzt treten sie uns wahrscheinlich beide in den Arsch.

Dann sollen sie mal kommen, sage ich.

Ted wirkt nicht so aufgeregt wie ich, aber das ist okay. Das muss er nicht. Ich bin so aufgekratzt, dass es für uns beide reicht.

Ted drückt die CD an seine Brust, als ob sie unser Kind wäre, und wir gehen zu ihm nach Hause, wo wir dann den ganzen Nachmittag Pixies live hören und die komplette CD auswendig lernen, und ich wette, es wird so geil, dass ich es morgen früh gar nicht erwarten kann, wieder zu Ted zu laufen, weil ich die ganze Nacht ohne die CD auskommen musste. Ted macht sich eine Zigarette an und fängt an zu husten und zu röcheln, und ich muss lachen, weil er sich wie ein alter Mann anhört. Wir bleiben stehen und er versucht mir etwas zu sagen, aber es klappt nicht, weil er so stark hustet. Ich muss immer mehr lachen und schließlich lässt er sich anstecken, sodass er überhaupt keinen Ton mehr rausbringt, weil er auch immer noch husten muss. Irgendwann kriegt er sich wieder ein und beruhigt sich, aber ich stehe immer noch da wie ein Idiot und lache und lache einfach nur so ohne Grund.

Danksagung

Mein besonderer Dank gilt P. Joseph, Stephanie Tade, Liz Perle McKenna, Greer Kessel Hendricks, Perry Meisel, Zach Luna & Laura Erlich Luna und der Joseph-Familie aus Yonkers, NY. Ich schulde euch so einige Drinks.

Leseprobe

arthur nersesian hundewiese

Und so beginnt der Roman:

Gibt es etwas Ätzenderes, als nach einem langen Arbeitstag die Tür zur eigenen Wohnung aufzumachen und den arbeitslosen Freund vor der Glotze zu finden, wobei die Art, wie er davorhängt, darauf schließen lässt, dass er den ganzen Tag noch nichts anderes getan hat?

Primo starrte wie ruhig gestellt auf den lärmenden Fernseher, über dessen Schirm die Bilder hektisch zuckten. Sein süßer Mund war lässig geschlossen. Numb, sein dämlicher Hund, hatte die schmale Schnauze unter Primos kleine knochige Hand geschoben und bewegte den Kopf leicht vor und zurück. Primo, in seiner Eigenschaft als Numbs Leittier, streichelte den permanent sabbernden Hund geistesabwesend.

Nur Numb – eine wüste Mischung aus jedem läufigen Köter, der je auf der Hundewiese in diesem Viertel herumgestreunt war – warf mir einen flüchtigen Blick zu. Ich widerstand dem immer drängenderen Bedürfnis, gemein zu werden. Ich fragte den coolsten aller Typen, ob er Nudeln wolle.

»Ja«, gab er zurück. Unsere East-Village-Bruchbude – eine der vielen, die Anfang des Jahrhunderts entstanden waren, um die Flut der Immigranten aufzunehmen – bestand aus einem Badezimmer, einer Küche, einem kleinen Wohnzimmer und einem noch kleineren Schlafzimmer. Unser Bett, eine große, alte Matratze, diente Primo gleichzeitig als Couch, auf der er seine Zeit vor der Glotze vergeudete.

In den acht Minuten, die ich brauchte, um das Essen zu machen, erzählte ich ihm von den Tiefpunkten meines Tippsen-Tages. Obwohl er zuzuhören schien, wusste ich, dass er lediglich auf das Ergebnis meiner kulinarischen Bemühungen wartete, während er auf den verdammten Fernseher starrte. Insgeheim verachtete er mich.

Erst als ich ihm die Schüssel mit den zerkochten Nudeln in Olivenöl, zerdrücktem Knoblauch und ranzigem Parmesan brachte, fiel mir auf, dass er sich bisher nicht einmal dazu herabgelassen hatte, mir Hallo zu sagen. Latent aggressiv stellte ich die mäßig heiße Schüssel auf seine eingesunkene Brust.

»Und, was hast du heute für Talk-Shows gesehen?«, fragte ich, ohne meinen Ärger noch länger unterdrücken zu können.

Meine Stimmung kümmerte ihn anscheinend wenig; er protestierte nur still mit seinem pathetischen Schweigen. Der Hund schnüffelte an dem Essen, doch der Mistkerl starrte einfach weiter auf den Bildschirm, ohne auch nur eine Gabel zu probieren.

»Okay«, sagte ich schließlich, während ich meine Hälfte der Low-Budget-Mahlzeit vertilgte. »Ich weiß, dass du dich nach einem Job umgesehen hast. Tut mir Leid.« Er hatte mir in den letzten Tagen immer wieder erzählt, dass er unermüdlich nach Arbeit suchte, aber gerade die schlimmste Pechsträhne in seinem dreißig-und-irgendwas Jahre langen Leben durchmachte.

Während des folgenden Schweigens drehte ich ein paar Nudeln auf die Gabel und beobachtete ihn. Er rührte seinen Teil nicht einmal an. Eine massive Beleidigung, da er sonst jeden Fraß runterschlang, den ich ihm vorsetzte.

»Lass es doch nicht an mir aus«, fuhr ich ihn offensiv-defensiv an. Immer noch keine Antwort. Seine dunklen Augen fixierten irgendeinen bescheuerten Werbespot. Vielleicht hätten ihnen Augentropfen gut getan.

In dem Versuch, ihn zu provozieren, stand ich auf und schaltete auf einen anderen Kanal. Doch er war offenbar besonders abgefuckt, denn er blieb einfach sitzen. Er griff nicht einmal nach der Fernbedienung.

Ich aß meine Nudeln auf, stand auf, nahm die Schüssel von seiner Hühnerbrust und ging mit ihr in die Küche, wo ich sie in die Spüle fallen ließ. Ich erwartete, dass er wenigstens jetzt sein Schweigen aufgeben würde, doch er behielt seine unerschütterliche Haltung bei.

Immerhin erhob sich Numb und kam zu mir in die Küche, um nach Futter zu betteln. Und dann musste ich doch grinsen. Es war einfach unglaublich. Ich fing an zu kichern – ich schaffte es nicht mehr, ernst zu bleiben. Man konnte sagen, was man wollte – Primos Selbstbeherrschung war erstklassig.

Was mir letztendlich auffiel, war, wie trocken seine Augen aussahen. Sie hatten jeden Glanz verloren. Als ich mit dem Finger vorsichtig auf sein rechtes Auge tippte, zuckte er nicht einmal zusammen. Er war eiskalt.

Als ich Primos Kopf zurückbog, um seine Atemwege zu öffnen, knurrte der Hund. Ich versuchte Primo wieder zu beleben, aber konnte mich nicht erinnern, ob ich für jeden Atemstoß fünfmal auf seine Brust drücken musste oder ob fünfmal beatmen pro Herzmassage richtig war. Ich wusste nur, dass mir das alles zuwider war.

Joe Cool hatte versucht, es vor mir zu verbergen, aber ich wusste, dass er drückte. Niemand konnte so viel Junk Food in sich reinstopfen, tagelang nur Fernsehen gucken und dabei auch noch abnehmen. Einmal während unserer sechsmonatigen Beziehung fand ich beim Durchwühlen seiner geldfreien Taschen eine Broschüre von den »Narcotics Anonymous«.

»Bist du irgendwann mal abhängig gewesen?«, hatte ich ihn gefragt und mit dem Heftchen vor der plärrenden, flackernden Glotze rumgewedelt, die seine ganze Aufmerksamkeit besaß.

»Nicht wirklich«, hatte er geantwortet. Als der Werbeblock einsetzte, hatte er die Lautstärke runtergefahren und sich herausgeredet: »Drogen sind im East Village keine Abhängigkeit, sondern Tradition.«

Danach hatte er an seinen Fingern eine Reihe von langweiligen Beat-Autoren aufgezählt – Burroughs, Hubert Huncke, Alexander Trocchi –, alles Schriftsteller aus dem so romantisch verfallenen East Village, die durch Drogen angeblich ihr Bewusstsein erweitert hatten.

Ich hatte immer alles für ihn erledigen müssen, und um nicht wieder Single zu sein, atmete ich nun sogar für ihn. Schließlich gab ich erschöpft auf, schaltete den Fernseher aus und rief die 911 an. Ich sagte der Vermittlung bei der Ambulanz, dass mein Freund tot sei. Die Frau wollte wissen, welche Farbe sein Gesicht habe.

»Unter einer Sechzig-Watt-Birne hellblau«, sagte ich.

Erst jetzt bemerkte ich, dass sein Teint nicht auf das Flimmern des Schwarzweiß-Fernsehers zurückzuführen war.

»Wie steif ist er?«

»Sehr steif.« Wie die Erektion, die er nie hatte.

Die Frau meinte, es höre sich an, als sei er schon länger tot.

»Wie heißt er?«

»Primitivo Schultz«, antwortete ich.

Ich dankte ihr, hängte ein und wartete auf den Notarzt für tote Freunde. Als ich eine Packung *American Spirit* in seiner Tasche fand, zündete ich mir eine an.

Im Laufe der letzten sechs Jahre hatten mich drei Freunde sitzen gelassen, aber Primo war der erste, der für seinen Abgang eine Bahre brauchte. Während ich Rauchwolken über seine sterblichen Überreste blies, zog ich Bilanz. Er war kein Spinner, kein Betrüger gewesen. Er hatte nie geschlagen, nie geklaut und nicht mal besonders viel genörgelt. Andererseits hatte ich mich ihm nie besonders nah gefühlt; Primo war beziehungsgestört gewesen, zwischenmenschlich schwer behindert.

Ich zog die Schreibtischschublade auf und holte die Valentinskarte, die er für mich gestaltet hatte, heraus. Unter einer schlichten

Zeichnung, die vermutlich mich darstellen sollte, stand ein Gedicht, das er verfasst hatte:

> EINDRÜCKE EINES SCHRIFTSTELLERS
> Ein schwarzer Wust Haar wie aus Farbband-Salat,
> Zwei Jahrtausende Schriftrollen und Hieroglyphen
> Schwingen sich zu zwei schmollenden Lippen.
> Wunderschöne Augen, blau gefärbt
> Vom monochromen Leuchten des PC-Monitors.
> Tastatur-manikürte Finger,
> ein kursiv gestellter Verstand,
> ein Zigarettenrauch-Hauch von Haltung.

Ich hätte augenblicklich Schluss machen sollen, als ich erfuhr, dass er »Lyrik« schrieb. Allerdings hatte er mir anfangs, als wir uns kennen lernten, gesagt, dass er Romanautor sei, doch wenn ich ihn gefragt hatte, was er denn schreibe, hatte er das nie weiter ausgeführt. Aber schließlich war ich noch niemals vorher bedichtet worden und vermutlich gerade wegen dieser paar schmalzigen Zeilen bei ihm geblieben.

Obwohl meine Freundin Zoë ihn zuerst kennen gelernt hatte, war ihr gelungen, was ich nicht geschafft hatte – ihm zu widerstehen. Primo hatte eine dunkle, südländische Anziehungskraft; sein kurzer muskulöser Oberkörper erinnerte mich an einen römischen Zentauren, und er hatte den trockenen, resignierten Humor eines alternden Vertreters der Generation X. Aber ich hatte von Anfang an gespürt, dass da noch mehr war, hatte eine Intelligenz in seinen Augen erkannt, von der er wenig preisgab – ein Geheimnis, das er mit niemandem teilen wollte.

Während ich auf den Notarzt wartete, rief ich Zoë an, aber als ihr Anrufbeantworter ansprang, fiel mir ein, dass sie ja mal wieder verabredet war. Im Alter von einunddreißig litt Zoë unter Torschlusspanik. Sie hatte entsetzliche Angst vor einer einsamen, kinderlosen Zukunft. Also hatte sie einen Rundumschlag gestartet. Ob Partnervermittlung, »Sie sucht Ihn«-Rubrik oder Single-Websites – überall hatte sie ihre Anzeige hinterlassen. Zoë war eine große, vollbusige Blondine mit blauen Augen und einem etwas verwischten Lächeln, das auf die ein oder andere Party zu viel in ihrem Leben schließen ließ. Nachdem sie jahrelang herumgeflirtet hatte, stand sie nun an den Wühltischen und zankte sich mit den anderen Weibchen ihrer ausgebrannten Spezies um die letzten netten jüdischen Ehemänner.

Bei meiner dritten Zigarette begriff ich den wahren Grund dafür, warum ich nun mit einer Leiche dasaß. Er hatte mich im richtigen Moment abgefangen. Ganz einfach. Man hatte mich, sozusagen fünf Minuten vor zwölf, von der Halde geholt, auf der ich abgeladen worden war. Primo war alles, was Gregory, Freund Nummer drei, nie gewesen war: cool, wo Gregory hitzköpfig, al dente, wo Greg vom Leben weich gekocht war. Damals war das mehr als genug. In den vergangenen Wochen allerdings hatte sich die Kluft zwischen mir und Primo drastisch verbreitert.

Endlich hörte ich die Sirene. Ich öffnete das Fenster und sah, wie sich zwei Dicke in blauer Uniform aus dem Auto quälten. Ich wollte ihnen zubrüllen, dass sie sich nicht zu beeilen bräuchten, aber ich tat es nicht, und sie taten es auch nicht. Als sie heraufkamen, hörte ich ihre Funkgeräte in dem schmalen Treppenhaus widerhallen.

»Was ist passiert?«, fragte der Dickere, dessen eingehende Musterung meines Körpers in mir die Frage aufkeimen ließ, ob ich vielleicht verdächtig sei. Ich wünschte augenblicklich, ich hätte etwas Offenherzigeres angehabt.

»Mein Freund ist gestorben«, sagte ich.

»Haben Sie was angefasst?«, fragte der kleinere Cop.

»Ich habe versucht, ihn wieder zu beleben.«

»Das haben Sie richtig gemacht, Herzchen«, sagte der Erste. Er wollte vermutlich höflich sein, aber es klang bloß gönnerhaft.

Der Alpha-Cop, der gleichzeitig der Gewichtigere war, erklärte mir, dass es drei Todesarten gebe, die von einem Gerichtsmediziner untersucht werden müssten: Todesfälle von jungen Menschen, gewaltsame Todesfälle und Unfälle. Der unerheblich dünnere Cop verschwand. Der andere, der Miranda hieß, fragte, ob er fernsehen könne. Bevor ich lügen und sagen konnte, dass der Fernseher kaputt sei, hatte er sich schon auf der Couchmatratze niedergelassen und die Fernbedienung aus Primos kalter Hand genommen. Was mich noch zusätzlich nervös machte, weil Primo uns illegal ans Kabel angeschlossen hatte. Trotz der großen Programmauswahl schaltete der Cop »Cops« ein; vielleicht wollte er ja noch was lernen. Fix und fertig griff ich nach meiner Jacke und wollte abhauen.

»Momentchen.« Er hielt mich auf. »Ich fürchte, Sie müssen hier bleiben, Herzchen.«

»Wie lange?« Ich sah auf mein Handgelenk, wo sich eine Uhr hätte befinden müssen.

»Bis der Arzt kommt, Liebchen.« Der Hund rieb sich am Cop, und der Cop rieb den Hund.

»Ich heiße Mary«, sagte ich, um ihm klarzumachen, dass ich Bezeichnungen wie »Liebchen« verabscheute.

»Mary, ich will ja nicht unangenehm werden, aber …«, er deutete auf die Leiche, als ob ich sie hätte vergessen können, »… Ihr Freund ist gerade gestorben. Also, setzen Sie sich.«

In Albert Camus' *Der Fremde*, oder genauer, in der Sekundärliteratur dazu, steht, dass der Fremde den Tod seiner Mutter anfangs emotional losgelöst erlebt. Ich fragte mich, ob auch ich emotional losgelöst war, begriff allerdings schnell, dass ich – und das sagte ich auch dem Doughnut-Fetischisten – einfach »mein Leben weiterleben« wollte.

»Das können Sie morgen auch noch«, meinte er und setzte hinzu: »Die Serie ist ziemlich gut.«

Ein Typ, der wie Miranda aussah, verhaftete einen Typen, der wie Primo aussah. Trotzig ging ich zu meinem Schreibtisch und holte die Rohfassung meiner neuesten Kurzgeschichtensammlung mit dem Titel »Buch der Jobs« hervor. Ich hatte sie so genannt, weil sie von den Leuten handelte, mit denen ich in den verschiedenen Anstellungen seit der High School zusammengearbeitet hatte. Die erste dieser Geschichten mit dem Thema »Franchising« war durch reinen Zufall zu Stande gekommen. Es ging um eine unglückliche Dame namens Janice Fyro, die ich bei »Baskin Robbins« auf Long Island kennen gelernt hatte. Sie hatte dort kurz nach ihrem Schulabschluss zu Beginn der Siebziger eine dieser Eisdielen eröffnet, als Eisdielen noch der Treffpunkt der Jugend waren. Als dann andere Franchise-Läden eröffneten, ging ihrer den Bach runter. Kurz nachdem er zumachen musste, brachte sie sich um. Ich nannte die Geschichte »Der Untergang eines Imperiums«. Anschließend schrieb ich eine Reihe von Geschichten über Leute, denen man die Konzession entzogen hatte, doch erst als ich eine Story mit dem Titel »Big Mac« verfasste, die von dem Überlebenskampf eines McDonald's-Franchise-Nehmers handelte, schlug mir mein Lehrer, ein Hippie, der sich an meine »Baskin Robbins«-Geschichte erinnerte, vor, dass ich eine Sammlung zum Thema entwickeln sollte.

»Aber ich kann Franchising nicht ausstehen«, warf ich ein.

»Heute reicht es nicht, ein guter Schriftsteller zu sein«, erklärte er mir ernsthaft. »Sie brauchen eine zündende Idee. Ein Verleger würde eine durchschnittliche Sammlung von Storys sofort ablehnen, aber wenn es sich um Geschichten handelt, die sich alle um Verkaufsjobs drehen, die der Autor selbst mal gemacht hat, dann springt das Publikum garantiert darauf an – so was verkauft sich!«

Aber je länger ich in der Stadt lebte, desto schwerer fiel es mir, erste Entwürfe zu einer neuen Geschichte zu Papier zu bringen. Ich fand das Umschreiben unendlich leichter. Und so hatte ich im Endeffekt zwar genug Seiten, um drei Bücher zu füllen, schaffte es aber nicht, diese eine Sammlung fertig zu stellen. Als sich mein Schreibkurs vor ein paar Jahren auflöste, war ich die Einzige, die sich keinen neuen suchte.

Nachdem ich dieselben Seiten immer und immer wieder gelesen und redigiert hatte, merkte ich irgendwann, dass ich sie nicht besser machte – nur anders. Seit einiger Zeit war ich schon nicht mehr in der Lage gewesen, mir neue Geschichten auszudenken. Es war, als sei die Einkaufsmeile in meinem Kopf voll – es war einfach kein Platz mehr für neue Franchise-Nehmer.

Bald konzentrierten sich meine Gedanken wieder auf den ungekühlten Leichnam von Primitivo Schultz, der noch immer auf meinem Bett ruhte. Er hatte seit Jahren im East Village gewohnt. Obwohl erst zweiunddreißig, hatte er schon in den – wie er es nannte – »Alliierten Künsten« dilettiert, sich also mit Malerei, Musik und Schriftstellerei beschäftigt (obwohl ich nie etwas von ihm zu sehen, zu hören oder zu lesen bekommen hatte). Er hatte eine Mutter, die irgendwo in Flatbush lebte. Soweit zu seinem Nachruf.

Um zehn Uhr abends, drei Stunden nachdem ich Primos Ableben festgestellt hatte, traf endlich der Leichenbeschauer mitsamt seiner riesigen schwarzen Aktentasche ein, wie ein pendelnder Ehemann nach vorübergehendem Amoklauf. Er ließ die Tasche aufschnappen und nahm eine große Polaroidkamera heraus. Er trug einen grauen Fünfziger-Jahre-Flanellanzug, hatte sein gelbliches Haar zurückgegelt und wirkte, als würde er in direktem Sonnenlicht zu Staub zerfallen.

»Brauchen Sie immer so lange?«, fragte ich, nachdem ich mit Officer Miranda, der die ganze Zeit Numbs Kopf streichelte, einen Querschnitt durch das Dienstagabend-Programm von Fox gesehen hatte.

»Heute hat es eine Menge seltsamer Todesfälle gegeben«, erwiderte der Mann nüchtern. Während er sich die Leiche ansah, zählte er auf: »Erstickungstod im Ozone Park, versehentliche Überdosis in der Upper West Side, vermutlicher Selbstmord am Grand Concourse.«

Er schoss ein paar Fotos von der Leiche und fragte: »War der Verstorbene krank?«

»Nein.«

»Nahm er Medikamente?«

»Nicht dass ich wüsste«, antwortete ich ehrlich. Seine gelegentlichen Drogenexperimente fielen kaum unter Medikamentierung.

»Sie haben ihn nicht zufällig angezogen?«

Die Frage kam mir ziemlich seltsam vor. »Heute nicht.«

»Ich weiß, es klingt komisch, aber wann hatten Sie das letzte Mal Verkehr mit dem Verschiedenen?«

»Na ja, er war noch nicht verschieden, als wir es das letzte Mal getan haben«, murmelte ich leicht verlegen.

»Ich will mir nur ein Bild über seinen physischen Zustand machen.« Er beugte sich zu mir, damit der Bulle nicht mithören konnte.

»Tja, also, im letzten Monat oder so nicht«, antwortete ich. Primos Fehlversuche zählten nicht. Der Mann sah sich ihn genauer an. Ich erzählte ihm, dass ich, als ich nach Hause kam, geglaubt hatte, Primo würde noch leben. Ich hatte geglaubt, dass er mit mir gesprochen hätte, aber es war wohl nur der Fernseher gewesen.

»Haben Sie eine Idee, woran er gestorben sein könnte?«, wollte ich wissen.

»Noch nicht«, antwortete er, ohne aufzusehen. Er füllte ein paar Formulare aus und fragte mich nach den nächsten Verwandten. Ich erzählte ihm von Primos Mutter, die in Flatbush in Brooklyn lebte.

»Wir werden die Leiche nicht direkt freigeben, aber Sie können bereits alles in die Wege leiten.«

»Was meinen Sie damit?«, fragte ich nervös.

»Wir nehmen die Leiche zur Autopsie mit, danach können Sie ihn zum Begräbnis abholen.«

»Hey, ich will nicht … ich bin nicht …« Ich versuchte ihm zu sagen, dass ich mit all dem nichts mehr zu tun haben wollte.

»Dann rufen Sie seine Mutter an«, meinte der Leichenbeschauer, was darauf schließen ließ, dass ihm eine solche Reaktion nicht neu war. »Ich bin sicher, dass sie schon weiß, was zu tun ist. Und bestimmt möchte sie die Nachricht lieber von jemandem hören, den sie kennt.«

»Das werd ich wohl hinkriegen«, sagte ich, ohne meinen Widerwillen zu verbergen. Dann ging in meinem Kopf eine Alarmsirene an. »Und wenn sie ihn nicht will?«

»Dann entsorgt die Stadt die Leiche.«

»Oh.« Ein neuer Gedanke stieg in mir auf. »Glauben Sie, er könnte gewusst haben, dass er sterben würde?«

»Als sein Herz stehen blieb, wusste er es bestimmt«, antwortete der Mann und warf dem Cop einen Blick zu. Beide grinsten über den flachen Witz.

»Ich meine, war er krank? Hatte er eine tödliche Krankheit?«

»Spontan würde ich sagen, nein. Aber ich kann nicht sicher sein, bis ich ihn auf der Bahre liegen habe. Es steht dann alles auf dem Totenschein.«

»Sie könnten mich nicht vielleicht anrufen?« Ich lächelte unsicher, versuchte das hilflose Weibchen zu mimen.

»Sie können sich den Schein bei der Stadt abholen. Ich mache keine Privatanrufe.«

Die große Tasche in der Hand, marschierte der Leichenbeschauer hinaus, auf zu einer neuen Todesszenerie. Officer Miranda rief von meinem Telefon aus einen Wagen an, dann erhob er sich langsam, um meine Wohnung zu verlassen.

»Sie wollen nicht zufällig einen Hund?«, fragte ich ihn, als Numb dem Cop die Hand leckte und sich an seinem dicken Bein rieb.

»Tut mir Leid, aber ich hab schon einen.« In diesem Moment klingelte das Telefon und das Band sprang an. Es war mein alter Nachbar Joey Lucas. Ich nahm ab, bevor er auflegen konnte.

»Wie geht's dir, Süße?«, fragte er in seiner üblichen Aus-dem-Weg-Sonne-jetzt-strahl-ich-Manier.

»Primo ist tot.«

Er schwieg bedeutungsvoll; vielleicht hatte er ein schlechtes Gewissen, weil er sich nie für Primo interessiert hatte. »Soll ich rüberkommen?«, bot er mir schließlich an.

»Ich glaube, ich möchte lieber allein sein. Ich warte noch auf den Krankenwagen, sie wollen seine Leiche abholen. Irgendwie ist es, als wäre das unsere letzte Verabredung.«

»Ich bin in Gedanken bei dir«, sagte er feierlich. »Ruf an, wenn du was brauchst.«

Ich dankte Joey und legte auf.

www.tvspielfilm.de
Wir lesen was,
was Du nicht liest!
TV SPIELFILM
TV SPIELFILM holen. Nur das Beste sehen.
TV SPIELFILM
14 Tage besser fernsehen
Alle Filme